中庸之道

对自然科学的启示

徐会连◎著

中国出版集团有限公司
China Publishing Group Co., Ltd.

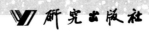
研究出版社

图书在版编目 (CIP) 数据

中庸之道对自然科学的启示 / 徐会连著 . -- 北京 : 研究出版社 , 2024.1
ISBN 978-7-5199-1565-0

Ⅰ . ①中… Ⅱ . ①徐… Ⅲ . ①中庸之道－应用－自然科学－研究 Ⅳ . ① N ② B222.05

中国版本图书馆CIP数据核字(2023)第176159号

出 品 人：赵卜慧
出版统筹：丁　波
责任编辑：范存刚
特约编辑：张　扬

中庸之道对自然科学的启示

ZHONGYONGZHIDAO DUI ZIRANKEXUE DE QISHI

徐会连　著

研究出版社　出版发行
（100006　北京市东城区灯市口大街 100 号华腾商务楼）
北京旺都印务有限公司印刷　新华书店经销
2024 年 1 月第 1 版　2024 年 1 月第 1 次印刷
开本：710 毫米 ×1000 毫米　1/16　印张：20
字数：440 千字
ISBN 978-7-5199-1565-0　定价：158.00 元
电话（010）64217619　64217652（发行部）

To Chieko

　　本书以一位自然科学工作者的认识阐述了作为中国古典哲学的中庸之道对自然科学的启示。这里说的中庸之道有别于儒家文化的中庸思想或中庸处世哲学。中庸之道不仅仅是五经四书之一《中庸》里所阐述的理念，而且还包括老子哲学和易经哲学中"道"的主要内容。因此，中庸之道是自然界一切事物存在和发展的内在规律，是不以人们的意志而变化的。在人类文明之前，中庸之道也已经存在。而中庸思想是教育人们怎样使自己的行为符合中庸之道。当然，中庸思想只有进入人类文明时期才有。中庸思想在儒家文化形成以前的远古时期已经存在，只不过是以孔子为代表的儒家学者系统地总结了这一思想。两千多年来，不仅是一般人，即使是思想家也往往把中庸思想和中庸之道混为一谈。譬如，洪水或者海啸来的时候，水是向低处流，高低两处的水位差越大，洪水或者海啸就越猛，直至高低两处的水位达到平衡。这种规律是中庸之道。而洪水或海啸来了，人们知道向山坡高处跑，并且知道不必跑到山顶。这种处世或者应对的思维就是中庸思想。中庸思想来自"悟道"，即悟出中庸之道的"道理"。如果"悟道"的水平不够，我们所说的中庸思想不一定与中庸之道完全吻合。所以，哲学研究是"悟道"，科学研究也是"悟道"。譬如，两个相邻的水池，因为雨水灌入量不同，各自的水位有所不同。如果一个人想使两个水池的水位相同，就要根据中庸思想去实施一个行动。甲把高水位池子的水用水桶或者抽水机搬运到水位低的池子里，搬多了再搬回来，直至两者平衡，达到中庸状态。而乙却把两个池子联通，使高水位池子的水流到低水位池子里，直至平衡，达到中庸状态。水从高水位流向低水位，这是中庸之道。现代科学里有关电流和磁场的学问以及有关水在植物体内移动的学问，都是依据"水向低处流"这一中庸之道的。上述乙的行为所依据的中庸思想是悟出了水的中庸之道，而甲的中庸思想没有很好地悟出中庸之道。

中庸思想不仅贯穿于中国传统文化，也存在于西方哲学和文化之中。众所周知的是古希腊哲学家亚里士多德的中庸思想。亚里士多德认为在不足和过多这两个极端之间存在着一个最合适的中庸点。例如，在饮食习惯上，极端的一侧是暴饮暴食，而另一侧是饥饿，而在这两者之间有个均衡饮食的中庸点。达到了这个中庸点，人们就会健康、长寿、快乐。当然这个中庸点不是两个极端的正中间，而是根据饮食者饮食的内容、环境等的不同而不同。现代科学研究表明，六分饱可以诱导长寿基因的上调表达。其实，中国传统文化当中很早就有"要得小儿安，三分饥与寒"的说法。德国古典哲学家伊曼努尔·康德的"善意"就是基于中庸思想。他认为世间最好的东西是"善意"，而不是"智慧"和"才能"等。因为"智慧"和"才能"都可以被邪恶所用，而造成"不善"的后果。他认为"善意"和其后果不必联系在一起。"善意"不一定百分之百都是好的后果，而具有好的后果的意愿和行为不一定是"善意"。譬如，一个疯子持枪无目的地杀人，正好一枪打死了一个准备引爆一座大楼企图杀死数百人的歹徒。这个疯子救了数百人的性命，保护了社会财产。但是他的意愿和行为不是"善意"。康德所认为的"善意"就是中庸思想，它的意愿是要达到中庸之道，但是不一定百分之百达到。

笔者是做生物学研究的，属于自然科学工作者，怎么想起来探讨中国古典哲学呢？说起来，还是受我女儿的启发。女儿生在日本，幼儿园和小学教育在加拿大，小学六年级毕业后又回到日本。她会汉语、英语、日语和法语。日本的中学语文课程里有许多中国古典哲学和文学的内容，包括五经四书、《资治通鉴》和《史记》的节选以及唐诗宋词——日本的大学考试年年都有这类内容。女儿学的中国古典哲学和文学的内容比我小时候学的要多得多。1983年，笔者刚到日本，作为中国政府派遣的尖子人才，为不能很好地翻译四书五经中的一些句子，深感羞愧，于是开始学习中国古典哲学。女儿以为我应该很懂这些，经常向我讨教有关中国古典哲学的问题。因此，我们父女就成了探讨中国古典哲学和文学的学友。后来我发现女儿比我理解得深刻，有些真是别具一格。有一次，女儿半开玩笑地对我说："爸爸把五经四书的首句都理解错了。"《论语》里"学而时习之，不亦说乎？"中的"习"字不是"复习"的意思，而是"实习"的意思。看看"學"字和"習"字。在四周是窗棂和墙壁的小屋子里念书叫"學"，而"習"是白天鹅幼鸟从窝里出来，挥舞着一双翅膀，练习飞翔的姿势。学的知识能够用到实践当中才是令人愉快的。一遍一遍地复习学过的东西并不是令人愉快的事情。而且古汉语中"温"才是现代汉语"复习"的意思，而"习"则是"实践""练习""实际应用"的意思。《中庸》首句应该是"天命之，谓性；率（suo）性之，谓道；修道之，谓教"。不能是"天命，之谓道"。"率"字读"索"音。"夫政也者，蒲卢也。"这里的"蒲卢"不是"芦苇"的意思，而是一种在茅草屋上的芦苇孔里居住、繁殖的土蜂，也就是"蒲卢蜂"的简称。这种土蜂在古代叫作"蒲卢"，喜欢在茅草屋屋顶蒲苇的空隙里居住、繁殖。蒲卢蜂往往把类似自己幼虫的其他幼虫衔到自己的窝里抚养，具有"利他主义"的行为。为政者，"子庶民"就是把庶民当自己的孩子。笔者小时候在农村住的就是这种蒲卢茅草屋——芦苇茅草屋顶，泥墙。如果房顶不是芦苇做的，而是茅草的情况下，蒲卢蜂就住在茅草和土墙的交界处。那时候的春天，笔者经常看到燕子衔虫子饲喂自己窝里的小燕子，门的上方有个"燕路"，燕子可以飞进飞出。笔者也看见过蒲卢蜂衔着虫子进自己的洞，也以为它们用虫子饲喂幼崽，其实不然，它们在"子庶民"。按照风水习惯，盖房子必须留有"燕路"。蒲卢蜂就没有那么幸运了，要靠自力更生。近期回故乡，发现农民们的新瓦房没有"燕路"，不知道燕子在什么地方居住和繁殖，很是担心。人类数千年的伙伴，就要被人为地淘汰了。古代即使很豪华的瓦房住宅，都是要留"燕路"的，所以才有"旧时王谢堂前燕，飞入寻常百姓家"的诗句。难道人类真的要按照王东岳先生说的"递弱代偿"

的规律，随着物质生活的进步而自绝于这个地球吗？中国国内大多数文献是这样解释的，蒲卢：即芦苇，芦苇性柔而具有可塑性。而古诗文网可能是认为这么解释不太合适，因此回避了解释，译文中也没有提这一句。子庶民和亲民是儒家文化的主要内涵之一，所以，《大学》首句的"大学之道，在明明德，在亲民，在止于至善"中的"亲民"不能理解为"新民"，更不能改写为"新民"。

日本在明治维新之前，私塾和学校的教材是和中国一样的——以儒家经典为基础。明治维新以后，日本引进了西方的文化与科技以及相应的教育体制，但是他们没有废弃儒家经典。直到现在，不仅学校教材的内容大量涉及儒家经典，而且他们的国民对中国古典文化和古诗词的理解水平也是相当高的。其实他们学习中国古典哲学比我们困难得多。他们要用"古典阅读三部曲"，首先用日语古典的阅读方式阅读（训读）汉语古典原文，然后再改写成日语语法顺序的书面句子，然后再翻译成日语白话文。例如，子曰学而时习之不亦说乎（原文）；1) 子曰ク、学ビテ而時ニ習フ（レ）之ヲ、不（二）亦タ説（一）バシカラ乎（训读）；2) 子曰く、学びて而時に之を習ふ、亦た説ばしからずや（日语书面文）；3) 孔子はおっしゃいました。学んでから而して時を置いて体で実習し身につけていくことは、大いに喜ばしいことではないでしょうか（白话文）。在 2) 中原文汉字的顺序没有变，但是读的顺序有变化。在"不（二）亦タ説（一）バシカ乎"的半句中，标有（一）和（二）记号的是读的顺序，即"亦タ説バシカラ不乎"。白话文中，"习之"解释为"对学到的东西进行亲身实习，训练，切实掌握"，而不是"复习"。"習ふ"的另一种写法是"馴ふ"。

受到女儿的启发，我开始学习中国古典文学，并且把中国古典文化和哲学理念应用到学术研究当中去。本书也算是献给女儿的一份礼物。

西方近现代科学家当中的一些人，如玻尔和爱因斯坦，都承认他们受到中国古典哲学的启示，甚至说自己是一个"得道"者。他们发现日本科学家，尤其是物理学家，获诺贝尔奖的人比较多，认为他们是"近水楼台先得月"，受到了东方古典哲学的启示。事实就是如此。为什么中国科学家获诺贝尔奖的人少呢？他们当中很多人都缺失了中国古典文化教育。看看获诺贝尔奖的海外华人杨振宁博士和丁肇中博士，他们熟背四书五经，熟背许多唐诗宋词，而且有深刻的理解。有人把中国近现代科学的落后以及获诺贝尔奖少归咎于中国僵化的传统文化，其实正相反，是我们缺失了传统文化和古典哲学的教育。北京故宫和台北的"故宫"里摆设的价值连城的文物，大型图书馆里的古典文学藏书，千奇百怪的古装电视连续剧，都不能代表我们现代中国人头脑里具有这些光辉灿烂的文化内涵。

本书面向一般大众科普爱好者及经验丰富的自然科学、社会科学专业人士，介绍了中庸之道对自然科学的启示。这也是本书的特长之一，因为以往的古典哲学的研究都注重意识形态层面，很少与现代自然科学相结合。

本书从现代科学的角度全面论述了中庸之道的核心内容，从天体物理学、量子物理学、人体生理学、细胞分子生物学等方面探索中庸之道与自然科学的关系，为科学理解以及实际应用中庸之道打开了新的视角。

本书共分十章。第一章漫谈贯穿整个中国古典哲学的中庸之道。第二章谈中国古典哲学与科学发展的关系，主要阐述中国近现代科学的落后不是受中国传统文化的负面影响，而是没有充分利用中国古典哲学；而西方文化和科学的进步正是他们充分利用了包括古典希腊哲学和中国东方古典哲学的启示。第三章谈中庸之道对自然科学的启示，所举的例子也是众所周知的科普常识。第四章里，笔者运用了自己的研究成果，用哲学上的白银中庸常数和数学模型公式，进一步论证了中庸之道对自然科学的启示作用，论述了哲学是科学之母的道理。第五章谈老子哲学中的中庸之道，用老子的中庸之道解释了一些自然现象和自然科学的发现。第六章谈《易经》中的中庸之道，运用了复杂的研究成果和简单的科学常识，论证了《易经》中的中庸之道对自然科学的启示。第七章谈中医里的中庸之道，利用包括从简单的中医药常识到复杂的中医学理念，充分阐述了中医学是建立在中国古典哲学基础上的，也是建立在现代自然科学基础上的。第八章谈古希腊哲学家亚里士多德的中庸之道和黄金分割比。第九章谈阴阳鱼太极图所蕴含的哲学理念对自然科学的启示。在这一章里，笔者使用了现代科学成果，包括量子物理学和分子生物学的最新成果。第十章是《中庸》的原文、白话文、注释以及日文的古文、现代文和英语译文。在白话文注释和外文翻译里，笔者在前人的基础上添加了自己的理解。

本书根据批判精神的原则，指出了以往对中国古典哲学理解和解释的不足之处，但是没有过激的言论，更没有指向具体的人物和事迹。本书的内容具有原创性、独特性和批判性，能为自然科技工作者和社会科学工作者提供参考，也能为大众提供健康生活的指导。本书向读者提示了中庸之道的普遍适用性以及与大自然和谐相处的好处。本书对众多读者具有独特的吸引力。一方面，它为那些对中庸之道了解少的人提供了简要的常识。另一方面，笔者深信，本书通过介绍最新的科学研究成果与中庸之道的关系，采用以哲学为基础的学术研究方式，可以使经验丰富的科技工作者、研究人员得到启发。

徐会连

2023 年 12 月

目录
catalogue

第三章 中庸之道对自然科学的启示

第五章　老子哲学中的中庸之道

第六章　《易经》中的中庸之道

第七章　中医学和中药学里的中庸之道

第十章 《中庸》原文、白话译文和日英译文

第一章

贯穿
整个中国古典哲学的
中庸之道

引　言

两千多年以来，追求中庸之道的中庸思想一直被纳入中国的教育体系。科举考试，就是测试学生对四书五经的理解，其中包括中庸之道。在儒家思想中，中庸思想被理解为一种美德，并在儒家经典《中庸》一书中给予描述。中庸之道和中庸思想不仅是儒家思想的核心内容，也是佛家思想的主要内容。早于儒家文化的易经哲学和老子哲学都以中庸之道为重要内容。在先秦时期，孔子倡导将"中庸思想"作为绅士行为和文化的最高标准。自此，它不仅成为中国人行为的规范，而且也被当作天地运转的规律。宋明时期的唯心主义儒家学者则歪曲了中庸之道的实际内涵，将其解释成了处世哲学，只强调了中庸思想有益于人道关系和中庸思想的社会伦理规范，致使现在还有很多人弄不明白作为自然规律的中庸之道和作为处世哲学的中庸思想有什么不同，把中庸之道启示和指导科学探索的重要意义掩盖了。因此，中国没能跟上西方科学发展的步伐。孟子和朱熹被认为是孔子思想的继承人，但是他们只讲处世哲学的中庸思想，很少讲作为自然规律的中庸之道。儒家的中庸思想永远不可能成为指导我们探索自然的原则，因为它最初就是作为基本的社会美德提出来的。

在这一章里，笔者介绍在整个中国历史当中古典哲学和文化对中庸之道的解释和理解，并指出了一些错误的诠释，以及作为自然法则的中庸之道和作为处世哲学的中庸思想两者之间的区别。

●第一节● 中庸之道的基本概念

一、贯穿整个中国古典哲学的中庸之道

中庸之道不仅是儒家思想的核心内容，也贯穿整个中国古典哲学。包括老子的哲学、传统医学，甚至是佛教哲学里，都包含着中庸之道。实际上，中庸之道无处不在。在 20 世纪之前的中国，中庸思想被纳入了全国的教育体系。此外，各个朝代的科举考试和做官的先决条件之一就是对包括中庸之道在内的经典的研究和理解。中庸之道被扩展用于处理政治、军事、经济关系乃至探究天地宇宙万物运动变化的方法论，渗透到了中国传统文化的方方面面。本书的第五、六、七章将详细论述老子哲学、《易经》和传统中医里的中庸之道。

二、《中庸》和中庸思想

《中庸》是四书五经之一。这就是说，作为儒家思想主要内涵之一的中庸之道的简称"中庸"和作为四书之一的"中庸"是两个不同的概念。《中庸》的作者是孔子唯一的孙子孔伋即子思（前 483 －前 402 年）。"中庸"一词首先出现在《中庸》的第二十九节。书中说："子曰：中庸之为德也，其至矣乎！民鲜久矣。"意思是说，中庸思想是德，所体现的美德是至高无上的，但是已经很长时间看不到普通民众践行中庸之道了。《论语》中提及"中庸"一词，仅有此处，也没有作中庸思想的明确解释。孔伋撰写《中庸》，后收入《礼记》，南宋朱熹又将其编入《四书》。广义上的中庸之道不仅仅是《论语》中提到的中庸，也不单单是四书之一《中庸》里所提到的内容，而是贯穿整个中国古典哲学和文化。不仅是儒家文化的核心，也包含于老子哲学和《易经》哲学之中。所以说，作为书名的《中庸》和中庸之道是两回事。子思把儒家的忠恕思想加上当时的"形而上"思想集合而成《中庸》。有人说，《中庸》的作者不是子思，还说孔子的其他弟子也参与了编写。这些都是无聊的争论。弟子协助老师做学问的习惯一直持续到现在——老师指导下的弟子的工作业绩也是老师的业绩。不管是被儒家修饰了的中庸思想，还是《中庸》这本书，都是着眼于人的思想教育，为统治阶级统治人民而服务，而没有与大自然结合，没有与自然规律结合。这就是东方哲学和西方哲学的差异。发源于西方的现代科学都是与哲学相关联的。牛顿力学巨著的题目就是《自然哲学的数学原理》。说明现代科学是与哲学分不开的。老子的哲学被许多西方科学家作为现代科学，尤其是被量子力学的参考。我们可以看看一系列对中庸的解释。《中庸》提出，"天"赋予万物"性"，"性"是万物之所以存在的"理"，按"理"而生活，完成天所赋予的使命，就是"道"。

那么这里的"天"是什么？"性"是什么？"理"是什么？"道"又是什么？历代哲学家们都没有理解透彻。

三、中庸之道

笔者是科学技术工作者，可能听不懂一些大家所讲的哲学名词。譬如，"太极生二仪，二仪生四象，四象生八卦，八卦生万物"。那么，太极、二仪、四象分别是什么呢？八卦怎么会生万物？两千多年来，那些说这些话的人自己都不知道在说什么。正如笔者在其他章节里详细论述的一样，现代科学为什么没有在中国发生是有其道理的。中国历代有学问的人在思考哲学的时候往往不和大自然联系在一起，不与科学探究联系。而欧洲人在听到"太极生二仪，二仪生四象"的时候，就想到细胞分裂的过程；当听到"一生二，二生三，三生万物"的时候，就能想到遗传密码三联子的组成。量子力学之父玻尔看到太极图（阴阳鱼）图案，他就想到了纠缠着的两个量子。他曾穿着绣有太极图袖标的服装去受领诺贝尔奖。

我们必须明确，中庸思想不等于中庸之道。我们用《中庸》第一章来解释一下什么是中庸之道。原文说："天命之，谓性；率性之，谓道；修道之，谓教。道也者，不可须臾离也，可离非道也。是故君子戒慎乎其所不睹，恐惧乎其所不闻。莫见乎隐，莫显乎微，故君子慎其独也。喜怒哀乐之未发，谓之中；发而皆中节，谓之和。中也者，天下之大本也；和也者，天下之达道也。致中和，天地位焉，万物育焉。"《中庸》第一章的白话译文以及英文、日文翻译在后续章节里有，此处笔者用白话文再叙述一遍。

自然赋予一个人或者一件事物的存在及其特征和本能叫作性，按照其本性而存在或发展变化的法则叫作道，按照道去理解世界，修身养性叫作教化或者教育。道是时刻不能背离（违背、更改或修饰）的，如果可以背离，那就不是道了。所以，品德高尚的人对其在任何地方所看到的事情都持谨慎和警戒的态度，对自己每时每刻所听到的事情都持敬畏和戒惧的态度。道看上去好像是隐蔽着，实际上是显露着的，看上去微妙玄虚，实际上清晰明显。所以，品德高尚的人谨慎地敬畏其独自所感悟的道。虽有喜、怒、哀、乐的情绪，但是没有明显发泄出来，这叫作中；虽然把喜、怒、哀、乐的情绪发泄出来了，但是对此有所调节，以至于保持在适度的程度，这叫作和。以中行事是天下人的根本；以和行事是天下人遵循的至高无上的原则。达到中和的境界，天地便各司其位，天安地定，无灾无祸，万物便由天地孕育，生长繁衍。

一些思想家或者社会科学家所说的中庸思想是子思所说的"修道之，谓教"。那是教化和德育的范畴，不是真正的中庸之道，是"德"而不是"道"。"修道"或者"悟道"就是找出支配事物变化发展的原本规律，以便人们去适应和遵循这一规律。其实，科学研究就是"悟道"或"修道"。有关"道"和"德"的区别，笔者将在有关章节里详细论述。这里子思描述"道"的"莫见乎隐，莫显乎微"

特征与老子的描述很接近。"有物混成，先天地生。寂兮寥兮，独立而不改，周行而不殆，可以为天地母。"（《道德经》第二十五章）"视之不见名曰夷，听之不闻名曰希，抟之不得名曰微。此三者不可致诘，故混而为一。其上不皦，其下不昧。绳绳不可名，复归于无物，是谓无状之状，无物之象。"（《道德经》第十四章）按照老子的论述，"道"也不是人可以改变、修饰和支配的，是神秘的，说不清楚的，只能悟其道理的，不可清晰言表的。人只能在一定范围内、在一定意义上理解道，也就是"道可道非恒道"。

笔者在论述中庸之道的时候，尽量回避说教式教育，尽量与自然现象和自然科学实例相结合来说明问题。在以后的章节里，笔者将结合物理学、生物学、中医学和量子力学的实例来证明中庸之道支配世间万事万物的道理。譬如，笔者将根据科学原理，用数学公式解析中庸之道的意义，有理有据，并提出中庸点和中庸常数的概念。中庸点就是在两个极端之间存在的一个最符合自然规律、最适宜、最有用的点。用数学表示就是 $\phi = (1-1/e) \approx 0.632$。e 是自然指数底数，这个中庸点是自然规律的体现。现在哲学家们都是懂一些自然科学常识和数学常识的，希望他们也能理解这些概念。

其实，"道"近乎于古希腊哲学中的世界万物的"本源"。苏格拉底之前伊奥尼亚学派就坚信自然起源于万物的变化规律。发现勾股定理的毕达哥拉斯提出了"数"是万物本源的观念。这都在一定程度上体现了他们对自然的内在"本源"深切的思考。

● 第二节 ● 和"中"有关的术语

在讲中庸之道的时候，很多人往往提到很多和"中"有关的术语。有的时候越讲越复杂，干扰了对中庸之道的正确理解。笔者在这里先将这些术语列举如下。

一、正中和正当中

找出一个物体和一段距离的"正中"必须用尺子量，或者把某一长度的物体对折——如果可以对折的话，这点是"正中"。"正当中"强调的是"当量"——中点两边的东西相等。如"正当午"，太阳两边的天空相等，也是"锄禾日当午"的"当午"的出处；"当量浓度"，不管物质的质量是多少，化学方程式两边的当量浓度相等，当量浓度是1升溶液中所含溶质的当量；把一团丝用天平平分，即使扯到两边的丝还连着，只要天平平衡了，就可以剪断中间的连丝。中庸之道的中庸点是在两个极端之间的范围之内，根据情况而异，也有可能是正中或者正当中，但只是一个特殊情况。然而，"中庸"和"正中"的意义是完全不同的。"正中"没有褒贬的区分，而"中庸"是有褒义的。

二、中正

中正指不偏不倚，有大中至正之意。《周易》在阐述乾卦时说："大哉乾乎，刚健中正，纯粹精也。"阐述姤卦时又说："刚遇中正，天下大行也。"阐述同人卦时说："文明以健，中正而应，君子正也。"阐述履卦时说："刚中正，履帝位而不疚，光明也。"看来"中正"是《周易》的主要内涵。《周易》每言"中正"时，常与"刚健"并论。"中正"实为"刚"与"柔"之本，为防"刚健"过旺，辅以"中正"。《周易》另有六处称"以中正"或"中正也"。"中正"还有正直、忠直、正道和正直之士之意。

三、中和

中和思想是儒学的重要范畴。"中"是务本，"和"是乐本。正如《中庸》所说："喜、怒、哀、乐之未发，谓之中；发而皆中节（节度），谓之和。中也者，天下之大本也；和也者，天下之达道也。致中和，天地位焉，万物育焉。"这里的中和，有务本、乐本、固本之意，即谓中庸。社会中和，天下太平。中和思想承认世界多元化、思想多元化，包容正反两面意见并加以融合，使人类始终处于敬业务本的状态。

四、中道

中道就是中正之道。《孟子》说："孔子岂不欲中道哉？"赵岐注："中正之大道也。"柳宗元在《时令论下》说："圣人之为教，立中道以于后。"

● 第三节 ● "中庸"二字的正确解释

中庸之道这一哲学理念也渗透到了东方国家和西方国家的文化当中。一般来说，中庸之道有三重意思。第一，"中"的意思是"中等"，既不偏不倚，也不过度超越，也不短缺。第二，"中"的意思是"中正，调和"。第三，"庸"的意思是"好的""有用的"或"正确的"。很多人对"庸"的解释往往不准确。有的在解释"中庸"的时候，故意把"庸"字忽略了。看看"庸"的汉字构成，"广"大的仓库里放着许多工具（渔具、猎具和炊具：⌒），这些工具都是有用的而且是不可缺少的。字的下半部是个"用"。实际上，"用"字也是一个象形字，意思是用许多片模板做成的。"用"是"桶"的初文。《云梦秦简》里"用"作"桶"。最初用的基本形体是以三竖表示组合桶的木板——用横线表示把木板串连起来箍成桶。一般在解释"中庸之道"的时候说"不极端不足，也不极端过多，中间不偏不倚"，实际上，不是"不偏不倚"，不是正中间，是两个极端中间的"有用"和"正确"的位置。

有的人把"中庸"二字解释为"中道及常理""中和""五达道""三达德""至诚""中不偏，庸不易"，连做解释的人自己都弄不明白他说的是什么意思。正确的解释是"在不足和过多之间，有一个最适宜最有用的点，这个点就是中庸"。"中"是中间，但不一定是正中间。"庸"是有用的、不可缺少的意思，并不是"凡愚"的意思，也不是"平常"的意思。程子曰："不偏之，谓中，不易之，谓庸。中者，天下之正道；庸者，天下之定理。""不偏之谓中"是可以的。"不易之谓庸"？怎么"庸"就成了"不易"了呢？前文已提及"庸"的汉字构成，仓库里存放着各种工具（农具、渔具、猎具、炊具），下面还有个"用"字，告诉我们这些是有用的。那么，这么清楚的一个"庸"字，怎么就成了"不易"了呢？"中者，天下之正道；庸者，天下之定理"？我们暂且不讲"中者是否是天下之正道"，那么有什么根据说"庸者，天下之定理"呢？那些各种各样的工具与"定理"到底有什么关系呢？不管你是程子还是朱子，讲清道理才能算是"子"。汉朝郑玄云："名曰中庸者，以其记中和之为用也。庸，用也。"这位并没有被称为"子"的"郑子"说出了"庸"的意思——"用"也。可能是因为郑玄名气不大，他说的这个"用"字，很快就被后人遗忘了。

中庸之道本来是人们遵循自然规律行事的至高无上的法则，怎么后来沦为民众的笑料了呢？这不仅仅因为朱熹等人对中庸之道的错误诠释，而且也起因于对"中庸"二字的错误解释，尤其是对"庸"字的错误解释。关于"中"字已经有很多解释，也没有大的错误，而"庸"字就很少有人能够从字形和本意解释清楚。

中庸之道或者中庸二字的要点在"庸"字上，而不是在"中"字上。很多人对"庸"的解释往往不准确。有的在解释"中庸"的时候，故意把"庸"字忽略了。上面已经说过，看看"庸"的汉字构成——广大的仓库里放置着许多工具（𢎨，⺕，渔具、猎具和炊具），这些工具对原始人类，甚至对现代人类，都是有用的，重要的，而且是不可缺少的、因此字的下半部是个"用"。实际上，"用"字也是一个象形字，是用许多片木板做成的水桶，三竖表示组合桶的木板，用横线表示把木板串连起来箍成桶（甪）。当然，水桶也是很有用的工具。那么，为什么这么重要的"庸"字，怎么后来被误解成"平凡""粗俗"，甚至"低能"了呢？归根到底还是因为一些"衣来伸手，饭来张口""五谷不分"的，自认为是"上智人"的人对庶民的歧视。

实际上，在山东孔子的故乡，现在老百姓口语中还经常说中庸（中用）二字来形容一个人品德高尚并且有技能，能做事。尤其是长辈对晚辈的称赞，例如："你们儿子真中庸（用），帮我写封信，字写得可漂亮了！"小孩自己没有把事情做好，向长辈道歉或者忏悔的时候也说"我真不中庸（用），没有把事情做好"。

很多人都听过一些专家在电视节目上讲中庸之道。不管是台上讲的，还是台下听的，不管是台上解释的，还是台下提问的，都把问题的重点放到为人处世上了。实际上是跑题跑到"中和"或者"中正"上去了，根本不是在讲中庸之道。中庸之道是遵循自然规律行事的至高无上的法则，不单单是社交处事，也不单单是控制情绪。在两个极端之间寻找适合事物本性的"庸"点，也就是适合那件事物本质和发展规律的那个点，不一定是50%的正中间。这和"中和""忍让"不同。孔子说中庸之道是适合于天下万事万物的至高无上的法则，适用于天地间的任何事物。不仅仅适用于社会学范畴的社交处事和治理国家，也适用于建筑、医学、物理化学和生物学等。

两个极端中间的"有用"和"正确"的位置叫"庸"点或者"中庸点"。孔伋在《中庸》中确实说过："喜、怒、哀、乐之未发，谓之中。发而皆中节，谓之和。"这只是举例解释"中庸"，而不是给"中庸"下定义。定义还是孔子下的那个"中庸之，为德也，其至矣乎"。以及"中庸其至矣乎，民鲜能久矣"。不是说历史上就没有人能够给予正确解释。汉代的郑玄说："名曰中庸者，以其记中和之为用也。庸，用也。"就是说，"和"也好，"中"也好，其目的就是为了"用"字，"庸"就是"用"。

春秋战国时候的儒家"中庸"的"庸"字就是被解释为"用"的意思（孔门心法，中道而行：史幼波《中庸讲记》）。我们平常说的以毋庸开头的词汇有：毋庸细述、毋庸讳言、毋庸置疑、毋庸赘述等，里面的"庸"就是"用"的意思，而且带有"高贵"和"大驾"的暗示。也就是"不必劳驾，不必使用那么高贵的手段"。反正是没有贬义，只有褒义。所以说，中庸之道的思想重心在"庸"字上，"中"指执两端向中间调节，只是为了达到"庸"的目的而采取的手段。这和以前老收音机的调节旋钮一样，只有拧到某个波段才有清晰的声音。

● 第四节 ● 孔子本人对中庸的解释

孔伋对孔子的中庸思想做了详细的诠释。本章一开始就抄录了《中庸》的第一章，明确解释了中庸之道的含义。也就是"天命之，谓性；率性之，谓道"。这里所说的"道"就是中庸之道。这里的"性"就是大自然的存在及其内在本质不受外界的影响，也可以叫作事物的存在及其本性或天性（天命之）。英语单词"nature"和法语单词naitre（生孩子的"生"）是同一词源。这里最好还是再提示一下，不能点错标点，不能是"天命，之谓性；率性，之谓道"，而是"天命之，谓性；率性之，谓道"。"之"是指代名词而不是虚词，指具体的事物。"天命之"就是"天"赐予的那个"事物"；"率性之"就是"率性"引起的结果。如果将逗号点到"之"的前面，句子的意思就变了。

孔子说："中庸之为德也，其至矣乎。"（《论语 · 雍也》）这句话的意思是说，能践行中庸之道可是修成的善德，因为中庸之道可是至高无上的。《中庸》里也说，"子曰：中庸其至矣乎，民鲜能久矣。"这句话的意思是说，中庸可以说是至高无上的道德准则了，但是很长一段时间里，民众很少以中庸之道为行事准则了。结合孔伋的《中庸》第一章的内容，中庸之道被定义为顺应自然规律行事的至高无上的法则。两千多年来，在注解《中庸》或者解释中庸之道的时候，作者都加上一点自己的观点，后者因为弄不明白，就把解释随意改动一下，所有最终形成了对中庸的误解。

● 第五节 ● 历来对中庸之道的诠释和对《中庸》一书的注解

中国古典文化以儒、道、释三家哲学思想为主。汉代"罢黜百家，独尊儒术"以来，《易经》《尚书》《诗经》《礼记》《春秋》成为五经，从《礼记》分出来的《中庸》和《论语》《大学》《孟子》成为四书。这就是人们常说的作为儒家经典的四书五经。《中庸》在四书当中是思想深邃博厚、难以解读的经典。所以，《中庸》也成了研究中国古典哲学的主要对象。研究和注解《中庸》的书，从汉代就有《汉书·艺文志》的《中庸说》二篇，《隋书·经籍志》载有《礼记中庸传》二卷和《中庸讲疏》一卷以及《私记制旨中庸义》五卷。到了宋代，研究和注释中庸的书如雨后春笋。例如，胡瑗《中庸义》、乔执中《中庸义》、司马光《中庸解义》、程颢《中庸义》、游酢《中庸解义》、郭雍《中庸说》、杨时《中庸解》等。再加上朱熹的《中庸章句》和《四书集注》，使得《中庸》家喻户晓。现当代（1912—1997）研究中庸的著作有 518 种（篇）之多（林庆彰《经学研究论著目录》）。这些文献大多都详细探讨了中庸的含义，以及如何将其应用到生活中。

一、朱熹本人对中庸之道的解释

朱熹（1130—1200）创立了理学，即所谓义理之学。朱熹被认为是学术上造诣最深、影响最大的大儒，其思想被尊奉为官学，与孔子并提，称为"朱子"。朱熹在《中庸章句集注》里是这样解释中庸的："中者，不偏不倚，无过不及之名；庸，平常也。"实际上还是程颐（1033—1107）说的那句话："不偏之谓中，不易之谓庸。"实际上，中庸二字的核心内容在"庸"字上，不在"中"字上。程颐和朱熹通过错解"庸"的意义，阉割了中庸之道的精华。当然，错解或者偏解"庸"字的早有其人。三国曹魏大臣何晏（?—249）在他的《论语集解》中说："庸，常也，中和可常行之道。"

朱熹对《中庸》的注解也不充分，明朝宰相张居正在注释《中庸》时曾指出朱熹的注释简直是在敷衍。因为他是大家，他的错误贻害后世上千年。朱熹不但对《中庸》的注解不充分，对四书中的其他的注解也有错误。

二、朱熹前后其他人对中庸之道的解释

受朱熹的影响，据说是南宋王应麟著《三字经》。其中说："作《中庸》，子思笔。中不偏，庸不易。"当然也不会把中庸解释正确。《河南程氏遗书第七》中说："不偏之谓中，不易之谓庸。中者，天下之正道庸者，天下之定理。"北齐颜之推在他的《颜氏家训·教子》中说："上智不教而成，下愚虽教无益；中庸之人，不教不知也。"唐代的刘知几在他的《史通·品藻》里说："上智、中庸等差有叙。"汉代的贾谊在《过秦论》中说："材能不及中庸。"唐代的李善把这句话注解为"言不及中等庸人也"。唐代的房玄龄在《晋书·高光传论》中说："下士竞而文，中庸静而质。"清代的俞樾在《茶香室续钞·三阶》里说："言人有三等，贤、愚、中庸。"近代的文学家鲁迅在他的《华盖集·通讯》中说："惰性表现的形式不一，而最普通的，第一是听天任命，第二就是中庸。"以上这些解释不但有错误，而且误人子弟。他们几乎都把"中庸"和"平庸"画等号了。把"中庸"与"平庸"对等是错误的，"中庸"与"中立"以及"中和"都是不同的概念。

汉代学者在恢复前秦典籍时，发现读不懂了，于是下功夫去做注释，通过研究字的形音义来解读经典。隋唐之际的学者发现汉代人的注释也读不通了，又开始给注作"疏"。结果是越注解越乱。宋代儒者一改前代作风，各自发挥，各说各的道理。明清的学者发现，由于宋儒曲解附会，所传述的有悖圣贤之言，于是清代以考据为主的朴学开始兴起。到了民国时期，尤其是五四运动以后，干脆就把这些包括中庸之道在内的古典的东西当作文化糟粕扫进垃圾堆，把中国人很多弱点、缺点，缺乏创新精神，不思进取，因循守旧，都归咎于中庸之道。不是中庸之道影响了国人的创新精神，而是一些人把老好人、墙头草、和稀泥、不思进取、墨守成规、是非不辨、两边不得罪、日子马马虎虎、得过且过等的脏水泼到了中庸之道身上。

本来一个挺好的"中庸之道"，让程朱等人这么一解释，把儒家最精华的东西给阉割了。正因为有程朱这样似是而非的解释，很多人都把"中庸之道"误解了。孔子曾感慨：中庸这一至高无上的行事法则以及人们践行中庸之道的美德，人们很久没拥有了。

小 结

　　来源于易经哲学和老子哲学，作为世间一切事物存在与发展规律的中庸之道，来源于儒家思想，作为处世哲学中庸思想，这两者是完全不同的。中庸之道和中庸思想贯穿于整个中国历史的古典哲学和文化之中，但是对这两者的解释却各种各样。尤其是从宋朝朱熹开始，中庸之道和中庸思想混为一谈，被解释为处世美德。这就让中庸之道失去了它原有的真谛。而一些人却抱怨中庸之道没能指导中国进入现代科学时代，甚至被认为是科学探索的大忌。因此我们有必要弄清楚中庸之道原有的内涵，剥去强加于中庸之道的歪曲性修饰，使中庸之道能够真正地为科学探索提供启示和指导。其实，"道"近乎于古希腊哲学中的世界万物的"本源"。苏格拉底前后的学派认为自然起源于万物的内在规律，毕达哥拉斯认为"数"是万物本源的观念，这都在一定程度上体现了他们对自然的内在"本源"深切的思考。

引　言

　　很多人都认为，中国古典哲学与科学之间似乎没有什么联系，对中国哲学的刻板印象几乎完全由儒家思想造成，据说儒家对科学不感兴趣。还有很多人认为，中国近现代科学的落后应归咎于中国古典哲学和文化。最近，清华大学和加州大学伯克利分校的科学家在《自然》杂志上，就中国哲学对中国科学发展的影响做了以下评估。儒家思想主张知识分子应该成为忠诚的管理者。老子和庄子都说和谐社会来自孤立的家庭，孤立的小国自治，以避免交流和冲突，以回避技术来避免贪婪。这些思想鼓励了中国社会的小规模和自给自足的农耕经济，不鼓励人们的创造性、商业化和技术化。所以，一些人批评说，中国传统文化造成中国数千年的科学空白。我们这里要弄清楚的是，上述小国寡民的思想是否是中国古典哲学的主要内容，中国古典哲学在某种意义上是否反科学，是否以不同的方式对科学作出了贡献，中国数千年是否真的是科学空白。本章从中国古代科学成果、中国哲学对西方科学发展的启示等角度论述科学与中国哲学之间的关系。首先，小国寡民和小农经济虽然是数千年来中国文化的重点，但不是中国哲学的主要内容；中国古典哲学的主要内容是中庸之道和阴阳二元统一论。其次，虽然中国晚于西方进入现代科学时代，但是中国数千年来的科学并不是空白，发展了一系列具有独特中国特色的科学。再者，西方和日本的科学进步也受到了中国古典哲学的启示。

● 第一节 ● 哲学和科学的基本概念

一、哲学

哲学是对自然知识、社会知识、思维知识的系统化、理论化的概括和总结，是研究自然、社会和思维最一般的运动规律的科学。任何一门学科的发展都离不开哲学的指导。春秋时期百家争鸣，我国各种学派得以发展，包括儒家、道家、墨家、法家、阴阳家、杂家、农家、兵家、小说家、纵横家等流派。儒道两家在不同的时期受到统治者的青睐而得以流传发展。儒家思想的祖师是孔子，主张"仁义礼智信""诚"和"中庸"。儒家要求人们服从统治秩序，维护君主的权威，到汉代时符合汉武帝强国固本的政治要求，于是提出了"罢黜百家，独尊儒术"的国策，从此奠定了儒家的独尊地位。道家思想源于老子哲学，但是所谓道家和以后形成的道教，其思想已经远离老子的《道德经》，错误演绎了老子的"无为"的哲理，走进了消极遁世的死胡同。但是，老子的哲学思想，尽管被后世误诠后已经改头换面，但是仍然流传了下来。各种语言版本的《道德经》的印刷总量已经超过了《圣经》，居世界第一位。这也从一个侧面说明了中国古典哲学的魅力。

二、科学

科学是以世界和现象的局部为研究领域，可凭经验论证的系统的理性认识。而技术是一种将科学应用于现实世界的技能，技术可以对自然事物进行改善和处理，并将其用于人类生活。科学要有坚定的信念，相信我们生存的自然界中存在着统一而普遍的法则，万事万物都有其存在的原因和原理，并对其进行合理的，符合逻辑的解释。这些法则和定律应该是可以用定量或者用几何原理来表达的。

科学的"科"就是分科，分门别类；科学就是"分门别类的知识体系"。英语中科学一词"science"也是切开、分开的意思，和剪刀（scissor）来自同一词源（开头三个字母是相同的）。科学分析现象的时候是这样，分析物体的时候也是这样。现在的物体已经分割到"玄之又玄"的程度了。物质的分割顺序为：分子—原子—原子核（电子）—质子（中子）—夸克—玄（弦线）。科学就是要分了再分，要具体，不能像哲学那样可以笼统地、宏观地、概括地解释现象。

三、技术

技术也叫工艺科学，是生产中使用的技能、技巧、方法和过程的总和。技术可以是技巧、过程等方面的知识，也可以嵌入机器中，可以在不详细了解其工作原理的情况下进行操作。最简单的技术形式是基本工具的开发和使用。史前有关如何控制火，新石器时代滚轮的发明，帮助人类控制环境。包括印刷机、电话和互联网在内的现代技术的历史性发展减少了人们沟通的障碍，并使人类能够在全球范围内自由互动。许多技术会产生有害的副产品，带来污染，消耗自然资源。关于技术的应用已经引起了哲学上的争论——对于技术是改善人类状况，还是恶化人类状况存在分歧。王东岳先生认为，技术的持续高度发展只能使人类存在度递减，因为递弱代偿是个天道。尽管人类可以发展科技不断地提高自己的代偿能力，但是，按照热力学第二定律（熵增加原理），存在度永远都是在不断递减的，直至彻底绝灭。想到此处，人们可以从某个角度对老子的"小国寡民""无为而治"的哲学更好地理解。那才是能使人类长久的策略。

四、宗教和神学

宗教是一种社会文化体系，具有特定的行为、道德、世界观、教条、圣地、预言、伦理和组织。宗教将人类与超自然的、先验的和精神的元素联系起来。但是学术界对宗教的确切构成还没有形成共识。不同的宗教可能包含，也可能不包含神圣、信仰、超自然的存在等各种元素。宗教活动可能包括宗教仪式、讲道、纪念、祭祀、节日、盛宴、礼拜仪式、丧葬服务、婚姻服务、冥想、祈祷、音乐、艺术、舞蹈、公共服务或人类文化的其他事项。宗教可能包含象征性故事，而追随者有时会说这是真实的，其附带目的是解释生命、宇宙和其他事物的起源。全世界估计有上万种不同的宗教。世界上约有84%的人口与基督教、伊斯兰教、印度教、佛教或某种形式的民间宗教有联系。宗教研究涵盖了神学、比较宗教学和社会科学等方面的研究。宗教理论为宗教的起源和运作提供了各种解释，包括宗教存在和信仰的本体论基础。

神学是一门对神的本质以及更广泛的宗教信仰系统研究的学科。神学不仅具有分析超自然现象的独特内容，而且还涉及宗教认识论，并寻求回答启示性问题。神学认为上帝和神灵愿意并能够与自然世界互动，向人类展示自己。尽管神学已成为一个世俗领域，但宗教信奉者仍然认为神学是一门学科，可以帮助他们理解诸如生命和爱情之类的概念，并可以帮助他们顺服所遵循或崇拜的神灵。神学家使用各种形式的分析和论证来帮助理解、诠释、检验、批评、捍卫或促进各种宗教话题。神学研究可以帮助神学家更深入地了解他们自己的宗教传统，可以使他们在不参考任何特定传统的情况下探索神性的本质。在一些国家，宗教连同政治和经济被认为是平稳驾驭"社会"这辆马车的三匹马或三驾马车。

● 第二节 ● 有关古典哲学是否阻碍科学发展的问题讨论

在中国现代研究科学史和哲学史的专家当中，有许多人认为中国古典哲学与科学之间没有什么联系。他们认为中国古典哲学，尤其是儒家思想，给人以刻板印象，对科学本来就不感兴趣。实际上，刻板的印象产生于对中国古典文言的生疏，至于"感不感兴趣"——那个时代就是没有那么多的科学需求让儒家去感兴趣。当然，现在读起来，儒家文化里面的科学知识很少，但那是两千多年以前，怎么会让今天的人感到充满科学趣味呢？

清华大学宫鹏教授在《自然》杂志上发表了他与美国加州大学伯克利分校教授的合作研究，就中国哲学对中国科学发展的影响做了评估。他们认为，数千年来，孔孟之道提倡知识分子应试科举而成仕；庄周的道家思想主张孤立的家庭组成的和谐社会，避免交流引起的冲突和技术引起的贪婪。这两种文化都符合了当时自给自足的小农经济，阻碍了人们的好奇心以及对商业化和技术化的需求，造成了中国社会数千年的科学空白。中国现代科学家和相关研究人员当中，与宫教授观点相同的人估计占多数。

一、冯友兰问题

乍一听，对中国古典哲学的指责是有道理的。对中国古典哲学思想阻碍科学发展的指责早就大有人在。早在 1921 年，师从约翰·杜威（John Dewey, 1859—1952），且年仅 26 岁的冯友兰（1895—1990）在哥伦比亚大学系会上宣读了题为《为什么中国没有科学？——对中国哲学的历史及其后果的一种解释》的论文，第二年，此文便发表于美国的《国际伦理学》上。33 年以后，英国剑桥大学教授李约瑟（JTM Needham, 1900—1995）在他的《中国科学技术史》上提出了对冯友兰的反驳。冯友兰先生认为，文艺复兴（14—17 世纪）之前，中国和西方是接近的，文艺复兴以后，西方逐渐前进，中国未能像西方一样进入科学时代。中国没有科学，是因为那时候的中国不需要科学。为了论证这一点，冯友兰先生提出了"自然"和"人为"两个概念。战国时代分别发展了两种哲学，即道家和墨家。道家和墨家走向了两个极端，道家最重视自然，认为自然是完美的，讲求顺应自然。但问题是，为什么热爱自然的中国人却始终没有产生出来科学呢？冯友兰继续分析，指出墨家和道家完全不同，极力主张摆脱自然或者改造自然，因此在墨家弟子们那里得出了一些科学的认识。这些认知的具体内容为《墨经》六篇。然而墨家其他派别认为这些讲逻辑、探科技的人违背了墨家的宗旨，贬称他们为"别墨"。也就是说那些发明了一些技术的人并不是正统的墨家。冯友兰先生认为墨家把效用看得高于一切，在精神上是有科学性的，包括他们对逻辑和定义的兴趣。当时在墨家和道家之间存在着折中的儒家。冯友兰先生没有解释儒家思想是如何在道家和墨家两个极端之间折中的。

二、李约瑟问题

李约瑟教授与冯友兰先生的观点相反，大篇幅介绍了宋明时期的科学成就。李约瑟的著作《中国科学技术史》的参考资料中包括冯友兰先生的《中国哲学史》，而冯友兰先生在这本书中吸纳了他在《为什么中国没有科学？——对中国哲学的历史及其后果的一种解释》一文中所表达的观点。李约瑟教授早就读过冯友兰先生的那篇文章并持有不同看法，促使他提出了著名的"李约瑟问题"，其大意是，为什么科学技术在古代中国领先于西方，但在近代中国却落后于西方呢？在科学技术发明方面，古代中国人成功地走在欧洲人的前面，和拥有古代西方世界全部文化财富的阿拉伯人并驾齐驱，并在 3—13 世纪之间保持着整个西方所望尘莫及的科学知识水平。那时候，中国学者在科学理论和几何学方法体系方面所存在的弱点并没有妨碍各种科学发现和技术发明。中国的这些发明和发现往往远远超过同时代的欧洲，特别是在 15 世纪之前更是如此。欧洲在16 世纪以后诞生了近代科学，而中国文明却未能产生与此相似的近代科学，其阻碍因素是什么？当然，李约瑟教授所讲的中国古代科学是"广义上的科学"，而冯友兰讲的是"狭义上的科学"。

三、爱因斯坦问题

有关爱因斯坦（Albert Einstein，1879—1955）的问题是这样的，爱因斯坦在 1922 年到访中国时，接待他的、和他交流的大多是一些艺术家，而他没有发现有物理学家出席。这使他可能认为中国人对现代科学不感兴趣。1953 年爱因斯坦在给美国的一位学者的信中这样写道，西方科学的发展是以两个伟大的成就为基础：希腊哲学家发明了以欧几里得几何学为代表的形式逻辑体系，以及可能找出因果关系的系统实验方法。在爱因斯坦看来，中国的贤哲没有走上这两步，也没有什么可以值得大惊小怪的，发现这些才是令人惊奇的。爱因斯坦只是具有影响的科学家，而不是研究科学史和哲学的专家，而且他后来也没有就这个问题说什么。况且爱因斯坦也说过，他曾受到东方先哲的启示。

四、拉法尔斯观点

时隔近百年，宫鹏教授又重提冯友兰和李约瑟问题，并且再次把中国没有形成欧洲式现代科学归咎于儒家思想。就这一问题，加州大学河滨分校的丽莎·拉法尔斯教授在斯坦福大学斯坦福哲学百科全书网上详细阐述了自己的见解。笔者这里着重介绍拉法尔斯的观点。

冯友兰先生认为，虽然墨家弟子做了一些科学工作，取得了一些技术发明，但是后来莫名其妙地消失了。此后，中国哲学就一直致力于思想的培养，以牺牲对科学和自然探究的兴趣或需求为代价。与此相反，现代欧洲哲学的祖先对科学有两个"实用"需求，也就是为观察事物提供确定性，科学本身是一种力量。但是，冯先生认为，中国之所以没有发现科学方法，是因为中国的哲学是从思想出发的，不需要证据、逻辑或经验证明。相比欧洲先哲，中国哲学家更喜欢感知的确定性。因此，不会把他们的具体愿景转化为科学形式。冯先生总结说，正是由于中国古代知识人更喜欢享受统治权力而不是科学力量，所以他们不需要科学，虽然西方哲学家认为科学也是一种权力。拉法尔斯教授认为，尽管冯先生某些论述尚有待商榷，但从哲学的角度，拉法尔斯也给出了一种令人信服的说法，指出了科学在中国没有发展的原因。拉法尔斯教授随即转向相反的论点，即科学在中国早期和宋代"新儒家"时期确实得到了发展并且是蓬勃发展。

1. 中国的早期科学

正如纳唐·西文（Nathan Sivin）所论证的那样，中国的早期科学既是定量的又是定性的。纳唐·西文将量化科学分为三类：数学（算术）、数学谐波或声学（律或律吕）和数学天文学（历或历法）。纳唐·西文将质性科学描述为天文或占星术、医学、选址（风水）。天文包括对天体和气象事件的观察，可用以纠正政治秩序。医学还包括养生、本草、炼丹术。另一个是科学与早期中国哲学之间的具体互动问题，以及中国哲学是否在某种程度上不利于科学探究。要回答后一个问题，有必要考虑哪些科学与中国哲学有关。我们使用纳唐·西文的分类方法，定量科学与早期中国哲学之间没有多大关系，哲学与科学之间最大程度的互动来自天文、历法、占星术和医学等定性科学。道教藏经于1477年左右首次印刷，并于1924—1926年以商业版再版，原始版本由5305卷组成，涵盖主题广泛，包括天文学和宇宙学、生物学和植物学、医学和药理学、化学和矿物学以及数学和物理学。

早期哲学和科学的社会背景之间存在很大的差异，科学之间也存在重要差异。科学文本的作者是没有政治影响的私人。相比之下，天文学和历法与政府关系密切，从汉代开始就被置于政府主管天文的部门之下。中国的科学起源似乎在于哲学大师和技术专家的思想融合。中国的基础科学是在公元前1世纪到公元1世纪之间建立的，当时儒学思想与技术思想得以结合，特别是阴阳五行哲学和与包含算术、技巧和方技在内的专业技术的融合。

《汉书·艺文志》就记载了大量古代科学成果，由六个部分组成：《六艺略》《诸子略》《诗赋略》《兵书略》《术数略》《方技略》。而其中的《术数略》分为天文、历谱、五行、蓍龟、杂占、形法（形态成型学）六种，内容包括天文学、宇宙学，例如天象历法。天象包括有关按星星和天气现象（云、雾、气的构图）进行占卜的文字，以及星座映射图。历法和年表包括有关日历计算和天体运动的文字。五行还包含预兆、血液学、日历占星术。蓍龟一节里包含有关用龟壳和蓍草占卜的文字以及《周易》的原始文本。另外两部分涉及杂项占卜（杂占）

和形态成型学（形法）、地理、地貌和拓扑学方面的著作。在第六章《方技略》中的"食谱和方技"一节中有关于药物和药理学的内容，包括有关近代医学和长寿不老方、性艺术和修仙等。

中国科学思想创始人邹衍（前305—前240），与阴阳学派结合，将阴阳和五行合并系统化。他的作品幸存下来的很少，主要学说是"五德终始说"和"大九州说"。邹衍是稷下学宫学者，与之相关的人物包括孟子、荀子，墨家哲人宋星，甚至还包括庄子。《汉书》说邹衍是方技方士。这个称呼广泛应用于医学技术领域的践行者。邹衍深入研究了阴阳的增加和减少现象，并撰写了超过10万字的文章。

《淮南子》的第三章结尾部分介绍了如何使用阴影投射的测量值来计算距离。古代中国人很早就试图测量太阳的高度。他们用一根八尺长的标杆，选定夏至这一天，在南北相隔一千里的两个地方分别测量出太阳影子的长度，再根据相似直角三角形对应边成比例的性质，得出太阳离地面的高度。但是，因为假设地面是平的，而地面实际上是球面，不符合实际情况，所以得出错误的结果。不过，"重差术"这种数学方法是正确的。《重差》是中国最早的一部测量数学著作，为地图学提供了数学基础，标志着中国古代测量数学的伟大成就。

2. 中国古代的数学

中国古代数学是从公元前11世纪独立发展起来的，包括非常大的数字、负数、十进制、二进制、代数、几何和三角学。最古的数学书可以上溯到殷商时代的《易经》，在完善了十进制的基础上，最早提出了二进制。殷商时代就有了负数和解方程的概念。早在墨子时代，就开始研究几何学，其内容记载于《墨子》一书当中，最早提出了体积的定义以及圆周、直径和半径的概念。《周髀算经》的早期雏形大概形成于公元前1200年，那时就提出了勾三股四弦五的勾股定理的概念。

中国古代数学著作主要有以下二十几种。

（1）《算数书》：全文约7000字，成书年代不晚于公元前186年，内容包括算法和算题，如相乘、合分、增减、分乘、径分、约分、石衡、少广、出金、铜耗、方田、贾盐、税田、息钱、负炭、程禾、金价等。

（2）《算经十书》：包括《周髀算经》《九章算术》《海岛算经》《孙子算经》《张丘建算经》《五曹算经》《五经算术》《夏侯阳算经》《缀术》《缉古算经》。

（3）《周髀算经》：中国最早的天文学、算学著作。二卷，不知撰人，约成书于公元前100年。

（4）《九章算术》：《算经十书》之一。共九卷，作者不详，约成书于西汉中期，由刘徽编辑并注释，内容包括方田（田亩丈）、粟米、衰分（等差数列）、少广（田亩计算中的分数、开方）、商功（土木工程体积）、均输（加权比例）、盈不足（由二次假设求解二元问题）、方程、勾股等。

（5）《海岛算经》：中国古代测量术的代表作。魏刘徽撰第一卷，原名《重差》，附于《九章算术》之后。唐李淳风立为《算经十书》之一。

　　(6)《孙子算经》：约编纂于公元四五世纪，三卷，作者不详。叙述度量衡，筹算乘除法则，分数与开方、面积、体积及衰分、盈等、测望、田域、营建、贸易、仓窖、赋役、军旅，妇人荡杯、雉兔同笼。

　　(7)《张丘建算经》：《九章算术》之后的一部有突出成就的数学著作，涉及测量、纺织、交换、纳税、土木工程，公约数、求和公式等。

　　(8)《缀术》：中国唐初立于官学的《算经十书》之一。作者是祖冲之，内容包括圆周率。

　　(9)《五曹算经》：一部为地方行政官员编写的实用算术书，五卷，北周甄鸾撰。

　　(10)《五经算术》：《算经十书》之一，二卷，北周甄鸾撰，对《尚书》《诗经》《周易》《左传》《论语》《周礼》等典籍中有关历算、音律的文字予以注释，涉及大数进位制、分数的运算、开方和体积计算及等比数列问题。

　　(11)《数术记遗》：初唐国子监中明算科的十二部教科书中的一种。一卷，题署汉徐岳撰，北周甄鸾注。所记述的十四种算法是：积算、太一算、两仪算、三才算、五行算、八卦算、九宫算、运筹算、了知算、成数算、把头算、龟算、珠算、计数。

　　(12)《缉古算经》：一卷，唐王孝通撰并自注，内容包括天文、土方、容积、勾股、一元三次方程的建立和解法。

　　(13)《夏侯阳算经》：宋代已失传。今传本为北宋重刻《算经十书》时将《韩延算术》冠以《夏侯阳算经》之名编入其中。

　　(14)《谢察微算经》：一部内容浅显的启蒙算书。三卷，宋谢察微撰。原书已失传，但其第一卷的开头部分被收录在明初陶宗仪编纂的《说郛》中。内容有大数、小数、度量衡、亩等。

　　(15)《敦煌算书》：20世纪初发现于敦煌莫高窟的手抄本，包括算书、算表、算经。

　　(16)《黄帝九章算法细草》：宋代算书。九卷，宋贾宪撰，今已失传。

　　(17)《算学源流》：中国最早的一部简明数学史纲。不分卷，作者不详。

　　(18)《数书九章》：宋元时代代表性数学著作。宋秦九韶撰。成书于1247年，全书共十八卷八十一题。内容包括"中国剩余定理"或"孙子定理"，天时类、田域类、测望类、赋役类、营建类、军旅类、市易类等。

　　(19)《测圆海镜》：中国现存最早的一部以天元术为主要内容的著作。

　　(20)《益古演段》：普及天元术的著作。元李冶撰，三卷，成书于1259年。

　　(21)《详解九章算法》：宋代算书。宋杨辉撰，十二卷，成书于1261年，包括《九章算术》本文，魏刘徽注，唐李淳风等注，北宋贾宪细草及杨辉详解共五部分。

　　(22)《日用算法》：宋代实用算书。宋杨辉撰，原书已失传，残文存于《永乐大典》及《诸家算法》中。

中国古代的数学著作为我们留下了很多经典讨论题，其中有许多著名的问题，一直到现在经久不衰。例如，韩信点兵（也叫隔墙扔豆或无不知数）、老鼠打洞、鸡兔同笼。

韩信点兵：1500 名兵士战后排队，3 人一排多出 1 人，5 人一排多出 4 人，7 人一排多出 6 人。韩信据此很快说出生还人数 1004，战死人数 496 人。

鸡兔同笼：鸡兔同笼 33，100 条腿往上安。问多少只鸡，多少只兔子。如果今天用方程解，那就很简单了。$x + y = 33$；$2x + 4y =100$；然后算出 $x=16$，$y=17$；所以鸡有 16 只，兔子 17 只。但是不懂二元一次方程的古代中国人也非常机智。鸡有两只脚，兔子有四只脚，他们假设让鸡抬起一只脚，让兔子抬起两只脚，这个时候笼子里的脚就会少一半，就是 100/2=50 只。这个时候的笼子里，鸡是一只脚一个头，兔子是两只脚一个头，而头一共是 33 个，说明多出来的就是兔子的数量，所以 50-33=17，兔子就是 17 只。

老鼠打洞：一堵墙厚十尺，两只老鼠从两边向中间打洞。第一天大小老鼠各打进一尺。大鼠每天的打洞进度是前一天的一倍，小鼠每天的进度是前一天的一半。问它们几天可以相逢，相逢时各打了多少。答案是：二日一十七分日之二。大鼠穿三尺四寸十七分寸之一十二，小鼠穿一尺五寸十七分寸之五。当然现在用数列方程很容易解答，而古代中国人是用他们总结出来的"盈不足"理论来解答的，详见《九章算术》等资料。

在汉代，中国人在求根演算和线性代数上取得了长足的进展。其中，《九章算术》和《算数书》记载了解决日常生活中遇到的数学问题的详细过程。有些章节介绍了求解线性代数和二次方程的、类似于高斯消元法和霍纳法的方法。中国的代数发展在 13 世纪达到顶峰。

《九章算术》据说是中国数学书籍中最古老的，大概在春秋战国时期成书。但该书被秦始皇焚书坑儒时烧毁，秦灭汉兴，三国时期的刘征又将其散失的章节拼凑起来，再编成书。唐代的李淳风在刘徽注释的基础上再加注解，才成为今天流行的版本。《九章算术》在世界上也算是最古老的数学书籍，并且被认为是当时世界上最先进的数学成果。这类书籍当时是政府官员而不是普通百姓可以阅读和学习的。有些部门的政府官员不懂一些数学就无法胜任本职工作。例如，丈量田地的面积，测量三角形、正方形和圆形的面积。有些内容包含一些相当高级的数学问题，可以与现代数学相比。取得如此进展的数学业绩其原因可能是因为当时的社会要求相当先进的数学。再如，征税、修桥修路、河流进行防洪堤坝的建造，有时候甚至皇陵的建筑也需要很复杂的计算。为让读者快速了解九章算术的水平，再举两个例题。

例题一，原文：今有麻（芝麻）九斗、麦七斗、菽（大豆）三斗、答（小豆）二斗、黍（黄黏米）五斗，直钱一百四十；麻七斗、麦六斗、菽四斗、答五斗、黍三斗，直钱一百二十八；麻三斗、麦五斗、菽七斗、答六斗、黍四斗，直钱一百一十六；麻二斗、麦五斗、菽三斗、答九斗、黍四斗，直钱一百一十二；麻一斗、麦三斗、菽二斗、答八斗、黍五斗，直钱九十五。问一斗直几何？

答曰：麻一斗七钱，麦一斗四钱，菽一斗三钱，答一斗五钱，黍一斗六钱。

术曰：如方程，以正负术入之（列方程式，以正负术计算）。

刘徽就新旧计算方法做了详细的解释，这里一概省略。读者可查阅《九章算术》。这里只是提一下具体解题过程。

设麻、麦、菽、荅、黍每斗价格分别为 x、y、z、v 和 w，从而建立如下联立方程式。

$$9x+7y+3z+2v+5w=140$$

$$7x+7y+4z+5v+3w=128$$

$$3x+5y+7z+6v+4w=116$$

$$2x+5y+3z+9v+4w=112$$

$$x+3y+2z+8v+5w=95$$

当然这个用英文字母所列的方程组在原文里是没有的，矩阵排列也是没有的，只有刘徽的复杂的方法叙述。按照以上方程式计算如下。

$$
\begin{array}{cccccc}
⑤ & ④ & ③ & ② & ①\\
\end{array}
\begin{pmatrix}
1 & 2 & 3 & 7 & 9\\
3 & 5 & 5 & 6 & 7\\
2 & 3 & 7 & 4 & 3\\
8 & 9 & 6 & 5 & 2\\
5 & 4 & 4 & 3 & 5\\
95 & 112 & 116 & 128 & 140
\end{pmatrix}
\xrightarrow{A}
\begin{pmatrix}
9 & 18 & 9 & 63 & 9\\
27 & 45 & 15 & 54 & 7\\
18 & 27 & 21 & 36 & 3\\
72 & 81 & 18 & 45 & 2\\
45 & 36 & 12 & 27 & 5\\
855 & 1008 & 348 & 1152 & 140
\end{pmatrix}
\rightarrow
\begin{pmatrix}
0 & 0 & 0 & 0 & 9\\
20 & 31 & 8 & 5 & 7\\
15 & 21 & 18 & 15 & 3\\
70 & 77 & 16 & 31 & 2\\
40 & 26 & 7 & -8 & 5\\
715 & 728 & 208 & 172 & 140
\end{pmatrix}
\rightarrow
\begin{pmatrix}
0 & 0 & 0 & 0 & 9\\
20 & 155 & 40 & 5 & 7\\
15 & 105 & 90 & 15 & 3\\
70 & 385 & 80 & 31 & 2\\
40 & 130 & 35 & -8 & 5\\
715 & 3640 & 1040 & 172 & 140
\end{pmatrix}
$$

$$
\rightarrow
\begin{pmatrix}
0 & 0 & 0 & 0 & 9\\
0 & 0 & 0 & 5 & 7\\
-45 & -360 & -30 & 15 & 3\\
-54 & -576 & -168 & 31 & 2\\
72 & 378 & 99 & -8 & 5\\
27 & -1692 & -336 & 172 & 140
\end{pmatrix}
\xrightarrow{B}
\begin{pmatrix}
0 & 0 & 0 & 0 & 9\\
0 & 0 & 0 & 5 & 7\\
-5 & -20 & -10 & 15 & 3\\
-6 & -32 & -56 & 31 & 2\\
8 & 21 & 33 & -8 & 5\\
3 & -94 & -112 & 172 & 140
\end{pmatrix}
\rightarrow
\begin{pmatrix}
0 & 0 & 0 & 0 & 9\\
0 & 0 & 0 & 5 & 7\\
-50 & -20 & -10 & 15 & 3\\
-60 & -32 & -56 & 31 & 2\\
80 & 21 & 33 & -8 & 5\\
30 & -94 & -112 & 172 & 140
\end{pmatrix}
\rightarrow
\begin{pmatrix}
0 & 0 & 0 & 0 & 9\\
0 & 0 & 0 & 5 & 7\\
0 & 0 & -10 & 15 & 3\\
220 & 80 & -56 & 31 & 2\\
-85 & -45 & 33 & -8 & 5\\
590 & 130 & -112 & 172 & 140
\end{pmatrix}
$$

$$
\xrightarrow{C}
\begin{pmatrix}
0 & 0 & 0 & 0 & 9\\
0 & 0 & 0 & 5 & 7\\
0 & 0 & -10 & 15 & 3\\
44 & 16 & -56 & 31 & 2\\
-17 & -9 & 33 & -8 & 5\\
118 & 26 & -112 & 172 & 140
\end{pmatrix}
\xrightarrow{D}
\begin{pmatrix}
0 & 0 & 0 & 0 & 9\\
0 & 0 & 0 & 5 & 7\\
0 & 0 & -10 & 15 & 3\\
176 & 16 & -56 & 31 & 2\\
-68 & -9 & 33 & -8 & 5\\
472 & 26 & -112 & 172 & 140
\end{pmatrix}
\xrightarrow{E}
\begin{pmatrix}
0 & 0 & 0 & 0 & 9\\
0 & 0 & 0 & 5 & 7\\
0 & 0 & -10 & 15 & 3\\
0 & 16 & -56 & 31 & 2\\
31 & -9 & 33 & -8 & 5\\
186 & 26 & -112 & 172 & 140
\end{pmatrix}
\xrightarrow{F}
\begin{pmatrix}
0 & 0 & 0 & 0 & 9\\
0 & 0 & 0 & 5 & 7\\
0 & 0 & 10 & 15 & 3\\
0 & 16 & 56 & 31 & 2\\
1 & -9 & -33 & -8 & 5\\
6 & 26 & 112 & 172 & 140
\end{pmatrix}
$$

为了简便起见，在 A 中，第二、第四和第五列乘以 9，但只有第三列增加了三倍。在 B 中，第三列用公约数 3，第四列用 18，第五列用 9 约分。在 C 中，第四列用公约数 5，第五列也用 5 约分。在 D 中，将第 5 列乘以 4。在 E 中，第 5 行中减去第 4 行的 5 倍。在 F 中，第三列的正负号互换，第五列用公约数 31 约分。

因此，得出以下每斗价格的结果：

黍（w）= 6 钱，

荅（v）=（26+9×6）÷16 = 80/16 = 5 钱，

菽（z）=（112-5×56+6×33）÷10 =30/10 = 3 钱，

麦（y）=（172-3×15-5×31+6×8）÷5 = 20/5 = 4 钱，

麻（x）=（140-4×7-3×3-5×2-6×5）÷9 = 63/9 = 7 钱。

例题二，原文：今有委米依垣内角，下周八尺，高五尺。问：积及为米几何？

答曰：积三十五尺、九分尺之五。为米二十一斛，七百二十九分斛之六百九十一。

委粟术曰：下周自乘，以高乘之，三十六而一。其依垣者，十八而一。其依垣内角者，九而一。程粟一斛，积二尺七寸。其米一斛，积一尺六寸、五分寸之一。其菽、答、麻、麦一斛，皆二尺四寸、十分寸之三。

解答过程：设米堆所在圆锥的底面半径为 r 尺，则 $(1/4) \times 2\pi r=8$，解得：$r=16/8$，所以米堆的体积为 $V=(1/4) \times (1/3) \times \pi r2 \times 5=320/3\pi \approx 35.56$。所以米堆的斛数是 $35.56/1.62 \approx 22$。

3. 宋朝新儒时期的科学

中国历史上的宋朝（960—1279）出现了大量的科技发明，包括四大发明之一的活字印刷术，子午圈的精确测量和地磁偏角的发现，地貌学和气候变化原理，涵盖植物学、动物学、冶金学和矿物学的《本草图经》，水运仪象台，天体测量用浑天仪，缝纫机，火药武器，记里鼓车和指南车，先进的土木工程、航海术和冶金学，新历法，数学领域的隙积术和会圆术，以及沈括《梦溪笔谈》中阐述的生物科学，医疗理论，历算学，天气预测等技术和包括力学、光学、声学、热学、磁学的物理学。这些发明推动了宋朝经济的发展和繁荣，对人类文明产生深远影响。

李约瑟在《中国的科学与文明》中说，查找具体科技史料时，往往会发现重点在宋代，不管在应用科学方面或纯粹科学方面都是如此。那时中国就拥有先进精巧的机械工程技术，出现了世界最早的一台"水运"天文钟以及精确绘制并保存至今的石刻《天文图》《墬理图》与《帝王绍运图》。活字印刷术比原来已经广为流传的雕版印刷更好地传播知识。而新的武器，如火药的应用，使宋朝能抵抗外来者的侵略。

● 第三节 ● 不是中国古典哲学阻碍了科学发展

美国汉学家德克·博德（Derk Bodde 1909—2003）不完全同意冯友兰先生的观点。博德认为，阻碍了中国科学发展的因素是多样的，其中包括：1）不适用于科学思想表达的书面语言；2）屠杀和灭族对知识人才的压抑；3）锁国的专制帝国政府；4）保守的学术精英；5）哲学里面充斥着道德观念和整体主义。但是还有一个更重要的因素就是外族入侵时和占领期间的杀戮、镇压和血腥统治。笔者就这几条中的重要因素进行简单的论述。

一、不适用于科学思想表达的书面文字

众所周知，近代和现代科学，尤其是其中的数学公式和物理符号都是使用西方语言字母，使用的数字是阿拉伯数字。一些数学公式如果用汉字表达就很

麻烦，有些简直就是不可能。下列截图是一个特别复杂的数学公式，也就是著名的纳维-斯托克斯方程（Navier-Stokes equations），用来描述液体和空气等流体的方程。这些方程建立了流体的粒子动量的改变率和作用在液体内部的压力的变化和耗散黏滞力以及引力之间的关系。详细内容可以参考相应的资料和网址（https://en.wikipedia.org/wiki/ Navier%E2%80%93Stokes_equations，上网时间 2023 年 8 月 10 日）。

$$
\begin{gathered}
\mathcal{L}_{SM} = -\frac{1}{2}\partial_\nu g_\mu^a \partial_\nu g_\mu^a - g_s f^{abc}\partial_\mu g_\nu^a g_\mu^b g_\nu^c - \frac{1}{4}g_s^2 f^{abc} f^{ade} g_\mu^b g_\nu^c g_\mu^d g_\nu^e - \partial_\nu W_\mu^+ \partial_\nu W_\mu^- - \\
M^2 W_\mu^+ W_\mu^- - \frac{1}{2}\partial_\nu Z_\mu^0 \partial_\nu Z_\mu^0 - \frac{1}{2c_w^2} M^2 Z_\mu^0 Z_\mu^0 - \frac{1}{2}\partial_\mu A_\nu \partial_\mu A_\nu - igc_w(\partial_\nu Z_\mu^0 (W_\mu^+ W_\nu^- - \\
W_\nu^+ W_\mu^-) - Z_\nu^0(W_\mu^+\partial_\nu W_\mu^- - W_\mu^-\partial_\nu W_\mu^+) + Z_\mu^0(W_\nu^+\partial_\nu W_\mu^- - W_\nu^-\partial_\nu W_\mu^+)) - \\
igs_w(\partial_\nu A_\mu(W_\mu^+W_\nu^- - W_\nu^+W_\mu^-) - A_\nu(W_\mu^+\partial_\nu W_\mu^- - W_\mu^-\partial_\nu W_\mu^+) + A_\mu(W_\nu^+\partial_\nu W_\mu^- - \\
W_\nu^-\partial_\nu W_\mu^+)) - \frac{1}{2}g^2 W_\mu^+W_\mu^-W_\nu^+W_\nu^- + \frac{1}{2}g^2 W_\mu^+W_\nu^-W_\mu^+W_\nu^- + g^2c_w^2(Z_\mu^0W_\mu^+Z_\nu^0W_\nu^- - \\
Z_\mu^0Z_\mu^0W_\nu^+W_\nu^-) + g^2s_w^2(A_\mu W_\mu^+ A_\nu W_\nu^- - A_\mu A_\mu W_\nu^+ W_\nu^-) + g^2 s_w c_w(A_\mu Z_\nu^0(W_\mu^+W_\nu^- - \\
W_\nu^+W_\mu^-) - 2A_\mu Z_\mu^0 W_\nu^+ W_\nu^-) - \frac{1}{2}\partial_\mu H\partial_\mu H - 2M^2\alpha_h H^2 - \partial_\mu\phi^+\partial_\mu\phi^- - \frac{1}{2}\partial_\mu\phi^0\partial_\mu\phi^0 - \\
\beta_h\left(\frac{2M^2}{g^2}+\frac{2M}{g}H+\frac{1}{2}(H^2+\phi^0\phi^0+2\phi^+\phi^-)\right)+\frac{2M^4}{g^2}\alpha_h - \\
g\alpha_h M(H^3+H\phi^0\phi^0+2H\phi^+\phi^-) - \\
\frac{1}{8} g^2\alpha_h(H^4+(\phi^0)^4+4(\phi^+\phi^-)^2+4(\phi^0)^2\phi^+\phi^-+4H^2\phi^+\phi^-+2(\phi^0)^2H^2) - \\
gMW_\mu^+W_\mu^-H - \frac{1}{2} g\frac{M}{c_w^2}Z_\mu^0Z_\mu^0H - \\
\frac{1}{2} ig(W_\mu^+(\phi^0\partial_\mu\phi^- - \phi^-\partial_\mu\phi^0) - W_\mu^-(\phi^0\partial_\mu\phi^+ - \phi^+\partial_\mu\phi^0)) + \\
\frac{1}{2} g(W_\mu^+(H\partial_\mu\phi^- - \phi^-\partial_\mu H) + W_\mu^-(H\partial_\mu\phi^+ - \phi^+\partial_\mu H)) + \frac{1}{2} g\frac{1}{c_w}(Z_\mu^0(H\partial_\mu\phi^0 - \phi^0\partial_\mu H) + \\
M(\frac{1}{c_w}Z_\mu^0\partial_\mu\phi^0 + W_\mu^+\partial_\mu\phi^- + W_\mu^-\partial_\mu\phi^+) - ig\frac{s_w^2}{c_w}MZ_\mu^0(W_\mu^+\phi^- - W_\mu^-\phi^+) + igs_wMA_\mu(W_\mu^+\phi^- - \\
W_\mu^-\phi^+) - ig\frac{1-2c_w^2}{2c_w}Z_\mu^0(\phi^+\partial_\mu\phi^- - \phi^-\partial_\mu\phi^+) + igs_wA_\mu(\phi^+\partial_\mu\phi^- - \phi^-\partial_\mu\phi^+) - \\
\frac{1}{4} g^2W_\mu^+W_\mu^-(H^2+(\phi^0)^2+2\phi^+\phi^-) - \frac{1}{8} g^2\frac{1}{c_w^2}Z_\mu^0Z_\mu^0(H^2+(\phi^0)^2+2(2s_w^2-1)^2\phi^+\phi^-) - \\
\frac{1}{2} g^2\frac{s_w^2}{c_w}Z_\mu^0\phi^0(W_\mu^+\phi^- + W_\mu^-\phi^+) - \frac{1}{2} ig^2\frac{s_w^2}{c_w}Z_\mu^0H(W_\mu^+\phi^- - W_\mu^-\phi^+) + \frac{1}{2} g^2s_wA_\mu\phi^0(W_\mu^+\phi^- + \\
W_\mu^-\phi^+) + \frac{1}{2} ig^2s_wA_\mu H(W_\mu^+\phi^- - W_\mu^-\phi^+) - g^2\frac{s_w}{c_w}(2c_w^2-1)Z_\mu^0A_\mu\phi^+\phi^- - \\
g^2s_w^2A_\mu A_\mu\phi^+\phi^- + \frac{1}{2} ig_s\lambda_{ij}^a(\bar q_i^\sigma\gamma^\mu q_j^\sigma)g_\mu^a - \bar e^\lambda(\gamma\partial+m_e^\lambda)e^\lambda - \bar\nu^\lambda(\gamma\partial+m_\nu^\lambda)\nu^\lambda - \bar u_j^\lambda(\gamma\partial + \\
m_u^\lambda)u_j^\lambda - \bar d_j^\lambda(\gamma\partial+m_d^\lambda)d_j^\lambda + igs_wA_\mu(-(\bar e^\lambda\gamma^\mu e^\lambda) + \frac{2}{3}(\bar u_j^\lambda\gamma^\mu u_j^\lambda) - \frac{1}{3}(\bar d_j^\lambda\gamma^\mu d_j^\lambda)) + \\
\frac{ig}{4c_w}Z_\mu^0\{(\bar\nu^\lambda\gamma^\mu(1+\gamma^5)\nu^\lambda) + (\bar e^\lambda\gamma^\mu(4s_w^2-1-\gamma^5)e^\lambda) + (\bar d_j^\lambda\gamma^\mu(\frac{4}{3} s_w^2-1-\gamma^5)d_j^\lambda) + \\
(\bar u_j^\lambda\gamma^\mu(1-\frac{8}{3} s_w^2+\gamma^5)u_j^\lambda)\} + \frac{ig}{2\sqrt{2}}W_\mu^+((\bar\nu^\lambda\gamma^\mu(1+\gamma^5)U^{lep}{}_{\lambda\kappa}e^\kappa) + (\bar u_j^\lambda\gamma^\mu(1+\gamma^5)C_{\lambda\kappa}d_j^\kappa)) + \\
\frac{ig}{2\sqrt{2}}W_\mu^-((\bar e^\kappa U^{lep\dagger}{}_{\kappa\lambda}\gamma^\mu(1+\gamma^5)\nu^\lambda) + (\bar d_j^\kappa C_{\kappa\lambda}^\dagger\gamma^\mu(1+\gamma^5)u_j^\lambda)) + \\
\frac{ig}{2M\sqrt{2}}\phi^+(-m_e^\kappa(\bar\nu^\lambda U^{lep}{}_{\lambda\kappa}(1-\gamma^5)e^\kappa) + m_\nu^\lambda(\bar\nu^\lambda U^{lep}{}_{\lambda\kappa}(1+\gamma^5)e^\kappa) + \\
\frac{ig}{2M\sqrt{2}}\phi^-(m_e^\lambda(\bar e^\lambda U^{lep\dagger}{}_{\lambda\kappa}(1+\gamma^5)\nu^\kappa) - m_\nu^\kappa(\bar e^\lambda U^{lep\dagger}{}_{\lambda\kappa}(1-\gamma^5)\nu^\kappa) - \frac{g}{2}\frac{m_\nu^\lambda}{M}H(\bar\nu^\lambda\nu^\lambda) - \\
\frac{g}{2}\frac{m_e^\lambda}{M}H(\bar e^\lambda e^\lambda) + \frac{ig}{2}\frac{m_\nu^\lambda}{M}\phi^0(\bar\nu^\lambda\gamma^5\nu^\lambda) - \frac{ig}{2}\frac{m_e^\lambda}{M}\phi^0(\bar e^\lambda\gamma^5 e^\lambda) - \frac{1}{4}\bar\nu_\lambda M_{\lambda\kappa}^R(1-\gamma_5)\hat\nu_\kappa - \\
\frac{1}{4}\overline{\bar\nu_\lambda M_{\lambda\kappa}^R(1-\gamma_5)\hat\nu_\kappa} + \frac{ig}{2M\sqrt{2}}\phi^+(-m_d^\kappa(\bar u_j^\lambda C_{\lambda\kappa}(1-\gamma^5)d_j^\kappa) + m_u^\lambda(\bar u_j^\lambda C_{\lambda\kappa}(1+\gamma^5)d_j^\kappa) + \\
\frac{ig}{2M\sqrt{2}}\phi^-(m_d^\lambda(\bar d_j^\lambda C_{\lambda\kappa}^\dagger(1+\gamma^5)u_j^\kappa) - m_u^\kappa(\bar d_j^\lambda C_{\lambda\kappa}^\dagger(1-\gamma^5)u_j^\kappa) - \frac{g}{2}\frac{m_u^\lambda}{M}H(\bar u_j^\lambda u_j^\lambda) - \\
\frac{g}{2}\frac{m_d^\lambda}{M}H(\bar d_j^\lambda d_j^\lambda) + \frac{ig}{2}\frac{m_u^\lambda}{M}\phi^0(\bar u_j^\lambda\gamma^5u_j^\lambda) - \frac{ig}{2}\frac{m_d^\lambda}{M}\phi^0(\bar d_j^\lambda\gamma^5 d_j^\lambda) + \bar G^a\partial^2G^a + g_sf^{abc}\partial_\mu\bar G^aG^bg_\mu^c + \\
\bar X^+(\partial^2-M^2)X^+ + \bar X^-(\partial^2-M^2)X^- + \bar X^0(\partial^2-\frac{M^2}{c_w^2})X^0 + \bar Y\partial^2Y + igc_wW_\mu^+(\partial_\mu\bar X^0X^- - \\
\partial_\mu\bar X^+X^0) + igs_wW_\mu^+(\partial_\mu\bar YX^- - \partial_\mu\bar X^+Y) + igc_wW_\mu^-(\partial_\mu\bar X^-X^0 - \\
\partial_\mu\bar X^0X^+) + igs_wW_\mu^-(\partial_\mu\bar X^-Y - \partial_\mu\bar YX^+) + igc_wZ_\mu^0(\partial_\mu\bar X^+X^+ - \\
\partial_\mu\bar X^-X^-) + igs_wA_\mu(\partial_\mu\bar X^+X^+ - \\
\partial_\mu\bar X^-X^-) - \frac{1}{2} gM\left(\bar X^+X^+H + \bar X^-X^-H + \frac{1}{c_w^2}\bar X^0X^0H\right) + \frac{1-2c_w^2}{2c_w}igM(\bar X^+X^0\phi^+ - \bar X^-X^0\phi^-) + \\
\frac{1}{2c_w}igM(\bar X^0X^-\phi^+ - \bar X^0X^+\phi^-) + igMs_w(\bar X^0X^-\phi^+ - \bar X^0X^+\phi^-) + \\
\frac{1}{2} igM(\bar X^+X^+\phi^0 - \bar X^-X^-\phi^0) .
\end{gathered}
$$

二、锁国的专制帝国政府

尤其是明朝郑和下西洋以后，帝国政府就采取了闭关锁国政策，限制了对外贸易的发展和工商业的发展，使中国的资本主义萌芽始终得不到发展。这种状况持续到清朝灭亡后的北洋政府。锁国的专制政策助长了统治阶级妄自尊大的心理，自诩天朝上国，盲目排外，不思进取，保守愚昧，忽视了和外国的科技文化交流，使西方近代科学和技术无法传入中国。锁国政策使中国长期处于与世隔绝的状态，而西方科技正处于突飞猛进的时期，中国的经济、文化、科技当然要日益落后于西方。西方第二次工业革命时，中国仍处于专制的封建统治，虽然清朝末年洋务运动开始学习西方军事技术和科学技术了，但是清朝很快就内忧外患，不久就灭亡了。

三、落后的教育体制和取仕体制

1. 大学教育

进入 20 世纪，中国当时的教育还是以科举为核心，一两所大学也是刚刚建立的。这时候欧洲已经有了完整、广泛的大学教育系统。欧洲最早的巴黎大学前身——索邦神学院，创立于9世纪末期，后来规模日益扩大到文学、法律以及医学，于1180年（南宋淳熙七年）正式颁布"大学"称号。英国的牛津大学成立于1096年，1213年（南宋嘉定六年）成为受教皇许可的大学。剑桥大学成立于1209年（南宋嘉定二年）。意大利是欧洲大学的另一个发源地。博洛尼亚大学被誉为欧洲"大学之母"，始建于1088年（北宋元祐三年）。其他还有英国的圣安德鲁斯大学成立于1410年，葡萄牙的科因布拉大学成立于1290年（元至元二十七年），奥地利的维也纳大学成立于1365年（元至正二十四年），德国的海德堡大学1386年（明洪武十八年）成立，瑞典的乌普萨拉大学成立于1477年（明成化十三年），丹麦的哥本哈根大学成立于1479年（明成化十五年），立陶宛的维尔纽斯大学1579年（明万历六年）成立。中国最早的两所正规大学——北京大学和清华大学，则分别成立于1898年和1911年。

众所周知，大学是科学的摇篮，是科技人才的摇篮。大学对科学发展的影响比任何哲学或说教都大。欧洲的大学一个接一个成立的时候，正是蒙古军队与宋战争时期，中国哪有发展科学的机会呢？到了清朝末年，朝廷还把欧洲的科技看成是"奇技淫巧"。

2. 初等和中等教育

19世纪末，何子渊和丘逢甲等人排除顽固守旧势力的干扰，成功引入美式教育，创办新式学校。清政府于1905年末颁布新学制，废除科举制，并在全国范围内推广新式学堂。国民政府于1915年划分小学堂为初等小学堂（四年）和高等小学堂（二年）。1949年以后，乡镇一级设置一所包括初小和高小的中心小学，各村设初小。小学开设的课程有语文、算术、自然、地理、历史、政治、体育、音乐、美术、劳动。

1902年清政府开始颁布《钦定学堂章程》，规定中学堂以府设立为原则，称之为"省立中学堂"，由私人设立的，称为"民立中学堂"。1904年颁布《奏定学堂章程》，民国成立后又颁布了《中学规程》。中学分初级中学和高级中学，各三年。最早的中学是1901年成立的五城学堂，也就是今日北京师范大学附属中学的前身。所修课程包括语文、数学、英语、物理、化学、生物、政治、历史、地理、体育、音乐、美术。有的学校分为必修课和选修课。

3. 中国的私塾

私塾是中国古代社会开设于家庭内、宗族内部或乡村内部的民间幼儿教育机构。教学内容以儒家思想为主。1949年以后，私塾逐渐消失。最早在西周时期（前1046—前771年），塾就是乡学中的一种形式。塾的主持人大多是年老告归的官员，负责在地方推行教化。至1935年，全国共有私塾101 027所，改良35 394所，未改良65 633所。改良私塾是从传统私塾向近代小学的过渡。

四、缺乏对中国古典哲学向科学方向的理解

进入21世纪，科学常识得到了普及。不仅是科技工作者，哲学家和社会学

家也在相当程度上对现代科学知识有所了解。我们应该向科技工作者用科技语言解释中国古典哲学，以便科技工作者在科学研究和技术开发上得到启示。很多哲学家在讲述中国古典哲学的时候，经常说的一句话就是，"太极生二仪，二仪生四象，四象生八卦，八卦生万物"。怎么生出来的？真的坐下来好好问问讲演者，他自己可能也不懂。曾经有一个主持电视节目的小姑娘天真地追问讲演者，讲演者一直在回避。西方人阅读中国古典比我们要困难得多，但是他们会认真去理解，他们会探究怎么应用到实际当中，怎么用到科研当中。在西方，不仅是哲学家，科学家对中国古典哲学的研究和利用都是实实在在的。他们会追问太极在自然界是什么，生出的阴阳二仪在自然界是什么，在本人的研究领域阴阳代表什么。包括莱布尼兹和爱因斯坦，他们都声称其研究发现曾受中国古代先哲的启示。其他的有关中国古典哲学对自然科学的启示，笔者在《道德经对自然科学的启示》一书中讲得很详细，读者可以参考。

1. 阴阳二仪的交流电

分子的阴离子和阳离子的概念，原子的原子核和电子的概念，都是与中国古典哲学的阴阳理论相吻合的。西方科学家自觉或不自觉地把阴阳理念用到了科研当中。再者，就是交流电。不仅是理念，其原理和现象都与阴阳二仪理论相吻合。连表示交流电的符号图都和太极图（阴阳鱼）相似（图2-1）。交流电的正弦波图和日夜阴阳交替图是完全一致的，都是自变量为时间的正弦函数波形图（图2-2）。

图2-1 中国古典哲学里的太极图或阴阳鱼（左）和表示交流电的符号

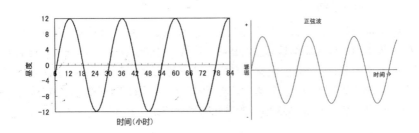

图2-2 昼夜阴阳交替图（左）和交流电波形图

2. 生物的遗传密码

如上所述的"太极生两仪，两仪生四象，四象生八卦，八卦生万物"，或者是《道德经》里的"一生二，二生三，三生万物"，被西方科学家用来比拟生物的遗传密码的组合。不论从数量还是从组合方式而言，都和遗传密码系统相吻合（图 2-3、图 2-4）。简单地说，在遗传基因系统（DNA）里面，所谓的"一生二"的"一"就是单一的 时间！小时碱基的核苷酸。四种不同碱基分别为腺嘌呤（A）、胸腺嘧啶（T）（在 mRNA 当中是 U, 尿嘧啶）、胞嘧啶（C）和鸟嘌呤（G）。这里要说的所谓"一生二"的"二"就是 DNA 里面组成遗传密码的时候，必须是两两配对，而且是固定的配对。也就是 A 对 T（RNA 当中是 U），C 对 G。这叫"一生二"。"二生三"的"三"的意思是，每一个组成基因的遗传子是由三个核苷酸组成。这三个核苷酸代表一个蛋白质里的氨基酸，密码子的排列顺序就是合成蛋白质时的氨基酸的顺序。这样一来，4 的 3 次方就是 64 个组合。正好和《易经》的 64 卦相吻合。这 64 个基因组和 64 卦到底有什么具体联系呢？这还需要我们继续深入的研究。氨基酸共有 20 个，所以，64 个密码子和氨基酸的对应不是固定的一对一，不同的密码子可能对应相同的氨基酸。从病毒、微生物、植物、动物到人类，都是由这 64 个各自由三个核苷酸组成的遗传密码子构成的基因控制着生命。没有一种生物是例外的，所以说"三生万物"。

CCC 1	CCA 43	CAC 14	CAA 34	ACC 9	ACA 5	AAC 26	AAA 11
CCU 10	CCG 58	CAU 38	CAG 54	ACU 61	ACG 60	AAU 41	AAG 19
CUC 13	CUA 49	CGC 30	CGA 55	AUC 37	AUA 63	AGC 22	AGA 36
CUU 25	CUG 17	CGU 21	CGG 51	AUU 42	AUG 3	AGU 27	AGG 24
UCC 44	UCA 28	UAC 50	UAA 32	GCC 57	GCA 48	GAC 18	GAA 46
UCU 6	UCG 47	UAU 64	UAG 40	GCU 59	GCG 29	GAU 4	GAG 7
UUC 33	UUA 31	UGC 56	UGA 62	GUC 39	GUA 52	GGC 15	GGA 53
UUU 12	UUG 45	UGU 35	UGG 16	GUU 20	GUG 8	GGU 23	GGG 2

图2-3　64个遗传密码和64卦的对应

CCC (Pro/P) 脯氨酸	CCA (Pro/P) 脯氨酸	CAC (His/H) 组氨酸	CAA (Gln/Q) 谷氨酰胺	ACC (Thr/T) 苏氨酸	ACA (Thr/T) 苏氨酸	AAC (Asn/N) 天冬酰胺	AAA (Lys/K) 赖氨酸
CCU (Pro/P) 脯氨酸	CCG (Pro/P) 脯氨酸	CAU (His/H) 组氨酸	CAG (Gln/Q) 谷氨酰胺	ACU (Thr/T) 苏氨酸	ACG (Thr/T) 苏氨酸	AAU (Asn/N) 天冬酰胺	AAG (Lys/K) 赖氨酸
CUC (Leu/L) 亮氨酸	CUA (Leu/L) 亮氨酸	CGC (Arg/R) 精氨酸	CGA (Arg/R) 精氨酸	AUC (Ile/I) 异亮氨酸	AUA (Ile/I) 异亮氨酸	AGC (Ser/S) 丝氨酸	AGA (Arg/R) 精氨酸
CUU (Leu/L) 亮氨酸	CUG (Leu/L) 亮氨酸	CGU (Arg/R) 精氨酸	CGG (Arg/R) 精氨酸	AUU (Ile/I) 异亮氨酸	AUG (Met/M) 甲硫氨酸 (起始)	AGU (Ser/S) 丝氨酸	AGG (Arg/R) 精氨酸
UCC (Ser/S) 丝氨酸	UCA (Ser/S) 丝氨酸	UAC (Tyr/Y) 酪氨酸	UAA (终止)	GCC (Ala/A) 丙氨酸	GCA (Ala/A) 丙氨酸	GAC (Asp/D) 天冬氨酸	GAA (Glu/E) 谷氨酸
UCU (Ser/S) 丝氨酸	UCG (Ser/S) 丝氨酸	UAU (Tyr/Y) 酪氨酸	UAG (终止)	GCU (Ala/A) 丙氨酸	GCG (Ala/A) 丙氨酸	GAU (Asp/D) 天冬氨酸	GAG (Glu/E) 谷氨酸
UUC (Phe/F) 苯丙氨酸	UUA (Leu/L) 亮氨酸	UGC (Cys/C) 半胱氨酸	UGA (终止)	GUC (Val/V) 缬氨酸	GUA (Val/V) 缬氨酸	GGC (Gly/G) 甘氨酸	GGA (Gly/G) 甘氨酸

图2-4 64个遗传密码和氨基酸的对应

3. 阴阳——万物负阴而抱阳

《道德经》里说，"万物负阴而抱阳，冲，气以为和"。必须注意的是，这里的"冲"字是三点水，不是"衝"的简化字"冲"。"冲"和"衝"自古就并存，意思当然不同。"冲"的意思是"离开海岸的无底深渊"，比喻深奥而不测。日本现在有很多地名使用，如冲绳、冲之鸟礁等都是南洋具有海底深渊"冲"的地方。因此，"万物负阴而抱阳，冲，气以为和"是说原子结构的。"负阴"是背着带负电荷的电子，而怀抱着带有正电荷原子核。原子核的正电荷来自其中的质子，而和质子一起被抱着的中子是不带电荷的。那么为什么说原子是"冲"呢？如果把一个原子大小比作北京的鸟巢体育场，那么原子核就是鸟巢里面的大梁上挂着的一个比芝麻粒还小的颗粒，电子体积是质子体积的数千分之一，就是鸟巢屋顶上飞动的尘埃。原子核的体积是原子的10亿分之一，从电子到原子核之间几乎都是空的，就像无底深渊的"冲"（图2-5）。那么一个原子的原子核和电子是怎样和谐共处的呢？那就是"气以为和"，这里的"气"就是电磁力和强作用力。电磁力存在于原子核与电子之间，强作用力存在于原子的质子之间，质子与中子之间，以及质子或中子里面的夸克之间。

再以氢原子为例说明，原子中空如"冲"。氢原子由被单个电子环绕的单个质子组成。氢原子有多大？氢原子的半径称为玻尔半径，它等于 0.529×10^{-10} 米。这意味着氢原子的体积约为 6.2×10^{-31} 立方米。氢原子中心的质子的半径约为 0.84×10^{-15} 米，所以质子的体积约为 2.5×10^{-45} 立方米（图2-6）。我们做一下数学运算，看看氢原子体积里面有多少是空白空间的。电子的半径是 0.28×10^{-16}

米，体积是 0.94×10^{-49} 立方米，比质子小数千倍。

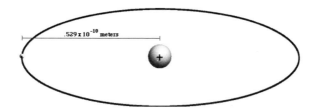

图2-5　氢原子的原子结构示意图

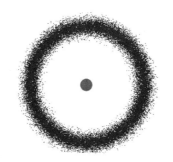

图2-6　氢原子的电子云示意图

占据体积百分比 $= 100 \times$（充实体积／总体积）$= 100 \times (2.5 \times 10^{-45} / 6.2 \times 10^{-31})$ $= 100 \times (4 \times 10^{-15}) = 4 \times 10^{-13}\% = 0.0000000000004\%$

　　氢原子体积当中这 0.0000000000004% 的空间被原子核占着，换个说法，就是百万亿分之四。其余的 99.9999999999996% 都是空的。当科学家用柔软的伽马射线击穿坚硬的原子（比如钻石）的时候，8800 个当中才有一个被原子核反射回来，其他都很容易地穿透了。所以，老子说，"天下之至柔驰骋于天下之至坚，无，有，入于无间"（《道德经》第四十三章）。伽马射线、中微子、量子等亚原子粒子，本来是以能量的波存在的，也叫"无"，一旦以粒子的状态存在（波粒二象性），它就是"有"，而这个以"有"存在的，天下最柔软的东西，竟然可以自由穿行驰骋于天下最坚硬的，看上去没有间隙的物质（比如钻石）里面。所以说，相对于原子核的体积，空洞的部分就像无底深渊的"冲"。需要一种"气场"去"负阴"，也就是来吸引电子不让它跑掉，这个"气场"就是电磁力（electric force）。"抱阳"的力也就是带有正电荷而理应互相排斥的质子捆绑在一起的力量，物理学家叫它"强作用力"或者"强力"（the strong force）。那么电子和原子核之间那么大的空间有什么用处？电子不能离原子核近一点吗？那个"冲"（空洞的空间）是盛"气"（电磁力场）的。如果距离太近或者空间太小，电子就会奔向与它电荷相反的原子核；如果太远，电子就会脱离原子核。多远最合适是由"中庸之道"决定的。就像一个母亲背着一个大孩子，抱着一个小孩子。大孩子也要挤在母亲怀里让母亲抱着，那就不好办了。而原子核的亚原子粒子、质子、中子以及它们包含的夸克必须距离近，否则带正电荷的质子和夸克就会相互排斥而分散开来。所以，强作用力就是把它们紧密地抱在一起的力量。它们之间靠得多么近，用多大的强作用力，也是那个原子的"中庸之道"决定。绝不能和稀泥——你电子靠近一点，我们质子和中子也距离远一点，那是不可以的。氢原子的结构是最简单的，一个电子，一个质子。而112号元素的镉（Copernicium）（化学元素"铍"的旧译名）的质子和电子各112个。如图2-7所示，镉原子背负电子以2、8、18、32、32、18、2分布在7个电子层上，原子半径为 1.1×10^{-10} 米。虽然镉原子的电子和质子各是氢原子的112倍，还有173个和质子大小相仿的中子（半径 0.8×10^{-15} 米，体积 2.1×10^{-45} 立方米），镉的原子体积只是大约为氢原子的2倍。那么多电子要按规则背负，那么多质子和中子要紧密地抱在怀里，没有"中庸之道"怎么可以啊。所以有人把中庸之道理解为和稀泥，折中调和，那是错误的，那就不是"道"了。镉原子的那么多电子，质子和中子，和稀泥的话，会成什么样子呢？

根据最近发展起来的量子力学的观点，电子并不是像行星按一定的轨道绕太阳旋转，而是物质波的形式，位置不定地存在于某个范围之内，不过存在于轨道处的概率比较大，大概为90%。这个90%就是中庸之道的中庸值。当然越是靠近轨道中心处电子存在的概率越大。其他的10%距离轨道就远一些。用示意图表示的话，电子存在的地点就像一层云，叫电子云。而某一云层和相邻的云层之间有一个空白处，电子不到的地方，叫云层结（图2-8）。电子有上旋电子和下旋电子，一个轨道上如果有两个电子，必然是一个上旋，一个下旋。为什么这样呢？那是中庸之道决定的，永恒不变的法则。上述有关电子云的现象和理论是与爱因斯坦齐名的玻尔发现的，但也不是因为他的发现，电子才是这样存在的。玻尔谦虚地说，"我只是个（道家的）得道者"。他把和"道"有关的阴阳鱼太极图作为他个人的标签，并且在他受领诺贝尔奖的时候戴着这个太极图徽章。

一般人也好，专家也好，在讲解和讨论"中庸之道"的时候，往往认为这只是思想意识形态的问题，其实不然，它是万事万物的根本，当然也是自然科学探究的指导原则。也就是所有自然现象及它们的存在和发展规律都是要符合中庸之道的。

现代物理学已经把"阴阳"和"气"的问题弄得很明白了，但是我们的科学家有的还在骂"阴阳"和"气"的哲学是胡说八道，有的还说中医是伪科学。实际上，只要我们把知识面拓宽一点，自己做不出来，别人出了成果，用我们祖先的哲学去对照一下，不要仅仅是怨自己。大家可以看到一些批判中庸之道的文章。历史上有些人借批注或注释《中庸》，夹杂着一些错误的认识，这是可以批判的，因为他们歪曲了中庸之道。但是中庸之道本身是自然法则，是不可批判的。如上述，中庸之道不会因镉原子的电子太多，让它们一个轨道上多挤上几个，节省一个轨道，这是不可能的。有人没有批判，但是说"我们汲取中庸之道中的积极因素，对于实现社会和谐的理想具有重要意义"，言外之意，中庸之道还有消极因素。这种说法也是不对的，因为中庸之道没有消极因素，中庸之道的所有因素都是合理的，都是先天存在的自然法则。其实中庸之道是老子哲学中"道"的一部分，"道"是先天地既存的自然法则。

　　有关中庸之道和《易经》的哲理与现代科学的关系，笔者将在另一章单独叙述。以上所举的三个自然科学成果的例子足以说明中国古典哲学和现代科学有着密切的关系。只不过，哲学是从感性上宏观地启示自然规律，而现代科学是利用具体手段发现自然界的具体实物、现象和规律。

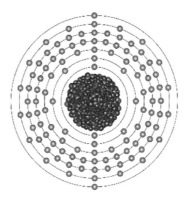

图2-7　锆原子的原子结构示意图

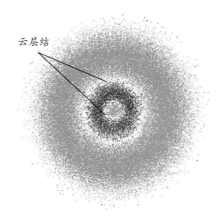

图2-8　锆原子1-3轨道电子云示意图

五、哲学、数学和科学的结合不充分

　　古代先哲当中有许多人是哲学思想家，同时又是数学家，如魏晋时代的刘徽，东汉末年的赵爽，南北朝时期的祖冲之和祖暅，唐朝的李淳风和房玄龄，宋朝的贾宪、杨辉、陈绍九等。当然古代没有研究数学的专业人员。那时候，他们的哲学思想与数学的结合也促进了科学的进步和繁荣。反而到了近代，或者是今天，哲学、数学和科学之间被拉得距离越来越远。为什么西方进入了现代科学时代，而中国没有？看看欧洲的近代和现代科学家就知道了。在欧洲，除了古代数学家兼哲学家和科学家的毕达哥拉斯（前 570—前 495）、亚里士多德（前 384—前 322）、欧几里得（前 325—前 265）和阿基米德（前 287—前 212）之外，近代和现代数学家大多也都是兼科学家和哲学家。主要有以下一些人。

1）伽利略·伽利莱（Galileo Galilei, 1564—1642）：意大利人，物理学家、数学家、天文学家及哲学家，被誉为现代观测天文学之父、现代物理学之父、科学方法之父。

2）戈特弗里德·威廉·莱布尼茨（Gottfried Wilhelm Leibniz, 1646—1716）：德国人，哲学家、数学家，少见的通才，学术专业兼顾生物学、医学、地质学、心理学、语言学和信息科学以及政治学、法学、伦理学、神学、哲学、历史学、语言学等，都留下了著作。

3）艾萨克·牛顿（Sir Isaac Newton, 1643—1727）：英国人，物理学家、数学家、天文学家、自然哲学家和炼金术士。1687 年发表《自然哲学的数学原理》，阐述了万有引力和三大运动定律，奠定了此后三个世纪里力学和天文学的基础，成为了现代工程学的基础，并推动了科学革命。

4）莱昂哈德·欧拉（Leonhard Euler, 1707—1783）：瑞士人，数学家、自然科学家。

5）克里斯蒂安·哥德巴赫（Christian Goldbach, 1690—1764）：俄国人，数学家，法学家，作为哥德巴赫猜想的提出者而闻名。

6）让·巴普蒂斯·约瑟夫·傅里叶男爵（Jean Baptiste Joseph Fourier, 1768—1830）：法国人，数学家、物理学家，提出傅里叶级数。

7）约翰·卡尔·弗里德里希·高斯（Johann Carl Friedrich Gauss, 1777—1855）：德国人，数学家、物理学家、天文学家、大地测量学家。并享有"数学王子"之称，和阿基米德、牛顿并列为世界三大数学家。以"高斯"命名的成果达 110 个。

8）波恩哈德·黎曼（1826—1866）：德国人，数学家、物理学家。他的名字出现在黎曼ζ函数、黎曼积分、黎曼几何、黎曼引理、黎曼流形、黎曼映照定理、黎曼-希尔伯特问题、黎曼思路回环矩阵和黎曼曲面中。

9）亨利·庞加莱（Jules Henri Poincaré, 1854—1912）：法国人，数学家、天体力学家、数学物理学家、科学哲学家。

10）尼尔斯·亨里克·达维德·玻尔（Niels Henrik David Bohr, 1885—1962）：丹麦人，物理学家，兼顾数学和哲学。1922 年因"原子结构的研究"荣获诺贝尔物理学奖。

11）阿尔伯特·爱因斯坦（Albert Einstein, 1879—1955）：犹太人，理论物理学家，兼顾数学和哲学。他创立了相对论，在科学哲学领域颇具影响力。因光电效应的原理的研究成果荣获 1921 年度的诺贝尔物理学奖。

12）库尔特·哥德尔（Kurt Godel, 1906—1978）：奥地利人，数学家、逻辑学家和哲学家。其最杰出的贡献是哥德尔不完全性定理。

13）维尔纳·海森堡（Werner Heisenberg, 1901—1976）：德国人，物理学家、

哲学家，量子力学创始人之一，"哥本哈根学派"代表性人物。以创立量子力学而获得 1932 年度的诺贝尔物理学奖。

14）弗里特霍夫·卡普拉（Fritjof Capra, 1939—）：奥地利出生的美国人，物理学家、哲学家，写了几部哲学与科学关系的书，如《道和物理学》（*The Tao of Physics, 1975*），《转折点》（*The Turning Point, 1982*），《不寻常的智慧》（*Uncommon Wisdom, 1988*），《生命网络》（*The Web of Life, 1996*）等。

六、思考科学问题的思路过窄

不单单是哲学家和国学大师，一般人都认为中国人考虑问题全面、宏观，考虑问题喜欢从总体上把握，喜欢全面考虑，不走极端，相信人至察则无徒，但科学问题的思考却需要点走极端的精神，打破砂锅问到底才行。他们认为这是近代中国科学没有发展起来的原因之一。实际上不是，我们考虑问题往往不全面、不宏观，不能利用我们已经有的哲学理念去宏观地看待其他问题，包括自然现象和科学探究的问题，而只是瞅在思想教育和意识修养这个小小的领域里。既然是这样，相当一部分人不能正确理解我们的先贤留下的思想遗产。比如说，我们经常可以看到"天人合一"这个用语，并且被标榜为中国传统思想的核心。查查老子、孔子和先秦的哲学著作，先贤们说的都是天地人合一，而不是天人合一。因为，不论从哲学上还是从科学上讲，没有"地"，"天"和"人"是合不到一起去的。"人"即使遵循"天规"，也要落实在"地"上，不能悬空，否则是空谈。

天地人合一及其之间的关系可以上溯到人文始祖伏羲氏。伏羲氏仰观天文，俯察地理，观鸟兽之文与地之宜，近取诸身，远取诸物，首画八卦，以尽天人之蕴，以类万物之情。这句话明明说的是天地人合一。《周易·系辞传》写道："立天之道曰阴与阳，宜地之道曰柔与刚，立人之道曰仁与义。"这里讲的也是天地人合一。《道德经》第25章写道，"人法地，地法天，天法道，道法自然"。老子讲的是天地人合一，庄子曰："天地与我并生，万物与我为一。"庄子讲的也是天地人合一。孙子兵法主张，知彼知己，胜乃不殆；知天知地，胜乃不穷。《周易》写道，有天地然后有万物……大人者，与天地合其德……《中庸》指出，能尽物之性，则可赞天地之化育；能赞天地之化育，则可以与天地参。汉代董仲舒在《春秋繁露·立元神》里说，"何谓本？曰：天地人，万物之本也。天生之，地养之，人成之。天生之以孝悌，地养之以衣食，人成之以礼乐，三者相为手足，合以成体，不可一无也。"孔子又曰，三才者，天地人。上有天，下有地，人在其中。古人认为构成生命现象与生命意义的基本要素是天、地、人。"天"是指万物赖以生存的空间，包括日月星辰运转不息，四季更替不乱，昼夜寒暑依序变化。"地"是万物赖以生长繁衍的山川大地以及各种物产资用。"人"是万物之灵，要顺应天地以化育万物。其他古代先哲也都是在说天地人合一。天尊于上，而天入地中，无深不察；地卑于下。

大概从宋儒朱熹以后，人们屡次把"天地人"说成"天人"。那么"天地人"和"天人"有什么差异呢？缺了"地"就是空谈，就是回避把理论落实到实际。这种篡改的提法当然阻碍人们走向探究科学的方向，也限制收窄了哲学探讨的范围。这不是一些人自称的宏观观察问题，而是主观近视。现在的哲学家应该探讨中国近代科学没有像西方快速发展的真正原因，不能替一些错误的观点开脱。

七、没有尽早引进和使用阿拉伯数字

阿拉伯数字是 0、1、2、3、4、5、6、7、8 和 9 十个数字，十进制。古代印度人创造了阿拉伯数字，公元 7 世纪传到了阿拉伯地区，所以也叫印度阿拉伯数字。10 世纪，中东数学家将十进制数字系统扩展为包括分数和小数，根据叙利亚数学家阿尔武克利迪西（Abu'l-Hasan al-Uqlidisi）在 952—953 年的论文中所记载，小数点表示法是由辛德·本·阿里（Sind ibn Ali）提出，他也撰写了最早的有关阿拉伯数字的论文。大约 13 世纪，意大利学者斐波那契首先是在北非城市贝贾亚见到了阿拉伯数字，将其引入欧洲。欧洲的贸易和殖民主义在世界范围内推动了阿拉伯数字的普及。阿拉伯数字传入中国大约是 14 世纪，但是没有得到及时的推广运用。20 世纪初，随着中国对外国数学成就的吸收和引进，阿拉伯数字在中国才开始慢慢使用。阿拉伯数字在中国推广使用才只有 100 多年的历史。现在阿拉伯数字已成为人们学习、生活和交往中最常用的数字了。假如没有阿拉伯数字，上述那个复杂的纳维-斯托克斯方程（Navier-Stokes equations）数学公式的书写和演算是非常困难的。为什么包括数学的科学技术先在阿拉伯地区发达起来，这和阿拉伯数字的使用密切相关。为什么现代科学没有率先在中国得到发展，没有使用阿拉伯数，起码是一个重要的原因。

八、缺乏科学批判精神

中国传统哲学缺乏西方那种思辨、超越、分析、实证的理性精神，不去追寻外在世界的本源，而是"本心仁体"的自我觉知。虽然老子哲学里有一个"道"的宇宙本源说，但是那个"道"是不可道的"道"，只能靠体验和涵养来领悟。而且老子的世界本源说的"道"被后世修改了走向，没能走向理性思辨、逻辑推理和实证的轨道。从苏格拉底、柏拉图和亚里士多德的古希腊哲学到以康德、休谟、费希特、谢林、黑格尔和费尔巴哈为代表的西方哲学被称为批判哲学。他们都是仰望星空，以好奇、探究并且怀疑的世界观试图一窥自然世界的本源。西方现代哲学继承了这种批判精神，在批判中获得了新的生命，为哲学和科学的发展作出了贡献。中国哲学和传统文化缺乏批判精神，只注重现实性道德修为和建功立业，强调学以致用的实用主义。而西方哲学和西方传统文化注重超越性的精神思辨和批判意识，强调学以致知的形而上学。中国实用哲学虽然保持了中国几千年的相对先进，但是没能催生近代和现代科技的发展，致使一百多年落后于西方世界。孔子从《易经》和老子那里继承了中庸之道，本来就没有悟好老子的道，把中庸之道修饰成了中庸思想。后人又进一步把中庸思想错误理解或修饰为折中主义，全然没有了批判主义精神。这种无批判精神的折中主义思想不仅仅存在于社会生活的方方面面，而且影响科学探索领域。从科学探索怀疑和批判开始到探究求真的过程，思可明智，疑知求真，这是西方哲学所具有的而中国哲学所缺乏的批判精神。西方哲学来源于探究世界本源的古希腊哲学。古希腊哲学为西方哲学的研究和发展奠定了基础，继而让追究事物本源的学术思维方式和思想态度得到了诠释。比如，西方人学术研究的风格体现在他们的科研计划和学术论文的形式上。他们首先对以往的科研成果提出疑问，找出错误的地方或者不足之处，然后提出自己的假设，再去证明自己的假设是正确的。这是学术研究的一般常识。西方哲学和科学一直是在批判前人和今人的过程中发展的，而中国哲学被掺进了所谓中庸的折中主义，讲究和谐，借鉴古人。一些人在讲演中能引经据典，"夸古人"可被认为有水平。笔者经常受托为中国年轻学者编修学术论文原稿，其中大多数都具有吹捧前人的特点，而不是指出前人的错误、缺点和不足。引用文献列了一大串，都是在说自己的研究成果与某某人一致，好像是他的成果与某某学术大家一样就显得水平高了。那么，你和人家研究的一样，还有要研究的价值吗？有的论文里本来有很好的新发现，填补了前人研究的不足，但是作者非要说和人家的一样不可。这种思维就是"大家都一样，大家都一样伟大，这样和谐"。实际上这是不负责任的和事佬思维。

中国哲学在思想观念上没有像西方人那种"学以致知"和"为学术而学术"的求知态度及刨根问底的学习精神，由始至终都追求着实用性，而且与政治关系太密切。本来中庸之道是不以人的意识而变化的客观事物的规律，却被理解为折中主义的"中庸思想"，影响着日常生活、工作、科学探索以及做人和做事过程中处事待物的思考模式。西方哲学不是强调纯粹的诡辩，一直贯穿着科学的逻辑性，使得人们对事物的理解不断地深入，越来越接近于理性，这也使得自然科学以惊人的速度发展。

九、宋朝理学歪曲了中国古典哲学本来的含义，阻碍了中国古典哲学的发展

以上讲了中国没能随西方潮流发展现代科学的原因。有人把中国现代科学发展落后归咎于中国传统文化和哲学。尤其近百年来，哲学、历史和社会学工作者一直在探讨其中的原因。然而，越是争论事情越糊涂。张维迎在一次北京大学毕业典礼上的讲演提到，500年来，中国在发明创造方面乏善可陈，对世界科学技术的贡献几乎为零。他根据英国科学博物馆的学者杰克·查隆纳（Jack Challoner）的统计指出，从旧石器时代（250万年前）到公元2008年之间共有1001项改变世界的重大发明，其中中国的30项全部出现在1500年之前，占1500年前全球163项重大发明的18.4%，其中最后一项是1498年发明的牙刷，这也是明代唯一

的一项重大发明。在1500年之后500多年全世界838项重大发明中，没有一项来自中国。500年前正是明朝中期，当时的文化已经与春秋战国时期以及汉唐时期大相径庭了。日本社会学家中有些人说的"宋后无中华"，意思是说宋朝以后的文化已经不是以前的中华文化了。没有了春秋战国时期的"百花齐放，百家争鸣"的哲学文化，就连孔子的儒家文化也被朱熹和以后的理学派篡改了其中的含义，也就是朝着不利于科学发展的方向去解释儒家文化，并且妖魔化和阉割了老子的哲学。即使是儒家文化核心的四书五经，也被歪曲得面目全非。本来老子的哲学是有利于促进科学创新的，却被儒家排挤出社会意识形态的主流，被一些"算命先生"和一些"巫术者"绑架，成了"妖道理论"。

上面已经讲过，中国的春秋战国时期和汉唐时期是有过科学技术进步的。张维迎说的那18.4%的世界科学技术贡献就是产生于那个"百花齐放，百家争鸣"的时代。这个数字可是不小啊，如果这个18.4%像中国人口比例一样递增到近代和现在，中国当然是世界科技大国了，更不可能是零贡献。

十、缺乏强大的国防

从某种程度上讲，宋朝比欧洲更先进入了工商业社会。据说宋朝的国民生产总值占世界总体的75%。任何人只要看看《清明上河图》就可以了解宋朝社会的繁荣和富庶。但因为没有强大的国防抵御北方少数民族的侵扰，严重影响了社会生产力的进一步发展，宋朝最终还是走向了灭亡。宋朝国防不堪一击也与当时的帝国政府采取的重文轻武的国策有关。

十一、共和制以后本应还来得及

清朝虽然顽固守旧，科学技术落后于西方，但是实施共和制以后的中国其国力并不是"穷不堪言"。有人把中国的近代落后归咎于儒家文化，几乎没有道理。近邻的日本在明治维新之前的教育体制和治国方略也是以儒家文化为中心的。即使是明治维新，他们也只是积极引进西方科学技术和教育体制，并没有彻底摈弃儒家文化，而是保持了儒家文化。日本在拼命学习西方，发展教育和科技，同时日本能在儒家文化的基础上醒悟过来，学习西方，后来居上，中国也应该可以。第二次世界大战时期，广岛和长崎被美国的原子弹轰炸后几乎夷为平地。战后，他们默默地发展科技和经济。如果当时的中国政府向日本那样学习西方，引进科技，迅速发展经济，日本可能也不敢骚扰中国。如果那个时候（1912年）就默默地发展科学技术，富民强国，谁能说现在的中国会落后于欧美？从1978年开始，中国学习西方市场经济仅仅用了40年的时间，经济总量即已达到世界第二。

1913 年世界强国 GDP				
排名	国家	GDP/亿美元	人口/亿	人均/万	世界比/%
	世界	27047.82	180833	1496	100
1	美国	5173.83	9760	5301	19.1
2	中国	2413.44	43722	552	8.9
3	德国	2373.32	6506	3648	8.8
4	俄国	2323.51	15615	1488	8.6
5	英国	2246.18	4564	4921	8.3
6	印度	2042.41	30348	673	7.6
7	法国	1444.89	4146	3485	5.3
8	奥匈	1004.92	5060	1986	3.7
9	意大利	954.87	3724	2564	3.5
10	日本	716.53	5166	1387	2.6

2020 年世界强国 GDP				
排名	国家	GDP/万亿美元	人口/亿	人均/万	世界比/%
	世界	91.65	75.85	1.21	100
1	美国	20.95	3.32	6.31	22.9
2	中国	15.58	14	1.11	17.0
3	日本	4.95	1.26	3.93	5.4
4	德国	3.78	0.83	4.55	4.1
5	英国	2.71	0.67	4.04	3.0
6	印度	2.62	13.24	0.20	2.9
7	法国	2.6	0.67	3.88	2.8
8	意大利	1.64	0.6	2.73	1.8
9	加拿大	1.64	0.38	4.32	1.8
10	韩国	1.63	0.52	3.13	1.8

图2-9　1913年和2020年世界强国的GDP

从 1913 年开始至 2020 年的 107 年间，按 7% 的速度增长，中国的 GDP（含港澳台地区）应该是 385 万亿美元，是美国的 18 倍，人均 27.5 万美元，是美国的 4 倍多。其实，1913 年中国国民经济总量就排名世界第二，第一是美国。本来第一应该是大英帝国，因为它包括本土以外的地域，这里把它排除，只列包括本土的英国，排名第五。

所以说，不应该把中国现代科技的落后归咎于儒家文化，虽然儒家文化也有不能与时俱进的地方。中国 40 多年的发展是学习西方，有些是直接使用西方的科学技术，当然比处在前沿自己开辟路线要快得多。本书只是讨论科学技术，不讨论社会问题，更不讨论政治，但是殷切希望社会科学工作者不要回避问题，应该鲜明地指出问题的所在之处。

35

● 第四节 ●　欧洲现代科学发展的优势

直到 17 世纪，中国在经济、文化和科学技术方面均优于欧洲。进入 19 世纪，欧洲崛起，中国衰落。为什么呢？发生了什么吗？这也是本章要讨论的主题，在这一节里单独谈谈欧洲的优势。我们可以先提几个问题。1）在生物学上，白人种族有优越性吗？不会，如上所述，中国进入相当高度文明的时候，欧洲有些地方还是蛮荒地带。2）西欧的地理位置促进了科学进步吗？西欧的科学进步是在进入 19 世纪后，而在 19 世纪以前，西欧科学落后于其他地方的时候，西欧还是那个地理位置，所以地理位置论也讲不通。3）西欧的印欧语系的语言有利于科学进步吗？比如有人说带有定冠词的语言有利于科学思考，这个问题和第二个一样，也讲不通。4）在社会学上，西欧发达的资本主义与科学进步有关吗？西欧在近代兴起了"城市"集居和"资产阶级"阶层，但城市的兴起中国要早得多。西欧近代资产阶级的兴起可能是促进科技发展的一个原因。5) 西欧的私有制和专利法促进科学进步吗？在法制上，西欧是私有制，而且有严格的专利制度。1949 年以前的中国一直是私有制，和西欧没有太大的区别。专利制度可能是促进西欧科学技术发展的一个原因。6）西欧的宗教给了适合资本主义发展的精神态度。如果说宗教助力了西欧的科学技术发展，那就是基督教的原因。7）西欧的近代教育制度为科学技术发展不仅提供了人才，而且提供了科研场所。我们看一下有肯定答案的几个方面。

一、西欧资本主义的发展促进了科学技术的进步

科学技术的进步促进了资本主义的产业革命，资本主义的发展反过来又促进了科学技术的进步。为了激活资本主义生产，首先需要资本。西欧发展工业的资金首先是来自普通商业资本的积累，而不平等交换带来的巨大不公平利润是资本积累的来源。这种不平等交换成为可能的原因是：1）起因于远洋航海技术发展的远程交易；2）殖民地土著或奴隶以低于正常成本的价格生产的贸易产品使西欧剥夺亚洲以及美洲和澳洲新大陆成为可能。譬如，随着英国饮茶的日益普及，英国在印度的东印度公司从中国进口茶，同时在印度大量种植鸦片卖给中国，结果是中国大量白银流入英国。中国政府禁止鸦片，英国发动了鸦片战争。卖鸦片的银子也促进了英国的工业发展，发展了的工业促进了科学技术的进步，进入良性循环。

二、知识产权和专利制度

技术创新对国家具有非常重要的意义。鼓励发明以促进产业发展是国家的重要任务。虽然发明者是某个组织或者公司的雇员，有关发明创造所需的资金和条件，包括雇员的工资与活动经费是组织提供的，但是也应该对雇员进行奖励和表彰，并明确雇员和发明有关的权益。专利法就是考虑国家、公司和员工各自的利益而制定的。国家通过授予专利权来激励发明者在一定时期内获得垄断利润，从而产生更多高质量的发明并促进工业发展。公司试图通过在市场竞争中拥有专利权来提高利润，也愿意投资以便尽可能多地获得技术发明和由此带来的利润。但是，如果没有法律上的限制，公司似乎在获得专利权和由此所得的利润后不会自愿把利润分成给作为发明人的雇员。所以说，鼓励发明的专利法是相当重要的。有关欧美的专利法，读者可以参考网上资料和有关图书资料。

三、希腊文明和阿拉伯文明的影响

1. 希腊文明

古希腊青铜时代的迈锡尼文明（前 1600）没落后，进入黑暗时代，希腊文明在公元前 8 世纪中期开始发展，在古典时期（公元前 5 至公元 4 世纪）达到顶

峰。古希腊人在人类历史上建立了高度先进的文明，后来不仅成为欧洲文化的起源，而且是当今世界人民的精神遗产。在埃及人和巴比伦人的知识的基础上，迈勒图斯（Thales of Miletus, 前624—前548）、毕达哥拉斯（Pythagoras, 前570—前495）和亚里士多德（Aristotle, 前384—前322）等人在数学、天文学和逻辑学方面取得了高水平的发展，并在以后的几个世纪影响西方的思想、科学和哲学。亚里士多德是第一位对逻辑进行系统研究的哲学家，而毕达哥拉斯的数学定理至今仍在使用。在经济方面，以农业生产为基础，商业、工业和贸易繁荣昌盛，进入了一个货币经济发展的社会，哲学、科学、文学和艺术等多种文化得以繁荣发展。古希腊的自然哲学是现代自然科学的前身，主要是思考人面对的自然界的哲学问题，包括自然界和人的关系，人与自然现象和原生自然的关系，自然界的最基本规律等。古希腊人在理论科学方面也成就斐然，在天文学方面能算出日食和月食的时间。在数学方面，泰里斯和毕达哥拉斯的几何学达到了相当高的水平。在医学方面，被尊称为"医学之父"的希波克拉底认为生病必定有其病前原因，对古希腊医学发展做出了重大贡献。当时执政者亚历山大大帝本人便大力赞助科学研究，埃及和美索不达米亚科学知识被希腊人发扬光大。

2. 阿拉伯文明

阿拉伯黄金时代（8—14世纪）始于8世纪中叶阿拔斯王朝的建立，当时资本从大马士革转移到巴格达。以在巴格达建造的智慧之家为据点，学者们收集了很多世界知识，尤其是在其他地方丢失的许多知识，这些知识被翻译成阿拉伯语和波斯语，然后翻译成土耳其语、希伯来语和拉丁语。这时，阿拉伯世界成为世界文化的中心，积累并发展了从古罗马、中国、印度、波斯、埃及、希腊和东罗马帝国获得的知识。阿拉伯科学是在8—15世纪的阿拉伯伊斯兰世界发展起来的科学，不仅在阿拉伯半岛，而且在东部也得到了发展。古埃及和古希腊科学流入阿拉伯的大熔炉，并传到中世纪的欧洲，通过科学革命，促进了西方现代科学的发展。因为有人建议不要使用宗教名称定义文明时代，故本文使用阿拉伯文明代替伊斯兰文明。

3. 西欧继承了希腊文明和阿拉伯文明的成果

古希腊文明在语言、政治、教育系统、哲学、科学和艺术等许多领域对西欧都产生了巨大的影响。先是对罗马帝国产生了重大影响。正如霍勒斯所说，"被俘虏的希腊人俘虏了她凶猛的征服者，并将她的艺术灌输到了质朴的拉丁系统中"。通过罗马帝国，希腊文化逐渐成为西方文化的基础。随着西罗马帝国的沦陷和希腊的衰落，西欧从古代学习的重要来源被切断。于是西欧经历了一段科学衰落的时期。但是，到了中世纪中期，西欧再次引领科学探究。中世纪后期的科学发展，为近代早期的科学革命奠定了基础。

众所周知，希腊文明为现代西方文化的发展的巨大贡献还包括语言。古希腊人民发展了一种复杂的语言，词汇量异常丰富，很多英文单词其词根都来自希腊语。希腊语已经存在了将近3500年，对西方英语文明也有重大影响。古希腊的民主观念在西欧文化中得到了充分体现，催生了西欧新型的民主制度。"民主"一词就是希腊语，字面意思是人民统治。希腊早就有了议会、政府和法院三权分立的民主制度。这些都是促进西欧科学技术发展的因素。

阿拉伯文明吸收了古希腊哲学和自然科学的知识，并在化学等方面表现出自己的独特性，这对后来欧洲现代科学和文化的发展产生了重大影响。西班牙和葡萄牙的某些区域曾经是伊斯兰国家。西班牙是伊斯兰世界的欠发达地区，但逐渐发展并超过了中东，中东的文化在 12 世纪和 13 世纪已经开始衰落。换句话说，当时除了中国之外，西班牙暂时拥有世界上最高的文化水平。此后，被基督徒征服的西班牙成了把优秀的阿拉伯文化传播到意大利和西欧的桥梁。西班牙为西欧带来了文明。

四、单一神宗教为资本主义发展和科技发展树立了精神态度

中国一直是有宗教的，佛教虽然是国际宗教，却在中国得到了长足的发展。要说西欧有宗教优势，也只能说是近代基督教。中世纪欧洲的宗教黑暗得很，主张哥白尼日心说的布鲁诺（Giordano Bruno, 1548—1600) 就是因为和教会的观点不同被活活烧死的。日本人说，中世纪以后的只有一个神的基督教为西欧资本主义发展和科技发展树立了精神态度。

西欧人大多数是信奉单一上帝的新教徒和天主教徒，也就是信奉罗马教会的基督教派生的宗教。有人称统一的只有一个神的宗教是催生科学思考方法的父母。因为人们只相信一个上帝，容易发现统一的普遍规律。在一个多神论的世界中，人们可能会为某件事向一位神祈祷，如果没有成功，切换到另一位神。基督教徒坚信万事万物都有其原因，因为一切都是按照那个唯一上帝的旨意发生的。对于大多数中世纪的学者而言，他们相信上帝是根据几何和谐原理创造了宇宙，科学（尤其是几何和天文学）直接与神圣联系在一起。因此，寻求这些原则就是寻求上帝。

五、先进的教育制度以及大学和科研机构促进了西欧的科学进步

1. 大学

有关这个问题，笔者已经在前文对大学的出现进行过论述。欧洲的大学比中国要早，即使是现在，多数大学也比中国的大学设备健全、管理先进、投资大。这是西欧科学进步的一个主要原因。牛顿、尼布莱兹、爱因斯坦都是大学的教授。欧洲大学的学术人文环境和试验条件当然是中国和日本的私塾所望尘莫及的。

2. 义务教育

英国的全日制义务教育为 12 年，德国、荷兰、葡萄牙的义务教育至 18—19 岁。在英国，义务教育是从 1870 年开始的。《基础教育法》规定建立地方校务委员

会来建立和管理学校，为义务教育铺平了道路。1880 年，英国强制学生上学至少到 10 岁。在义务教育方面，英国和日本差不多，比中国要早几十年。

3. 科研机构

以英国为例，英国有数百个研究机构，在许多研究领域处于世界领先地位。除美国外，没有哪个国家在科学、医学、经济学和数学领域得过英国那么多诺贝尔奖。实际上，英国著名的高等教育机构剑桥大学诺贝尔奖得主最多，引领着世界大学。有七个主要研究委员会负责资助在英国的研究机构和大学的研究。他们是艺术与人文研究委员会（AHRC）、生物技术与生物科学研究委员会（BBSRC）、工程与物理科学研究委员会（EPSRC）、经济与社会研究理事会（ESRC）、医学研究理事会（MRC）、自然环境研究理事会（NERC）和科学技术设施理事会（STFC）。在政府，私营部门（特别是制药）和非政府部门中也直接有许多资金来源。非政府部门的英国肿瘤研究中心支持着全英国 4800 多名研究人员、医生和护士的科研工作。如英国的大学一样，这些研究机构的历史都比较悠久。这也是近代和现代欧洲科学进步的主要原因之一。

4. 奖励制度

在以上的专利法一节中已经讲过，对研究人员的专利发明给予奖励和利益分成是激励科研人员的重要措施。当然其他形式的奖励也是同等重要的，典型的例子就是诺贝尔奖。仅次于诺贝尔奖的自然科学奖在欧洲就有 30 多个。这也是促进欧洲近代和现代科学，尤其是尖端科学进步的重要原因之一。

• 第五节 • 日本的近现代科学

日本人也在讨论近代科学为什么在欧洲兴隆，而没有在日本兴起。就像近代科学为什么没有在中国兴起一样，到现在也没有合适的答案，仍然在争论之中。不过，和中国不同的是，日本的近代技术和现代科学的水平比欧洲低不了多少。正如本章开头所述，科学是以世界和现象的局部为对象领域，可凭经验论证的系统的理性认识。而技术是一种将科学应用于现实世界的技能，技术可以对自然事物进行改善和处理，并将其用于人类生活。日本从中国隋唐时代开始向中国派遣使者学习技术和管理，宗教文化和技术一度随中国而繁荣。日本人向中国的学习持续至宋代，以后中国走下坡路，日本也和中国一样，文化和科学技术没有继续发展。直至明治维新（1860—1890），日本人也发现自己随同中国一起被欧洲甩在了后面。这时候以福泽谕吉为首的改革人士开始策划向西方学习，提出了脱亚入欧的口号，仅仅半个世纪的时间，日本就赶上了欧洲。

一、日本的古代和近代教育

江户时代（1601—1867）初期和中期，日本没有正规的教育机构，由幕府选拔出来的知识人从事学术研究，出版书籍。当时日本人的身份分为武士、农民、城市市民（手工匠和商业者），各自根据自己的身份和条件进行自学。当时强调忠孝与礼仪的朱熹新儒派，成为思想主流，并得到幕府和封建氏族的支持。随着江户幕府稳定统治的持续，氏族学校的教育逐渐从武术教育变成了官僚训练。

江户时代末期，幕府时代的财务危机和制度危机变得更加严重，而曾遭受过武士生活严重困扰的封建领主实施了教育改革。在各个氏族中，建立了氏族学校和私塾。另外，寺子屋面向普通百姓开放，进行个人指导教育。寺子屋是江户时代的一种教学设施，老师在寺庙里教乡民的孩子识字和计算。据说，这就是日本学校制度的开始。当然，学习的内容和当时的中国一样，以儒家著作的四书五经为主。日本人学习中国古典比中国人多一个环节——先把汉语原文注上日语读音背诵，这叫训读，然后翻译成白话文，以便更清楚地理解。

明治维新和文明的现代思想的普及是以福泽谕吉为首的改革派推进的。明治初年，民间教育运动得到了推进，如私塾和乡镇学校。1872年（明治五年）政府颁布学校制度，建立了从小学到大学的教育制度，义务教育合法化，女童教育得到普及。国民教育的促进对日本现代国家的形成起了重要作用。在教育体制改革这一点上，日本比中国早了60年。1932—1945年，日本在伪满洲国推行了他们的教育体制。而中国其他地区的教育体制还没有全面完善。清朝末年的1904年，中国废除科举考试，规定六年小学教育为义务教育，但是长时间没有全面普及。九年义务教育到了1986年才正式写入宪法。日本脱亚入欧的国策，在明治天皇宣布的《教育宪章》里，仍然提倡传授和振兴儒家的美德，将其作为日常生活和忠君爱国的指导思想。

二、日本的古代和近代科学技术

尽管在江户时代就有对"科学研究"的需求，但日本没有因此产生现代科学，明治维新使日本人认识到他们与欧洲的差距。由于急于求成，日本人忽视了欧洲人的世界观、宗教观和追求真理的精神，只是引入了欧洲技术。也是当时迫切需要发展水产养殖业、新兴工业和富国强兵的需要。然而，这种科学和技术分离的策略成功地使日本走向现代化。明治政府引进了欧洲和美国的先进技术，雇用了外国人并建立了研究机构，并陆续取得了世界一流的技术成果，如北斋信三郎、滋贺清和野口英世在医学方面的技术成果以及物理学、地震学、化学和植物学方面的成果。

三、东方古典哲学和欧洲科研技术的结合促进了日本现代科学技术的快速发展

虽然第二次世界大战把日本的广岛和长崎夷为平地，但是很快日本就恢复了它技术大国的地位，而且与欧美齐居领先地位。由于日本在明治维新以后实行技术拿来主义尝到了甜头，致使日本政府直至20世纪80年代还没有真正地像欧美那样投入基础科学研究。然而，日本的基础研究成果仍然接连不断，几乎年年都有诺贝尔奖的获得者，尤其是在物理学方面。那么是什么因素导致了日本基础科研成果的连续不断呢？美国著名物理学家和哲学家弗里特霍夫·卡普拉（Fritjof Capra）访问著名物理学家、诺贝尔奖获奖者维尔纳·海森堡（Werner Heisenberg）的时候，谈到了日本人为什么近年来在基础科学，尤其是物理学方面，重大成果接连不断的原因。这个原因就是东方古典哲学的思考方法与欧美科研手段的结合。海森堡就这个问题专门向日本科学家求证。海森堡说，只是日本人不愿意细谈他们的文化。实际上，日本用来与欧美先进科研手段相结合的古典哲学思考方法是起源于中国。日本不能否认这是中国古代文化，也不能说是他们自己的文化，所以不愿意就此详谈。

历史就是历史，日本的文化就是来源于中国，没有什么可以忌讳的。中国人创了汉字，日本人引进了汉字，而且现在还在使用。反过来，中国人又从日语中引进了大量词汇，尤其是与现在科技和现代社会文明有关的词汇。这些词汇有细胞、叶绿素、蛋白质、经济、哲学、科学、社会、社会主义、共产主义、资本主义、现代化和机械化等后面带"化"字的词汇。据说，现代中国汉语里的双字词汇和三字词汇（单个汉字和四字成语除外）的大约80%是从日语引进的。因为日本比中国提前引进西方科学和文化，在翻译过程中制造出大量新的词汇，当然这些词汇中的单个汉字还是中国汉字。不要像某些国家的人认为那是文字殖民，废除了汉字，结果给他们的文化传承带来很大的麻烦。例如，长冈伴太郎（Hantaro Nagaoka）是日本现代物理学家的始祖，取得了世界一流的成就，以研究土星的核磁致伸缩模型而闻名。他一开始就探究了东方人是否可以和西欧人一样做科学研究，如果可以，探究做科研、如果不可以，他决定研究中国文化或东方历史。他真正开始了研究，进行了一些探索，研究了《春秋》《史记》、老子、庄子等历史和文化。他确认中国古代人在天文学、历法、磁铁、能源概念、造纸、炼铁、火药和大炮等方面遥遥领先于西方后，才决心从事科学研究。在他的带领或影响下，至今日本人连续获得了30个诺贝尔奖，其中11个是物理学奖。根据长冈伴太郎的情况，海森堡说的确实有道理。也就是，日本人获得那么多物理学诺贝尔奖，与他们深蕴东方（中国）古典哲学有关。

据笔者所了解，如果中国的教授和日本的教授（包括同水平的研究员）集合起来一起进行中国古典哲学考试，日本人能得80分的话中国人只能得30分。这也说明，中国人得诺贝尔奖的人不如日本多的原因。海外几个得物理学诺贝尔奖的华人，他们对中国古典哲学的了解可以赶上国内的国学大师。物理学诺

贝尔奖获奖者杨振宁博士能背诵四书（《论语》《中庸》《大学》《孟子》），深蕴唐诗宋词，还写得一手漂亮的欧楷。笔者是在动乱时期接受的中学教育，而后又在农村6年，不是白居易所写的"终日不闻丝竹声"，而是终日不见纸片片，无书可读。1983年来到东京大学求学时，经常要和日本教授、同学一起谈论中国古典文化。我是同龄人中知道中国古典文化比较多一点的那类，但是与日本人相比，真是自愧不如。

日本在明治维新之前的文化和中国文化是一致的，系以儒释道为主的文化。明治维新以后，虽然日本人提出脱亚入欧的国策，但是他们直到今日从没有抛弃儒释道文化。日本战败以后，占领军司令部建议日本人取消汉字，削弱汉字文化教育，但是日本人没有采取这一策略。日本高中教科书里有古典I、古典II和汉诗（汉语诗词，不是汉朝诗词）三门课是学习包括儒释道在内的东方古典文化的。笔者1983年赴日本留学，当时到日本一个木匠家里做客，他从书架上拿出一本《道德经》给我看，并且和我谈论老子哲学。相比这位木匠，我这个来自孔夫子故乡的国派研究生真是惭愧得无地自容。后来，笔者经常有机会陪同国内来访人员，必须翻译日本人讲有关儒释道哲学的内容，才不得不潦草地学习了《论语》和其他四书五经的部分内容。后来孩子请教我有关中国古典的试题内容，包括四书五经里面的内容和以外的内容，有《史记》《资治通鉴》和《诗经》的内容。我这才下决心背诵四书五经、《资治通鉴》等古典文学的名段。日本每年的大学统考试题中都有中国古典的问题，有些是在原文基础上删改了的。比如中学作业题中有这样一段："太宗即位，有上书请去佞臣者曰，愿阳怒以试之，执理不屈者直臣也，畏威顺旨者佞臣也。上曰，吾尚为诈，何以责臣下直乎？朕方以至诚治天下。或请重法治盗。上曰，当去奢省费，轻徭薄赋，选用廉吏，使民衣食有余，自不为盗，安用重法邪？自是数年之后，路不拾遗，外户不闭，商旅野宿焉。"对照《资治通鉴》和《贞观政要》原文，"四海升平"等中学生不易理解的空话被删除。

小 结

如果汉朝不是"罢黜百家，独尊儒术"，而是"罢黜百家，独尊别墨"的话，中国有可能在宋代就进入具有高度科技文明的工商资本主义社会。老子哲学没能按照原意发展，却被改成道教，甚至玩耍炼丹术的妖道。孔子战胜了春秋百家，得到了世代帝王政府的尊崇。孔子的伦理学、思想学和社会学意义达到了极致，但是没有像希腊哲学家那样探究自然界的本源和本质，所以，以儒家为代表的中国古典哲学没能催生近代和现代科学技术的发展。以现在的观点看，儒家思想是有些刻板，对科学不感兴趣。但是，中国近现代科学的落后不能归咎于中国古典哲学和文化。儒家思想的自给自足的小农经济，老子和庄子的小国寡民思想都不是中国哲学的主流，而中国哲学的主流是中庸之道。虽然中国晚于西方进入现代科学时代，但是中国数千年来科学并不是空白而是领先世界，发展了一系列具有独特中国特色的科学。西方和日本的科学进步，正是在某种意义上受到了中国古典哲学的启示。因此，我们必须放弃类似"打倒孔家店，消灭汉字"的冲动，深刻理解中国古典哲学的内涵，探究中国古典哲学对现代科学的启示。

中庸之道对自然科学的启示

引　言

众所周知，中庸之道是大自然中事物的内在规律。任何存在于自然界的物体、生命和事件都有它们存在和发展的内在规律。人们只能从某种程度上认识这些规律，从而使自己顺从这些规律，但是无法改变这些规律。按希腊古典哲学的观点，中庸之道属于世界"本源"的范畴。而从宋朝以后，从朱熹到王阳明，都把中庸之道降解成唯心主义的先验理念，试图用这一理念检验或者改变世间事物，规范人们的行为。实际上，出自很多人口里的中庸之道只是从中庸之道引申出来的中庸思想，譬如下列一些大家的叙事。不可否认，从中庸之道引申出来的中庸思想是儒家文化的核心，是人生哲学。刘兆伟说，中庸之道是儒家关于个人修养与社会治理的基本价值理论，是中华民族的独创，是中华文明的重要基因。中庸是指为人居于中正之道，不偏不斜，以自然的纯正人性提高自身修养、对待万事万物。中庸本身的价值和功用始终闪耀着睿智的光芒。黄春慧说中庸之道对现代领导管理有很好的启示和指导意义。"中"使人们看到事物变化发展的差异性和矛盾性，促使领导在管理中把握好规律。"度"要求把握火候，使各项职能得到有效的发挥。"和"要求把和谐发展作为发展的目标追求，从内部各要素和外部环境协调好关系，整合资源，提高领导管理效率。"诚"要求领导管理者重视修身之本，只有不断提升自身素质和能力，才能真正把握中庸思想的本质，提高领导管理水平。张荣明说，一个民族的特征，不在其科技，而在其文化。自汉武帝独尊儒术，儒家文化成为中国传统文化的主流。经过两千年的积淀与发展，儒家思想已经植入中华民族心灵深处，发生着潜移默化的影响。儒家宣扬仁义礼智信，注重道德。儒家讲人性，既有性善论，也有性恶说。儒家主张修齐治平。儒家认为治民应该以教为主，以罚为辅。中庸之道就是儒家学说的哲学基础。中庸之道既是儒家的思维方式，也是儒家学说区别于其他学说的根本依据。郝铁川说，中国的改革采取了中庸之道的哲学思想。中国的改革开放平稳和成功的原因之一，就是"中庸之道"的思维方式发挥了作用。中庸之道使得我们走不偏不倚的路线。他还说改革采用中庸之道哲学思想绝不是有人误解的"和稀泥"、无原则之道，而是不搞极端、量变和质变相结合的辩证法之道。

以上的论述都是在讲中庸思想，不能把好端端揭示自然界事物内在规律的中庸之道说成唯心主义的处世策略。还有些人在谈论中庸之道时，是在重复和解释前人的话，没有能结合现代科学和现代社会学做一个新颖的解释。笔者在这一节里一反其他人的说法，主要沿着中庸之道揭示事物内在规律，给予科学探索以启示的线索来阐述。

● 第一节 ● 哲学与科学的关系

有关科学与哲学之间的关系的讨论已经持续了数千年。如今，这个问题不仅还存在，而且变得越来越复杂，也显得越来越重要。科学研究的规模和社会意义已经被认为远远超过哲学。例如，哲学和物理学是有机地相互联系着的，特别是在伽利略、笛卡尔、开普勒、牛顿、罗蒙诺索夫、门捷列夫和爱因斯坦的著作中，以及在所有视野广阔的科学家的著作中，哲学的影响很大。

人们曾一度普遍认为，哲学是指导众科学的科学，是科学的"最高统治者"。哲学之所以称为"指导众科学的科学"，可能是因为它实际上是科学的自我意识以及所有科学从中汲取其世界观和方法论原理的源泉。退一步说，哲学和科学是平等的伙伴。在科学的探索中，哲学帮助科学家产生创造性思维。当然，哲学并不能代替专门的科学，而是以一种世界观，为科学提供理论思考的一般原理。从这个意义上讲，哲学在科学体系中能够合法地占据着关键的一席之地。

没有哲学思想的科学就是糟糕的科学。爱因斯坦用数学描述天文望远镜观察的日全食数据证明了他的广义相对论，但是在 8 年之前他就已经根据哲学理念找到了解决方案。

哲学是思想科学，而行动科学，如物理、化学、数学或生物学是一种纯粹的工具。科学曾经是一种经验哲学，称为自然哲学。"科学家"一词直到 19 世纪才出现。因此绝大多数科学家实际上将自己视为自然哲学家，包括伽利略和牛顿。现在很多科学家不再学习哲学，而且在许多大学专业，哲学不是必修课。直到现在，欧美的大学在授予博士学位的时候，字面上还是哲学博士（Doctor of Philosophy），略写成 PhD。一些国家只是把文学、艺术、法律和医学单列出来，其他理工农学科的博士学位称呼都是 PhD。曾经听过有人这样说，"某某真厉害，学化学竟然在美国拿到了哲学博士"。实际上叫"学术博士"比较合适。在日本，真正学习哲学专业的人获得的博士学位叫文学博士，而在美国叫哲学领域的哲学博士——Doctor of Philosophy in Philosophy 或者 PhD in Philosophy。

人们通常认为科学和哲学完全不同，以至于许多科学家不知道为什么哲学如此重要或哲学如何重要。实际上，科学家和哲学家往往有相同的目标，就是找出有关宇宙万物的真相，方法是不同的，但却是互补的。在某些科学学科中，科学与哲学之间的界线是模棱两可的。对于量子力学和爱因斯坦的相对论来说尤其如此。这些理论为我们提供了似乎违背常识的信息，科学家努力用数学以外的任何形式表达其含义，哲学家考虑数学之外是否还有其他意义。例如，在量子力学中，可以说一个量子态处于两个态的"叠加"，直到被测量为一个或另一个。例如，在使用波或粒子检测器测量光子之前，光子被认为具有波和类粒子的特性，然后它将被检测为波或粒子。据说测量行为使叠加"崩溃"。量子物理学家就要采取这种思考问题的方法，但是这种解释存在许多令人好奇的哲学问题。量子力学还提出了其他哲学问题，涉及距离远近，瞬间移动以及人类意识和个性的本质。

科学与哲学之间的关系是一个复杂的问题。一方面，一些伟大的科学家曾经是伟大的哲学家，科学和哲学经常在牛顿和莱布尼兹等伟大人物的著作中并存。但是另一方面，哲学通常被认为是无用的，因此哲学观点充其量对于科学来说是无关紧要的，而在最坏的情况下却是有害的，正如长篇幅的"扶手椅哲学"所证明的那样，科学界对此一无所知。

至今为止，"中庸之道"作为思想文化被用于教育。自然科学方面并没有得到应用。文化理念上只是说"中"，没有量化，可能都没有去量化。实际上，"中庸之道"在自然界当中与所有的事物都有关联。这些关联都是遵循自然法则的，当然也是可以量化的。本书与亚里士多德的西洋哲学的中庸（Aristotle's Golden Mean）相对应，笔者在用英文发表论文的时候采用了 Confucius Doctrine of Silver Mean 作为中庸之道的英文名称。其中相关联的常数叫白银中庸常数（Silver Constant），并且使用与自然科学生物学相关的现象和试验数据进行解释。使用的数据主要是著者本人的研究数据，或者使用著者本人提出的理论和公式解析现有的数据。

● 第二节 ● 自然现象和自然科学中的中庸之道

一、原子结构——率性之，谓道

天命之，谓性；率性之，谓道。"天命之"就是自然界事物的存在，这些事物所具有的特点就是"性"，由事物的存在和特点做决定的有关其存在、变化和发展的规律就是"率性之，谓道"。人们要先"悟道"，根据"道"的原则去行事。学习和探讨"悟道"和遵"道"的方法的行为叫"修道"，也就是"修道之，谓教"。科学研究和技术开发术语属于"悟道"和"修道"的范畴。体育、艺术、杂技等技术的修得也属于"悟道"和"修道"的范畴。

氢原子的半径称为玻尔半径，它等于 0.529×10^{-10} 米。这意味着氢原子的体积约为 6.2×10^{-31} 立方米。氢原子中心的质子的半径约为 0.84×10^{-15} 米，所以质子的体积约为 2.5×10^{-45} 立方米。我们做一下数学运算，看看氢原子体积里面有多少是空白空间的。电子的半径是 0.28×10^{-16} 米，体积是 0.94×10^{-49} 立方米，比质子小数千倍。氢原子体积当中这百万亿分之四的空间被原子核占着。那么，电子和原子核为什么要相距那么远？电子带负电，原子核带正电荷，它们会相互吸引。这就是一个事物的"性"。作为"率性"的"道"，中庸之道就不让它们碰撞到一起，使它们之间保持距离，还不能让电子脱离原子核飞走了。让它们之间保持规定的距离而不互相脱离的力量叫电磁力。这个电磁力就是统率电子和原子核的"性"的中庸之道。再如，112 号元素的镉的质子和电子各 112 个（如图 2–7），还有 173 个中子（半径 0.8×10^{-15} 米，体积 2.1×10^{-45} 立方米），镉的原子体积只是大约为氢原子的 2 倍。质子是带正电荷的，必须有一个强大的力量把这 112 个质子以及 173 个中子紧紧地压缩在一起，这个力量就是强作用力，简称强力。也就是中庸之道根据镉原子有那么多质子和中子，又根据质子相互排斥的"性"，用一个中庸因素的强力把它们捆绑在一起。实际上，质子和中子也是强力把 3 个夸克捆绑在一起而组成。某一个原子有多少电子，多少质子和中子，质子和中子又是怎么组成的，它们之间怎么安置，以什么样的关系相互依存，都是中庸之道决定的，人决定不了。没有"中庸之道"，那些电子、质子和中子就乱套了。

二、电路稳压电容器——制约偏倚的中庸之道

1. 稳压器

如图 3–1 和图 3–2 所示，V_{in} 是输入电压，V_{out} 是输出电压；C 是电容器，Z_{load} 是负载电阻，而 Z_{eq} 是起均衡和稳定电压作用的可变电阻。当电路中电流高的时候，可变电阻（Z_{eq}）增大，一部分电流储存到电容器里；当电路中电流小

的时候，可变电阻减小，电容器里储存的电流释放到电路中。这样一来就稳定了电路中的电流不会有太大的波动。可变电阻电容器就是这个电路中的中庸因子，可变电阻随时随刻变动，使电路处于中庸状态。所以，中庸点不但是两个极端中间不偏不倚，有的场合是变动的。为什么要变动呢？因为电路中的电流这个"性"是变动的，这个中庸因子就要"率性"，随电流的变动而变动。变动是为了找"中"，找"中"是为了"庸"（有用）。"中"是手段，"庸"是目的。把"庸"解释为平常、平庸是极其错误的。当然，实际上的稳压电路要比图3-1复杂得多，类型也多得多，感兴趣者可以参考相关的资料。此处只是举例说明稳压电路的中庸之道原理。

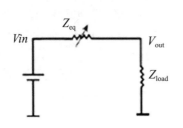 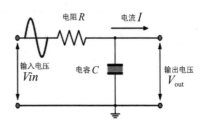

图3-1　简单的稳压电路或者均衡电路图　　图3-2　低通滤波电路

2. 滤波器

如果不同的频率混合在一个电路中，可以通过滤波器把不想要的频率或者频率范围去掉。用于执行此频率选择的电路称为滤波器电路，或简称为滤波器，其原理和图3-1的稳压电路相同。滤波器电路常常用在高性能立体声系统当中，放大或抑制某些范围的音频，以实现最佳的音质和效率。譬如，高音扬声器再现低频信号（例如鼓拍）时效率很低，因此可以在高音扬声器和立体声输出端子之间连接一个分频电路，以阻止低频信号，仅将高频信号传递给扬声器，以便提高音频系统的效率。滤波器电路的另一个实际应用是对电源电路中非正弦电压波形的"调节"。某些电子设备对电源电压中是否存在谐波敏感，因此需要进行功率调节才能正常工作。如果失真的正弦波电压类似于谐波波形，则应该有一个仅允许基波波形通过的滤波器电路，从而阻止谐波。为什么滤波电路可以把不需要的频率过滤掉，为什么必须过滤掉这些不需要的频率，怎样过滤某一个频率或者频率范围，都是人们在科学研究的道路上"悟道"和"修道"的结果，其原理都是中庸之道的"率性"。

三、植物体内类似电路的水分移动 —— 支配稳定的中庸之道

1. 土壤-植物-大气水流连续体（SPAC）

土壤-植物-大气水流连续体是水从土壤通过植物流向大气的途径（图3-3）。大气中的水势低，大约-100 MPa，而叶子内的水势相对较高（即负值较小）大约-10 MPa，因此这个水势造成整个叶片气孔孔隙的扩散梯度，将水以蒸气

的状态从叶片中抽出。随着水蒸气从叶中喷出，由于叶内空气中的水保持在饱和蒸汽压的水平，因此更多的水分子从叶肉细胞的表面蒸发，从而替代了丢失的水分子。在细胞表面损失的水被木质部的水所替补。由于木质部中水的内聚张力特性，木质部中的水会从根部向叶面推动更多的水。这样就形成了一个从土壤到植物再到大气的水流连续体。

2. SPAC 的电路模拟

记得笔者在上中学的时候，物理实验课上老师用水流模拟电路。因此在后来的学术研究中，笔者喜欢用电路模拟植物体内的水分流动。整个水流连续体的水流量，相当于电路中的电流，在未到达可以蒸腾的茎叶表面的连续体的各处都是相等的。那么，相当于电路中的电压的水势，在土壤、根系、茎内、叶片内和大气的几个节点的数量级分别为-0.01 MPa、-0.1 MPa、-1 MPa、-10 MPa 和-100 MPa（图3-3 左）。这只是以便说明假设的大体数值，实际上，根据植物的土壤水分，植物的特性和周围的环境，还是千差万别的。按照欧姆定律 $V=IR$（V 为电压，I 为电流，R 为电阻），可以换成水势欧姆公式表示，$\Psi = JR$，其中 Ψ 为水势，J 为水流连续体的水流量，R 为水流连续体里的阻抗。从能量角度看，纯水的水势最高，数值为零，所以除了纯水以外，水势都是小于零的负值。如图3-3 右所示，有电源标记的地方是土壤水势，因为整个 SPAC 当中土壤水势最高。虽然把土壤水势模拟成电源，但是实际上驱动整个 SPAC 的水分流动的动力是大气的低水势，也就是大气的低水势造成蒸腾对水的需求，驱动了水的流动。

49

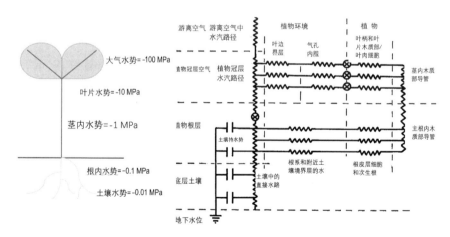

图3-3 土壤-植物-大气水流连续体（左：土壤、植物体内和大气的水势；右：水流连续体的电路模拟。依据维基百科修饰，左图依据Cowan 1965）

3. 稳定水流的中庸之道

如图3-3所示，和电路中电容器的功能类似，当土壤水分充足时，或者植物蒸腾失水小于吸水的时候，水分就会在这些相当于电容器的部分储存起来；当蒸腾失水大于吸水的时候，这些储存的水就会释放出来以弥补水分的不足，稳定 SPAC 水流的稳定。所以这些功能都是和电路中电容器的功能雷同的。如果知道了不同部位的水势（Ψ），水流量（蒸腾失水量，J），就可以根据欧姆定律计算出各个部位的水流阻抗（R）。下一节将用具体试验数据和欧姆定律来计算和分析 SPAC 中的一些参数。

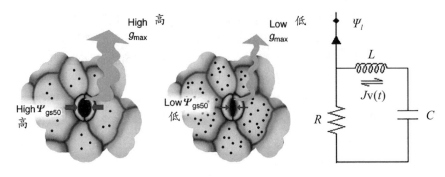

图3-4 控制蒸腾量以便稳定叶片水势的中庸之道（左图依据Henry et al., 2019）

植物体内静态水的水势为 $\Psi = \pi + P + M$，其中 π 为渗透势，P 为膨压，M 为基质势。基质势在植物体内可以忽略，但是在土壤中是水势的主要成分。水流连续体的水势梯度是叶片的蒸腾造成的。叶片的蒸腾量与其周围的环境有关。根据彭曼-蒙特斯方程，叶片的蒸腾（E，W·m^{-2}）为

$$E = \frac{sR + \rho c_p D / R_a^{\text{heat}}}{s + \lambda (R_a^{\text{water}} + R_s) / R_a^{\text{heat}}}$$

其中，s 为饱和蒸汽压随温度变化的速率（Pa ℃$^{-1}$），R 为净辐射（W·m^{-2}），ρ 为空气密度，c_p 为恒压空气比热（J·kg^{-1}·℃$^{-1}$），D 为大气饱和度差，R_a 为风速相关的对热或水的空气动力阻力，λ 为湿度常数，R_s 为冠层气孔抵抗。

如果把气孔导度（g_s）与通过植物的水通量（J_p）直接联系起来，液体通量是土壤（Ψ_s）和叶片（Ψ_l）之间水势差以及土壤（R_s）和植物（R_p）中水路阻力的函数。在高大的树木中，水传输的重力潜力也很显著（h 为树木高度；g 为重力加速度；ρ_w= 水的密度），因此，（J_p）$=\Psi(_s - \Psi_l - \rho_w gh)/(R_s - R_p)$。然而，在 SPAC 中 J_p 往往是不稳定的，相当于电容器或稳压器的蓄水势（C）就是起着纠正这种不稳定的作用。任何一个部位的 C 都是那个部位的组织含水量的变化与水变化的比，即 $C = dW/d\Psi$。叶水含量的变化率（dW/dt）由流入叶片的水流量与蒸发损失的水流量之差得出，即 $dW_l/dt = J_p - E = dW_l/dt = (\Psi_s - \Psi_l - \rho_w gh)/(R_s + R_p) - E$。假设电容为常数，则描述叶片水势动力 cs 的一阶微分方程为：

$$\frac{\mathrm{d}\psi_l}{\mathrm{d}t} = \frac{\psi_s - \rho_w gh - E(R_s + R_p) - \psi_l}{C(R_s + R_p)}$$

自然界的很多现象看起来都很复杂，但是都遵循中庸之道，而且其中的规律都可以"悟"出来，并且可以用数学公式表示出来。这就是科学探索要做的事情。其中的规则是道"率性"，人只能"悟道"和"修道"。也就是，天命之，谓性；率性之，谓道；悟道之，谓科（学）；修道之，谓教。

四、植物气孔开闭调节 ——不过不及的中庸之道

1. 气孔开闭现象

在自然界当中，中庸之道无处不在，它支配着世间所有事物。当叶片的蒸腾失水大于根系吸水的时候，叶片水分的收支是亏损的。如果不调节，长时间下去，叶片严重失水会导致生理机制损伤或者不能存活。所以，这时气孔开闭的中庸之道就开始调节，让气孔开始一定程度的关闭，直至彻底关闭。气孔关闭的结果导致根系吸水大于叶片失水，这时候叶片开始像电池充电一样开始充水。当充水达到一定程度，中庸之道机制开始让气孔逐步开启，以便进行光合作用。这种过程如果反复循环下去的话，就成了一个余弦波式的振动。

2. 气孔开启机制

图 3-5a 和图 3-6b 表示开启的气孔。气孔是叶片表皮上的小孔，其周围有保卫细胞（图 3-5 中 b2）；当水和 K^+（当然也有少量的其他离子）流入保卫细胞时，保卫细胞中的膨压增加，从而使保卫细胞膨胀。因为保卫细胞的内侧壁坚硬，外侧壁柔软，所以保卫细胞向外弯曲，致使气孔开启。在保卫细胞的水势低于周围表皮细胞水势的情况下，水会进入保卫细胞；在保卫细胞的水势与周边的细胞的水分达到平衡时，需要 K^+ 被主动转运到保卫细胞中。这时候需要质子泵将 H^+ 移出保卫细胞，需要 ATP 提供动力，产生电化学梯度，从而使 K^+ 通过通道蛋白流入保卫细胞。K^+ 进入保卫细胞后，细胞液和原生质的渗透浓度增加，因此从周边细胞吸水。启动该过程的信号是阳光的蓝光分量。光越强蓝光分量越大，因此气孔在强光下开启。

3. 气孔关闭机制

图 3-5b 和图 3-6a 表示闭合的气孔。被动的情况下，由于水从细胞中流出而导致膨胀压力降低时，气孔关闭。主动的情况下，由于 K^+ 离开保卫细胞，保卫细胞的渗透势浓度降低，水流出。有许多信号可能导致气孔关闭，其中包括 CO_2 浓度的升高和激素脱落酸浓度的增加。

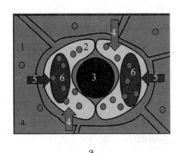 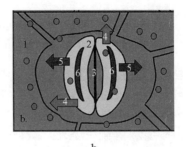

a   b

图3-5　植物的气孔开闭机制示意图（引自Wikipedia Commons: https://commons.

wikimedia.org/wiki/File:Stoma_ Opening_Closing.svg）

1-表皮细胞，2-保卫细胞，3-气孔，4-K$^+$离子，5-水，6-细胞囊

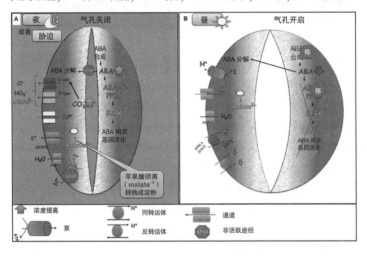

图3-6　ABA在昼夜调节气孔运动中主动控制气孔开闭的离子泵原理示意图（Agata

Daszkowska-Golec and Iwona Szarejko (2013) Open or Close the Gate-Stomata Action

Under the Control of Phytohormones in Drought Stress Conditions. Frontiers in Plant

Science 4(138):138. DOI: 10.3389/fpls.2013.00138）

⬆上升⬇下降，🔫泵。◪同向转运蛋白，◪反向转运蛋白，▬离子通道，●停止

4. 脱落酸（ABA）在气孔开闭机制的作用

　　夜间（A）无光的情况下，有利于ABA的生物合成，同时抑制ABA的分解代谢。这些过程的结果是，保卫细胞中积累高浓度的ABA。ABA激活内部存储中的钙离子（Ca^{2+}）的外排，激活S型和R型阴离子通道导致氯离子（Cl$^-$）、苹果酸阴离子和硝酸离子（NO$_3^-$）的外排。GORK通道的激活使钾离子（K$^+$）流出，并因此导致气孔关闭。苹果酸浓度的降低是由于苹果酸向淀粉的转化。

在白天（B），首先，光照促进 ABA 分解代谢，ABA 生物合成水平降低，这导致保卫细胞中活性 ABA 浓度降低。低内源性 ABA 浓度不再抑制 ATP 酶启动的氢离子泵（H^+-ATPase），然后能够从保卫细胞中挤出 H^+。同时，水和众多离子（K、Cl^-、苹果酸阴离子）进入保卫细胞，保卫细胞膨压增大，外侧壁弯曲，保持气孔开启。在大自然赋予的中庸之道是很合理的，但也是很复杂的。调控气孔开闭的不单有脱落酸，茉莉酸也调控植物气孔的关闭，这里就不再细讲，有兴趣者可以参考有关资料。

5. 编码脱落酸合成酶的基因

ABA 调控气孔开闭，那么 ABA 是从哪里来的呢？ABA 生物合成主要是通过上调编码 ABA 合成酶的基因 NCED3、ZEP 和 AAO。在诱导 ABA 的生物合成的同时，下调了编码 ABA 降解酶的基因 CYP707A1-4。细胞中活性和非活性 ABA 之间的平衡不仅可以通过生物合成和分解代谢的调节来实现，还可以通过 ABA 结合和去结合来实现。最普遍的缀合物是 ABA 葡萄糖基酯（ABA-GE），它由 ABA 葡萄糖基转移酶（C）催化。ABA 通过 ABCG 转运蛋白如 AGCG22 传递至保卫细胞可促进反应级联。早期 ABA 信号转导的核心涉及 ABA 受体 -PYR/PYL/RCAR 蛋白，PP2C 和 SnRKs。将 ABA 与受体结合后，PP2Cs 的负调节作用被抑制，SnRKs 能够磷酸化并激活下游靶标以转导 ABA 信号。所有的酶都是由相应的基因编码的，相应的基因是上调表达还是下调表达是根据外部向 DNA 传递的信号，如光照信号、黑暗信号、缺水信号等。谁先谁后，前因后果，有条不紊，都是这个中庸之道的周密安排。这可以说是"玄之又玄"。

五、免疫力降低和过敏反应——中庸两端的"不及"与"过之"

1. 免疫系统

免疫系统是一种宿主防御系统，包括生物体内许多可以预防疾病的生物结构和过程（图 3-7）。免疫系统检测从病毒到寄生虫的多种病原体，并将其与生物体自身的健康组织区分开。在许多物种中，免疫系统有两个主要子系统：先天免疫系统和后天适应性免疫系统。这两个子系统都使用体液免疫和细胞介导的免疫来执行其功能。不仅人和动植物有免疫系统，而且感染别人的单细胞生物（例如细菌）也具有免受噬菌体侵袭的酶形式的基本免疫系统。基本的免疫机制是在古代真核生物中进化而来的，并保留在其现代后代中，例如植物和无脊椎动物。这些机制包括吞噬作用，称为防御素的抗菌肽和补体系统。人类等下颌脊椎动物具有更为复杂的防御机制，包括随着时间的流逝而适应以更有效地识别特定病原体的能力。适应性或后天获得性免疫在对特定病原体的初始反应后会创建免疫记忆，从而导致对与同一病原体的后续接触的反应增强。获得性免疫的这一过程是疫苗接种的基础。

2. 免疫力降低

免疫系统失调可导致自身免疫性疾病，如炎性疾病和癌症。当免疫系统的活性低于正常水平时，就会出现免疫缺陷，导致反复感染和威胁生命的感染，这叫免疫力降低，是免疫系统中庸两端的不足一端。在人类中，免疫缺陷可能是遗传疾病，当免疫系统的一种或多种成分失活时，就会出现免疫缺陷。随着年龄增加，免疫系统对病原体的反应能力下降，由于免疫系统衰老，免疫反应在 50 岁左右开始急剧下降。肥胖、酗酒是免疫功能低下的常见原因，而营养不良也是免疫缺陷的最常见原因。此外，由于基因突变或手术切除而导致的胸腺早年丧失，会导致严重的免疫缺陷和高感染易感性。免疫缺陷可以遗传也可以后天获得。吞噬细胞破坏病原体能力降低的慢性肉芽肿病是遗传性或先天性免疫缺陷的一个例子。艾滋病和某些类型的癌症是后天获得性免疫缺陷。自身免疫是由于过度活跃的免疫系统攻击正常组织而产生的，把自身正常细胞看成外来生物。常见的自身免疫性疾病包括桥本氏甲状腺炎、类风湿性关节炎、I 型糖尿病和系统性红斑狼疮。自身免疫疾病是免疫系统的中庸两端"过之"一端。

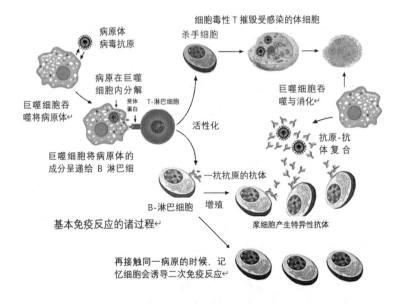

图3-7　免疫反应过程示意图（依据维基百科）

3. 过敏反应

过敏是由于免疫系统对环境中通常无害的物质过度敏感而引起的许多反应，例如对花粉、特定的金属、特定的食物以及昆虫叮咬过度敏感，从而引起特应性皮炎、过敏性哮喘。症状包括红眼、皮疹、打喷嚏、流鼻涕、呼吸急促或肿胀。过敏是免疫系统功能上中庸两端的"过之"一端。过敏归因于遗传和环境因素。潜在的机制涉及免疫球蛋白 E 抗体（IgE），是人体免疫系统的组成部分，与过敏原结合，然后与肥大细胞或嗜碱性粒细胞上的受体结合，从而触发炎症化学物质如组胺的释放。过敏性疾病是由对 TH2 介导的免疫反应驱动的无害抗原的不适当免疫反应引起的。许多细菌和病毒会引发 TH1 介导的免疫反应，从而下调 TH2 反应。生活在过于无菌的环境中的个体没有暴露于足够的病原体以保持免疫系统"练兵"。人体已经进化为处理一定水平的此类病原体，因此如果不暴露于这类病原时，免疫系统将攻击无害的抗原，因此通常是良性的微生物和物体（例如花粉）触发免疫反应。急性过敏反应的原理如下所述。在过敏反应的早期阶段，由抗原呈递细胞呈递的针对首次遇到的过敏原的 I 型超敏反应，在一种称为 TH2 淋巴细胞的免疫细胞以及产生称为白介素 4（IL-4）的细胞因子的 T 细胞中引起应答。这些 TH2 细胞与称为 B 细胞的其他淋巴细胞相互作用，产生抗体。结合 IL-4 提供的信号，这种相互作用刺激 B 细胞开始大量产生称为 IgE 的特定类型抗体。分泌的 IgE 在血液中循环，并与其他称为肥大细胞和嗜碱性粒细胞的免疫细胞表面上的 IgE 特异性受体（一种称为 FcεRI 的 Fc 受体）结合，两者均参与急性炎症反应。在这个阶段，被 IgE 包裹的细胞对过敏原敏感。

4. 免疫力降低和过敏反应的预防

随着年龄的增加，免疫力与身体健康状况有关。加强活动、改善体质、合理营养（避免肥胖，酗酒等）是防止免疫系统衰老的关键。幼儿出生后 6 个月的母乳喂养是提高终生免疫力最重要的条件。育儿期间，让孩子"接地气"，多接触病原和过敏原能够提高免疫力。生活得过分干净并不是好事，否则会降低免疫力。过敏和高免疫力不是一回事，过敏是免疫反应过度敏感，而不是免疫能力过度高的意思，过敏是免疫系统的异常，预防也是要增强体质，早期多解除过敏原以锻炼免疫系统。卫生假说（Hygiene Hypothesis）告诉我们，在学龄前，由于过于干净而失去和微生物充分接触的机会，长大后获得免疫力的能力反而会下降，过敏发病率增加，而且成年后弥补很难。在与泥土、沙石、动物接触的过程中，有了充分的微生物交换，室外是微生物的大集合场，久而久之就获得免疫抵抗力。幼儿尽早食用花生产品可以降低过敏风险，而至少在生命的最初几个月内仅母乳喂养可以降低皮炎的风险。孕妇或婴儿时期，补充鱼油和益生菌可能有助于预防特应性皮炎。日常要做到：①保持充足的睡眠和适当的体育锻炼，以增强机体的抵抗力和适应能力；②保持乐观情绪，设法降低心理压力；③限制饮酒；④每天适当补充维生素和矿物质。一旦有了过敏的毛病，就要尽量避免过敏原。过敏原包括：①绿色过敏原，如室内的各种花卉、植物，郊外的野花野草；②宠物过敏原，如小猫、小狗；③橡胶过敏原，如橡胶产品洗涤不充分；④螨虫过敏原，床上平均生活着 200 万只螨虫；⑤紫外线过敏原；⑥预防接种过敏原；⑦化妆品过敏原；⑧香料过敏原；⑨女性卫生巾过敏原；⑩药物过敏原；⑪金属首饰过敏原；⑫香精油过敏原。

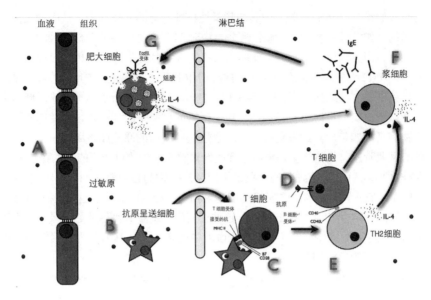

图 3-8　过敏反应过程示意图

　　图 3-8 是过敏反应过程示意图，解释了过敏是如何发展的。1. 过敏原（表示为黑色圆圈）进入人体。2. 抗原呈递细胞吸收过敏原成分，并通过 MHC II 受体将其表位呈递至其表面。活化的抗原呈递细胞后迁移到最近的淋巴结。3. 在淋巴结它活化识别过敏原的 T 细胞。然后，它们决定让 T 细胞分化为 TH2 细胞。4. 同时，B 细胞识别过敏原，并通过激活的 TH2 细胞 E 使 B 细胞被激活。5.B 细胞分化为浆细胞，这时它们将积极合成 IgE 同型抗体。6.IgE 抗体现在可以识别过敏原分子的表位，通过淋巴和心血管系统在体内循环，并最终与肥大和嗜碱细胞上的 FcεRI 受体结合。7. 当后来的过敏原再次进入人体时，它会与细胞表面的 IgE 结合，引起受体聚集，导致细胞释放预先形成的介体。另一个介质是 IL-4，它使更多的 B 细胞分化为浆细胞并产生更多的 IgE，因此恶性循环继续进行。

六、体育和杂技项目的"率性"和"悟道"

1."率性之，谓道"——无意识层面的活动

　　任何科学技术以及像游泳、冲浪和杂技，都是"悟道"或"修道"的过程。拿游泳来说，水有它自然赋予的"性"，也就是水赖以存在的特性。那么，你要在水里游泳，冲浪或者潜水［图 3-9（左、中）］，你就必须"率"水的那些"性"，和水对着干，硬拼是不可以的。要摸透水的"性"，能够"率"好它的"性"了，就是掌握了拥有的技巧了。比如说，在水里游泳要放松，这个"放松"不是真正的放手，什么都不做，而是"中庸"的放松，适度放松，还要适度紧张。游泳时的放松，并不是真正的放松，实际上是适度紧张。说到

这，你可能一头雾水，那么我们先来弄清什么是适度紧张。正常的站、坐、行都有一定的用力，这个用力就是适度紧张。在适度用力这个范围内，尽可能少用力。还要分静力和动力。静力不会使形体发生变化，动力会造成形体发生改变。其实，举重运动员用力也分静力和动力，举起杠铃的过程用的就是动力，而举起杠铃后保持上举的姿势用的就是静力。在水中要掌握恰当的憋气与吐气，吸气，低头，吐气时摆臂，然后手向前划，蹬腿时，把身体蹿出水面，吸气，再低头。循环往复，这就是恰当的憋气与吐气。气吸入后不能马上吐气。在水里，不仅你在主观意识上要"率"水之"性"，你的客观机体也不以你的意志而驱使，会自动地促进肾上腺素的分泌，使得心跳加快，引发葡萄糖的释放，让肌肉做好应对的准备。这不仅有利于在水中生存，还可以增加活力。这些机体反应有一些会使你感到更加积极警惕，并因此让你感觉良好。你要充分"率"水之"性"，你的机体会帮助你记忆起胎儿时期在子宫羊水里的生活，得到水的抚育，在那个舒适的浴池中可以轻易地漂浮起来。虽然不能够记起在子宫里的感受，但水的触感会使你的机体回忆起，会协助你"率"好水之"性"。

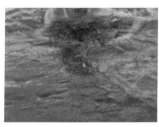

图3-9　"率性"之动——游泳、冲浪、走钢丝

2. 意识的五个层面

弗洛伊德提出关于无意识精神状态的假设，将意识划分为三个层次：意识、潜意识和无意识。而王东岳先生把意识分为五个层次：无意识层、潜意识层、下意识层、上意识层、思想意识层（也叫精密逻辑意识层）。

(1) 无意识

王东岳认为，无意识是细胞膜和跨膜电位以及神经系统上的生物电转导活动，在人的意识上是调动不出来的。无意识是指那些在正常情况下根本不能变为意识的东西，比如，内心深处无从意识到的欲望、秘密的想法和恐惧、原始冲动和本能以及之后的种种欲望，由于社会标准不容许，得不到满足而被压抑到意识之中，但它们并没有消灭，而在无意识中积极活动。因此，无意识是人们经验的大储存库，由许多遗忘了的欲望组成。所谓"冰山理论"认为，人的意识组成就像一座冰山，露出水面的只是一小部分意识，仅占1/7，但隐藏在水下的绝大部分，占6/7，却对其余部分无意识地产生影响。弗洛伊德认为无意识具有能动作用，它主动地对人的性格和行为施加压力和影响。弗洛伊德在探究人的精神领域时运用了决定论的原则，认为事出必有因。看来微不足道的事情，如做梦、口误和笔误，都是由大脑中的潜在原因决定的，它只不过是以一种伪装的形式表现出来。弗洛伊德认为，意识之外的记忆、情感和其他心理内容的观念具有新的现实意义。他用这套理论解释精神障碍的原因。一些神经科学家发现无意识的概念是一个问题，因为术语暗示无意识是大脑中的一个位置，一个真正的解剖位置。作为神经病学家的弗洛伊德确实从神经生物学的角度进行了思考。但是他没有21世纪的工具来帮助他分析神经细胞、神经回路或大脑区域之间的结构、功能和复杂的相互作用。如今，大多数心理分析家和面向心理动力学的治疗师并不认为潜意识是神经解剖结构。相反，他们使用术语"速记"来指代复杂但熟悉的心理现象。就是说，很多，也许大部分的精神生活都是在我们不了解的情况下发生的。神经科学家也意识到，对心理生活的神经生物学的任何理解都必须超越意识的想法和感受。这些心理过程对我们来说很有趣，也许是因为我们知道很多事情处于危险之中。如此多的动静发生在我们的意识和控制之外。我们相信，更高的意识将导致更大的自我控制或更大的幸福感。这里有太多我们不知道的知识。也可能在紧急关头一个人可以发现隐藏在体内的特殊潜能。日语当中有个"火场傻力"（火事場の馬鹿力）的成语，说的是，一个男人睡觉中突然发现房子失火，猛地起身，左手抱起自己的胖媳妇，右手抱起自己两个孩子，快速冲出火场。武松打虎的力量也是如此。众所周知，程咬金有三板斧的本领，实际上他学过飞斧的技能，但是忘记了，到了老年时期，在一次战斗中，即将败阵身亡的时候，大喊一声"看我的飞斧取你"，结果斧子真的螺旋式飞滚，直奔敌将，砍掉了敌将的首级。真的本来是没有那么大的力气或者本事，危机信号激活了某种无意识层面存在的能力。

(2) 潜意识

在心理学领域，潜意识是指我们不知道的那部分意识。这些信息我们暂时还没有主动意识到，但是仍然会影响我们，例如曾经听到、看到或记住的事物。潜意识的思想是有意识的思想无法认识的思想的一部分，包括社会上无法接受的观念、愿望和欲望，创伤性记忆和痛苦的情感。在生物物理电子感应以上，整个机体内在结构的内感知维护系统。例如专门调理结构内部运转的人体的植物神经系统，比如心跳、呼吸频率、胃肠蠕动是不能用意识支配的，是由植物神经系统支配的。儿童对异性的好感，甚至初恋都属于潜意识。弗洛伊德认为，用"潜意识"概念来代替"无意识"是不正确的，因为无意识是完全无法观察和为人了解的。无意识是必不可少的一种生存需要——忘记过去的创伤，继续生活下去。潜意识指的就是潜藏在我们一般意识底下的一股神秘力量，是相对于"意识"的一种思想。又称"右脑意识""宇宙意识"，春山茂雄则称它为"祖先脑"。潜意识也就是人类原本具备却忘了使用的能力，这种能力我们称为"潜力"，也就是存在但却未被开发与利用的能力。潜在的动力深藏在我们的深层意识当中，也就是我们的潜意识。潜意识聚集了人类数百万年来的遗传基因层次的信息。它囊括了人类生存最重要的本能与自主神经系统的功能与宇宙法则，即人类过去所得到的所有最好的生存信息，都蕴藏在潜意识里。因此只要懂得开发这股与生俱来的能力，几乎没有实现不了的愿望。潜在意识的世界，是超越三度空间的超高度空间世界。潜意识一经开启，将和宇宙意识产生共鸣，宇宙信息就会以图像方式浮现出来，心灵感应等 ESP 能力也将一一出现。ESP 是 Extra Sensual Perception 的缩写，意思是超感觉感应力，一般是心电感应、透视力、触觉感应力和预知能力的总称。潜意识聚集了人类数百万年来积累的大量知识，充分开发之后将产生不可估量的作用。而人类现在需要做的，则是正确认识和激发潜意识。那么，如何分辨潜意识与无意识的不同呢？人类天生就为生存而奋斗，但他们常常会出错。潜意识是意识中当前不在焦点意识中的那一部分，在那一刻内无法有意识地处理但可以回忆的任何事物。

无意识的思维由思维中自动发生的过程组成，这些过程不能自省，包括思维过程、记忆、情感和动机。无法刻意浮出水面的，原始的或本能的思想。当您抑制冲动或欲望时，您将其压低至低于意识水平。但是，当您将感觉太危险的东西推向更深处的意识时，在某些时候，它就不再可以识别。这是一种非自愿的反应，因为它代表了一种防御的心理机制，并且所有这些自我保护都是本能的，自主地运行的，并且，无论好坏，会强迫您的行为。此外，有些通常在您还是个孩子的时候就扎根。人类天生就具有生存能力。从悖论的意义上说，您天生的倾向为您选择的任何防御措施都可以视为"挽救生命"，因为它们使您能够摆脱经历过的不可持续的生活。而您无法处理的事情可能与痛苦、恐惧或深具冲突的事情有关。此外，在元层面上，这些感觉中的每一个都与动荡的不稳定焦虑库有关。一旦您的隐藏防御被暴露出来，您就可以进行适度的防御，或者最终彻底克服它们。

(3) 下意识

按弗洛伊德的分类，下意识即潜意识。因此，英文词典上的用词是和潜意识相同的"Subconscious"。但是有一个词汇叫"preconscious"，意思为前意识，可以用作潜意识的英文词汇。心理学上指不知不觉，没有意识的心理活动。是有机体对外界刺激的本能反应。现代哲学大师王东岳先生认为，下意识是低级神经中枢的记忆与活动，如脊椎。人们骑自行车，开汽车，甚至一些更复杂的技能，如游泳、走钢丝等，一旦学会了，是记忆在下意识层上的。这个时候，是脊椎下意识系统，即低级神经系统在支配着你不会从钢丝上摔下，不会让自行车撞到树上。当然，像游泳和走钢丝，技巧中所包含的某些成分也可能是记忆在无意识和潜意识的层面上的。这些具体的定位需要未来的科学手段来解决。

笔者曾经看到一些学者在百度上的讨论，很有水平。他们从含义、特点、作用、产生原因等方面，就下意识和潜意识以及无意识做了比较。

从含义上讲，潜意识是人类自己没有意识到的一种思想，心理上潜在的行为取向。它是发生在已经意识到的思想和设计活动最初期之前的阶段。而下意识仅从心理学意义上讲，即人的不自觉的行为趋向或受到外界影响不受控制作出的自然反应。无意识并不是没有意识，是个体不能知觉到的心理活动。

从特点上讲，潜意识是心理系统的基础层次，主要是和生理过程直接关联的内心欲望。潜意识状态是认识主体客观存在的一种精神活动，一种潜在的认识过程，是未被主体自觉意识到的意识。而下意识是心理系统的中间层次，比较接近于意识状态，虽然此时此刻尚没有意识到，但在集中注意力，认真回想之后是容易随时被回忆、感觉而重复出现于意识状态的部分。

从作用上讲，下意识位于意识和潜意识之间，不让潜意识中的本能欲望闯入意识中。再者，潜意识始终在积极活动着，当下意识放松警惕时，就通过伪装伺机进入意识中。

从产生原因上讲，下意识行为往往是由本能、性情或先天因素引起的。潜意识行为一般是有某种心理暗示，或是在行为之初产生过有意识的思考而引起的。

从相互联系上讲，下意识是中间的心理层次，介于意识和潜意识之间。下意识和潜意识，都是人在长期生活中的经验、心理作用、本能反应以及心理和情感的暗示等不同的精神状态在客观行为上的反映。

(4) 上意识

也叫动机意识。在这个层面上，人们才开始使用智慧，通常说的智慧就是上意识，心理学上也叫显意识。英文词典中没有这个上意识，但是有一个超意识（superconscious），意思好像不一致。超意识的思维包含了一种超越物质现实的意识水平，并利用了现实背后的能量和意识。有人将其称为"以太"——宇宙的本质。超意识是找到真正创造力的地方。这种创造力的表达方式与潜意识的表现方式截然不同。在超意识中，可以找到真正伟大的艺术、音乐、散文、诗歌。

(5) 思想意识

不是政治教育上的思想道德意识，是精密逻辑意识。在上意识层面上，已经把智慧用到极致，但是还有一些事情需要更精密的逻辑思维、精密计算才能得知其中奥妙。思想意识是人类思维的最高层，是需要特殊调动，需要常年训练。

3. 特殊技能与潜意识

一位杂技运动员、蹦床运动员或者跳水动员被问及在运动时候，临时应急是怎么想的，怎么策划的时候，回答很少让提问者满意。因为他们实际上根本没有考虑太多。对走钢丝的运动员来说，走过去再走回来，不必考虑过多。或者对蹦床运动员来说，几次翻筋斗，虽然一次比前一次旋转多，但都是达到无意识能力的一种技能，运动员已经掌握了不需要思考的技能。他们的技能已经记忆在非思想意识的层面上了。如果没有经过任何训练的人，就是用保护措施让他从钢丝上走一遭，他可能也会发誓一生都不再冒第二次这样的险。掌握走钢丝或者翻筋斗的人并不多，但是很多人会经历相同类型的"非思考"活动，比如骑自行车、驾驶汽车、接球和扔球等。技能学习需要四个阶段，即无意识的无能、有意识的无能、有意识的能力、无意识的能力。

1) **无意识的无能**：一开始是无知，而且没有意识到自己的无知。武术的新手认为他们会像成龙那样能学到高水平的踢腿，但是他们根本不了解需要学习的大多数技能。一开始会充满信心，知道自己在做什么，但不知道到底需要什么技能。

2) **有意识的无能**：第二阶段是泼冷水的阶段。这时候突然了解了所有需要学习的东西、手艺的高超度，以及需要付出多少辛苦。这时候觉得自己很无能。有意识的无能是一个具有挑战性的阶段，尤其是如果看不到进展的方式与方向时。没有强烈目标或良好教练的人通常会在此阶段放弃。

3) **有意识的能力**：意识能力是实际可以运用的技能，但是必须集中精力完成这项训练，也就是有意识地去做好这件技能。比如学习驾驶汽车，当第一次开上非常偏僻的道路，集中精力，关掉了收音机，握紧了方向盘，非常细腻地控制油门踏板。有意识的能力是一个有益的阶段，因为你显然会越来越好起来。你知道要提高的确切技能，并且可以轻松地跟踪其中的进度。但是，这是最长的阶段，有时会导致灰心和放弃。例如，精英体操运动员可能需要一年才能掌握新技能。

4) **无意识的能力**：无意识的能力就是精通的阶段。在这个阶段，蹦床运动员会在蹦床上进行两次翻筋斗，杂技运动员可以从钢丝上走来走去。当一项技能根深蒂固以至于变得自动并且不需要有意识的思考时，就意味着已经达到了无意识的能力，通常将其称为"肌肉记忆"。例如弹钢琴或者拉小提琴，通常需要 10 000 个小时左右的练习才能无意识地掌握其复杂技能。

5) **意识技能的相互联系**：上述讲过意识的五个层次。特殊技能的记忆不一定固定在某一个层次上，需要几个意识层次上的技能的联系。在讲技能时，人们谈论策略、技巧、优势、劣势和战术，但是很少谈论直觉。直觉是第六种运动意识。直觉很少被提及，因为它的概念不完全确定。很难确定如何叫直觉，如何有意识地将其用作工具，您如何将直觉与理性思维的最佳猜测预测区分开。普遍的科学理论是直觉和潜意识渗透到理性意识的东西。你所拥有的每一次体验，以及你所见过的一切都存储在你的潜意识中。它比你的理性思维更深刻地意识到了模式和联系。你可能从未注意到过对手的攻击方式，或者已经能够跟踪自己技术中的细微变化，但是你的潜意识很容易做到这一点。直觉存在于学习的所有阶段，但是一旦达到潜意识水平，它就会发挥最大的作用。这是因为要听取直觉的微妙声音，您的理性头脑必须放松到无意识的能力之中，不再强迫自己的大脑思考技能。潜意识能力之外是技能之间的联系，也就是相同领域和跨领域的技能。譬如杂技运动员走钢丝，由于已经掌握了技巧，每次面对钢丝练习时，他都可以执行得近乎完美。但是，在实际的表演舞台上，他需要掌握并联系多种技能，并且达到潜意识的能力。在潜意识能力之外还存在着超越潜意识的能力。对于那些寻求真正卓越成就或旨在对世界产生影响的人，可以考虑开发超越潜意识能力。

4. 率性、悟道——练就无意识技能的关键

一条悬空弹动的钢丝，一张具有弹性的蹦床，它们的存在及其特征都是"天命之，谓性"，不以人的意志而改变它们的存在与特性。你要从钢丝上走过去，你要在蹦床上连续翻筋斗，就要知道钢丝或者蹦床的特性及其运动规律，一遍一遍地练习，就是琢磨钢丝或者蹦床的运动规律，也就是所谓的"悟道"。当你"得道"了，也就是技能达到了无意识技能水平了，就是"率性"了。这就是《中庸》首句所说的"天命之，谓性；率性之，谓道；修道之，谓教"。你的练习就是"教"，就是修道或悟道。技能练习、学术研究和技术开发都是悟道或者修道的过程，是有意识地、人为地去探究道德奥秘，探究那个不以人的意志而改变的"道"的规律。

小　结

中庸之道是不依赖人的意志而独立且永恒存在的自然规律，存在于所有的自然现象当中。一件事物的两个极端之间存在着一个最有利于这件事物的存在和发展的中庸点，中庸之道就是驱使达成这种平衡的规律。自然界这类例子举不胜举。一个原子中维护原子核与达到平衡的电磁力，使许多质子、中子紧抱在一起的强作用力，宇宙中星球间维持平衡的引力，等等，都是中庸之道在起作用。植物中应对恶劣环境的调节机制，如气孔关闭机制，应急对应机制；人体中免疫系统的过敏反应，五脏六腑之间的协调都是中庸之道在起作用。人们的技能，如体育运动的技能，杂技里的技能，甚至一般人骑自行者的技能，都是中庸之道所支配的下意识或前意识在起作用。我们在解决科研中的问题时，首先瞄准事物存在和发展变化的两个极端，在其中寻找最适合的中庸点。这是解决问题的妙招。

科学意义上的
中庸之道与
白银中庸常数

引　言

在亚里士多德的西方哲学中，有一种学说叫作黄金中庸之道。西方的中庸之道说的是在过剩和不足两个极端之间理想的中间点。人们一直在炒作的还有黄金常数，也叫黄金分割比，其值为 $\varphi = (1+\sqrt{5})/2 \approx 1.618$ 或者 $\phi = 1/1.618 \approx 0.618$。有关这一内容将在第七章详细论述。然而，亚里士多德的黄金分割比不是动态的，来自一个四方形的连续分割，和事物动态变化的规律没有什么关系。在本章里，笔者使用自己在植物学方面的研究成果，探讨了中庸之道的科学意义，并提出白银中庸常数的概念和定义，英语为 Silver Mean Constant。例如，在表示光合作用的光反应的 Γ 型曲线的函数式 $(y = y_M (1 - e^{-\alpha x}) + C)$ 里，当 $\alpha x = 1$ 的时候，括号内的项目为白银中庸常数 $\varphi = 1 - e^{-1} \approx 0.632$，也就是最大值的 63.2%，即 $y \approx 0.632 y_M$。也就是说，光合作用速度 y 达到最大值的 63.2% 时的光强（x）是自然界最正常的光强，被定义为白银中庸光强（x_S）。极端高于 x_S 的光强连同同时出现的高温和低湿会对植物造成伤害，极端低于 x_S 的光强不能保证一个合理的光合作用速度以得到适当的生物量。针对西方的黄金分割常数或黄金分割比（Golden Mean Ratio），笔者本来打算使用钻石中庸常数（Diamond Mean Constant）的，后来考虑到，白银更适合中庸的理念。在本章里，笔者利用自己的研究成果，除了上述 Γ 型曲线以外，还利用了 S 型曲线，

$$y = y_M \frac{1}{1 + e^{-\alpha(x-x)}} + C$$，Ω 型曲线的镜像 S 型曲线，$Y = Y_M e^{-\alpha(X-x)^2}$，

表示植物气孔开闭振动现象的正弦函数公式，$g_s = (g_A + g_A \cos(\omega t + \tau))(1 + \alpha t) + g_R(1 + \beta t)$。这些公式里面大都含有 $1 - e^{-1} \approx 0.632$ 的因子，很好地表达

了事物发展变化过程中的最佳状态，即中庸状态。还有许多在植物科学研究中可以利用而且包含白银中庸常数的数学公式，将被安排在另一部专著《哲学和数学论证——信号转导和旱生原理在植物生产上的应用》里详细介绍。

● 第一节 ● 白银中庸常数的基本概念

一、自然指数底数 *e* 及其倒数

自然指数底数 *e* 是一个近似值为 2.71828 的数，是由瑞士数学家莱昂纳德·欧拉（Leonhard Euler, 1707—1783）提出的，用他的姓的第一个字母表示，所以也叫欧拉数。*e* 的故事要从银行利息的复利问题讲起。假设银行利息为年息100%（只是假设），并且可以中间提取，年息不变。存 1 元，年底结算本息合计为 2 元。有精明的人在半年的时候取出来，本息合计为 1.5 元，然后接着存进去，年底结算时本息合计为 2.25 元。同是一年，这样存法多得 0.25 元。那么有人每月结算并且再存的话，年底的本息合计为 $1 \times (1+1/12)12 \approx 2.613$ 元；如果每天结算再存的话，年底本息合计为 $1 \times (1+1/365)365 \approx 2.715$ 元。那么，如果把 365 再增加，以至无穷大，可以得出。反过来，如果银行没有利息，反而要收 50% 的账户维持费用，那么，上述的计算就是 $1 \times (1-1/12)12 \approx 0.352$ 元，$1 \times (1-1/365)365 \approx 0.367$ 元，$e = \lim\limits_{n \to \infty} \left(1 + \frac{1}{n}\right)^n \approx 2.71828$。这是 *e* 的倒数，$(1-\frac{1}{e})$ 是 *e* 的倒数的互补数，而这两个数是自然界事物变化规律中恒常遵循的两个常数，和下一段落要讲的白银中庸常数有关。随后 *e* 在数学、经济学、工程学、统计学中的应用越来越广泛，逐渐成为一个无可替代的数字。*e* 主要出现在涉及增长或者降低的地方，比如经济增长和人口增长，细菌的繁殖速率，植物生长期中生物量的积累，与下降有关的如放射性衰变，有色液体不同深度的吸光率等等。

二、黄金中庸分割常数

西方社会所尊崇的黄金分割比是和亚里士多德黄金中庸之道相关的一个数学常数，其数值为 0.618（$\varphi = 2/(1+\sqrt{5})=0.618$），被称作黄金分割常数，有人叫作亚里士多德西洋"中庸常数"，英语是 Aristotle's Golden Mean Ratio。长（*a*）1.618 比宽（*b*）0.618 的西洋中庸的黄金分割常数（φ）的数学计算为 $\varphi = (a-b)/a = a/b \approx 1.618$，$1/\varphi = b/a \approx 0.618$。这个 0.618 叫作黄金分割比。亚里士多德的中庸之道和黄金分割理论在第七章进行了详细论述。

三、白银中庸常数

笔者为了区分于亚里士多德的中庸之道和黄金分割比，把中庸之道的英语定义为 The Doctrine of Silver Mean，把中庸常数（$\varphi = 1-\frac{1}{e} \approx 0.632$）定义为白银中庸常数（The constant of the Silver Mean or Silver Mean Constant）。意思是最大量的 63.2% 是最合适，最安全的。在日常说中，相比白银，黄金有些极端，不符合中庸之道的内涵，而且 silver（argent）在法语等拉丁系语言中也是平常购买商品所用的钱，所以比较贴近中庸的意思。在 $\varphi = 1-\frac{1}{e} \approx 0.632$ 中，e 是上述的欧拉数，即自然指数底数。蒙特莫特（Pierre Montmort, 1678—1719）研究了一个概率问题。也就是一群人去吃饭，进饭店之前每人都换上一顶相同的帽子，并且在帽子里面写上自己的名字。进饭店后摘下自己的帽子放在一张大桌上，最后服务员像洗牌一样混匀大家的帽子。饭后离开时每人随机拿走一顶帽子。那么没有拿到写有自己名字的帽子的概率为 $\frac{1}{e}$ 大约是 36.82%），至少有一个人拿到了他自己帽子的概率为 $1-\frac{1}{e}$（大约 63.18%）（读者若对此感兴趣，可参考有关论文）。e 之所以叫自然指数底数，是因为它与自然界事物的变化有关。$1-\frac{1}{e}$（63.2%）不仅出现在交换帽子的概率问题里，而且出现在许多自然界事物变化函数曲线之中，它是大自然赐予的常数。我们把它称作白银中庸常数是有其道理的。

● 第二节 ● 白银中庸常数及其相关的数学公式

在这一节里，笔者将用科研实例和具体数据来分析和论述这个白银中庸常数在各种事物变化函数曲线中的存在及其意义。这里先简单叙述以下这些曲线的特征。这些事物变化函数曲线不外乎包括 J 型、Γ 型、S 型、L 型、Ω 型、螺旋型曲线以及三角函数曲线等。

一、Γ型曲线

Γ 型曲线的函数式为 $y = y_M(1-e^{-\alpha x})+C$，当 $\alpha x=1$ 的时候，括号内的项目为白银中庸常数 $\varphi = 1-e^{-1} \approx 0.632$，也就是最大值的 63.2%，即 $y \approx 0.632\,y_M$。植物的光合作用速度与光照强度的关系曲线（图 4-1），施肥量与产量的关系曲线，叶面积指数与产量的关系曲线，电池充电量与充电时间的关系曲线等都遵循这一方程。图 4-1 是植物叶片的光合作用速度随光强增加的反应曲线，其方程式为 $P_N = P_C(1-e^{-KI})*-R_D$，其中 P_N 为除去呼吸作用的净光合作用速度；P_C 为包括呼吸作用在内的最大光合作用势能；I 是光强；K 是常数；R_D 是暗呼吸速度，也就是标准曲线方程中的 C 项，这里是负值，其他地方可以为正值，也可以为负值。如果是光呼吸活性比较强的植物，总呼吸量随光强的增加而增加，因此，R_D 应修饰为 $R_D(1+\beta I)$。当 $KI=1$ 的时候，指数括号内的项为白银中庸常数 $\varphi = 1-e^{-1} \approx 0.632$。这时候的光合作用速度为中庸光合速度（$P_S$），即 $P_S = P_C(1-e^{-1}) \approx 0.632$ P_C。和 P_S 相对应的光强为中庸光

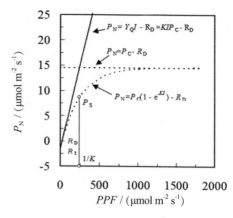

图4-1　光合作用-光强关系曲线标准模型

强（$I_S = K^{-1}$）。对光合作用曲线求导得出的直线表示光合作用曲线初始斜率，和最大光量子利用效率（Y_Q）有关，即 $P_N = Y_Q I - R_D$。光合作用曲线有一条渐近线，即 $P_N = P_C - R_D$，光合作用曲线无线靠近这条线，但永远不相遇。这个光合作用曲线还可以查到光合作用的光补偿点，即 P_N 为 0 的时候的光强，一般在 30 $\mu mol\ m^{-2}\ s^{-1}$ 左右。从这个图上可以看出，中庸光强在 250 $\mu mol\ m^{-2}\ s^{-1}$ 左右。那么，夏天晴天中午的最强光照可达 1500 $\mu mol\ m^{-2}\ s^{-1}$ 左右，为什么 250 $\mu mol\ m^{-2}\ s^{-1}$ 左右就是最合适的光强呢？这是因为：1）伴随高温和低湿的中午强光并不适合植物的光合作用；2）植物的光合产物靠群体光合作用效率，而作物群体内的平均光强也就在 250 $\mu mol\ m^{-2}\ s^{-1}$ 左右。对这一问题，下面将做详细分析。

二、S 型曲线

S 型曲线也叫生长曲线，其函数方程式为 $y = y_M \dfrac{1}{1+e^{-\alpha(x-X)}} + C$。它的原始标准方程为 $y = \dfrac{1}{1+e^{-\alpha x}}$，曲线形状如图 4-2 左所示。在原始曲线里，自变量 x 以 0 为中，依变量 y 的变动范围从 0 到 1。实际应用上的生长曲线里，x 向右平移 X 单位，从以 0 为中心变为以 X 为心。C 为变化前的初始值。这个值可能随生长期而变化，例如一株马铃薯，在调查初始生物量的时候，那块种薯就在初始量里，但是种薯的生物量随生长期会被植株吸收或者被微生物分解。所以，这时候的 C 项应该修饰为 $C[1+\beta(x-X)]$。如果这个项的数值相当大，而它的变化又不是指数式增加，就应该在 y_M 项中减去 $C(1+\beta(x-X))$ 项。因此，这儿的生长曲线方程式为 $y = (y_M - C(1-\beta(x-X)))\dfrac{1}{1-e^{-\alpha(x-X)}} + C(1-\beta(x-X))$。如果考虑 y_M 会随 x 的变化稍有变化，还要给加上一个矫正项 $[1+\gamma(X-x)]$。因此，以上

曲线的方程应该为 $y = \frac{Y_M(1+\gamma(t-\tau))-Y_B(1-\beta(t-\tau))}{1+e^{-\alpha(t-\tau)}} + Y_B(1-\beta(t-\tau))$ 。

当 x-X=0 的时候， =1+e⁰=2，$\frac{1}{1+e^{-\alpha(x-X)}}$=0.5，只是曲线的中心点，而不是中庸值。实际中庸值应该是：φ_R=0.5+.05×0.632=0.816，也就是 y 的中庸值的

计算为 $Y_S = 0.816Y_M$。

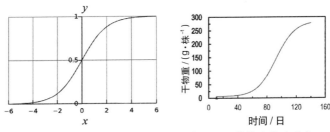

图4-2　S型曲线（左：原始标准曲线；右：作物生长曲线）

三、Ω型曲线

Ω型曲线有很多，其中包括泊松分布曲线、正态分布（高斯函数）曲线、镜像 S 型曲线、模糊逻辑曲线、双曲正割曲线、凹凸函数曲线等。这里只简单介绍泊松分布曲线、正态分布曲线、镜像 S 型曲线。

1. 泊松分布曲线

泊松分布是一种统计学与概率学里常见的离散概率分布，由法国数学家西莫恩·德尼·泊松（Siméon-Denis Poisson, 1781—1840）提出，用于估计某种事件在特定时间或空间中发生的次数，如一天内中奖个数，一个月内某种机器出现故障的次数。如果对于 k = 0, 1, 2, ... X 的概率质量函数由下式给出：则离散随机变量 X 具有参数 λ>0 的泊松分布 指数底数；k！是 k 的阶乘。正实数 λ 等于 X 的期望值，也等于其方差，即 $\lambda = E(X) = \text{Var}(X)$。图 4-3 是泊松分布曲线图。对泊松分布感兴趣者可以参考维基百科或相关文献。横轴是指标数 k，即出现的次数。λ 是预期的发生率。纵轴是在给定 λ 的情况下发生 k 次的概率。该函数仅在 k 的整数值处定义。

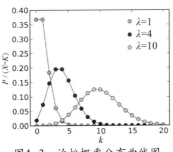

图4-3　泊松概率分布曲线图

2. 正态分布曲线

正态（或高斯）分布（图4-4）是在概率论中实值随机变量的一种连续概率分布，函数方程式为 $f(x) = \frac{1}{\sigma\sqrt{2\pi}}e^{-\frac{1}{2}\left(\frac{x-\mu}{\sigma}\right)^2}$ ，其中 μ 是分布的均值或期望值（及其中位数和众数）；σ 是其标准偏差。分布的方差为 σ^2。具有高斯分布的随机变量被称为正态分布，称为正态偏差。

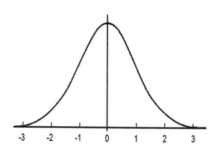

图4-4　正态分布曲线图

3. 镜像 S 型曲线

镜像 S 型曲线是 Ω 型曲线的一种，是笔者修饰的 S 曲线，用于解析生物学的一些现象，其原始图形如同生态分布（图4-5），其函数方程式为 $Y = Y_M e^{-\alpha X^2}$，（X 为任意实数）。因为这个方程的自变量 X 是 0 为中心变化的，实际应用的时候要向右平移，平移后的函数方程式为 $Y = Y_M e^{-\alpha(X-T)^2}$。实际上，镜像 S 型曲线像是一个 S 型曲线和它的镜像（即反 S 型曲线）合并的曲线，所以叫镜像 S 型曲线。图 4 - 5 右是日本长野县松本市一个晴朗夏天的日射量的经时变化，其方程式为 $R = R_M e(-\alpha(t-\tau)^2) + R_B (1+\beta(t-\tau)^2)$，如果加上矫正项 $(1+\gamma(t-\tau)^2)$，上式应为 $R = R_M(1+\gamma(t-\tau)) e(-\alpha(t-\tau)^2) + R_B (1+\beta(t-\tau)^2)$。其中 R 为某一时间点的日射量，$R_M$ 为最大日射量，R_B 为夜间基础日射量（几乎可以忽略不计，后面的 $(1+\beta(t-\tau)^2)$ 部分是调整曲线尾部高度的，β 可以为正数，也可以为负数，为正数时曲线尾部上翘，为负数时曲线尾部下跌，t 为时间，α 为常数，τ 为最大日射量时的时刻。当 $\alpha(t-\tau)^2 = 1$ 的时候，补偿日射量 $R_C = R_M e^{-1} \approx 0.368R_M$，而中庸光照量 $R_S = R_M (1-e^{-1}) \approx 0.632R_M$。因为函数方程式二次方程，$R_S$ 和 R_C 各有两个解（如图 4-5 右内所示）。实际上 R_S 到 R_C 各之间的光照强度是植物实际状态下的光强，R_{S1} 和 R_{S2} 之间的强光照是伴随高温和低湿度的，不利于植物的光合作用。所以，给 $R_S = R_M (1-e^{-1}) \approx 0.632R_M$ 定义为中庸日射量，约等于 1183 µmol m^{-2} s^{-1}，这个光照强度穿入作物群体的平均值也就相当于光合作用——光强反应曲线里的中庸光照强度 250 µmol m^{-2} s^{-1}，而 R_S 约等于 689 µmol m^{-2} s^{-1}，也不算低。有关这方面的讨论将在下一节的科研实例中详细论述。

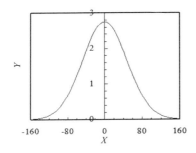
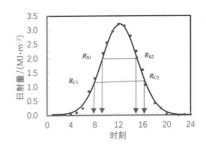

$$P / (X=K)$$

图4-5 镜像S型曲线（左：原始标准图形；右：一日中的日射量变化）

四、反 S 型曲线

反 S 型曲线（图 4-6）就是镜像 S 型曲线的右半部分，它才是真正的 S 型曲线的镜像，其函数方程为 $Y = Y_M e^{-\alpha X^2}$（X ≥ 0）。镜像 S 型曲线中 X 是任意实数，以 0 为镜像中心，即对称中心，向两边伸展，而反 S 型曲线是从 0 开始向右伸展。图 4-6 是一个反 S 型曲线实例，叶片从植物母体上切下后的光合作用速度的降低曲线，其函数方程式为 $P_N = (P_0(1+\gamma(t-\tau)^2) e^{-\alpha(t-\tau)^2} - P_B(1+\beta(t-\tau)^2)$。其中 P_N 为净光合作用速度，P_0 为叶片切断之前的净光合作用速度，P_B 为短时间内不受气孔关闭影响的光合作用速度，α 和 β 为常数，t 为叶片切断后的时间，τ 为开始降低的时间。P_B 不受气孔的影响，所以不以指数式变化，因此应该从 P_0 减去 P_B。$(1 - \beta t)$ 表示 P_B 的直线式变化趋势。各个参数的生理意义将在下一节的科研实例里论述。

69

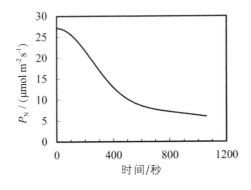

图4-6 叶片从母体植株切断后的光合作用速度降低曲线。

五、L 型曲线

L 型曲线是负指数曲线，也就是从最大值开始按指数方式降低的曲线。图 4-7 是一个 L 型曲线，作物群体的透过光强与叶面积指数的关系，其函数方程

式为 $I = I_o e^{-\alpha l}$，I 为到达某一叶面积指数的群体内地面的光照强度；I_o 为作物群体上方的光照强度；l 为叶面积指数；α 为常数。当 α 为 l 的倒数时，$I = I_o e^{-1} \approx 0.368 I_o$，最理想要想保持作物功能叶片（例如旗叶）在中庸光强 $[I_S = I_o(1-e^{-1}) \approx 0.632 I_o]$ 的光强下，而群体内部叶片要在补偿光强（$I_C = I_o e^{-1} \approx 0.368 I_o$）的光强下为宜。

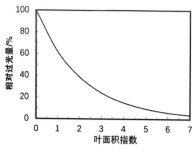

图4-7　L型曲线：作物群体的透过光强
与叶面积指数的关系

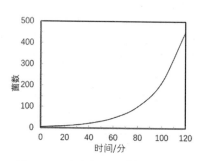

图4-8　J型曲线：细菌繁殖速率

六、J 型曲线

J 型曲线也就是指数式增值曲线。图 4-8 是某种细菌繁殖速率的指数曲线，其函数方程为 $Y = Y_o e^{\alpha t}$，Y 为某一时刻的细菌数；Y_o 为开始繁殖前的基础细菌数；t 为时间；α 为是和繁殖速率有关的常数。因为是无限增长的，所以没有最大量，也就没有最大量 63.2% 的中庸常数。曲线的特征主要由 α 来决定，决定曲线的陡度，也就是繁殖速率。

七、三角函数曲线

1. 正弦波和余弦波

指数函数和三角函数可以互换。根据欧拉公式，$e^{ix} = \cos x + i \sin x$，$\cos x = (e^{ix}+e^{-ix})/2$，$\sin x = (e^{ix}-e^{-ix})/(2i)$，常见的正弦波曲线是显示周期性变化的波曲线，在数学、信号处理、电气工程和其他领域中起着重要作用。正弦波函数的一般公式为 $y = A\sin(\omega t - \varphi) = A\sin(2\pi f t - \varphi)$，其中 t 是时间，A 是振幅（距波中心的最大偏差），ω 是角速度（$\omega = 2\pi f$，f 为频率），φ 是初始相位（$t = 0$ 时的相位）。φ 也与相移有关。例如，如果初始相位 φ 为负值，则整个波形将移至以后的时间，即，波的到来将被延迟，时移为 φ/ω。余弦波是正弦波后移 90 度，所以，$\cos(x) = \sin(x - \pi/2)$。

2. 自然现象中的正弦波

如上所述，正弦波是仅具有单个频率分量的波，并且从严格意义上讲，在自然界中不存在。但是，在一般物理学、电磁学、声学等当中，当要观察的波的振幅大于伴随的噪声时，这通常被视为正弦波。从广义上讲，自然界中的海浪，声波和光波都是正弦波。当绘制全年的平均每日温度时，也会出现一个大致的正弦曲线图。某些花随光照强弱而调节开闭的经日曲线也近似正弦波。植物为了减少叶片组织水分丢失而出现的气孔开闭调节现象也近似正弦波。

(1) 声波

图 4-9 是一个声波曲线图。波的振幅是声能引起的气压差的大小，以分贝（dB）为单位。波长是相邻周期中两个可比点之间的物理距离，压力峰值之间的距离或两个压力谷之间的距离。声音正弦波的频率是该波自身重复的频率（每秒周期数），通常以赫兹（Hz）表示。频率和幅度彼此独立。高振幅的低频波是一个响亮的低音调，高振幅高频波是一个响亮的高音调，低振幅低频波是一个不响亮低音调，低振幅高频波是一个不响亮高音调。

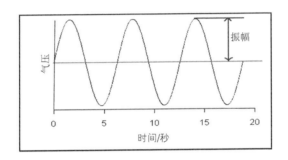

图4-9　声波曲线图

(2) 交流电波

图 4-10 是从发电机获得的 AC 电压的正弦波形，函数方程式为 $V(t) = V_p\sin(\omega t+\theta^o)$，其中 $V(t)$ 为任意一点的电压，V_p 为电压波的峰值，ω 为角速度（$\omega=2\pi f$，f 为频率），t 为自变量的时间，θ^o 为初始相位角（可以为正数，也可为负数）。

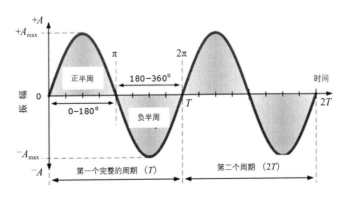

图4-10　交流电压的正弦波

(3) 植物气孔开闭振动曲线

植物在组织缺水的情况下，也就是吸水量远低于蒸腾量的时候，会自动在某种程度上关闭气孔以减少蒸腾量；当吸水量超过蒸腾量的时候，气孔又张开以便尽量减少气孔关闭造成光合作用降低的损失。这样反反复复就形成了一个类似振动的现象。尤其是土壤容积过小的盆栽植物，更容易出现气孔开闭的振动现象。气孔振动的大小和难易也和植物的种类有关。花生就是容易出现气孔振动的植物，大叶子的木芙蓉也是。和交流电正弦波不一样的是，随着土壤水分随时间而减少，气孔开闭振动波曲线的参数，尤其是振幅，是随着土壤水分随时间减少而降低的。再者，气孔振动曲线是余弦曲线，因为遇到水分胁迫时，植物气孔是从最大开度开始关闭的。就此，笔者将在下一节的研究实例中详细论述。图4–11 是盆栽木槿花的气孔振动引起的光合作用速度振动曲线，其函数方程为 $P_N = (P_M \cos(\omega t))(1-\alpha t) + P_B (1-\beta t)$，$P_N$ 是任意一个时间点的净光合速度，P_M 是振动发生之前的净光合速度，ω 是角速度（$\omega = 2\pi f$，f 为频率；$f = 1/T$，T 为周期），t 是函数的自变量时间，α 是常数，表示振动递减的程度，P_B 是振动低谷的残留光合速度，β 是常数，表示 P_B 随时间而递减的程度。

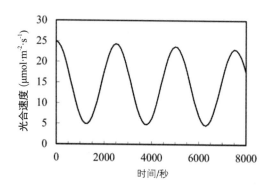

图4–11　植物气孔开闭振动曲线图

八、等角螺线

等角螺线的函数方程式为 $r = ae^{b\theta}$，其中 a 和 b 为实数常数，函数图形如图4–12 所示，其中 $r = e^{\theta/6}$，$-2\pi \leqslant \theta \leqslant 2\pi$。其中，e 为自然指数底数，由于 r 表示距原点的距离，因此 a 必须为正数，但 b 可以为正或负。如果 b 为正，则螺旋线在远离中心时向左旋转；如果 b 为负，则螺旋线向右旋转。由于可以通过将左转弯翻转为右转弯，因此有时将定义限制为 $b>0$。在定义公式中如果 $b = 0$，它则为半径为 a 的圆。等角螺线不但有其美感，而且在科技领域和实际应用方面也有相当的重要性。在工业上，等角螺旋线被用在飞机的后向机翼叶轮和助燃鼓风机上，以减少风量损失，提高空气动力性能。抽水机涡轮叶片做成对数螺旋线形状，水流均匀，效能高。混凝土搅拌机的叶片设计成等角螺旋线，也可以提高效率。

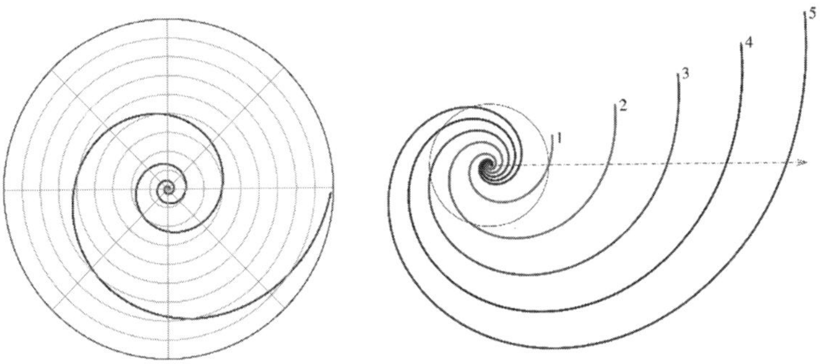

图4-12　对数螺旋线（左：螺距10°；右：$a=1,2,3,4,5$的例子）

● 第三节 ● 研究实例：植物光合作用的中庸光强点与中庸常数

一、背景和目的

光强弱的时候，如果增加光强度，光合速度会直线上升，再进一步升高光强的话，不是直线而是曲线式的缓慢上升。再进一步增加光强度的时候，光合速度就不再上升了，或者开始下降了。这就是众所周知的植物光反应曲线。也就是，光对植物的光合作用是不可缺少的，但并不是越高越好。无光和光过分强的中间，存在着对植物最好的光强。也就是最适合光合作用的光照中庸点（Silver mean point），光合作用对光强的反应曲线中与光照中庸点相关的常数（$1-e^{-1}$）叫光合中庸常数。

二、试验与解析方法

植物材料使用药用人参（Panax ginseng CA Meyer cv. Jilin-1）、树莓（Rubus idaeus L. cv. Jeanne d'Orleans）、西红柿（Solanum lycopersicum cv. Myoko）。此处省略栽培管理，重点讲解光合速度的光反应曲线。对所有植物都是使用刚展开的新叶来测定光合速度，光强在 0 ~ 2000 mol m^{-2} s^{-1}（光量子，PPF）范围内变动。使用测定的数据求出如图 4-13 所示的光反应曲线（$P_N = P_C(1-e^{-KI})-R_D$）。在这个公式当中，自变量为 I（光强度、PPF）。P_C 为理论上高光强度时的最大光合速度，"中庸"的"过多"一侧。R_D 为无光时的光合速度，也就是呼吸速度，在"中庸"的"极端不足"一侧。P_N 为某个光强度下的光合速度，当 I（光强度）为 K 的倒数的时候，$P_N = P_C(1-e^{-1}) - R_D \approx 0.632P_C - R_D$。此处，$\theta = 1-e^{-1} \approx 0.632$ 定义为注中庸常数（Silver constant）。也就是，光合速度达到最大光合作用能力的 63.2%时的光强度对植物是适宜的。

三、 试验数据的解释

在光应答曲线的基部小范围内，随光强度的增加，光合速度呈直线增加。当光强度进一步增加的时候，光合反应曲线就弯曲了（曲线弯曲部分）。当光强度再进一步增加的时候，光合速度已经基本不再增加，理论上是横向平走（与渐近线几乎重合的地方）。这条曲线使用的数据是在人工控制箱里的理想条件下测定的，实际上晴天的太阳光也不到 2000 μmol·m^{-2}·s^{-1}。夏天中午的阳光即便强，但是因为湿度低，温度高、光合速度也不可能按这条曲线那样进行。什么样的光强度对植物最好呢？实际上是，光合速度（P_N）达到最大光合作用能力（P_C）的 63.2%的时候的光强度（I_S）。这时的光合速度为中庸光合速度（P_S、Silver Mean Photosynthesis）。这时的光强度为中庸光强度（I_S、Silver PPF）。众所周知，药用人参是弱光植物，中庸光强度（I_S）只有 150.4 μmol·m^{-2}·s^{-1}（图 4-14），树莓（图 4-15）和西红柿（图 4-16）是强光植物，其中庸光强度分别为 244.5 μmol·m^{-2}·s^{-1} 和 317.5 μmol·m^{-2}·s^{-1}。300 μmol·m^{-2}·s^{-1} 的光强度正好是上午 10 点左右的作物群体所得到的平均光强度。即使是中庸，根据植物的不同，其具体数值也不相同。实际上，药用人参的情况是，光强度超过 I_S 再继续增加的话，光合速度不但不会增加，而且植物自身受强光伤害，不能继续生长发育。植物的中庸光强度可以作为设定植物工场的人工光强度的参考值。以上内容也就是说，喜欢强光的西红柿与树莓光照越强生长越好，药用人参易受强光伤害。

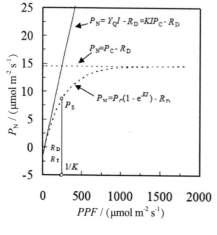

图4-13　光合作用的光反应曲线模型

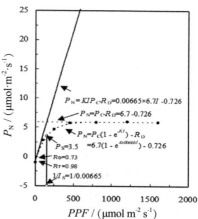

图 4-14　药用人参的光合成曲线

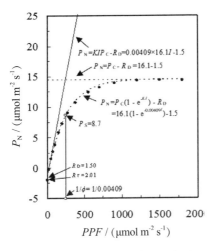
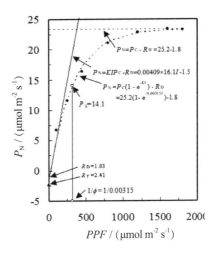

图 4-15 树莓的光合作用曲线图   4-16 西红柿的光合作用曲线

表 3-1 药用人参、树莓、西红柿光合作用曲线解析结果

植物	P_C	P_S	R_D	K	Y_Q	I_S
	- $(\mu mol\ m^{-2}\ s^{-1})$ -			$(\mu mol^{-1}\ m^2\ s)$	$(mol\ mol^{-1})$	$(\mu mol\ m^{-2}\ s^{-1})$
人参	6.7	3.5	0.73	0.006 65	0.044 56	150.4
树莓	16.1	8.7	1.50	0.004 09	0.065 85	244.5
西红柿	25.2	14.1	1.83	0.003 15	0.079 38	317.5

P_C：最大光合作用能力；P_S 中庸点的光强度（Silver PPF）下的中庸光合速度（the Silver Photosynthetic Rate、P_C の 63.2%）；R_D 暗呼速度；K，常数 Y_Q，最大光合作用利用效率（曲线基部的直线部分的斜率）；I_S 中庸点的光强度（Silver PPF）、光合速度 P_N 为最大能力 P_C 的 63.2%（$\approx 1-e^{-1}$）的时候的光强度。

● 第四节 ● 研究实例：小麦生物量生产上的 有效叶面积指数和中庸常数

一、背景和目的

迄今为止，高产一直是植物育种和作物栽培的主要目标。人类对自然实施最大化索取的渴望似乎无法停止。科学家和作物生产者已经尽最大努力提高作物叶面积指数（LAI）以提高粮食产量。事实上，只有在某种范围内，粮食产量才与叶面积指数（LAI）成正相关的线性关系。随着 LAI 的稳定增长，粮食产量的增长会减缓，停止甚至下降。本文用指数方程 $M_B=M_C(1-e^{-al})$ 模拟了华东地区和青藏高原小麦生物产量与叶面积指数的关系，讨论了白银中庸之道和白银中庸常数在小麦生产中的意义。这里 M_B 和 M_C 是生物量和最大值；I 是 LAI；a 是常数。

二、试验方法与解析

此处使用的试验数据是中国青藏高原与山东省沿海地区栽培的小麦的数据。青藏高原的小麦生长期长、气候干燥，日照强而长。山东省沿海地区栽培的小麦生长期短、气候比较湿润，日照比较短。在本节里，用中庸之道的哲学解析了这两种不同气候下生长的小麦的叶面积指数和子实产量的关系。作物的产量与叶面积指数（LAI）在最初的范围内呈线形比例关系，但是随着叶面积指数的进一步增加，产量的增加开始减速，或者降低（图 4-17）。叶面积指数到底在什么水平上为好呢？实际上，还是要用 $M=M_C(1-e^{-al})$ 的公式计算。这个公式 I（叶面积指数）为 $1/a$ 时，生物量产量（M）达到最大产量（M_C）的 63.2%。这个点就是中庸点，这个点的产量叫中庸产量或者白银产量（M_S），这个点的叶面积指数叫中庸叶面积指数或者白银叶面积指数（I_S）（表 4-1）。总之，对于类似小麦的特定的作物，要取得高产量，高的叶面积指数是必要的，但是并不是叶面积指数越高产量就越高。实际上，叶面积指数过高的时候，光的透过率等作物群体微气候就会恶化，作物就会倒伏，病原体就会侵染。一个理想的叶面积指数是存在的。超过这个理想叶面积指数的话，作物产量增加缓慢或者不再增加。这个理想的叶面积指数，根据中庸之道的哲学理念可以叫作中庸叶面积指数（Silver Mean LAI）。达到中庸叶面积指数的时候，如果想进一步增加叶面积而取得高产，那就必须注意倒伏和病虫害的发生，策划好相应的对策。然而，即使得到了进一步的增产，大米或者子实的品质和口味肯定是要下降的。是要高品质的粮食呢，还是要高产的劣质粮食呢？要有一个适当的权衡。

三、试验数据解析

小麦作物的叶面积指数与生物量的关系与上述的公式 $M=M_C(1-e^{-al})$ 很一致。与中庸平均常数相关联的模型形状和参数在青藏高原和东部平原小麦之间存在着很大的差异。如图 4-17 所示，$M=M_C$ 的时候，生物量达到最大值，被称作生物量与叶面积指数的关系曲线的渐近线。青藏高原的小麦作物与山东平原的小麦作物相比 M_C 大得多（图 4-18）。在青藏高原地区，年间降水量只有 167 毫米，使用灌溉种植，产量很早就达到了 15 203 千克 / 公顷。青藏高原是典型的春小麦生产区域，年间气温平均为 7.6 ℃，7 月间平均气温为 19.2 ℃，1 月的月间平均气温为 -4.6 ℃。这个地区的小麦高产起因于日照时间长, 光合速度高,呼吸少，特别是长达60日的灌浆期长日照起到很大的作用。山东省的气候与青藏高原不同，小麦作物的叶面积指数不像青藏高原那么高。而且，如图4-17所示，高叶面积指数会引起倒伏和发病。根据白银中庸之道理论，小麦作物的叶面积指数超过最大值的63.2%的时候，就必须注意倒伏和发病的发生。虽然高叶面积指数在某一范围内与产量成正相关，但是过高时，就会发生倒伏和发病，因而造成减产。从本试验数据的解析看，青藏高原与东部地区的小麦最大产量（M_C）分别为25.2 t hm⁻² 和19.2 t hm⁻² 为、中庸产量（M_S）分别为15.9 t hm⁻²和12.5 t hm⁻²。中庸产量所必要的叶面积指数（I_S）分别为2.90和2.18。简而言之，此处采用的白银中庸解析清晰地说明了青藏高原和中国东部地域的小麦的特点。

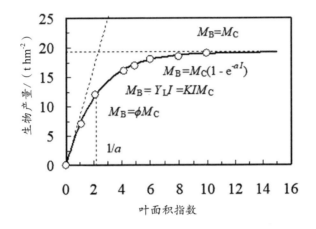

图4-17　生物产量对小麦叶面积指数的反应

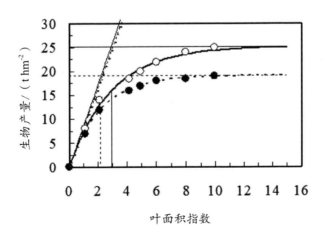

图4-18　青藏(○)和东部地区(●)的小麦的生物产量

表4-1 叶面积指数与生物产量关系的解析

项目	青藏	东部
M_C（t hm^{-2}）	25.2	19.2
M_S（t hm^{-2}）	15.9	12.5
α	0.345	0.458
I_S	2.90	2.18

注：M_C 为最大产量；M_S 为中庸产量；I_S 为中庸叶面积指数。

● 第五节 ● 研究实例：氮素施肥量对水稻产量与发病的影响以及相关中庸常数

一、背景与目的

氮肥曾经是中国农作物增长的动力。但是，40多年来持续大量的施用不但造成各种类型的环境污染，而且对中国的粮食安全造成负面影响。一些大棚和土地因过量施肥，已出现绝产现象。实际上，在很多情况下，氮素施肥量已经不再与作物产量成正比。在施肥量低的情况下，随着氮素施肥量的增加，产量会随之增加，但是，当氮素施肥量达到一定水平，再进一步增加氮素施肥的话，产量不再随之增加，或者增加很少，甚至导致减产。这一节里，作者使用了前人既有的研究数据，重新整理，施加数学模型，深入分析了氮素施肥量与水稻产量的关系。这个数学模型就是依据中国古典哲学的中庸之道和《易经》中"亢龙有悔"的理念所制定的，试图发现是否在氮素施肥量与产量关系中存在着一个符合中庸之道的中庸点以及过之而发生的负面，即亢龙有悔现象。

二、试验方法与解析

利用已经报道的数据、根据中庸之道的理念，使用数学公式 $Y = Y_M \text{EXP}(-\alpha(n-N)^2) + Y_B(1-\beta(n-N)^2)$，解析了耐病性和罹病性水稻品种的产量（$Y$）对氮素施肥量（$n$）的反应。此处，$Y_M$ 为最大产量；Y_B 为无施肥时的产量；产量的最大增加量（Y_I）定义为 Y_M-Y_B；α 为常数；n 为氮素施肥量；N 为最大产量所需要氮素施肥量；β 为常数。此外，用这个公式计算出了中庸产量（Y_S）和中庸施肥量（N_S）。

三、试验结果的分析

如图 4-19 所示，最初，耐病性品种（破线）与罹病性品种都随氮素施肥的增加而玄米产量也增加。然而，氮素施肥量达到一定的水平时，玄米产量就不再增加而且开始降低。罹病性品种与耐病性品种相比，在较低的施肥量上产量开始转为下降。氮素施肥量的增加更加弱化了罹病品种的抗病性。最大产量所需要的氮素施肥量，罹病性品种和耐病性品种分别为 94.9 和 165.1 千克/公顷，中庸施肥量（N_S）分别为 42.6 千克/公顷和 70.3 千克/公顷（见表 4-2）。作为耐病性品种，从 Y_S 开始再进一步增加 0.58 t hm^{-2} 的产量（Y_M 的 11% 或 Y_I 的 36.8%）的话，必须再投入 235 % (=(165.1-70.3)/70.3) 的氮素施肥。图 4-19B 说明了耐病性品种上病原接种有无的结果。还是氮素施肥的增加引起发病从而弱化了水稻作物生长发育。详细的机制在耐病性有无的品种上都相似。图 4-19C 表示接种有无的水稻作物产量的相对值。很有意思的是，两曲线交差的地方正好是中庸点（Silver Mean point）。也就是说，施肥量为 70.3 千克/公顷的时候取得了 5.78 吨/公顷的产量。在数学上，与上述数式的关系以后将进一步研究。

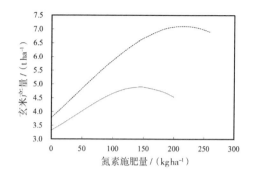

A 耐病性品种（破线）与罹病性品种的比较

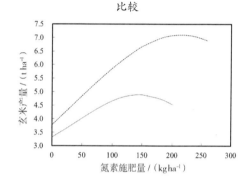

B 稻瘟病接种处理（实线）与无处理的比较

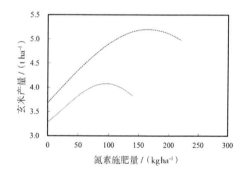

C 病原接种处理（实线、无接种%）

图4-19 氮素施肥量与玄米产量的关系[根据 Reddy（1979）制图]

表4-2 氮素施肥的增加对耐病性水稻品种的产量的影响的解析结果

处理	Y_M	Y_B	Y_I	Y_S	α	β	N_M	N_S
	----------(t ha^{-1})----------						--(kg ha^{-1})--	
罹病品种	4.08	3.17	0.91	3.75	0.000 134	0.000 005 5	94.9	42.6
耐病品种	5.18	3.59	1.59	4.60	0.000 035	0.000 005 6	165.1	70.3
病原接种	4.89	3.33	1.56	4.32	0.000 068	0.000 006 1	144.2	70.8
无接种	7.11	3.5	3.61	5.78	0.000 129	0.000 002 4	214.8	95.5

注：Y_M 为最大产量；Y_B 为无施肥时的产量；产量增加量 $Y_I = Y_C - Y_B$；Y_S 为中庸产量；N_M 为最大产量所必需的施肥量（亢龙有悔施肥量）；N_S 为中庸施肥量；α 和 β 为常数。

80

● 第六节 ● 研究实例：水杨酸处理对拟南芥线粒体信号转导的诱导

一、背景

水杨酸（SA）代谢与植物防御病原体攻击的机制有关。通过过敏反应，SA 在感染的植物细胞中的浓度增加。SA 的增加是诱导针对病原体和非生物胁迫的系统获得性抗性（SAR）的信号。随着 SA 浓度的增加，产生活性氧（ROS）。线粒体是在刺激应答和细胞代谢过程中产生的信号分子作用的靶位。线粒体在防御策略中起作用，整合并放大来自 SA、ROS 或病原体诱导物的信号。外源 SA 处理也可以诱导 ROS 的产生，信号传导途径的启动和最终的系统获得性抗性的形成。然而，SA 处理的效果取决于处理强度和剂量。应阐明最佳剂量和处理持续时间。

二、试验材料与解析方法

根据中庸之道的哲学理念，在剂量或处理持续时间过剩和不足的两个极端之间必定存在理想的中间点。这里给出了儒家中庸思想的平均比率或常数，并将其命名为白银中庸常数。在本节中，我们使用白银中庸常数来分析 SA 处理

中庸之道 对自然科学的启示

对线粒体功能的各种时间过程的影响，期望找到 SA 的最佳处理持续时间。使用的植物材料为拟南芥（*Arabidopsis thaliana*）。在 4 ℃下利用差速离心分离和纯化线粒体。根据试剂盒——Tissue Mitochondrial Complex III Assay Kit（Genmed Scientifics Inc., Arlinghton, MA）的说明书测定细胞色素还原酶的活性。为了确定对替代性细胞色素氧化酶的区分，在测量之前用 1 mM KCN（复合物 IV 的抑制剂或 20 mM SHAM，一种替代氧化酶的抑制剂）预处理线粒体。总呼吸，CYT 途径能力和 AOX 途径能力表示为 nmol O_2 mg^{-1} 蛋白 min^{-1}。通过检测 DCF 的荧光来确定 H_2O_2 的产生，上述 DCF 是 H2DCFDA 的氧化产物，在黑暗中以 5 μM 的终浓度持续 10 分钟。

三、结果分析

如图 4–20 所示，表示线粒体活性的二氯荧光素（DCF）荧光强度，线粒体碱性磷酸酶（AP）活性，线粒体呼吸（MR），线粒体细胞色素（CYT），Rh-123 荧光或膜吸收的时程曲线由 $Y = Y_M - Y_B (1-\beta(t-\tau)^2)e^{-\alpha(t-\tau)} + Y_B (1-\beta(t-\tau)^2)$ 模拟。此处的 Y 为某一给定的时间值；Y_M 为最大值或峰值；Y_B 为基础值；β 为调一个调整时间衰减效应的系数；t 为处理时间；τ 达到峰值所需的时，$1/\alpha=(t-\tau)^2$ 时候的 α 值被定义为白银中庸常数（$\phi=1-1/e \approx 0.632$）的互补数（$1-\phi$）。Y 的变化范围（Y_A）的计算为 $Y_A = Y_M - Y_B (1-\beta(t-\tau)^2)$。在 $1/\alpha=(t-\tau)^2$ 的 Y_A 值被定义为互补数（Y_C），白银中庸 Y（Y_S）被定义为 $Y_S = \phi Y_A + Y_B$。使 Y 达到 Y_C 或者 Y_S 的时间分别被定义为互补时间（t_C）和白银中庸时间（t_S）。

线粒体函数的时程曲线很好地拟合了 $Y = Y_M - Y_B (1-\beta(t-\tau)^2)e^{-\alpha(t-\tau)} + Y_B (1-\beta(t-\tau)^2)$ 的方程。通过 DCF 荧光强度显示的增加超氧自由基（ROS）的曲线和用于增加线粒体呼吸途径容量的曲线显示曲线的左侧部分为 S 形，这个曲线具有 Ω 形状。其他递减函数的曲线显示 Ω 形曲线右侧部分的衰减形状。通过曲线分析和计算获得的变量如表 4–3 所示。特别是，根据白银中庸理念，Y_C 和 Y_S 以及 t_C 和 t_S 可用于设计水杨酸过量和不足之间的最佳处理持续时间。

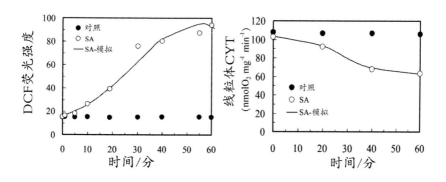

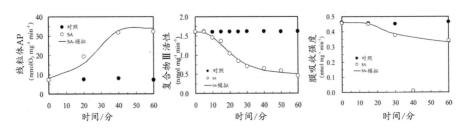

图4-20 拟南芥线粒体中各种功能的经时变化

表4-3 SA处理时间过程中不同功能分析的参数（一）

功能	Y_M	Y_B	Y_A	Y_C	Y_S
	-(单位根据功能而定)-				
DCF-FI	95.1	8.2	86.9	39.9	62.7
MR	118.2	26.3	91.9	59.8	84.2
M-CYT	104.9	61.8	43.1	77.8	89.2
M-AP	37.3	7.2	30.1	18.1	26.0
C- III	1.62	0.61	1.01	0.99	1.25
Rh123F	523	199	324	318	403
MA	0.47	0.31	0.16	0.37	0.41

表4-3 SA处理时间过程中不同功能分析的参数（二）

功能	α	β	τ	t_C	t_S
	-(min^{-1})-		-(min)-		
DCF-FI	0.000 819	0.000 000 52	53.6	19.1	30.2
MR	0.000 288	0.000 000 57	5.2	63.9	44.8
M-CYT	0.001 482	0.000 000 55	5.3	31.1	22.6
M-AP	0.001 281	0.000 000 48	51.3	23.1	32.1
C- III	0.002 473	0.000 052 06	2.2	15.6	21.7
Rh123F	0.000 867	0.000 004 21	6.1	29.1	40.0
MA	0.002 97	0.000 004 33	3.9	16.4	22.4

Y_M：峰值；Y_B：Y的基础值；Y_A：Y的变化范围；Y_S：Y的白银中庸值；Y_C：Y_S的互补数；α：时间常数；β：调节曲线形状的系数；τ：Y达到峰值的时间；t_C和t_S，分别为达到Y_C和Y_S的时间。DCF-FI为DCF Fluorescence intensity（二氯荧光素荧光强度）；MR为Mitocondrial respiration（线粒体呼吸强度），M-CYT为Mitocondrial cytochrome（线粒体细胞色素），M-AP为Mitocondrial alkaline phosphatase（线粒体碱性磷酸酶）；C-III为Complex III activity（复合物III活性）；Rh-123-F为Rhodamine-123 fluorescence（罗丹明-123荧光）；MA为Membrane absorptance（膜吸收强度）

● 第七节 ● 研究实例：花生叶片气孔开闭振动曲线

一、背景

在笔者团队研究的先前实验中，沈毓骏先生提出的AnM栽培技术（改良的花生清棵）被证明可有效改善叶片膨压，促进植物生长，提高光合作用，增加最终花生荚果产量。这最终归因于将下胚轴暴露于光照和低湿下所引起的渗透调节。在AnM栽培技术中，字母"A"表示种完种子后垄脊的横截面形状；字母"n"表示幼苗阶段，当通过去除周围的土壤使下胚轴暴露时垄脊横截面形状；字母"M"表示盛花期，当土壤从山脊的两侧扶土以迎接后期的果针时垄脊横截面形状。为了方便AnM技术的操作，沈毓骏先生再次提出了改进型AnM，也就是AnM技术与膜覆一起执行。在浅平的垄脊上覆盖塑料膜，将花生种子播种到垄脊膜孔中3厘米深，然后在孔上覆盖7厘米高的土堆。覆盖的土壤用于诱导下胚轴的进一步伸长，然后继而将子叶节从膜表面送出地表。这对应于正常AnM技术中的"A"阶段。在"n"阶段，当子叶节被从薄膜表面送出地表时，土壤被去除。覆盖土堆和去除土堆都可以用机械化进行。播种后两个月，垄沟中的土壤被扶起，覆盖在垄的两肩处，以迎接后来的果针。这是"M"期处理措施，与正常AnM的情况相似。以往的实验结果表明，正常和改良的AnM技术中的下胚轴暴露均可引起渗透调节，从而改善了光合活性，植物生长和最终的荚果产量。光合活性与气孔导度密切相关。在我们研究的另一个实验中，发现光合作用的改善归因于气孔导度和叶肉细胞间隙导度的提高。蒸腾需求高时，田间花生叶片的气孔对环境变化敏感，并且经常在田间观察到气孔导度的振动。气孔控制蒸腾作用并且控制

CO_2 吸收以进行光合作用和释放水蒸气。气孔振动被定义为气孔的周期性开闭的现象，光合作用速度随气孔的振动而振动，是植物对缺水或失水过多的反应，并与植物的生理活动有关。当蒸腾失水量超过根系吸水量时，植物叶片缺水。这时，气孔开始关闭以防止叶片过度失水；当吸水量超过蒸腾失水的时候，气孔又开启，形成开闭再开闭的循环，这是气孔中庸调节机制在起作用。

二、试验材料与方法

1. 植物材料和处理：5月初在塑料防雨棚中播种花生（品种：千叶半立）。土壤特性和施肥以及基本管理在此省略。试验设计了两种种植方式，即常规种植和 AnM 种植。AnM 处理过程在此省略，具体内容可以参考相关文献。

2. 光合作用和气孔导度的测量和分析：使用 LI-6400 光合仪在 2000 μmol m^{-2} s^{-1} 的光照条件下，测定了花生的净光合速率（P_N）和气孔导度（g_s）。先使用顶部第二个完全展开的叶片，测定完整叶片的 P_N 和 g_s。另一种方式，在叶片的光合作用稳定后，突然切下叶子，然后继续测量切下来的叶子的 P_N 和 g_s。

3. 光合作用速度和气孔开闭振动的数学解析：花生完整叶片的光合速度（P_N）或气孔传导度（g_s）的振动曲线方程为 $P_N = (P_A + P_A \cos(\omega t + \tau))(1 + \alpha t) + P_R(1 + \beta t)$ 或者 $g_s = (g_A + g_A \cos(\omega t + \tau))(1 + \alpha t) + g_R(1 + \beta t)$，其中 P_A 或 g_A 是 P_N 或 g_s 的振幅；P_R 或 g_R 是 P_N 或 g_s 在第一振动周期谷底的残留值；t 是时间；ω 是角速度；τ 是 P_N 或 g_s 进入振动过程所需要的时间；α 是与振动循环衰减有关的常数；β 是与 P_R 或 g_R 动态变化有关的常数。公式中，ω 定义为 $\omega = 2\pi f = 2\pi/T$，其中 f 是振动频率；T 是振动周期。因此，$T = \omega/2\pi$。切断叶子的 P_N 或 g_s 的振动曲线是类似上述完全叶的余弦函数镶嵌在衰变指数方程里面的，其函数模型方程为 $P_N = e^{-\alpha t}(P_A + P_A \cos(\omega(t-\tau))) + P_R(1 - \beta t)$ 或 $g_s = e^{-\alpha t}(g_A + g_A \cos(\omega(t-\tau))) + g_R(1 - \beta t)$。公式中的 P_A 或 g_A 是 P_N 或 g_s 振动循环的第一个周期的振幅，α 是与曲线的指数式衰变相关的常数，β 是与 P_R 或 g_R 的动态变化相关的常数。

三、研究结果

1. 花生植物完整叶片中气孔导度和光合作用的振动

气孔传导度（g_s）的振动及其随之产生的光合速率（P_N）的振动如图 4–21 所示。表 4–4 列出了每个参数的精确值。在 AnM 区和对照区中，花生叶片的 g_s 和 P_N 振动曲线明显不同。AnM 区的植物中 g_s 和 P_N 的振动幅比对照区高，这也归因于 g_s 和 P_N 的较高的最大值（P_A 和 g_A）和较低的基值（P_B 和 g_B）。这表明，与对照相比，AnM 区花生叶片的气孔对环境恶化更敏感，气孔可以更好地完全关闭或打开。AnM 区的光合振动周期（$T_p = 2\pi/\omega$）短于对照区。这也可能归因于 AnM 处理的植物对环境刺激的敏感性。两个区之间，τ（进入振动所

84

需的时间）没有差异。AnM区花生植株中 P_N 和 g_S 的 α 值均低于CK区。这意味着在AnM处理的花生植物中所有容量速率，振动幅度以及 P_N 和 g_S 的基本速率的衰减都小于对照区。气孔该关闭的时候，能够很好地关闭。以上结果表明，AnM处理驯化了花生抵御恶劣环境的能力，其中对气孔开闭的中庸调节能力更强。

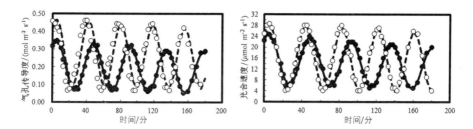

图4-21 花生叶片的气孔导度和光合速率的振动（-●-为对照区，-○-为AnM技术区）

表4-4 AnM技术栽培区的花生叶片中气孔导度和光合速率的振动曲线的分析参数

处理区	---气孔传导度---						
	g_A	g_R	ω	T_P	τ	α	β
	-(mol m^{-2} s^{-1})-		(min^{-1})			-(min)-	-(min^{-1})-
对照区	0.141	0.067	0.145	43.3	4.7	-0.000 963	-0.001 476
AnM区	0.067[2]	0.094[2]	0.187[2]	37.8[2]	4.6ns	-0.000 493[2]	-0.001 069[2]

	---光合速度---						
	P_A	P_R	ω	T_P	τ	α	β
	(µmol m^{-2} s^{-1})		(min^{-1})			-(min)-	-(min^{-1})-
对照区	9.3	6.2	0.143	43.9	4.8	-0.000 983	-0.001 485
AnM区	12.1[2]	4.3[2]	0.161[1]	39.1[1]	4.7ns	-0.000 485[2]	-0.001 085[2]

①和②分别为在 $p \leqslant 0.05$ 和 $p \leqslant 0.01$ 时水平有显著差异。

2. 花生植物切断叶中气孔导度和光合作用的振动

切下的叶子的振动曲线显示出 P_N 或 g_s 下降分两个阶段，即指数下降阶段和振动阶段（图4-22）。光合作用的振动与气孔的运动同步。在大多数研究中，在给定条件和光照强度下，在完整植株附着的叶片中发现有振动。在这里，一旦光合作用达到在 2000 µmol m^{-2} s^{-1} 光强处的最大值，就从植物上切下叶子。据推测，由于向叶片供水的突然绝对停止，叶片关闭了其气孔，从而导致气孔导度（g_s）和叶片光合速率（P_N）的急剧下降。因此，在函数方程中乘以指数因子 e^{-at} 而不是 $(1+at)$。充分闭合后，气孔转为从闭合中恢复开放的趋势，从而导致闭合期间 g_s 的周期性开闭变化。在切下的叶子中发现了 g_s 或 P_N 的振动，但在对照区中振动尚不清晰。从建模方程分析的参数（表4-5）看，P_N 或 g_s 的振幅（P_A 或 g_A），P_N 或 g_s 的残值（P_R 或 g_R），角频率（ω）和相关常数都存在于 AnM 和对照区的两条曲线中。但是，对于 AnM 曲线，清晰的振动周期仅在曲线中出现一次，而对于对照区的曲线，清晰的振动周期在曲线中看不出来，不是没有，而是负指数下降趋势掩盖了微小的振动趋势。换句话说，从植物上切下叶子来后振动能力降低；如果不切叶，气孔导度会振动。由于指数趋势大大掩盖了振动表象，因此方程 $(1-at)$ 存在于等式中，而这一项在完整叶子的方程式中是省略了的。AnM 和对照区在振动参数上的比较或差异类似于完整叶片的比较或差异。AnM 区中叶片的 P_N 或 g_s 的振动幅度（P_A 或 g_A）较高，但 P_N 或 g_s 的残留值 P_R 或 g_R 较低，光合速度循环周期（T）短于对照区。对照区的花生叶片指数系数 a 远高于 AnM 区的指数系数 a。这说明了为什么在 AnM 区中的叶片中振动不清晰，而在 AnM 区中的叶片中却存在明显的振动。研究表明，AnM 处理的叶片气孔和光合的振动能力较强，或响应环境变化的生理活性高于对照区。

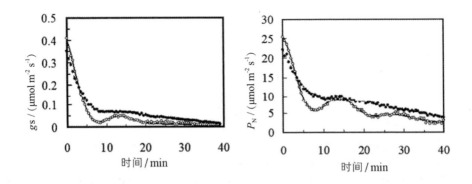

图4-22 花生植株的离体叶片的气孔导度和光合速率的振动曲线（对照区-●-，AnM技术区-○-）

表4-5　花生切断离体叶片气孔导度和光合速率的振动曲线的分析参数

处理区	气孔传导度						
	g_A	g_R	ω	T_P	τ	α	β
	$(mol\ m^{-2}\ s^{-1})$		(min^{-1})	-(min)-		-(min^{-1})-	
对照	0.114	0.089	0.347	18.1	0.49	0.245	-0.021 7
AnM	0.177[2]	0.028[2]	0.417[2]	15.1[2]	0.39[ns]	0.179[2]	-0.022 4[ns]

	光合速度						
	P_A	P_R	ω	T_P	τ	α	β
	$(\mu mol\ m^{-2}\ s^{-1})$		(min^{-1})	-(min)-		-(min^{-1})-	
对照	4.7	6.2	0.355	17.7	1.24	0.219	-0.016
AnM	8.6[2]	11.8[2]	0.452[2]	13.9[1]	0.98[2]	0.106[2]	-0.015[ns]

[1]和[2]分别为在 $p \leqslant 0.05$ 和 $p \leqslant 0.01$ 时水平有显著差异；ns，没有显著差异，其他表相同。

小　结

与东方哲学密切相关的自然农耕文化理念的核心是顺应自然，遵循自然法则。其中，对大自然的要求不要太过分的理念就是与儒家的"中庸之道"是一致的。在本章里，笔者用科学的手段阐明了"中庸之道"与自然农业的作物生产之间的关系。与西洋哲学的中庸（Golden Mean）和黄金分割（$\varphi = 2/(1+\sqrt{5}) \approx 0.618$）不同，本章使用白银中庸（Silver Mean）和白银常数（Silver Constant，$\theta = 1-e^{-1} \approx 0.632$）的概念，使用科研数据，解析了水稻产量对氮素施肥增加的反应，小麦产量对叶面积增加的反应，以及光合作用速度对光强度增加的反应。随氮素施肥的增加或叶面积增加，作物产量也增加。但是超过某种程度时候，产量就不再增加，反而会降低。这也符合易经哲学的"亢龙有悔"的规律。不足和过剩之间，达到最大产量的63.2%（中庸常数 $\theta = 1-e^{-1} \approx 0.632$）

的时候的施肥量，或者叶面积指数，定义为中庸施肥量或中庸叶面积指数。而且，光合作用速度对光强度增加的反应，也用同样的方法进行了解析。

总之，白银中庸理论和白银常数（$\theta = 1 - e^{-1} \approx 0.632$）是顺应自然法则的事物的动态的变化过程里的中庸点，不超过这个中庸点不会发生什么问题，而且环境不同其中庸点也不同。本章对白银中庸理念和白银中庸常数施加了哲学理念的论证和数学公式的验证，紧密地将哲学、数学和自然科学结合在一起，充分显示了三者缺一不可的重要性。

老子哲学中的
中庸之道

引　言

虽然《庄子》里也提到了老子的哲学理念，但是流传下来的老子的著作只有《道德经》，所以《道德经》有时候也叫《老子》。老子的哲学中贯穿着中庸之道的理念。中庸之道是老子的"道"的一部分。虽然后世把老子尊为道教的创始人和神话中的太上老君，但是，在中国古典哲学当中，老子的哲学和自然以及自然科学的关系最密切。老子的"道"首先是指创造的终极现实、孕育万物的起源和宇宙万物的定律。几千年以来，中国人没有用科学的眼光看待老子的哲学。新文化运动以后，包括老子在内的中国古典哲学都被搁置了。与之相反，老子的哲学在西方得到重视，许多科学家都认为老子的哲学给了现代科学探究启示，尤其是最新的量子力学。《道德经》在西方出版的汉文出版物中，发行量排名第一，超过《圣经》。

本章不再评价老子哲学的重要性，也不涉及社会学和文化学方面的争论，重点探讨老子哲学中的中庸之道对自然科学的启示。也可以说是用老子的中庸之道解释一些自然现象和自然科学的发现。

● 第一节 ● 中庸之道的源头

一、老子哲学和易经是中庸之道的源头

中庸之道的源头不是孔伋写的《中庸》一书，而是《易经》和《道德经》。《易经》可以上溯到公元前 5000 年前的伏羲画八卦，老子的年代大约是公元前

500 年。而《中庸》的作者虽说是公元前 400 年前的孔伋，但是最终成书已经到了秦朝统一的年代（前 221—前 207）。《中庸》一书的题目没有加"之道"二字，是因为其内容大多是讲"德"的问题，分析"道"的章节不多。虽然"道"和"德"是紧密联系着的，但还是有根本的区别。

二、"道"的源头

"道"的概念和提法不是从 2500 年前的老子开始的，应该更久远。古时中华民族的原始各部落都有自己类似宗教崇拜的场所，叫道坛。传至后来形成"道"文化。据说黄帝问道是道文化的开端，实际上应该还早。美洲印第安人的所谓"图腾"文化就和"道"相似。"图腾"是印第安语的词汇，实际上就是"道坛"二字。最初英语翻译成了 totam，后来又成了 totem，汉语又从英语音译成"图腾"。刚才说了，远古部落就有了崇拜，把象征性的东西放在道坛上祭祀。殷王朝遗址中出土的动物模型，青铜器上的动物图案和雕像据说是古代道坛的祭祀物品。美洲印第安人是一万年以前移居美洲的。那个时候已经有了"道"，他们把"道"带到了美洲，形成了他们的图腾（道坛）文化。

● 第二节 ● 《道德经》在欧洲

一、《道德经》在欧洲的社会影响比在国内大

在现在中国知识阶层里，知道老子和《道德经》其人其名的人不少，真正了解老子哲学和《道德经》内容的不多。在基层老百姓当中，知道道教的人很多，信奉道教的人也不少，但是道教已经脱离了老子哲学。在神话故事里，老子也只是炼丹的长寿老头，曾经把孙悟空炼成了火眼金睛。其实这些都和老子哲学无关。在欧洲科学家当中，老子可是非常知名的东方先贤。到英文谷歌上也能查到许多有关老子和《道德经》的文献。在中国，自然科学工作者对老子哲学不怎么关心，多数人知道老子和《道德经》，但是不太了解其详细内容，当然应用到自己研究领域里的人就更少了。而欧洲人很重视老子哲学的应用和参考。各种西文版的《道德经》已有 250 多种，如今几乎每年都有一到两种新的译本问世。而在中国，老子哲学的书籍却日渐式微。据调查，每四个德国人家里就藏有一本《道德经》，而德国前总理施罗德还在电视上呼吁每个德国家庭买一本《道德经》，以帮助解决人们思想上的困惑。就连人烟稀少的冰岛，也出版了两种版本的《道德经》译本。

二、外国名人对老子和《道德经》的评价

1. 德国哲学家尼采：老子思想的集大成——《道德经》，像一个永不枯竭的井泉，满载宝藏，放下汲桶，唾手可得。

2. 德国哲学家、天文学家康德：斯宾诺莎的泛神论和亲近自然的思想与中国的老子思想有关。

3. 德国哲学家黑格尔：老子的《道德经》每一个命题，都要完全按照太极图的正（阳）反（阴）合（中）的三维形式，这就是我的三段式解读法。老子书中特别有一段重要的话常被引用：道不可道，是天地之根，宇宙之母。

4. 德国哲学家谢林（1775—1854）：道不是人们以前翻译的理，道是门。老子哲学是"真正思辨的"，"完全地和普遍地深入到了存在的最深层"。

5. 德国社会学家马克斯·韦伯（1864—1920）：事实上，在中国历史上，每当道家（道教）思想被认可的时期（例如唐初），经济的发展是较好的，社会是丰衣足食的。道家重生，不仅体现在看重个体生命，也体现在看重社会整体的生计发展。

6. 德国明斯特大学教授赫伯特·曼纽什：中国哲学是我们这个精神世界的不可缺少的要素。公正地说，这个世界的精神孕育者，应当是柏拉图和老子。

7. 德国学者克诺斯培：解决我们时代的三大问题（发展、裁军和环保），都能从老子那里得到启发。

8. 德国诗人柯拉邦德：德国人应当按照"神圣的道家精神"来生活，要争做"欧洲的中国人"。

9. 德国人尤利斯噶尔：也许是老子的那个时代没有人真正理解老子，或许真正认识老子的时代至今还没有到来，老子已不再是一个人，不再是一个名字了。老子，他是推动未来的能动力量。

10. 德国哲学家海德格尔：老子的"道"能解释为一种深刻意义上的"道路"，即"开出新的道路"，它的含义要比西方人讲的"理""精神""意义"等更原本，其中隐藏着"思想"或"语言"的"全部秘密之所在"。

10. 美国物理学家、诺贝尔奖得主卡普拉：在伟大的诸传统中，据我看，道家提供了最深刻并且最完美的生态智慧，它强调在自然的循环过程中，个人和社会的一切现象和潜在两者的基本一致。

11. 美国著名物理学家约翰·惠勒：现代物理学大厦就建立在"一无所有"上，从一无所有导出了现在的所有。没想到的是，近代西方历经数代花费大量物力财力才找到的结论，在中国的远古早已有了思想的先驱。

12. 美国学者蒲克明：当人类隔阂泯除，四海成为一家时，《道德经》将是一本家传户诵的书。

13. 美国科学家威尔杜兰（1885—1981）：或许除了《道德经》外，我们将焚毁所有的书籍。《道德经》的确可以称得上是最迷人的一部奇书。

14. 美国哈佛大学教授约翰·高：《老子》的意义永无穷尽，通常也是不可

思议的。它是一本有价值的关于人类行为的教科书。这本书道出了一切。

15. 日本物理学家、诺贝尔奖得主汤川秀树（1907—1981）：老子是在两千多年前就预见并批判今天人类文明缺陷的先知。老子似乎用惊人的洞察力看透个体的人和整体人类的最终命运。

16. 日本当代学者卢川芳郎：《老子》有一种魅力，它给在世俗世界压迫下疲惫的人们以一种神奇的力量。

17. 俄国大文豪托尔斯泰（1828—1910）：我的良好精神状态归功于阅读东方古典哲学，主要是《老子》。我受中国的孔子和孟子的影响"很大"，而受老子的影响则是"巨大"。

18. 丹麦物理学家尼尔斯·玻尔：我不是理论的创立者，我只是个（道家）得道者。

19. 比利时诺贝尔化学奖得主伊利亚·普里戈金：耗散结构理论对自然界的描述非常接近中国道家关于自然界中的自组织与和谐的传统观点。

20. 美国物理学家，相对论创始人爱因斯坦：……受到了东方先贤的启示。

● 第三节 ● 道和德的关系

一、道是自然规律，德是对自然规律的认识

《中庸》首句说：天命之，谓性；率性之，谓道；修道之，谓教。"德"在哪里呢？其实，修道的过程和结果就是"德"。这里再次以原子结构来说事。最简单的氢原子（图2-6，见第28页），一个电子，带负电荷，原子核带正电荷，其中一个质子带正电荷，一个中子不带电荷。氢原子的体积当中，原子核与电子占的空间不足整个原子体积的一百万亿分之四，而原子核当中的质子和中子却紧紧地近距离抱在一起。为什么电子带负电荷，质子带正电荷，中子不带电荷，因为这些是"天"赋予的"性"。也就是，"天命之，谓性"。这个"性"在英语里是 nature，来自法语单词 natre（生孩子），也叫生性，天生的本性。那么氢原子根据电子带负电荷，质子带正电荷，互相吸引的这个"性"，就不能让它们靠得太近，否则会吸到一起去。结构最复杂的原子是镭（图2-7，见第30页），质子和电子各112个，中子173个。镭原子背负的电子分别以2, 8, 18, 32, 32, 18, 2有规律地分布在7个电子层上，原子半径为 1.1×10^{-10} 米。虽然镭原子的电子和质子各是氢原子的112倍，还有173个和质子大小相仿的中子（半径 0.8×10^{-15} 米，体积 2.1×10^{-45} 立方米），原子体积只是氢原子的2倍。镭原子的112个质子都带正电荷，是互相排斥的，把它们紧紧地抱在一起需要一个很强的力，物理学上叫"强力"。根据电子带负电荷，质子带正电荷，中子不带

电荷的"性"去安排它们之间的位置，这叫"率性"，也就是"率性之，谓道"。道是不能被人为改变的，你嫌电子距离原子核太远，把它们拉近一些，节省空间，这是不可以的，也是不可能的。什么是可以的呢？发现"性"和"道"，解释"道"的细节，这是可以的，这个过程就是"德"，不是高尚品德的"德"，是老子《道德经》里的"德"。和品德的"德"一样，如果你把氢原子的一个电子看成了两个，那就是"失德"。和"道"一样，自然界的"德"是不可人为改变的，那么"修道"不达标，以"失德"去叙述"道"的大有人在。

老子的《道德经》是探讨宇宙万事万物的起始及演变的规律，并把这些规律延伸到人和自然、人和人、人和社会之间的关系。老子的"道"是不可道的，也就是"道可道，非恒道"。在自然界的万事万物当中的每一个具体的物，每一件具体的事上，道是可以道（说清楚）的。但是，那就不是永恒的，放之四海而皆准的"道"了。例如，上述说的氢原子，一个电子，一个质子的结合就是遵循"道"，但是这只是氢原子，镭原子就大不相同了，蛋白质分子更是另一回事了。蛋白质（酶）分子中氨基酸的排列顺序是由 mRNA 分子中的核苷酸三联子的顺序决定的，而 mRNA 的三联子顺序是从 DNA 那里拷贝转录过来的，这些都是"道"，而每一种生物的 DNA 的基因（三联子构成）是"天"赋予的，也就是"性"。有关生物的遗传基因的"道"比原子结构的"道"更复杂，根本就不是一回事。但是遗传基因的"道"是可以道（说清楚）的"道"。总的理念上的"道"是不可道的。道（说清楚）"道"的过程和结果就是"德"，自然科学探究就是"德"的过程，人有社会学意义上的德高望重，科学研究上也有"德高"。比如，爱因斯坦，牛顿，莱布尼兹，屠呦呦，他们就是"德高"的科学家。

"道"是自然界万事万物的存在和发展规律，从造字的形状看，是奔走在宇宙大道上万事万物的首领。而"德"是认真修道，发现道在特定事物上的规律，所以要认真。从字形看，是两个人"二目一心"，一点一横为"二"字，"目"是横过来的。老子原本写《道德经》是分道经和德经的。但是《道德经》中的"道德"，是"道"与"德"两个概念，并非"道德"一词，和平时社会上说的道德品质的道德不是一回事。《道德经》的第一、四、六、十一、十四、二十一、二十五、三十二、三十四、三十五、四十、四十一、四十二、五十一章，是写"道"的，其余章节是写"德"的。

二、道和德的特征

虽然"道"不可道（说清楚），笔者还是想在这里简单地归纳一下道的几个特征。

1."道"的特征是不能用语言表示清楚，不能解释全面，因为它是针对万事万物的。但是具体到每一个物体或每一件事，"道"是可以讲清楚的，如原子结构。但是它只是这个特殊事物的"道"，不是恒道。在这个水平上可以讲清楚的"道"其实是"德"。

2. 讲不清楚的"道"是在"无"的水平上的，讲清楚的"德"是在有"德"水平上的。也就是恒无，欲也，以观其妙；恒有，欲也，以观其徼。此两者，同出而异名。也就是"道"在"恒无"的水平上只能知道它的微妙，但是看不清它的实质；如果"道"在"恒有"的水平上，就能看到他的具体细节边边角角（徼）。这时候的"道"就是"德"。

3."道"是天地和万物之母，神通广大，神秘莫测，也就是"道冲，而用之或不盈。渊兮，似万物之宗。湛兮，似或存"。道就像"冲"（离开海岸的深海沟）和深渊一样，取之不显少，加之不见多，清湛无底，似存在似不存在。道是"大方无隅，大器漫盛"，也就是大得没有"四面八方"的概念，可容纳的量是漫天无垠的。这要再提示一下，"冲"是三点水，不是两点水"冲突"的"冲"。"冲"的繁体字是"衝"。另外，"大器漫盛"不是"大器晚成"。儒家学者强调教化，所以改成适合他们口味的。

4."道"先天地生，独立而不改。就如上述的原子结构一样，人为不可能改变电子轨道和电子与原子核之间的距离。就像《道德经》第二十五章里说的那样："有物混成，先天地生。寂兮寥兮，独立而不改，周行而不殆，可以为天下母。"

5."道"和"德"就像"无"和"有"，是相辅相成的一对。"天下万物生于有，有生于无"。《道德经》第五十一章里也说，"道生之，德畜之，物形之，势成之。是以万物莫不尊道而贵德"。《道德经》第十一章说，"有之以为利，无之以为用"。原子的结构及其电子层排列是物质的原理，是"道"，是"无"，现在发现了它，千年以前没有发现它，它仍然是那个样子。一旦发现原子的结构和性质，人们就容易利用它了。

● 第四节 ● 《道德经》中的中庸之道

《道德经》中的中庸之道体现在"道"和"德"，"无"和"有"，"无为"和"有为"，"守中"和"有用"之间的共存关系以及平衡关系。笔者在这里回避一些空洞的评论，分条举例阐述。尤其是，守中是中庸之道的"中"，是手段，"有用"是中庸之道的"庸"，是目的。

一、多闻数穷，不如守中

1. 数穷与守中

(1) 橐龠

《道德经》第五章说，天地之间，其犹橐龠乎？虚而不屈，动而愈出。多闻数穷，不如守中。橐龠是冶炼炉或锅灶用于鼓风送氧的风箱或风袋。橐是最古时候用的袋式鼓风设备，现在印度和非洲的一些农村的铁匠仍然在使用（图5-1和图5-2）。囊的形状和原理后来被应用到了手风琴上了。会拉手风琴的人也会很容易理解老子"虚而不屈，动而愈出。多闻数穷，不如守中"的形容。风箱（龠）如图5-3，其结构如图5-4所示。拉过风箱的人很容易理解老子的这句话。在一个空木箱子里安装有两根木杆推拉驱动的活塞状木板，四周镶嵌鸡毛，以防推拉时漏风。木箱虽然是空虚的，但是手感一点不空虚，而且不用力气是推不动的。所以叫"虚而不屈"。因为前后两端都有通向送风口的通道，不管是拉还是推，只要一动，风就会被送出。所以叫"动而欲出"。活塞向前推的时候，后面的进风口打开，前面的进风口关闭；活塞向后拉动的时候，前面的进风口打开，后面的进风口关闭。进风口上悬挂的挡板关闭时会发出响声。如果把活塞推到底或者拉到头，能够听到活塞撞击风箱壁的声音，同时能听到进风口挡板关闭的声音。当活塞板的鸡毛磨损厉害的时候，推拉时漏风，压力减小，很容易推到底或者拉到头。所以叫"多闻数穷"。"穷"是"穷尽""到底"的意思。另外推到底或者拉到头的时候，受压空间变小，气流势变小（图5-4里一群绿色箭头处）。所以说，"多闻数穷，不如守中"。一些四体不勤、五谷不分的儒家学者不知道风箱是怎么回事，所以就把这句话改成了"多言数穷，不如守中"，教人不要多说话。两千多年，中国古典哲学中的一些精髓被篡改得面目皆非。

95

图5-1　苏丹现在仍然使用的手按式袋状橐龠

图5-2　日本古代脚踏式袋状橐龠（鞴）

图5-3　中国农村现在还使用的风箱锅灶

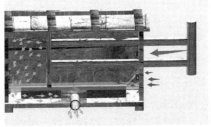
图5-4　风箱的内部结构图

(2) 橐龠的空气动力学原理及其扩展应用

古代橐龠的用途就是单纯地为燃烧送氧气，但是它的空气动力学原理和中庸原理却被用到现代科技的许多领域。就单拿空气力刹车制动来说，就被用于宇宙航行器、飞机、高速列车和跑车上。试想一下，制动必须是执两端取中庸，而且这个中庸程度是动态的。即使是我们平日使用的小汽车，刹车也是一个寻求中庸的过程，尤其是在冰雪路面上行驶，如果采取极端的刹车方式，一脚踩下，非出问题不可。这个"中"就是"正"，在两个极端之间的"恰到好处"的地方。车减速时候，制动的时候，踩在刹车板上的脚用多大的力，是随车的动态而变的"无为"的行为。过分"有为"往往出问题，就像刚学骑自行车的时候，怕压着前面的一块小石头，"有为"地去躲，结果还是压上了。

2. 守中理念的启示

老子的"守中"理念是用拉风箱的例子来启示人们，世间万事万物都不能极端，在两个极端之间有一个中庸点，要寻找和坚守这个中庸点，事情才不会出问题。两千多年前的老子警示人们不要走极端，两千多年后的今天，民族文化，社会文明，科学技术，语言文字都进步了，但是我们的思维方式和行事原则还是没有进步，走得越来越极端。主要表现在下面几个方面。

(1) **营养过剩,膳食配比不当**。这个问题在上一章里已经进行了详细的论述。社会物质丰富了，人们生活条件改善了。有人认为可以大吃大喝，尽情享受了。殊不知，自古就有美味不可多食的说法，即使不是美味，也不能多食。在营养缺乏，能量不足和营养过剩之间是有一个中庸点。这个中庸点就是有利于健康和长寿，而不影响活动能量的供给的最适饮食量。一般说来，相当于满饱量的63.2%。怎么还有零有整呢？实际上，饮食量和饱感量之间有一个关系式，$F = F_C(1-e^{aD})$（F 为随饮食量增加的饱满感；F_C 为最大饱满感，D 为饮食量，α 为常数）。当 $F = F_C(1-e^{-1})$ 的时候，$F \approx 0.632F_C$。这个时候的饮食量，也就是最大饮食量的 63.2%，被笔者定为中庸饮食量。有人说，美国人的研究结果表明，饮食六分饱可以启动 DNA 当中长寿基因的上调表达，其实千年前宋代小儿科名医钱乙（1032—1113）就说过，若要小儿安，常须三分饥与寒。

(2) **水稻产量不是随施肥量增加而增加的守中原理**。施肥量增加，水稻产量随之增加，但是增加到一定程度，水稻产量不再增加或者反而降低。原因是施肥过度会诱发病害。那么施肥多少不会发病呢？也是最大施肥量的 63.2%。超过这个中庸点，水稻叶片内可溶性氮素化合物浓度过高，有利于病原菌的感染和繁殖，也有利于害虫的生长和发育，因此而导致产量反而降低。

(3) **小麦产量不是随叶面指数增加而增加的守中原理**。小麦产量与其叶面积的关系雷同上述水稻产量与施肥量的关系。叶面指数就是单位土地面积上叶面和土地面积的比例。确保小麦产量首先要确保叶面积指数，好的产量需要 5—6 的叶面积指数。但是叶面积过大会导致作物群体透光率恶化，倒伏，甚至诱发病虫害。那么多大的叶面积指数是安全的呢？还是那个 63.2%，最大叶面积指数的 63.2%。

(4) 植物的光合作用不是随光强增加而增加的守中原理。没有光的情况下，植物的光合作用是负值，也就是呼吸消耗糖分。光强度增加，光合作用随之增加，但是不是无限制增加。当增加到一定程度，光合作用增加变慢，停滞甚至降低。如上章所述，光合与光强的关系式为 $P_N=P_C(1-e^{-Ki})-R_D$ 或者 $P_G=P_C(1-e^{-Ki})$（P_G 为包含呼吸量在内的光合作用；P_C（ 是最大光合作用速；K 为常熟；i 为光照强度），笔者还是定义 $P_G=P_C(1-e^{-1}) \approx 0.632\ P_C$ 时候的光强为中庸光照强度。

二、躁胜寒，静胜热

《道德经》第四十五章里说，躁胜寒，静胜热。意思是，躁动克服寒冷，清静克服暑热。当然这里得"寒"和"热"在中医理论上不是这么简单地就能解释透彻的。这一理念正好与中医里的阴阳平衡有相似之处，也是基于中庸之道的理念。在静止条件下，人体保持 36.5 ℃ 左右的稳定体温。如果一个人从事运动活动，则体温会升高。在体力运动的时候，70% 的热量来自肌肉。增加体温会导致皮肤血管舒张、出汗、呼吸加强。这在中医上是"热"的状态。降低体温会导致食欲不振，冷漠和不活跃，这就是"寒"的状态。所以任何以提高免疫力为目的的体温增加都是躁胜寒的表现。但是，过度的躁会产生多余的热，需要以静来消除多余的热。机体过热起因于身体苛刻的运动，炎热的天气下辛勤工作。过热是指生物体的状态，负责体温调节的机制停止工作。下丘脑开始过热，从而失去调节温度的能力。机体过热症状包括排汗，皮肤烫热和干燥，心动过速和呼吸急促，意识模糊，晕眩和无意识。防止过热的措施包括降低工作负荷的强度，身处阴凉处，频繁的休息，穿利于排汗的衣服。这也就是老子讲的"静胜热"。根据西医的理论，躁可以提高免疫力，避免伤害。躁可以提高体温，提高体温可以提高免疫力，杀死病原，为身体提供能量以利于同恶劣环境战斗。躁可以协助战胜身体懒惰状态，即"寒"的状态，这就是西医科学意义上的"躁胜寒"。躁在某种范围内是好事，是战胜"寒"的必要。但是如果躁过剩，产生多余的热，就要注意了。怎么对付这种多余的热呢？老子告诉我们了，就是"静胜热"。静下来，脱掉一些衣服；站起来走一走，让心情冷静下来；通过分散注意力来对抗这些躁的想法。有些人发现毛毛雨也可帮助"静胜热"。其实这些人体状况的调节和电路中的可变稳压电容器一样，在两个极端中调来调去，以使电路电压处于稳定状态。

三、殖而盈之，不若其已。揣而抁之，不可长葆也

1.《道德经》第九章

《道德经》第九章写道，殖而盈之，不若其已。揣而抁之，不可长葆也。金玉盈室，莫之能守也。贵富而骄，自遗咎也。功述身芮，天之道也。这是笔者根据帛书版而校正的文本。流行版本的原文稍有不同，原文为"持而盈之，不

如其已。揣而锐之，不可长保。金玉满堂，莫之能守。富贵而骄，自遗其咎。功成身退，天之道。"笔者在《道德经对自然科学的启示》一书里，对流行版和帛书版进行了详细的点评和诠释，读者可以参考。在这里删繁就简地说一下。勘校版的译文是"持续繁殖致使盈满，不如适时停止；思索着采取类似拔苗助长的方式，不能使苗长久旺盛。金玉满室，无法守藏；如果富贵了，因而骄横的话，就给自己留下了祸根。一个人事业圆满成功了，就要含藏收敛，这是符合自然规律的。"相比流行版本的"持"字，"殖"的意思是繁殖、扩增、生产等。当然自己繁殖和生产以后是自己先持有。抍（yǎn）字在所有词典和资料上都解释为"动摇"。当然这种解释是不确切的，应该结合事例来解释。葆字带草字头，本来的意思就是草木"保持生长旺盛"，非草木的情况下是"保持活力"。因此"揣而抍之，不可长葆也"的意思是，一棵树苗或者禾苗本来长得瘦弱，你把它用杆子支撑起来，用绳子吊起来，目的是想让它长快一点，长好一点。也就通常说的"拔苗助长"的意思。大家都看过拳击和摔跤比赛，一方被打倒，头已经晕乎乎的了，你把他拉起来，头上喷洒点冷水，用湿毛巾擦擦脸，让他喝点饮料，拍拍他的脑袋，鼓励他继续打斗，结果还是败了。这就是非常形象的"揣而抍之，不可长葆也"。流行版里为什么改了那么多字和内容呢？可能是古人在教小孩读书的时候，不好解释，怕学生难以理解。把"揣而抍之，不可长葆也"改成"揣而锐之，不可长保也"，就好解释了。一把刀或者剑，本来钢材不好，锻造技术也不佳，你去捶打一下，磨一下，当然不解决长久"锐利"的问题。这样小孩子就容易理解。但是其哲学含义大打折扣了。

2.《道德经》第九章的启示

(1) 殖而盈之，不若其已——现代化的畜禽养殖的弊端

畜禽集约化养殖的特点是，单位面积的个体数过高，加速畜禽生长使用的激素和抗生素造成产品质量劣化，养殖场内密度过大以及区域内养殖场过多，给环境带来严重的压力。这就是老子所讲的"殖而盈之，不若其已"。

(2) 殖而盈之，不若其已——果树疏花疏果

果树开的花都远远多于最后结成的果实。开花过多或者结果过多，养分供不应求，不仅影响果实的正常发育，形成许多小果、次果，还会削弱树势，易受冻害和感染病害，并使翌年减产造成小年（产量因前一年树疲劳而减产的年份）。因此，除了由于果树本身的调节能力，使发育不良的花和幼果自然脱落外，还需摘除多余的花和果，才能生产出高质量的果实。这是典型的"殖而盈之，不若其已"的现象。

(3) 揣而抍之，不可长葆——偏激一味追求产量，过度施肥施药

施肥是可以带来增产，但是施肥过多反而减产。施药可以防治病虫害，确保产量，但是过量施药引起抗药性，也污染了农产品，不利于农业生产的可持续性发展。正如老子讲的，"揣而抍之，不可长葆也"。寿光的蔬菜大棚，有的农户每亩每年施用化肥超过千斤，结果造成土壤严重盐渍化，病虫害大量发生，

产量也开始下降。有一个农户在 550 平方米的大棚内，作为基肥使用了 13 立方米鸡粪、13 立方米稻壳粪、50 千克复合肥、50 千克磷酸二铵、250 千克豆粕。结果辣椒伤根、黄叶，生长不良，产量降低。人营养过剩会引来各种疾病，例如一系列所谓富人病。同样，植物营养过剩，主要是氮素营养所剩，也会引起病虫害和农产品品质劣化，甚至产量低下。这就是冈田茂吉所说的"肥多则病虫涌"即老子所说的"揣而抍之，不可长葆也"。

(4) 金玉盈室，莫之能守也——水库与河流蓄水过多

水库与河流在达到一定水位的时候，必须放水，否则就是"金玉盈室，莫之能守也"。在水库大坝设计的时候，有几个重要的水位指标。容易发生洪水泛滥的大河流都要设置分洪道，分泄大河的洪流。例如山东省的沂河分洪道，在不分洪的时候，河道里的田地照样耕种，但是居民必须迁出。

四、反也者，道之动也；弱也者，道之用也

《道德经》第四十章原文中说，反也者，道之动也；弱也者，道之用也。天下万物生于有，有生于无。意思是每一件事一发生，立即出现对立面或者对立现象，这就是"反也者"，是依据"道"的原理的。事物发展到一定的阶段会弱下来，或者因某种原因，故事弱下来，也就是"弱也者"，都是道在起作用。天下万物的生成初始都是"质量"的出现和发展，不管是从能量转换而来的，还是从另一种形式的"质量"转换而来的，都是由无形的道决定的。必须要提示的是，有人把原文改成"反者道之动，弱者道之用"。一个"也"字去掉了，就大错特错了。一件事情发生了，或者这件事情达到一定程度，就会出现相反的现象；一件事情变强了，或者达到一定强度，就会弱下来，或者因某种原因，必须弱下来。这是动态的"反也者"和"弱也者"，它和静态的，本来就是的"反者"和"弱者"是完全不同的。几乎所有的自然现象都遵循这个中庸之道的原则。

1. 牛顿第三定律——作用力与反作用力定律

牛顿第三定律说，当 A 对 B 施加一个"作用力"的时候，B 总是要"反也"，也就是 B 也对 A 施加同样的一个力，被叫作"反作用力"。作用力和反作用力总是大小相等，方向相反。

2. 万有引力定律

牛顿的万有引力定律指出，一个粒子吸引宇宙中所有其他粒子的力量，这个力量直接与它们的质量乘积成正比，与它们中心之间的距离的平方成反比。万有引力定律是古典力学的一部分。用今天的话说，万有引力定律规定每个点质量都通过沿着与两点相交的直线作用的力来吸引所有其他点质量。不管两物体大小如何，甲方对乙方吸引时，同时乙方也以同样的力吸引甲方。用爱因斯坦相对论的质量场来解释的话，任何具有质量的物体都会使其周围产生时空扭

99

曲，致使物体向时空凹陷的方向移动。太阳对地球的吸引，地球对月亮的吸引，地球对一个小玻璃球的吸引都可以用时空扭曲来解释。不管用牛顿公式，还是用相对论都能充分解释清楚万有引力定律里所显示的"反也者，道之动也；弱也者，道之用也"的道理。

3. 大小铁球同时落地

一个 10（1 磅 ≈ 453.6 克）磅铁球和一个 1 磅的铁球从空中抛下，那个先落地，还是同时落地？众说纷纭。大多数都认为 10 磅的先着地，因为它的质量大。假设重的先着地，1 磅的着地慢，把 1 磅的铁球绑在 10 磅的铁球上，1 磅的就会拖住 10 磅的，减慢 10 磅的落地。那么，这 11 磅的捆在一起的铁球就比 10 磅的后落地。但是按质量的话，11 磅的应该先着地。这是一个悖论。众所周知，伽利略做了个试验，结果是两个大小不等的铁球同时着地。根据牛顿定律，落下的速度与重力加速度有关，与物体的质量无关。因为大的物体的质量虽然给予了加速运动更大的推力，但是物体的大质量同样具有大的惯性力，也就是阻止加速引动的反作用力（反也者）。因为作用力和反作用力，大小相等，方向相反，所以质量推动加速运动的作用力和拖拉加速引动的反作用力就抵消了。也就是落下速度与质量无关了。这就是两个铁球同时着地的原理。这也是"反也者，道之动"的典型例子，也是自然界中庸之道支配的现象。

4. 静电和摩擦起电

当我们脱下合成纤维的衣服或毛衣时，看到火花或听到裂纹声音。其原因是通过我们的身体释放电荷，即静电荷。静电是通过摩擦两个合适的物体并将电子从一个物体转移到另一个物体而产生的电。有的物体摩擦后带正电荷，如玻璃棒；有的带负电荷，如丝巾。因此让摩擦后的玻璃棒和丝巾靠近时，会发现它们相互吸引；带同性电荷的物体，如玻璃棒对玻璃棒或丝巾对丝巾，靠近时会相互排斥。这些都是"反也者"现象的典型例子。

5. 原子结构中的"反也者"

原子是由原子核与电子两个部分组成。电子带负电荷，原子核中的质子带正电荷。质子和电子在电荷的意义上互为反也者。经典物理学说，电子在原子的外层的一定的轨道上旋转。量子力学的说法是电子按一定的概率在相应的所谓轨道处以波粒二象性的形式存在，不一定是转动。在上一个章节里已经以氢原子为例讲了原子结构。氢原子的半径为 0.529×10^{-10} 米，体积约为 6.2×10^{-31} 立方米。氢原子核半径约为 0.84×10^{-15} 米，体积约为 2.5×10^{-45} 立方米。电子的半径是 0.28×10^{-16} 米，体积是 0.94×10^{-49} 立方米。氢原子核的体积是原子体积的百万亿分之四，电子体积是原子核的数千分之一，是原子的十亿分之一。几乎整个原子都是空洞的，就像老子说的"冲"（海中深渊）一样，维系电子和原子核的是电磁力，维持原子核中子与质子，质子与中子的强作用力，这都是老子说的"气"保持原子的"和"，也就是稳定，也就是道德经原文的"道，冲，气，以为和"。电子和原子核之间的力，要相对的弱，以便不使电子撞向原子核，就像地球不撞向太阳一样。这就是"弱也者，道之用"的原理。

6. 暗能量和暗物质——神秘的"反也者"

大约有 68% 的宇宙是暗能量，暗物质约占 27%。其余的就是地球上仪器可以观察到的所有东西，加起来不到宇宙的 5%。爱因斯坦认为空间具有惊人的属性，空白空间可以拥有自己的能量。可能暗能量填充了所有的空间，但是它对宇宙膨胀的影响与正常物质和正常能量相反。暗物质不是我们所看到的星球的形式。暗物质不是反物质，不是重子物质，而是由其他更奇特的粒子组成，如中微子（Neutrinos）、中性子（Neutralinos）和轴子（Axions）。中微子是组成自然界的最基本的粒子之一，不带电，可自由穿过地球，质量小于电子的百万分之一，以接近光速运动，与其他物质的相互作用十分微弱，号称宇宙间的"隐身人"。中性子的质量是质子质量的 50 到 500 倍。轴子是一种自然界亚原子粒子，质量很小。以上三种粒子只是被看作暗物质组成成分的候补，但是暗物质的神秘的面纱始终没有揭开。暗物质与暗能量都有一个"暗"字。这个"暗"，不是黑暗，是代表着神秘和未知，也就是在老子所说的"无"的范围之内，其机制可能属于"不可道之道"。暗物质与光线不发生作用，所以人的眼睛看不见。另外，暗物质不能按正常规律受四大基本力（强核力、弱核力、电磁力、引力）的约束。因此，采用常规方式，包括动用现代仪器设备都不能对其进行观测。有人提出，老子的"道"的哲学思想可为探索暗物质另辟蹊径。就像什么是暗物质和暗能量一样，究竟何为道，千古以来仁者见仁，智者见智，始终未有统一定论。老子的"道"与暗物质颇为相似，同属"视之不见，听之不闻，抟之不得"。也就是用看、听、摸等常规方式不能予以感知的物质，即无形物质。既然"道"与暗物质同属无形物质，那么，通过对"道"实现探索认知的成功方法，自然可用来破解暗物质谜题。这可以说是世界科学的最新课题，具有现实意义与历史意义，也是弘扬中华民族传统文化的机遇。

7. 反粒子和反物质——强大无比的"反也者"

相对于带负电荷的电子，自然界存在着另一种与电子质量完全相同但具有正电荷的粒子。这就是电子的反粒子，正电子。它是反物质的第一个例子。不仅电子，而且物质（粒子）的所有基本成分都有反粒子。任何反粒子的质量与该粒子的质量相同，其余所有特性也密切相关，但电荷却相反。例如，质子带正电荷，但反质子带负电荷。一个粒子碰到它匹配的反粒子时，两者都会自行湮灭，也就是说，它们都消失了，转化为其他形式的物质和能量。粒子和反粒子之间没有内在的区别，它们在所有粒子理论中基本上都是相同的。这意味着反粒子的物理定律几乎与粒子相同。但是在我们周围的世界中能够发现的反物质数量很少。反粒子就是和粒子长得一模一样"镜像物"。1986 年中国核物理学家赵忠尧发现了正电子，西方科学家都称他为"中国反物质之父"。极少量的物质和它的反物质一起作用，会释放出大到难以估计的能量，比现有核武器的威力要大得多。

8. 人体免疫力及其相关辅酶 Q_{10} 随年龄的增加而减退——"弱也者，道之用"

人生下来的时候，免疫力很高，是母亲给的。但是，很快就开始下降，直至 6 个月时候达到最低，然后再形成自己本身的免疫力。此时的现象属于"弱也者，道之用"。直到 12 岁的时候人体免疫力才能达到正常量。医院之所以专门设立小儿科，是因为幼儿少儿免疫力低，经常生病。当年龄超过 45 岁的时候，人体免疫力急剧下降，也是"弱也者，道之用"的表现。和人体免疫力相关的辅酶 Q_{10} 给心脏提供动力，具有抗氧化和清除自由基的功能，是机体的非特异性免疫增强剂。辅酶 Q_{10} 的含量在 15 岁时达到高峰，而在 20 岁时就开始下降。这就是"弱也者，道之用"。自然规律就是让衰老的人容易死去。所以，大家都不要期望"返老还童，长生不老"。

9. 失火场的猛力——意外的"反也者"

家里失火了，一个男人在他和他的家人面临死亡的时候，身体内突然爆发出一股力量，一手抱起自己的妻子，一手抱起两个孩子，吼叫着冲出火场。爸爸在车下修车，突然千斤顶滑落，这时候，儿子突然吼叫着把小汽车掀起，让爸爸从车底下爬了出来。本来那个人是没有足够的力气抱起妻子和两个孩子的，那个儿子不可能有掀翻小汽车的力气。这种突如其来的反应力气在生理学上是有道理的，也是"反也者，道之动"的典型现象。再如，举重、扔铁饼、扔铅球、标枪等运动员，都是吼叫着使力气发挥最大。当 DNA 接到危机信号时候，应急基因瞬时上调表达，使你具备本来没有的智慧和力量，从而脱险。据科学研究证明，不管是人，动物还是植物，从危机信号发生，信号物质经过信号转导链传递给细胞核里的 DNA，DNA 里的应急遗传基因开始转录给 RNA，然后RNA 从细胞核进入细胞质，按照所携带的密码（即氨基酸的顺序）合成蛋白酶，然后蛋白酶催化所规定的应急生物化学反应。这个过程可不是像此处叙述那么花时间，只用千分之一秒的时间。因此，"道"的威力其实是巨大无比的。

10. 植物的逆境适应性和抗性——"反也者，道之动"

在自然界中、干旱、高温，寒冷等恶劣环境来临时，动物是可以逃跑，非洲草原动物大迁徙就是一个例子。但是植物是不能逃跑的，它们必须在原地适应恶劣环境。譬如，植物会采取下列几种方式去适应干旱环境。

(1) 干旱逃逸性

干旱逃逸（drought escape）是植物在干旱发生前完成其生命周期的能力。以色列和埃及的边境线上的大沙漠上没有一点绿色，但是有许多肥壮的羊群在黄沙上觅食。有一种禾本科牧草，借助仅有的一点点小雨快速发芽，然后忍耐干旱把带有几粒种子的穗子抽出，仅 20 多天的时间完成其生命周期，留下下一代的种子。羊群觅食的不仅仅是那些几乎看不见的小草，还包括小草顶端的那几粒小小的饱满子实。逃逸植物还有生长在瓦房顶上的瓦松，雨季来了，种子迅速发芽生根，快速开花结果，完成自己繁殖后代的使命。非洲沙漠里的木贼的种子在降雨后10分钟就开始萌动发芽，10个小时以后，就破土而出，迅速地生长，很短时间就走完了自己的生命历程。只要有一点点雨滴的湿润，短命菊的种子就会马上发芽生长，在短暂的几个星期里，就完成了发芽、生根、生长、开花、结果、死亡的全过程。这些短命植物就是对恶劣的干旱环境的"反也者"或"弱也者"，其机制是干旱逃逸，当然也包括干旱忍耐性。

(2) 干旱避免性

通过特殊的形态结构在干旱条件下保持植物体内适宜的含水量。这些特性包括减少水分损失的旱生结构，如叶面角质和蜡质层增厚，气孔减少或者白天气孔关闭，有的干脆叶子退化成针状物，且使茎部肥厚，如仙人掌类、白梭梭、银沙槐、沙漠玫瑰、盐地冰草和盐穗木等。这种特性叫干旱避免性（drought avoidance）。

(3) 干旱忍耐性

干旱忍耐性植物的能力是，即使随土壤干旱自己身体的水分丢失了，也能忍耐身体失水，保持一定的生长或者达到在极端干旱下存活。单纯地靠干旱忍耐机制的旱生植物不多，一般都是综合干旱避免和干旱忍耐于一身，而干旱避免的特征在外，比较明显，干旱忍耐特征在内，表征上不明显。

(4) 干旱抵抗性

以上三种能力综合起来叫干旱抵抗性。抗旱性、耐旱性和避旱性（免旱性＋逃旱性）之间的关系可以量化。设抗旱性为R，耐旱性T，避旱性A，逃旱性E，那么R=AT。例如，A植物在50%存活率的时候，土壤水势为–0.72 MPa，而B植物在50%存活率时的土壤水势为–0.71 MPa，那么，A植物的抗旱性为0.72，而B植物的抗旱性为0.71。也就植物A的抗旱性略高于植物B，能够忍耐略低的土壤水势（更负值的）。但是，A植物在50%存活率的时叶片水势为–1.8 MPa，而B植物在50%存活率时叶片水势为–2.1 MPa，那么，A植物的耐旱性为1.8，而B植物的耐旱性为2.1。与上面相反，尽管植物A的抗旱性略高于植物B，但是植物B的耐旱性高于植物A，更能忍耐更多的组织失水。从A=R/T的计算公式求得，A植物的避旱性为Aa = 0.72/1.8 = 0.40; B植物的避旱性Ab = 0.71/2.1 = 0.34。同样是抗旱植物，其内在机制有所不同。虽然都是"反也者，道之动"，但是具体细节还是有差异的。实际上植物的抗旱性是亿万年进化的结果，里面包含着"不可道之道"。

(5) 旱生原理和信号转导在植物生产上的应用

这个内容属于中庸之道支配的自然现象，又与"反也者，道之动"的启示有关，所以在这里再简单介绍一下。

1) 瓜儿为什么这样甜，为什么这样香？

在人类活动的历史长河中，农业行为是短暂的，施用化肥和农药的现代农业更是短暂的。在人类从事农业之前，各种各样的植物，包括蔬菜，果实，瓜茄和花卉，公平地一起享受着大自然的恩惠，并且自我适应恶劣的环境。包括动物，昆虫和微生物，吃和被吃是大自然食物链的正常现象。不管是动物和植物，都在尽自己最大的能力接受竞争，达到留下后代（种子）并且把种子传播出去的目的。譬如香瓜，在种子未成熟的时候，瓜瓢是苦的。为什么？不让动物吃。瓜儿的颜色和叶色相同，为什么？不让动物找到。等种子成熟了，瓜儿变色了，黄的，白的，红的，异色条纹状的，还发出一种香味。为什么？让动物容易找到。瓜儿又香又甜，为了让动物快点吞下它的种子，并通过动物的粪便把种子传播出去。

2）环境危机促使瓜果更加香甜

当遇到干旱，高温，烈日曝晒，昼夜温差拉大，盐渍或者虫蚀的时候，瓜果会提前成熟，并且更加香甜。这是因为植物感知到了环境危机，设法尽快留下后代的结果。那么，昼夜温差大是什么危机呢？一年四季昼夜温差最大的时候是晚秋，而晚秋预示着植物的生长适宜季节就要结束，严冬即将到来。如果植物不抓紧时间尽量留下后代的话，就会被大自然淘汰。为了留下自己的后代，就要使自己的瓜果颜色鲜艳，美味香甜。这就是新疆吐鲁番盆地的葡萄，和田的大枣，哈密的香瓜格外香甜的原因。因为那些地方的昼夜温差特别大，号称早穿皮袄午穿纱的地带。

3）旱生原理与信号转导在植物生产上的应用

这是笔者学术生涯后期的研究课题，不是研究抗旱的，主要是通过旱生刺激诱导环境危机信号的产生，通过信号转导使 DNA 当中有关基因上调表达，达到植物抗逆，产品优质的目的。就是利用上述植物尽量设法留下后代的原理。笔者在维基百科上列了一个旱生原理的词条：Xerophytophysiology，也可以叫植物旱生生理学。用这个关键词可以在一些检索系统中查到许多笔者课题组的研究论文。旱生刺激措施主要包括几个方面。

半边干旱半边湿：对果树（例如葡萄、梨、苹果、桃、柑橘）和瓜果（西红柿、甜瓜、西瓜、草莓等）灌水的时候，只灌一侧，保持树木或植物不缺水，另一侧的土壤保持相对干燥，但不至于伤害植物，过干了就浇水，另一侧不浇水。处于相对干燥的土壤中的根系感知到干旱危机，启动尽快留下后代的机理，所以果树和蔬果不但抗逆性强，而且瓜果品质好，美味香甜。

LED 蓝光灯或反射膜：蓝光即使微弱，也是强光的信号。厨房的炉火发蓝说明温度是高的，铁匠要把炉火烧至发蓝，然后才把要锤炼的铁放进去。这也是炉火纯青一词的来源。如果在果树成熟上色的时期，在树下安装 LED 蓝光灯，黑暗的时候打开照射 30 分钟，就可以诱导果实的优质，颜色好，味道香甜。因为蓝光是强光的信号，强光是干旱，烈日，高温的信号，这微弱蓝光给植物施加了一个假的危机信号。

营养液无土栽培下的盐渍刺激：无土栽培的时候，每隔两周，用高浓度盐水或者营养液刺激根系 5 分钟，然后恢复正常。高浓度盐渍，是生理干旱的信号。仅仅 5 分钟的刺激，不伤害植物，但可以诱导植物抗逆基因和产品优质基因的上调表达。

拉大昼夜温差：在操作温室大棚的开闭的时候，尤其是无加热设备的日光大棚，人们往往是白天打开，夜间关闭。所以，从一月份至六月份，草莓，西红柿，瓜果，随时间的推移，越来越不那么甜。其原因是一至六月份的昼夜温差越来越小。为了保持昼夜温差，在夜温不伤害植物的情况下，夜晚打开棚，使温度尽量降低；白天关闭大棚，使温度尽量高。这样植物就会抗病，瓜果就会香甜。夜间温度室外也很高的时候，为了节省空调制冷的成本，只在作物生长点处加一个细小通风管，吹送冷气。生长点是感知外界环境的敏感部位。白天温度升不上去的情况下，在生长点处加热风管。

种子和苗子干燥处理：小麦种子用浸泡，然后晾干，再湿润，再晾干，反复四五次。这样处理的种子出苗后能够抗旱抗病。同样，马铃薯的种薯切开后晾晒一下再播种，也有同样的效果。水稻育苗不要在水里，在旱苗床上育苗。这样的秧苗插秧后更健壮，抗逆性强。小麦移栽的情况下，要把须根剪去一部分，晾晒后栽苗。这样处理后，小麦更健壮。

花生清棵，高粱扒窝：花生或高粱出苗后，把苗基部周围的土壤去除，扒出一个窝，晾晒其胚轴和部分根。这叫花生清棵或高粱扒窝。鲜嫩的胚轴和根接受光线曝晒后，产生干旱危机信号，诱导抗逆和健壮基因的上调表达，后期的生长更健壮，抗病虫，高产优质。青岛农大沈毓骏先生发明的起垄末扶（AnM）栽培法就是花生清棵的改良版。根据同样的原理，其他作物也可以采取相当的措施。

五、致虚，恒也；守中，笃也

1.《道德经》第五章

《道德经》第五章的通常流行版本说的是"致虚极，守静笃"，而郭店简本说的是"致虚，恒也；守中，笃也"。根据老子的哲学观点，后者应该是准确的。儒家重视教书育人，首先是教小孩子，小孩子不容易读的内容就改一改，读起来不顺口的，也改一改。教顽皮的小孩教不好了，就把"大器漫盛"改成"大器晚成"。那孩子学不好不是我教得不好，是他"大器"，所以现在我教也不成。又如，第一句"道可道非恒道"，因为汉文帝名字叫刘恒，小孩子不能每天在学堂里喊皇帝的名字。所以就被改成了"道可道非常道"。全文中所有"恒"字都改成了"常"字。两千多年，就这样把《道德经》改得面目皆非。这些都是多余的话，那么"致虚，恒也；守中，笃也"，其在自然界里真正的含义是什么呢？对自然界的万事万物追究到极致的水平上，都是虚无的。

2. 原子结构的"致虚"与"守中"

再拿物质结构来说事。一个原子，有具体物质形态的原子核和电子，其体积只占整个原子体积的百亿分之一，其他部分都是空虚的。根据量子力学的观点，亚原子粒子，原子核当中的质子和中子的组成是夸克，可能是实际存在的粒子。但是，再细分，夸克振动的波形式的玄线或铉线（String）组成的。玄线不是具

105

体的物质粒子，而是振动的波。世界万物都会被细分到玄线的水平，这个水平就是"致虚"水平。因为"致虚"了，也就无限可分了。古希腊哲学家认为原子（atom 的含义就是不可分割）不可再分。结果后来的物理学发现了电子和原子核以及夸克。人们认为亚原子粒子不可再分了，于是又出来了"波粒二象性"和"弦线理论"。既然是波，那就可以再分下去，而且在原理上可以无限分割下去，这也与佛教里说的相一致了。按佛教的说法，若事物都无限分割下去就没有了区别，都空空如也。

3. 暗物质和暗能量的"致虚"与"守中"

另外，这个宇宙里，我们所能看到的山水、草木、土石、光线，所能听到的声音，所能测到的振动的波，所能感觉到的热能等等，合起来只占宇宙的不足5%，其他95%多的都是暗物质和暗能量。在我们现在的认识水平上，它们都是"致虚"的。不管是玄线也好，暗物质暗能量也好，都是永恒不变的。老子说，玄，众妙之门。实际上，人类以及人类发展至今的科学还没有入门，还没有进入这个"玄"的门。致虚水平上的"守中"是由道（自然规律）决定的。为了不要带负电荷的电子和原子核中带正电荷的质子撞在一起，它们之间必须拉开百亿倍的距离；为了不让电子跑掉，它们之间必须有个电磁力拴住它们。原子核中的许多质子都带正电荷，为了不让它们互相排斥而散开，需要有一个"强力"把它们紧紧地拴在一起。这就是自然规律的"守中"。只有这样，一个原子才能笃实稳定。这就是中庸之道的奥妙和伟大之处。

小　结

中庸之道是老子哲学中"道"的组成部分，而中庸思想是孔子思想和儒家哲学中的一个重要概念，属于老子哲学中"德"的范畴。不能把作为自然规律的中庸之道混同于思想教育上的中庸处事理念。老子《道德经》的许多章节是讲中庸之道的。譬如，以橐龠（风箱）做比喻的"多闻数穷，不如守中"，阐明事物矛盾方的"反也者，道之动；弱也者，道之用"等哲学论点，在自然界的方方面面都可以找到受其支配的事例。理解中庸之道不要局限于社会科学、意识形态、文明教化或思想教育上，更重要的是从科学的角度探讨，这样对科学研究会产生有利的启示。欧洲的科学进步在某种程度上受中国古典哲学的启示，而我们自己却没有迈进"玄"的众妙之门。

第六章

《易经》中的
中庸之道

引　言

作为中国最古老的经典之一，《易经》也是在世界范围内具有影响力的文献，为宗教、哲学、文学、艺术和科学提供了灵感。最初《易经》是西周时期（前 1000—前 750 年）的占卜手册，在战国时期和秦帝国初期（前 500—前 200 年），《易经》被演绎成带有一系列哲学评论的文本，也就是《十翼》。在公元前 2 世纪成为《五经》的一部分后，《易经》成为学术评论的主题，最终在西方对东方思想的理解中发挥了重要作用。对《易经》内容的解释一直进行无休止的讨论和辩论。数千年来，真正读懂《易经》的人不多，包括算命先生和风水大师，也是拿《易经》做门面。文人墨客也以引用《易经》为荣，有些人只是装门面，以示自己学问的深奥。道家、儒家和佛教都说他们接受了《易经》的启示。从周朝至今，利用《易经》谈论最多，也就是使用《易经》来论事的一直是占卜。一些称作大家的人物，如宋朝的朱熹，也在用《易经》占卜方面倾注了心力。这些都不在我们讨论的内容之中。本章要讲的是，《易经》从头到尾充满了中庸之道的思想。当然，《易经》要比中庸之道的提出或者《中庸》的成书早得多。也可以说中庸之道的理念来自《易经》。《易经》思想的初始版本是伏羲八卦，也是提醒人们做事要不偏不倚、至中至和。可能是因为当时语言和文字都不够发达，无法解释圣人的感性认识和理性思维。

1911 年的辛亥革命之后，《易经》不再是中国主流政治哲学的一部分，但它一直保持着文化影响力，成为中国最古老的哲学文本。然而，在这个阶段里，西方哲学家和科学家自觉或不自觉，直接或者间接地吸收了《易经》哲理的精华。德国莱布尼兹（Leibniz）把《易经》的理念应用到促成计算机科学的二进制中以及线性代数和逻辑等学科之中，并试图证明中国古代哲学曾预见到西方的发现。心理学家卡尔·荣格（Carl Jung）认为，《易经》的八卦图像可能对自然界事物存在和发展规律具有普遍的启示性，并用于讨论原型论和同步理论。《易经》对20世纪60年代的反主流文化和20世纪的文化人物，例如菲利普·迪克、约翰·凯奇、乔治·路易斯·博尔赫斯、特伦斯·麦肯纳和赫尔曼·黑森，都产生过重要的影响。

在本章里，笔者主要论述《易经》里的中庸之道理念对自然科学的启示，本章的一些联想和注解看起来有些滑稽或者牵强附会，实际上是自然界事物存在和发展规律的确切诠释。

● 第一节 ● 《易经》简介

一、"易"和"道"同样起源于远古社会

"易"的历史是悠远的，至少可上溯到数千年以前的伏羲氏"八卦易"，以后形成的《易》和《易经》。伏羲画八卦图时，已经有了语言，但是文字还不发达，所有用一横表示不变，一横断开表示变化、易动，用八卦给人们以警示。伏羲的时代没有确切的论断，有人说是八千年以前，至少也是五千年以前，应该和"道"的起源在差不多的年代。

二、"易"其字的象形和意义

"易"字是变化的意思，古代人们首先看到的变化是昼夜交替，所以造这个"易"字的时候就采用了上"日"下"月"的形式。意思是白昼黑夜变化交替。"易"字的象形和太极图（阴阳鱼）是高度吻合的，这并不是巧合，是双方都在表示阴阳交替，变化转化的哲理。至于有人说"易"字来自动物蜥蜴，是蜥蜴的象形字。这个说法是没有根据的。汉字的造字过程不是一天就造完的，是分先后的。"蜥蜴"先于"易"的可能性不大。再说当年初始造字的人是否见过蜥蜴都不确定。包括笔者在内，一些人说，"易"字是DNA双螺旋的象形字。这个说法更不可能，当成巧合的笑谈是可以的，虽然后来有人发现64卦与DNA中基因密码子的64个组合相吻合。

三、《易经》的作者及其相关书籍

《易》就是《易经》，包括《连山》《归藏》和《周易》。因为《连山》和《归藏》已失传，因此平时所说的《易经》就是《周易》。"易"的思想源于伏羲画

八卦，后来周文王姬昌根据伏羲八卦扩展出六十四卦，并且写了卦辞。但是，爻辞据说是周公姬旦（文王姬昌的第四子）写的。《周易》相传是依循周文王有关"易"的思想著述的，成书大约在西周时期。尽管起源于伏羲，其他人也参与了《周易》的撰写和成书，其作者为周文王姬昌是有道理的。但是孔子及其弟子撰写的《易传》不属于《易经》。《易传》对《周易》进行了主观的个人见解的注释，并不等同《周易》原文的真正内涵。

四、《易经》的沿革

最初伏羲画的八卦只是八个由连线和断线组成的符号。伏羲每天挂出一个符号，警示人们做事情，包括狩猎和农事，要注意某些事项。估计当时语言文字不那么发达，也只能让人们根据八卦符号来悟出其中的道理。后来周文王把两个伏羲卦合在一起，扩展出六十四卦（8^2=64）。伏羲八卦没有卦辞，一开始也不是用作占卜的。后来的周文王六十四卦被用于占卜，但是和现在的算命完全不是一回事。周易用于算命是后来的事情。汉代独尊儒术，把《易经》作为六经（《易经》《诗经》《书经》《礼记》《乐经》《春秋》）之首。曹魏时代的王弼根据孔子《易传》（十翼）的内容撰写了《周易注》。唐代编纂的《五经正义》里的《周易正义》采用了王弼的注释。宋代的朱熹撰写《周易本义》，把《易经》说成是占卜的答案，没有强调其丰富的哲学思想。元代以后教育和科举采用的四书五经，其解释都依据朱熹的注释。

109

五、伏羲八卦和文王六十四卦

伏羲八卦也叫先天八卦，乾（天，☰）、坤（地，☷）、震（雷，☳）、巽（风，☴）、坎（水，☵）、离（火，☲）、艮（山，☶）、兑（泽，☱）（图6-1上）。伏羲是个神话传说中的人物，他实际上是否存在过，历史学家和社会学家已经探讨了数千年了。我们这里只谈与自然科学有关的事情。当时伏羲仰观天上日月交替、风霜雨雪、电闪雷鸣，俯察地上刮风、起雾、飞鸟走兽、草木花卉、生老病死。伏羲根据天地间变化之理，画出了八卦，以八种简单却寓意深刻的符号来概括天地之间的万事万物。伏羲画八卦后被周文王注解演绎成六十四卦（图6-1下），也就是周易，流传于世。

图6-1 伏羲八卦（上）和文王六十四卦（下）

六、卦和爻以及卦辞和爻辞

八卦是基本卦，每个卦由 3 个爻组成；六十四卦是重卦，每个卦由 6 个爻组成，共有 384 个爻组成，有 386 条爻辞。不间断的一横（—）为阳爻，间断的（－－）为阴爻，都是由下向上画。爻辞是《易经》中六十四卦每卦爻题下所记文辞。每个爻都有个名字，最下面以"初"开头，最上面的以"上"开头。阳爻用"九"，阴爻用"六"。如，既济卦（䷾）爻名从下至上为初九、六二、九三、六四、九五、上六。现代计算机的二进制数学符号（0，1）就是受了八卦的阴阳二爻的启示而被提出的，其格式和原理完全一致。这绝不是偶然的。西方近代哲学家，数学家莱布尼兹说过，阴阳二爻是高度的概念符号，一切现象都可以用二者的组合变化来说明，但它必须与具体的存在物结合，以说明万物变化的复杂性。伏羲画八卦的时候还没有文字，还是结绳记事，当然就不会有爻辞。周文王演绎出六十四卦后，才有了爻辞。此处抄录六十四卦当中乾、坤、震、巽、坎、离、艮、兑八个重卦的爻辞。就其详细解释和其他卦爻，有兴趣者可以参考相关资料（https://so.gushiwen.org/guwen/book_6.aspx）。

乾卦 ䷀《乾（天）》：元亨，利贞。初九：潜龙勿用。九二：见龙在田，利见大人。九三：君子终日乾乾，夕惕若厉，无咎。九四：或跃在渊，无咎。九五：飞龙在天，利见大人。上九：亢龙有悔。用九：见群龙无首，吉。

坤卦 ䷁《坤（地）》：元亨，利牝马之贞。君子有攸往，先迷后得主，利；西南得朋，东北丧朋，安贞吉。初六：履霜，坚冰至。六二：直，方，大；不习，无不利。六三：含章，可贞。或从王事，无成有终。六四：括囊，无咎无誉。六五：黄裳，元吉。上六：龙战于野，其血玄黄。用六：利永贞。

震卦 ䷲《震（雷）》：亨。震来虩虩，笑言哑哑。震惊百里，不丧匕鬯。初九：震来虩虩，后笑言哑哑，吉。六二：震来厉，亿丧贝，跻于九陵，勿逐，七日得。六三：震苏苏，震行无眚。九四：震遂泥。六五：震往来厉，意无丧，有事。上六：震索索，视矍矍，征凶。震不于其躬，于其邻，无咎。婚媾有言。

巽卦 ䷸《巽（风）》：小亨，利有攸往，利见大人。初六：进退，利武人之贞。九二：巽在床下，用史巫纷若吉，无咎。九三：频巽，吝。六四：悔亡，田获三品。九五：贞吉悔亡，无不利。无初有终，先庚三日，后庚三日，吉。上九：巽在床下，丧其资斧，贞凶。

离卦 ䷝《离（火）》：利贞，亨。畜牝牛，吉。初九：履错然，敬之无咎。六二：黄离，元吉。九三：日昃之离，不鼓缶而歌，则大耋之嗟，凶。九四：突如其来如，焚如，死如，弃如。六五：出涕沱若，戚嗟若，吉。上九：王用出征，有嘉折首，获匪其丑，无咎。

坎卦 ䷜《坎（水）》：有孚，维心亨，行有尚。初六：习坎，入于坎窞，凶。九二：坎有险，求小得。六三：来之坎，坎险且枕，入于坎窞，勿用。六四：樽酒簋贰，用缶，纳约自牖，终无咎。九五：坎不盈，祗既平，无咎。上六：系用徽纆，寘于丛棘，三岁不得，凶。

艮卦 ䷳《艮（山）》：艮其背，不获其身，行其庭，不见其人，无咎。初六：艮其趾，无咎，利永贞。六二：艮其腓，不拯其随，其心不快。九三：艮其限，列其夤，厉薰心。六四：艮其身，无咎。六五：艮其辅，言有序，悔亡。上九：敦艮，吉。

兑卦 ䷹《兑（泽）》：亨，利贞。初九：和兑，吉。九二：孚兑，吉，悔亡。六三：来兑，凶。九四：商兑，未宁，介疾有喜。九五：孚于剥，有厉。上六：引兑。

● 第二节 ● 《易经》中的中庸之道

一、卦符——阴阳，中庸之道

1. 卦符和卦爻的意义

《易经》卦符是模拟宇宙中各个事物内部的微观结构的万能模型，以静态结构模拟各种事物内部结构，而爻的变化模拟事物内部状态变化过程。古人无法观测事物内部结构的变化，所以只能从事物外部状态和表象的变化，根据某种感知去推测内部结构和本质的改变。那么，就古人的智慧，有可能吗？这就像蚂蚁、蜻蜓和蛇可以预报天气一样。暴雨来临之前蚂蚁要搬家。那么，那些小蚂蚁有那么高的智慧吗？回答是蚂蚁有蚂蚁的智慧，有人类不具有的智慧。古人也是一样，他们脑子里的现代科技信息、文化信息、人际交往信息少，和大自然接触多，感知大自然的能力不受那么多乌七八糟的信息的影响。他们认识到，宇宙中任何独立的个体之所以能够存在变化和发展，就是因为其内部总是存在着"阴"和"阳"，即矛盾的两方面，还有一个中间的中庸因素使得"阴"和"阳"达成平衡状态。他们就用三根爻组成一个卦符，上下为阴阳，中间为中庸之道的中庸因素，构成了一个"三位一体"的卦符。如离卦☲，代表火，用现代术语是能量。一个物体和生命体的能量代谢用变化的爻（－－）表示，在事物的内部，它必须遵循上下与阴阳有关的不变的规律。又如坎卦☵，表示水，上下不同意义的水，天上的雨水、地上的江河湖泊和地下水，它们是随时随地变化着的。但是，中间有一个平衡这两者的不变的规律，如自然生态规律。否则就会暴雨成灾，江河泛滥。再看看水分子结构，H-O-H，多么像坎卦符。兑卦☱表示泽，地上有水，是可变的（－－），地下的地质因素是不可变的（一），中间的中庸因素偏向于不可变的地质因素，所以水不能从地表渗入地下，形成沼泽。

2. 阴阳鱼太极图的含义

另外，形象地代表阴阳的符号是太极图，不但形象而且有动感。在现代科学家的眼里，它既互相吸引，又不能融合成一体，又像量子力学里说的两个纠缠在一起的量子。再拿氢原子为例，氢原子是构成宇宙的最简单、最普遍、最众多、最长寿命的基本物质粒子。氢原子由一个带负电荷电子（e）和由一个质子（p^+）构成的原子核组成。氢原子核的半径是 0.84×10^{-15} 米，而氢原子的半径（玻尔半径）是 0.529×10^{-10} 米，即它与电子之间的距离是它本身半径的 62 976 倍。如果把氢原子比作地球大小，氢原子核就像在地心上的乒乓球，而电子（半径是 0.28×10^{-16} 米，原子核半径的 1/30）就像地球表面漂浮尘埃。它们之间大小差距那么大，距离那么远，又是构成宇宙最基本的元素，那么什么力量维系着它们之间的平衡呢？这就是中庸之道。这个中庸因素就是电磁力，也叫洛伦兹力（Lorentz force）。计算方程为 $F=q(E+vB)$，其中 q 是带电粒子的电荷量，E 是电场强度，v 是带电粒子的速度，B 是磁感应强度。而 112 号元素的镉的质子和电子各 112 个，原子核中还有不带电的有 173 个和质子大小相仿的中子。质子带正电，本来理应互相排斥的，但是被压缩在那么小的范围之内，需要一个强大的力量，这个力就是强作用力（strong nuclear force）。它和所有质子的电磁力相反，大小相等，不能让质子分开，也不能把它们压扁到一起, 必须是确切的"中庸"。这也是老子说的"反也者，道之动"。虽然镉原子核的质子和中子合起来是氢原子核的 285 倍，但是原子核与氢原子核的大小接近还有 173 个和质子大小相仿的中子（半径 0.8×10^{-15} 米，体积 2.1×10^{-45} 立方米），镉的原子体积只是大约为氢原子的 2 倍。那么多电子要按规则背负，那么多质子和中子要紧密地抱在怀里, 没有"中庸之道"怎么可以啊。所以有人把中庸之道理解为和稀泥，折中调和，那是错误的，那就不是"道"了。镉原子的那么多电子、质子和中子，和稀泥的话，会成什么样子呢？这个洛伦兹力的大小不能让电子脱离原子核，还必须尽量地弱，不能让电子飞向原子核。这也是老子说的"弱也者，道之用"。

113

3. 虽有阴阳平衡，原子中空如"冲"

再以氢原子为例说明，原子的中空如"冲"（离开海岸的深渊）。氢原子由被单个电子环绕的单个质子组成。氢原子有多大？氢原子的半径称为玻尔半径，它等于 0.529×10^{-10} 米。这意味着氢原子的体积约为 6.2×10^{-31} 立方米。氢原子中心的质子的半径约为 0.84×10^{-15} 米，所以质子的体积约为 2.5×10^{-45} 立方米。我们做一下数学运算，看看氢原子体积里面有多少空白空间。电子的半径是 0.28×10^{-16} 米，体积是 0.94×10^{-49} 立方米，比质子小数千倍。由一个质子 p 和一个负电子 (e) 所组成的氢原子 H 是构成我们宇宙中的任何物质、物体和事物的元件和基石。现今宇宙中任何复杂的物体都是由最简单的许多氢原子所结合成的元素和化合物等层层结合而成，所以复杂来源于简单。最简单的氢原子 H 的结构是一对 e^- 和 e^+ 所组成的对立统一体依附在巨大的中心体质子 p 上。

4. 卦是智慧的模型

八卦其实是对万事万物的一个简单而又有智慧的结构模型。构成这个简单模型的三根支柱，即阴、阳、"中间体"，三者是宇宙中任何一个独立存在的个体所必须具备的。八卦就是将复杂的事物的内部结构及其变化规律简化为卦的形式和变化规则加以推演，以预测事物的变化发展趋向。而八卦的形式和变化规则是中国的先哲们伏羲、周公、周文王和孔子所规定和阐述的。世界是由物质构成的，而物质是有结构的。一切现象都是物质活动和变化的表现。八卦就是用爻的排列组合和变更去类比事物内部的结构形式和实质的变化的。宇宙中一个最简单的实体为空间实体，内部结构必须至少有三个支柱支撑，以保持其独立存在的平衡稳定状态。

二、易道和中庸之道以及两者之间的关系

易道就是认识把握损益之道，以达到顺天地之法的理论。易道把天道、地道、人道加以对象化、符号化、系统化、整体化、关系化、理想化。易道囊括了天道阴与阳、地道柔与刚、人道上与下。易道的观点之一就是"事物都是发展变化的"。既然是发展变化的，那么就会有一个过程。既然有一个过程，那么就有不同的阶段。一般有初始阶段、快速启动阶段、中前阶段、中后阶段、后期阶段和最后阶段。这六个阶段正好与每个卦的六个爻辞相吻合。譬如，乾卦的卦名是"乾"。卦辞是"元亨利贞"。爻辞是，初九：潜龙勿用。九二：见龙在田，利见大人。九三：君子终日乾乾，夕惕若厉，无咎。九四：或跃在渊，无咎。九五：飞龙在天，利见大人。上九：亢龙有悔。初九的"潜龙勿用"就是"不及"，上九的"亢龙有悔"就是"有过之"。九二、九三、九四、九五是在中庸范围之内。这个范围之内存在着中庸点。每个事或物的特点不同，中庸点也不同。中庸点不一定是在正中间，当然有些事物的中庸点也可能在正中间。譬如，水平尺上的水银珠只有在正中间的时候尺子才是水平的。但是大多数事物的中庸点不是正中间。

三、中庸之道与中庸思想的不同

中庸之道是客观事物存在和发展的规律，是不以人们的意志而转移的自然规律。它与平时所说的中庸思想不是一回事。《中庸》第一句就说，"天命之，谓性；率性之，谓道；修道之，谓教"。此处的"道"就是中庸之道或者包括中庸之道，它是"率性"的，支配客观存在的规律，不受人类意志的干扰。也就是说，人类还没有进化出来的时候，中庸之道就存在。孔子及其以后的儒学大家通过写《易传》和对《易经》和《中庸》进行注释，修改了《易经》的中庸之道，把中庸之道变成了中庸思想。孔子的中庸思想也就是《中庸》里所说的"修道之，谓教"，不是"道"而是"教化"。中庸思想是孔子提倡的提高基本道德素质的一整套理论与方法，也就是一种处世哲学。其内容包括主题思想、理论基础、具体内容、主要原则、检验标准、知行方法、重要途径等方面的内容。中庸思想的主题思想是修身养性，理论基础是天地人合一。中庸思想的具体内容包括五达道、三达德、九经。中庸思想的主要原则是慎独自修、忠恕宽容和至诚尽性。中庸思想的检验标准包括：①抽象标准：不偏不倚、无过无不及的中和；②具体标准：至善、至仁、至诚、至德、至道、至圣等内容。中庸思想的知行方法：博学、审问、慎思、明辨、笃行，达道、达德、达孝以及隐恶扬善、

执两用中。学习中庸思想的主要途径是陶冶情操及学习规范品德的礼教。

四、易道与中庸之道的异同

　　《易经》里的中庸之道被孔子等儒家修改成了中庸思想。原汁原味的易经里的易道与中庸之道有许多相同之点。易道的天道、地道、人道启示人们遵循自然规律，应对人际关系规律、地际关系规律、人天关系规律、人地关系规律、人时关系规律、人神关系规律，达到天地人合一的中庸境界。中庸之道的天道、地道、人道合一的原则启示人们如何创造"致中和，天地位焉，万物育焉"的美好境界。正如《中庸》里所讲的人类要"上律天时，下袭水土""万物并育而不相害，道并行而不相悖"。易道与中庸之道都是一致的，但是易道和中庸思想有很大的差异。易道启示人们达到美好和谐境界，依赖的是遵循自然规律一道；中庸思想告诫人们达到美好和谐境界，依赖的是自我修养，也就是中庸思想的教化。易道和中庸之道只能启示人们，不能警告，因为他们是不以人类存在而存在的规律，它没有目的。如果说它对人类有目的，那么人类还没有进化出来的远古时代，中庸之道就不存在了吗？中庸思想是人类根据中庸之道发展的思想方法，是有目的的，伴随人类发展的，其目的就是让人类过上幸福和谐的生活。当然，孔子及其后世儒家修饰了的易道就和中庸思想比较接近了，原因是他们让它们接近的。实际上的易道和中庸之道是不能改变的，不能修改的，只能去"悟道"，然后去"修道"。这里的"修道"不是修改道，而是根据道去修改自己，调教自己。

115

● 第三节 ● 《易经》中庸之道对自然科学的启示

一、伏羲八卦对农业科技的启示

　　伏羲八卦土，乾南坤北，坎西离东，震东北而巽西南，艮西北而兑东南。乾南坤北也就是天南地北；坎西离东也就是西水东流，河流源于西东流入海；雷起于东北，暖风来自西南，一般是刮东风才会打雷下雨，西南风是干燥的风；山西北而泽东南。这些都和中原的地理位置和气候变化十分吻合，是典型的大陆型气候与自然环境。对农业来说，这些都是非常重要的自然因素。伏羲画卦的时候还没有文字，当然语言也不可能发达。伏羲根据那个时代所观察到的天文地理和直觉感知，挂出一个符号来警示人们，以便应对各种环境。当然这些卦符对农事、狩猎、家事、健康、外出等活动的启示内容各有所不同。人们只能根据挂图自己去"悟道"，发挥自己的想象力，悟出什么道理也是因人而异的。这里我们只讨论伏羲八卦对农业的启示。

1. 乾卦（天）☰

乾卦指的是天规，三个爻都是不变的，也就是天规不能违背。春夏秋冬，寒暑冷暖，春播夏作，秋收冬藏，年复一年，是不变的。昼夜交替，日出而作，日落而息，是不变的。现代农业实践没有充分遵守自然规律，过量使用化肥、农药、激素、石油、塑料、对环境带来各种负面影响。主要不良后果及问题的解决措施如下。

(1) **气候变化**：农业与气候变化具有互惠关系。气候变化通过降水量和温度变化影响农业生产。不良的农业措施会加剧气候恶化。譬如，农业释放甲烷、一氧化二氮和二氧化碳等温室气体引起气候恶化。来自农药和化肥的磷、硝酸盐和氨等化合物影响空气质量，继而影响农产品质量和人类的健康。

(2) **环境污染**：现代农业大量使用化肥、农药、土壤改良剂，污染土壤，再从土壤流入环境，对更多的野生动物和人造成不利影响。

(3) **土壤退化**：土壤中的生物多种多样，数量庞大。健康的土壤对生产安全的农产品至关重要。尽管农业不是造成土壤退化的唯一原因，但是不良耕作方式引起的农药污染、涝渍盐渍、水风侵蚀会导致土壤质量下降，导致土壤肥力和结构的恶化。

(4) **森林消失**：砍伐森林，破坏草原，寻求增加农牧业生产规模，结果加剧了气候恶化，如降水量下降，破坏生物物种栖息地，导致生物资源的枯竭。

(5) **问题的解决措施**：我们应遵循作为天规的自然法则，发展可持续性生态农业，保护环境和生物多样性，以减少农业的对环境的负面影响。

2. 坤卦（地）☷

天规不可变，但是地可以变。所以坤卦（地）的三条横线一穿到底——土壤的形成和进化就是一个变化的过程。多种因素在促使土壤形成、进化和培肥。植物的根系，穿地三尺，落叶残根培肥土壤；动物的活动疏松土壤，粪便培肥土壤；微生物分解土壤有机质，促进土壤团粒结构的形成。这些植物和动物的活动不但疏松和培肥土壤，而且为土壤输送氧气，促进土壤生物多样性的形成。

(1) **间作多年生深根系禾本科草**：现代农业造成土壤板结，盐碱度增加，重金属含量超标。改良措施中效果最好的就是种植或间作多年生深根系禾本科草，让草的根系穿松土壤，新陈代谢的根系留下有机质和毛细管通道，致使土壤通气度和团粒结构得到改善。这样一来，盐分和重金属就会通过发达的毛细管和土壤团粒空隙流入底层。但是，机械化深层耕翻是违背天规的，结果是搅乱土层，使有机质进入厌氧的深层而产生有害物质，切断毛细管，土壤难以保墒。

(2) **树木晃开根**：树冠长到一定的大小，刮风晃动树根，使每条根系周围产生空隙，有利于氧气进入土壤，从而促进根系活性，加快树木生长。这就是老农说的"晃开根了，进入快速生长期"。很多人，甚至一些技术人员也不理解为什么树木的快速生长与"晃开根"有关。所以，在树木长到一定大小的时候，振动其树干，使根系周围产生空隙，同样可以促进树木的生长。

(3) **施用有机质，促进生物多样性**：能像坤卦符号那样，穿地三尺，疏松培肥土壤的不仅是植物的根系，还有类似蚯蚓的土壤动物以及各种各样的微生物。促进土壤生物多样性的措施之一就是施用有机质。秸秆覆盖，堆肥化还田都是增加土壤有机质的措施。但是，未腐熟的有机质施入土壤会造成土壤厌氧，对作物的生产和土壤的改善是有害的。

(4) **七遍高粱八遍谷，九遍黍子饿死猪**：高粱的生长季节中锄地七遍，谷子八遍，黍子九遍，不但产量高而且子实饱满，糠少。猪是吃糠的，没有糠就会"饿死猪"。这是一种形容和夸大，表述夏季中耕锄地的重要性。为什么呢？因为在没有化肥的时代，利用有机肥或者不施肥种植作物的情况下，必须多次松土，使氧气进入土壤，促使微生物活动，使土壤有机质里含有的养分无机化、有效化。农民有一句话说，"不在别人地里栽锄"。"栽锄"就是中耕劳作休息的时候，要刨个坑，把锄头竖起来，以免烈日曝晒，锄柄烫手。刨这个坑当然就是深中耕，有好处，所以在自己地里栽锄。还有一个说法就是"锄头上有水，锄头上有火"。中耕锄地可以切断土壤表层的毛细管，减少土壤水分的表面蒸发而达到保墒的目的。即使干旱的时候，扒开表层的粉土，可以看见下面是湿润的。在土壤过湿的时候，锄地可以扩大土壤表层的蒸发面积，使过量的水分快速蒸发。但是，水分蒸发到一定的程度必须再次锄地，并打碎表层土块，形成表面粉土层，以达到保墒的目的。所以，在保墒和晾地之间中庸之道在起作用。中耕锄地往往被认为是除草，而除草是次要的，改善土壤状态是重要的，这就是农夫为什么那么辛苦地要"锄禾日当午"的原因。耕地以外还有耙地、糖地——就是为了保墒而使土表形成粉末状土层。这些农事操作和坤卦图形十分吻合，挖地三尺，耕、锄、耘、耙、糖，使土壤变、变、再变，变得有利于作物生长。

3. 震卦（雷）☳

这个震卦是和雷雨有关的。当然雷雨是和农业有关的。雷可以电解空气中大量存在的氮气，生成氧化氮，然后溶解于雨水。所以，雷雨为作物提供的不仅是水分，而且还有氮素养分。在没有化肥和缺乏有机肥的古代，雷雨带来的氮素营养对农业是相当重要的。但是，今天的现代农业，土壤氮素营养过剩，加上空气污染物的过量，雷雨反而给环境和农业带来酸雨危害。那么，在这个问题上，中庸之道就起了重要的作用。人们要遵循天规，减少空气污染，限制土壤氮素化肥的施用。以上讲的是狭义上的"雷"，广义上或哲理上的"雷"是违背天规致使能量失衡的爆发。

4. 巽卦（风）☴

"西风旱晴东风雨"，农民对风和风向是非常关注的。翌日是否下雨，农民会根据风向、空气湿度、晚霞的状态、动物的行动做出相当准确的判断。当然，科学意义上，作为空气流动的风，其意义更加重要。这是风对农业里的种植业的重要性，当然，对渔业和航运的重要性更大。从卦符的形状看，上面两个爻不变，也就是天规不变，只有下面一个爻变。一般说来风的影响是暂时的、不改变天象地貌和气候环境。

5. 坎卦（水）☵

(1) 天上的雨水和地下的蓄水：水对农业是至关重要的，是农业的命脉。那么坎卦卦符图形对农业上的水有什么启示呢？中间一个爻不变，上边和下边是可变的，代表水的存在。从大的环境看，有天上的雨水、地上或地下的蓄水。按照中间不变的规律平衡天的雨水和地的蓄水之间的关系，是中庸之道的作用所在。雨水多，要利用地上的植被，包括森林草原、水库、河流、湖泊，把它储存起来；雨水少的时候要充分利用地下蓄水。

(2) 土壤毛细管水：以上讲的是大环境的水，正如坎卦图形所示，分上水和下水。作为土壤本身的土体也有上水和下水之分。也就是地表灌水或雨水为上水，土壤深层的蓄水为下水。处理好这两者的关系，也有中庸之道的原理所在。上个段落里讲坤卦的时候也讲到，干旱的时候，一定要划锄，切断土表毛细管，防止地表蒸发。这叫"锄头上有水"。而后要压实，让下层土壤毛细管衔接，以便深层土壤水分顺着毛细管上移。这叫"牛脚坑里出水"。因为农夫往往会在清晨发现牛脚坑里是湿润的。所以，以往的农事操作中有播种后镇压，土法叫"踩垄子"。就是用两只脚踩实播种后的两道垄沟。尤其是灌浆期，如果能打破土表硬块，保持粉土层的存在，使土壤毛细管能够上升，而且土壤通气好，根系活力大。这对小麦灌浆非常有利。相反，如果灌溉方式不当，地下冷水一水灌下，土壤团粒结构不好，冷水充满了土壤空隙，造成土壤厌氧，本来就老化的根系开始腐烂，失去活力。这样的灌溉很可能造成减产。所以，土体的上水和下水（深层毛细管水）之间中庸点是相当重要的。农民们在长期的农事历史中"悟道"，总结出了很多有效的农事操作技能和措施。虽然今天的农业进入了现代化，这些"道"还是不能忘记，而且应该发扬光大。

6. 离卦（火）☲

对原始社会的人们来说，火包含多层意义。不单单是烧饭取暖，还包括安全防御、指路照明、类似烽火的危机信号传递等。还有，医疗上的"上火"和"去火"，情绪上的"发火"，火红运气的"火"。金木水火土五行里的火自古以来就包含能量代谢。这里只讲与农业有关的能量代谢的"火"。

(1) 土壤是有生命的：一茶匙湿润肥沃的土壤中，作为单细胞生命体的微生物总数达十亿。它们默默地分解枯死的植物材料和有机废物，为植物释放营养。就像离卦符号所显示，两个不变的爻夹着一万个万变的生命体。

(2) 土壤的能量代谢：土壤微生物分解相当于 1 摩尔（180 克）葡萄糖的有机质可以产生 38 万卡的生物能量。每千卡的生物能量是 1.16 千瓦小时（相当 1 度电）。那么 380 千卡的能量相当于 441.9 千瓦小时。如果用 1 千瓦的电炉子烧水，可以连续烧 442 小时。能烧开多少水呢？所以，一位美国土壤学家说过，土壤的能量代谢，如果换算成热量，就像铸铁炉一样。那么为什么手摸着土壤不烫手呢？因为那是生物能量代谢。就像我们自己的身体，其能量代谢不论多少，体温不会超过37度（除非特殊情况）。就像离卦符号显示的那样，这些巨大的能量（火）是包含在生命体里面的。

7. 艮卦（山）☶

如卦符所示，艮卦的上面是不变的阳爻，是天规。山上可以种树，山麓可以种地。但是不能违背天规去破坏山体生态。相传有一个村庄，山上原来茂密的森林被砍光。一个夏季夜晚暴雨过后，这个村庄连人带房子都被淹没在泥石流之下。原因是破坏了那最上面的一条天规，造成山体塌方，泥沙成流。山（☶）不是地（☷），那最上面的一道天规一定要守住。

8. 兑卦（泽）☱

如果把卦符上面的阴爻看成水，下面不变的两个阳爻就代表沼泽的状态，水不能下渗排出，积于地表形成沼泽。广义上，沼泽就是湿地。沼泽不是荒地，含有丰富的生物资源。沼泽是天然的大水库，通过水面蒸发和植物的蒸腾作用，增加大气湿度，调节降雨，有利于森林和农作物生长，促进农、林、牧业的发展，同时对人体健康也有良好作用。也就是说，沼泽在保持地区生态平衡等方面，具有重要意义。我们不能盲目开垦沼泽，也不能从事污染型的各类养殖。应根据沼泽类型和分布地区的特点，合理开发利用与保护相结合。

119

二、乾卦启示的自然规律——中庸之道

这里不打算全面讲述文王六十四卦，只是挑选一个乾卦，来说明易经中的中庸之道与自然现象的关系及其对自然科学的启示。

1. 生长曲线

生长曲线不仅是生物生长变化的曲线，世间很多事物的发展都遵循这个规律。生长曲线也叫 S 形曲线，如图 6-2 所示，它的原型就是横轴以 0 为中心，纵轴以 0.5 为中心折叠对称图形。放在具体生物或者事物上，就不是这种标准曲线了。这个图形也很像上三爻加下三爻的乾卦符号。现在列举几个例子。

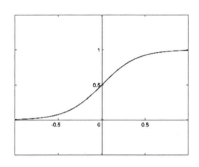

图6-2　S形生长曲线标准原型

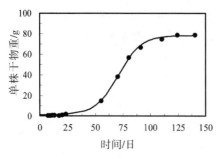

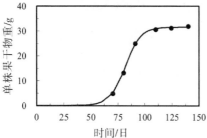

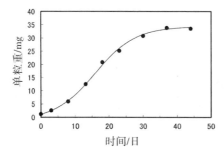

图6-3 花生的单株生长曲线（上）和荚果增重曲线（中）以及小麦的子实灌浆曲线（下）

(1) 植物干物重增重曲线

图 6-3 是花生的单株生长曲线（上）和荚果增重曲线（中）以及小麦的子实灌浆曲线（下），形状都是 S 形，曲线公式为 $G = G_M e^{-\alpha(t-\tau)^{-1}} - G_O(1-\beta(t-\tau))$。公式中的 G_M 为干物重的最大增加量；G_O 为植物的原始生物量，如试验处理一开始的种子或苗子的生物量；α 是和生物量的指数增加有关数学常数，与曲线所示快速增加有关；β 是与由于非自身因素造成的原始生物量减损有关的数学常数；τ 为生物量的增加达到最大增量（G_M）的 50% 时的时间点（日数）；t 是时间（日数），也就是函数自变量。图 5-1 所示曲线的参数列于表 6-1。结果表明出苗 94.5 天的时候，单株总干物重增加值最大值 77.5 克的一半（38.75 克），花生子实在 83.5 天的时候达到最大生物量 31.5 克的一半 15.75 克。而小麦灌浆期的子实生物量在开花后 16.5 天的时候达到最大增加量 35.2 毫克的一半 17.6 毫克。不管是花生还是小麦 α 的值越大，曲线的陡度越大。

表6-1 图6-3所示三个生长曲线方程的参数

项目	G_M	G_O	G_τ	τ	α	β
花生单株	77.50	1.10	38.75	94.5	0.094	0.002 13
花生荚果	31.50	0.10	16.75	83.5	0.138	0.002 32
小麦子实	35.20	1.15	17.60	16.5	0.162	0.006 81

注：小麦单粒子实生物量的单位为毫克（mg）

(2) 植物生物量增加曲线中乾卦的卦辞和爻辞

《乾（天）》的卦辞和爻辞：元亨利贞。初九：潜龙勿用。九二：见龙在田，利见大人。九三：君子终日乾乾，夕惕若厉，无咎。九四：或跃在渊，无咎。九五：飞龙在天，利见大人。上九：亢龙有悔。用九：见群龙无首，吉。

　　乾卦卦辞的解释："乾，元亨利贞"是乾卦的卦辞，一字一义，代表乾卦的四种基本性质。"元"的意思是"大""始""义""善"；引申为"春"。这里我们在讲植物的生长这个自然现象，不是社会学和人文学的事情，所以舍去"大""义""善"，而取"始"和"春"，也就是植物在春天开始生长了，也就是生长曲线的缓慢上升的部分。"亨"的意思是"通"所以又有亨通之说。引申为嘉会、夏天。各种生物在夏季共同分享着大自然的恩惠，快速生长。也就是曲线坡度增加一直到生物量达到最大量的一半的时候，时间点为 τ 的时候。"利"的意思为"美利"，引申为"义和"，时间为秋天。就是曲线从时间为 τ 点，生物量为最大量一半，曲线坡度下降，开始弯曲的时候。这个时间段，植物快速生长，丰收在望的秋天，子实和果实美不胜收，当然对谁都有"利"与"和"。"贞"的意思为"正"，引义为"干练"，时间为冬天。临近冬天了，植物生长就要结束了，硕果累累，刚正干练。曲线最后上升平缓或者不怎么上升的那一段。

　　乾卦六爻在生长曲线上的划分：如6-4所示，以横轴时间变量的 τ 点的1/2最大增加量为中点，下面为初九，九二和九三三个爻；上面为九四、九五和上九。初九的范围是从 G_0 至 $e^{-1}G\tau$（$\approx 0.368G\tau$）；九二的范围是从 $e^{-1}G\tau \approx$ 至 $(1-e^{-1})G\tau$（$\approx 0.632\,G\tau$）；九三的范围是从 $(1-e^{-1})G\tau$ 至 $G\tau$；九四是从 $G\tau$ 向上推进 $e^{-1}G\tau$ 的范围；九五是从九四向上推进至 $(G\tau+(1-e^{-1})G\tau)$；上九是最上端直至 G_M。以上所说的每个量要加上 $G_0(1-\beta t)$ 这一部分。九五：飞龙在天，利见大人。生长处在快速生长的最后一个阶段，就像飞龙在天一样。利见大人的意思和九二时的一样，这时候的量距离最大生长量 G_M 还有 $e^{-1}G\tau$ 的距离，离 $G\tau$ 的距离是 $(1-e^{-1})G\tau$。也就是又遇见了自然规律因子 e^{-1} 和 $(1-e^{-1})$ 这两位大人。上九：亢龙有悔。已经生长到这个程度了，不能出大问题。如果出问题，虽然不会是留不下种子，但是不该的损失也是令人后悔的。有些生长曲线就是在这个地方开始下降的。例如，施肥量与产量的关系。因施肥量过多，引起作物倒伏，诱发病害，结果是减产。那就是亢龙有悔。又如，中药连翘的荚果里连翘苷的含量，随成熟期而增加，但是在果实成熟期间刚过一半的时候，连翘苷

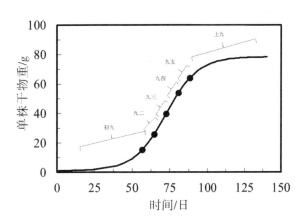

图6-4　生长曲线里的卦爻区域分割

的含量开始下降。中药茵陈的有效成分也是这样，因此有"三月茵陈，四月蒿，五月砍了当柴烧"。这都是亢龙有悔的典型的例子。

乾卦爻辞的解释：初九：潜龙勿用。隐喻事物在发展之初，虽然势头较好，但是比较弱小，要小心谨慎，不要张扬，应低调行事。在植物生长的初始，幼苗还很弱小，即使长势好，也不能过早地开花结果，否则会影响以后的生长。此处我们讲的是花生，花生出苗后，有的品种子叶节的地方往往会很早地开两朵花，结两个小果实。这样就违背了"潜龙勿用"的规则，出现两个不好地后果：果实成熟过程争夺了幼苗生长的养分（碳水化合物），过早成熟的两个果实容易腐烂掉，繁殖黄曲霉，污染大多数后来形成的果实。九二：见龙在田，利见大人。曲线上的九二区域是生物量开始快速直线上升的阶段，符合见龙在田，大显身手，显示植物生长速度的阶段。利见大人有两种含义。一是表现的有大人风范。那么植物开始直线快速生长，当然是有风范的。二是出现重要人物，得到赏识和协助。这里是自然现象的植物生长，只有重要因素，没有人物的大人。这里的大人就是自然变化规律中的因子 e^{-1}。九三：君子终日乾乾，夕惕若厉，无咎。终日乾乾是指整天自强不息，勤奋努力。这与这个时期的快速生长是吻合的。夕惕若厉的意思是朝夕戒惧，如临危境，不敢稍懈。不管是花生的荚果还是小麦灌浆期的子实，生物量还不到最大量的二分之一，如果出现问题，种子是不能发芽，不能留下后代。虽然"终日乾乾"，但是必须谨慎。"咎"有两个意思，一是"过错"，二是"惩罚"。如果这个时期出了问题，病虫害，冰雹等灾害导致植物生长终结，那就是"咎"。如果不出问题，那就是"无咎"。九四：或跃在渊，无咎。卦爻的意思是龙或跃上天空，或停留在深渊，表示只要根据形势的需要而进退，就不会有错误。对植物生长来说，不管是花生果实还是小麦子实，生物量已经超过最大量的一半。如果风调雨顺，风和日丽，雨滋露润，子实可以像龙跃天空那样达到最大生物量；如果出现灾害，像龙卧深渊一样，保守对应，也能留下发芽的种子，所以"无咎"。

2. 亢龙有悔——中庸之道支配的典型现象

乾卦上九的爻辞是"亢龙有悔"。事物发展到最高点的时候，虽然不是所有，但是往往会出现向相反的方向转变的现象，也就是平时说的"物极必反"。这里仅举两个例子，再以生长曲线进行分析。

(1) 连翘苷含量随荚果成熟期的变化

中药连翘的主要活性成分是连翘苷。连翘荚果含有的连翘苷的浓度先是随成熟期的推进而增加，在荚果成熟中期达到高峰，随之开始下降（图6-5）。连翘早春先叶开花，且花期长、花量多，满枝金黄，往往会错认为迎春花。药用连翘分青翘、黄翘两种。青翘在9月上旬，果皮呈青色尚未成熟时采收，黄翘在10月上旬以后果实熟透变黄，果壳裂开时采收。如图6-5所示，青翘富含连翘苷、黄翘的连翘苷含量低，但是种子含油率高，达25%~33%，是绝缘油漆和化妆品的原料。图6-5左的曲线方程是S形曲线，整个曲线的变化趋势与乾卦的卦辞以及六个爻辞相吻合。但是，上九的爻辞是"亢龙有悔"，意思是有些事物在发展到顶点时，往往会出现向反向变化的趋势。连翘苷含量随荚果成熟期的变化就是一个典型的"亢龙有悔"的例子。如果不出现"有悔"现象，连翘苷含量这个"亢龙"的发展趋势应该是左图的实现。然而，这个"亢龙有悔"了，模型曲线就变成了图6-5右的实现。左图实线的"龙"函数的模型公式是 $C = \frac{C_M}{1+\mathrm{e}^{-\alpha(t-\tau)}} + C_B(1-\beta(t-\tau))$，实测公式是 $C' = \frac{2.1}{1+\mathrm{e}^{-0.0518(t-62.5)}} + 0.7(1-0.00093(t-\tau))$。"亢龙有悔"曲线，即连翘苷浓度达到高峰又下降的曲线的模型方程为 C-C'。C' 的实测公式为 $C' = \frac{2.1}{1+\mathrm{e}^{-0.0496(t-190.5)}}$。也就是两个函数公式相减。我们给这种利用两个函数相减来表示钟形曲线的方法叫"亢龙有悔"函数，或者简称"有悔"函数。前半曲线函数 C(t) 中，τ = 62.5（日），说明在开花62.5日时，连翘苷浓度达到最大增加值的一半。后半曲线函数 C'(t) 中，τ' = 190.5（日），说明在开花后190.5日时，连翘苷浓度讲到了最大增加值的一半。这样一来，连翘荚果的收获时期范围就知道了，也就说采收应该从开花后62.5日开始至开花后190.5日的这段时间里进行。我们给它起个名字叫收获期中庸区间。当然在连翘苷浓度达到最大值时采收最佳。但是，在考虑到气候条件，产量等因素的基础上，在收获期中庸区间收获是可以的。

如果亢龙有悔函数的图形对称的话，可以用正态分布公式或者用自变量平方的自然指数函数。即 $C = C_M \exp(-\alpha(t-\tau)^2) + C_B(1-\beta(t-\tau)^2)$。公式中的 exp 是自然指数，后面括号内的部分相当于自然指数底数 e 的幂次；这里的 τ 和上述生长曲线公式里的不一样 τ，是浓度达到最高值时的时间。

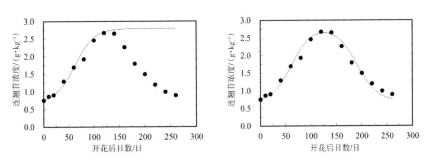

图6-5　荚果成熟期间连翘苷含量的变化（实线：模型曲线；黑圆圈：实测数据）

(2) 亢龙有悔——产量与施肥量的关系

图6-6是日本（左）、美国（中）和印度（右）的稻米产量随氮素施肥增加而变化的曲线。这三个地方，虽然最大产量有所不同，但是随着氮素施肥的增加，稻米产量都增加。但是当施肥量超过某一水平的时候，产量开始下降。这就是所谓的"亢龙有悔"现象。然而，适宜的施肥量，即中庸施肥量也存在，其数

值依据这些区域的最大产量和无施肥产量而不同。途中的黑圆圈是实测数据，实线是生长曲线，虚线是"亢龙有悔"曲线。生长曲线的产量（Y）模型公式为

$$Y = \frac{Y_M}{1+e^{-\alpha(f-F)}} + Y_B(1-\beta(f-F))。$$

Y_M 为最大产量增加量，Y_B 为无施肥时的产量，f 为氮素施肥量，F 为产量增加量达到最大增加量的一半的时候的施肥量，α 和 β 为常数。曲线的顶端，即最高产量（Y_T）是 Y_M 与 Y_B 的和，即 $Y_T = Y_M + Y_B$。根据乾卦卦爻的解释，最适施肥量即中庸施肥量所对应的产量，即中庸产量的计算公式为 $F_S = Y_M(1-e^{-1}) + Y_B$。施肥效率（$E$）定义为每施 1 千克氮导致增产稻米的千克数，即中庸施肥料的施肥效率为 $E_S = (Y_S - Y_B)/F_S$，获得中庸产量后再想获得最大产量的施肥效率为 $E_M = (Y_M - Y_B)/Y_M$。结果列于表 6-2。

表6-2　稻米产量与氮素施肥量之间的关系函数的分析参数

地点	Y_M	Y_B	Y_T	Y_S	α	β
	----------------(吨/公顷)----------------					-
日本	2.69	3.43	6.12	5.13	0.0418	0.00094
美国	1.42	2.93	4.35	3.83	0.0912	0.00095
印度	0.54	2.02	2.56	2.36	0.1741	0.00091

地点	F	F_S	F_M	E_S	E_M
	------------(千克/公顷)------------			(千克/千克)	
日本	57.4	70.3	207.8	24.2	4.8
美国	23.4	29.6	69.3	30.4	7.5
印度	15.1	18.2	68.3	18.7	2.9

日本品种的取得最大产量（Y_M）的施肥量（F_M）为每公顷 207.8 千克氮，是中庸施肥量（F_S）70.3 千克的接近 2 倍。也就是说，为了进一步取得 36.8% 的施肥增产量，肥料利用效率就下降。而且也有发生病害虫的危险。因此，中庸施肥量条件下的中庸产量达到的时候，要想利用增加施肥来增产的话，其效率从每千克氮素增产 24.8 千克稻米降到 4.8 千克，不足原来的 20%。美国和印度的事例只是在产量水平上的不同，这一倾向是一致的（图 6-6、表 6-2）。中庸施肥量以上的增加施肥不但会增加生产成本，降低肥料利用效率，而且有导致病虫害大发生的危险。这些都要考虑到。

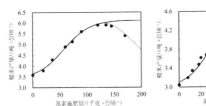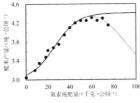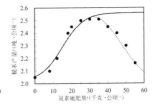

图6-6　氮素施肥量与水稻糙米产量的关系（左：日本，中：美国，右：印度）

(3) 亢龙有悔—无营养栽培幼苗的生物量陷落

一粒种子，一棵球根、块根或块茎，在无营养的水里或者沙子培养基里发芽生长，除了借助光合产物的营养维持生命以外，就依赖于种子里储存的养分及活性了，尤其是光照强度接近光补偿点的时候。图6-7（见下一页）是大蒜瓣在纯水中培养时鲜重的变化。昼夜温度是15和7度，光照强度是30 μmol m^{-2} s^{-1}，接近光补偿点。这样的条件下，种子里储存的养分以及种子的活性就相当重要了。但是，在生长途中，由于种子养分耗尽，鲜物重突然下降，植株黄化枯死。这种现象叫生物量陷落现象。本来生长趋势符合标准的生长曲线，其函数方程为 $g_1 = g_M(1+e^{-\alpha1(t-\tau1)}) + g0(1-\beta_1 t)$，途中生物量陷落，呈指数降低趋向，函数方程为 $g_2 = g_D e^{-\alpha2(t-\tau2)} + g_B(1-\beta_2 t)$。这是明显的"亢龙有悔"现象。这里把种子提供养分和有关活性合起来作种子活力（A）。可以用上述两个函数的积分比来表示，即 $A = (\int_c^a g_1(t)dt)/(\int_b^c g_2(t)dt)$。因此，如果要鉴定比较几个品种的种子

的活力，或者储藏不同时间的种子的活力，完全可以采用上述方法，把种子培养在无营养的培养基，水或者沙上，在弱光下让其发芽生长，采集鲜物重或者干物重，做成如图6-7的曲线，以上述方法进行数学分析。

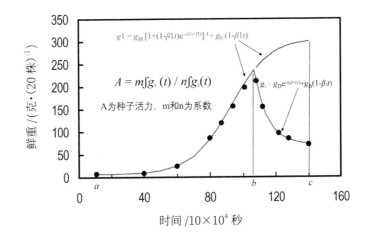

图6-7　大蒜幼苗的生长曲线以及生物量陷落现象

小　结

　　本章主要阐述了《易经》的中庸之道对自然科学的启示，例如，伏羲八卦对农事操作以及探究相关的农学原理的启示，部分卦辞和爻辞在解释事物发展规律上的应用。事物发展无外乎经历初期的启动阶段，中期的快速发展阶段和后期的饱和阶段或衰败阶段。这些发展阶段正好符合"潜龙勿用""见龙在田"、"飞龙在天"和"亢龙有悔"的规律。正如本章已经阐述的，符合这些规律的有，光合作用速度随光强提高而增加、氮素施肥量与稻米产量的关系，连翘苷的浓度与荚果成熟度的关系。哲学是科学之母，包括《易经》在内的中国古典哲学，《易经》为现代科学的发展施展了方向性的启示，相信将来在现代尖端科学探索方面，中国古典哲学将发挥更大的启示作用。

中医学
和中药学里的
中庸之道

引　言

中医和中药的主要理论基础是《黄帝内经》和《本草纲目》。中医的手段包括各种形式的针灸、拔罐、刮痧、推拿、整骨、接骨、气功和食疗。中医药有着悠久的历史，不仅在中国，在中国以外的地区也被推广。中医的基本原则之一是人体的生命能量（气）通过经络通道进行顺畅和谐地循环，这些通道的分支与身体器官和功能相连，目的是使身体的各种功能达到中庸的状态。有人说生命能量的概念是伪科学，但笔者认为这只是现在科学理论和技术手段还不足以解释中医的机制。中医的概念反映了其古老的起源，强调了物质结构上的动态过程。阴阳是中国古典哲学的概念之一，贯穿于整个中医的理念和实践。阴阳代表了宇宙中每个事物和现象都可以分为对立统一的两个方面。阴阳也是中庸之道理论的一个主要组成部分。中医理论把阴阳的表征扩展到各种身体功能和疾病症状，例如，阴虚和阳虚、代谢和分解、冷和热、抑郁和狂躁、困乏与兴奋等等。这些一对对互相既对立又矛盾的两个方面必须达到中庸之道的和谐点，人体才能健康。中医理论里的五行学说至今困惑着科学家和哲学家。当然，五行的"金木水火土"并不是指这些物质，和那些铁块、木头、流水、火苗和土块没有什么关系，只是用这些名词代表中医要说的理念。在现代医学里，这"五行"具体指的是什么还有待贤哲们和科学家们去努力。问题是，有一些科学家一旦到了一定的水平，懂了一些现代科学知识以后，就会否定古典哲学和古典中医，说他们是伪科学。只有那些达到高级水平的科学家，如爱因斯坦和屠呦呦，才会承认古典医学的合理性和古典哲学的科学性。在本章里，我们不再做这些争论和探究，只是列举一些浅显的事例来说明中医里的中庸之道。

● 第一节 ● 中医的基本概念

中国传统哲学的阴阳论在中医里发挥到了极致。古代中国人认为所有现象都是阴与阳的两个对立面，如果自然界的阴与阳和谐相处，那么身心就会保持平和，也就是中和与中庸，所以身体健康。如果体内的阴阳失衡了，就生病，所以中医治疗将集中在恢复阴阳平衡上。这就是为什么中药被称为平衡药、中庸药。

一、阴阳

阳：代表明亮的、持续的、上升的、发散的、暖的、动态的、积极（精神的）、功能性的、无形的。物质和能量代谢中的分解代谢为阳，将在下面的节段详细论述。

阴：代表黑暗的、向下的、在下的、涩滞的、收敛的、冷的、静态的、被动的、消极的、器质的，肉体的、有形的。物质和能量代谢中的合成代谢和储藏为阴，将在下面详细论述。

二、病因

1. 内因

(1) 体质的因素，包括先天和后天的。

(2) 精神因素，包括精神的和情绪的变动 [如七情：怒、喜、思、忧、悲、恐、惊；六欲：睹欲（眼）、闻欲（耳）、嗅欲（鼻）、味欲（舌）、触欲（身）]。

2. 外因

(1) 自然因素，包括六淫（风邪、寒邪、暑邪、湿邪、燥邪、火邪）。

(2) 生活因素，包括暴饮暴食、过劳、纵欲过度。

3. 病理

(1) **气滞**：气的功能处于停滞或涩滞状态。

(2) **瘀血**：血处于涩滞状态。

(3) **水滞**：水分（津液）处于偏在的状态。

三、五脏六腑的概念

1. 五脏

(1) **肝**：调节脏腑机能和情感。受影响的体位是目、爪、筋。

(2) **心**：功能为输送血液，调节精神、意识及思考活动。受影响的体位是舌头和面部。

(3) **脾**：功能为消化吸收，协助血液正常运行。受影响的体位是口、唇、肌肉。

(4) **肺**：功能为呼吸，调节气和津液（水）的循环。受影响的体位是鼻、皮肤、毛发。

(5) **肾**：功能为成长、发育；生殖，调节水分代谢。受影响的体位是耳、阴部、毛发、骨。

五脏在物质和能量代谢方面的功能是物质，营养和能量的运输和储藏，废物清理和更新维修，合成和繁衍，属于阴，后面的段落里将详细论述。

2. 六腑

(1) **胆**：附于肝，排泄胆汁，促进消化，调节情志。

(2) **胃**：容纳食物，消化食物，胃酸消毒（杀病毒，分解有害物质）。

(3) **小肠**：促进消化，吸收营养。

(4) **大肠**：容纳食物残渣，回收水分，协助排泄废物。

(5) **膀胱**：容纳尿（废水），协助排除小便。

(6) **三焦**：不是独立有形的器官，是许多脏器部分功能的概称。分为上焦、中焦和下焦。上焦是心肺输送营养物质的功能；中焦是脾胃的消化和吸收功能；下焦是肝肾、大小肠、膀胱的排泄废物的功能。

3. 五脏所主

按中医理论，心主血脉，主神志，开窍于舌，其华在面。肺主气，司呼吸，主宣发与肃降，主皮毛，开窍于鼻，其华在皮毛。脾主运化，主统血，主四肢，主身之肌肉，其华在唇，开窍于口。肝主疏泄，主筋，主藏血，其华在爪，开窍于目。肾主生殖，主骨，主和水，主纳气，其华在发，开窍于耳及二阴。

四、五脏六腑的阴阳和表里关系

心、肝、脾、肺、肾这五脏属阴，胆、胃、膀胱、大肠、小肠、三焦这六腑属阳。《黄帝内经·灵枢》里说，"心合小肠"，"肺合大肠"，"肝合胆"，"脾合胃"，"肾合膀胱"。心为阴，小肠为阳；肺为阴，大肠为阳；脾为阴，胃为阳；肾为阴，膀胱为阳；肝为阴，胆为阳；心包为阴，三焦为阳。阴为里阳为表，也是中医经络学的脏腑表里理论（图7-1）。当然，阳中可以再分阴和阳，阴中也可以再分阳和阴。心、肺属阳，肝、肾、脾属阴，也就是心为阳中之阳，肺为阳中之阴。阳性的六腑中，脾和肾属阴，其他的属阳。图7-1还标明了五脏六腑与五行的关系：心——小肠属火，肝——胆属木，肺——大肠属金，脾——胃属土，肾——膀胱属水。

这里必须指出的，中医理论当中，人体大脑的功能与活动属于"心"的范畴。就此本书将专列一节叙述。并不是一些不懂中医理论，有乐意调侃中医的人所说的"无脑中医"。

图7-1　五脏六腑五行图

五、五脏六腑的藏泻关系

关于五脏的功能及特点，《素问·五脏别论》说到，所谓五脏者，藏精气而不泻也，故满而不能实；六腑者，传化物而不藏，故实而不能满也。所以然者，水谷入口，则胃实而肠虚；食下，则肠实而胃虚。故曰：实而不满，满而不实也。五脏的功能是存储营养和能量（精气），维持人体的生命活动，中医说五脏是"藏而不泻"，就是说它们藏着人体的精气，不能外泻，否则人就虚了。五脏的"脏"字本来是"臟"，右边是个"藏"字，就是储藏宝贵的东西的意思，例如"宝藏"，所以储藏都是宝贵的，所以不能随便外泻。六腑的功能是消化分解食物，传递养分，供给人体各部位，剩下的废物排出去。六腑是"泻而不藏"，每天必须进，也必须排出去。腑多为中空器官，又多与饮食的贮藏、消化有关。"六腑"的"腑"的右边是"府"字，是库府，储备和出纳日常用度和杂物的地方。每天都要进出，必须进，也必须排泻。

六、补药和泻药

脏腑之间，经脉上相互络属，属性上阴阳表里相合，功能上相互配合，病理上相互影响,从而构成"脏腑相合"的关系,故在治疗上相应的就有脏病治腑、腑病治脏以及脏腑同治等方法。五脏主藏,所以中药多用"补"法;六腑主泻,所以多用"泻"法。 如果对某一脏的症状用补药不见效,可以对跟它构成一对阴阳的那个腑施加泻药,反之亦然。例如,肾和膀胱是一对阴阳。比如肾出现实证,可以对膀胱用泻药。再如尿频,原因在膀胱,是虚证,可以施药补肾。

七、证的八纲

证是中医所特有的名称,既证候,是疾病发展过程中某一个阶段的病理属性的概括。证就是由不同的病因引起阴阳气血的不同变化导致人体的不同疾病状态。中医根据这八纲来定处方。

证	表	热	实	表热实
			虚	表热虚
		寒	实	表寒实
			虚	表寒虚
	里	热	实	里热实
			虚	里热虚
		寒	实	里寒实
			虚	里寒虚

八、五脏所主重点举例:肾主生殖及其现代科学论据

1. 肾的功能与肾主生殖

按照中医理论,肾藏精,主生长发育,乃至衰老的全过程。而西医说的肾脏只是一个以调节水盐代谢、排泄代谢产物为主,兼顾部分内分泌功能的器官。作为肾脏的泌尿功能是众所周知的,但是肾的另一个重要功能是主生殖。男女生殖器官的发生、发育、成熟有赖于肾脏的发生、发育和成熟的完全度;男女的生殖能力也依赖肾的精气的充实。《医源资料库》写道,肾主生殖,生理学名词。指肾与男女生殖器官的发育及生殖能力关系密切。肾藏精,藏生殖之精和脏腑之精。肾精气充盛,则生殖能力强。《素问·上古天真论》:"女子七岁,肾气盛,齿更发长。二七而天癸至,任脉通,太冲脉盛,月事以时下,故有子。……丈夫八岁,肾气实,发长齿更。二八肾气盛,天癸至,精气溢泻,阴阳和,故能有子。"

2. 补肾壮阳

这里主要讲一下肾主生殖。平时人们经常挂在嘴上的有关养生的说法叫"补肾壮阳"。这也是一些西医和尊崇西医轻视中医的人调侃中医的一个话题。有人说，肾脏是管泌尿的，和你那玩意儿挺得起来挺不起来没有关系。是这样的吗？其实不是。肾脏和生殖系统是有密切关系的，而且这种关系从胎儿的初始阶段就开始了。如果用大数据的手段把肾脏发育不全和生殖系统发育不全的实例联系在一起，我们就可以得出，这两者有百分之百的密切关系。所有胎儿，无论男女，生殖系统发育不良或缺陷的大都是因为肾脏发育不良或有缺陷。壮阳对男性而言，是指通过壮阳药、饮食、针灸、按摩、气功、运动等手段提高男子阳性气息，达到提高肾阳、强身固本、增强性欲、提升性能力的目的。由此定义可见，壮阳是单独针对男性而言的。

3. 补肾需要分男女阴阳

补肾是指通过饮食、药物、运动、气功、针灸、按摩等手段达到改变肾阴虚、肾阳虚的状态。补肾分为补肾阳虚和补肾阴虚。肾阳虚是主要表现为气虚，怕冷，四肢不温，腰酸腿软乏力，小便不畅，舌质淡薄苔白，脉沉细，阳痿早泄，小腹冷痛等。壮阳就是补这里所说的肾阳虚。肾阴虚表现为头晕耳鸣，腰腿酸软，牙齿松动疼痛，口干、舌红苔少，脉细数，午后脸热，手脚心热、心烦失眠，盗汗、遗精。

4. 肾气不足的后果

按中医理论，若肾气不足，则冲任不固。冲任不固是指冲任二脉受损，气血两虚，经血、带下或胎元失固的病理变化。女性冲任不固的后果一般是：1) 封藏失职，致崩漏; 2) 血海失司，蓄溢失常，致月经先后无定期; 3) 胎失所系，可致胎动不安; 4) 不能摄精成孕，可致不孕; 5) 血海不按时满，可致月经滞后、月经过少、闭经; 6) 不能凝精成孕，可致不孕; 7) 阴虚内热，热伏冲任，迫血妄行，则致月经提前或崩漏; 8) 胎阻气机，湿浊泛溢肌肤，可致妊娠肿胀。

男性肾气不足的后果比女性少而轻，若肾阴亏损，则精亏血少，心烦失眠，盗汗、遗精。

5. 泌尿系统

泌尿系统的功能是排泄、消除和再吸收。它由四个器官组成，其中只有一个会产生尿液（肾脏）。肾小球是肾脏的最小功能单位，数量为一到两百万，每天可以过滤多达 1.5 吨的循环血液。肾脏比心脏、肝脏和脑部接受的血液多得多。肾脏还有调节 pH、血压、血溶质浓度和红细胞浓度的功能。泌尿系统的其余三个器官是输尿管、膀胱和尿道，负责尿液的储存和排放。在这些器官中，只有尿道是男性和女性在解剖学上是不同的。

6. 生殖系统

生殖系统的主要功能是产生配子（n）和性激素。雄配子即精子，雌配子即卵子。一个成熟的卵子含有多达 600 000 个线粒体，而肝细胞和心肌细胞分别含有 2 000 个和 5 000 个。男性生殖系统的功能是产生精子并将其转移至女性生殖道。尽管起源于相似的原始组织，但雌性和雄性生殖系统在性腺类型、导管、副腺和外生殖器方面有所不同。雄性腺称为睾丸，雌性腺称为卵巢。两者都是它们各自配子发生的部位。性腺产生的激素对生殖系统和性发育至关重要，包括原发性和继发性发育，组织再生以及配子的产生。雌激素导致乳房发育。男性也有乳腺组织，但其发育在早期被阻止。生殖系统在胎儿的早期就形成。雄性和雌性生殖系统中有几个要素是同源的，但功能上不一定相似。雄性和雌性生殖系统的同源结构有大阴唇－男性阴囊，小阴唇－阴茎干，阴蒂－龟头阴茎，尿道旁腺－前列腺，前庭大腺－球脑腺。

7. 肾脏与生殖系统的发生发育期有同源性

肾主生殖是肾的主要功能。之所以肾可以主宰生殖，是因为生殖器官的发生发育初期就受肾脏发育的影响。在胎儿发育初期，以肾脏为中心的泌尿系统和生殖系统都来自中胚层，该中胚层在主动脉的两侧形成泌尿生殖脊，然后发育成三组肾小管肾结构：前肾、中肾和后肾。泌尿系统和生殖器的结构和功能紧密相连，在进化过程中两者功能有所整合。它们的历史关联反映在它们的发展相互依存关系中，因此，描述一个系统的功能、解剖和演化时，必须参考另一个系统。 这就是为什么泌尿系统和生殖系统通常被视为一个单位的。生殖系统的发育涉及性器官的形成，是性分化阶段的一部分。因为其位置在很大程度上与泌尿系统重叠，所以它们的发育也可以一起描述为泌尿和生殖器官的发育。所有胎儿均以未分化的性腺开始，性腺发展成雌性卵巢或雄性睾丸。初始阶段在形态上无区分，转化为卵巢还是睾丸取决于 XX 或 XY 染色体。胎儿的性腺要到怀孕第 7 周才能获得男性或女性的形态特征。雄性睾丸的发育和雌性卵巢的发育依赖于原始卵母细胞在第 4 至第 6 周从卵黄囊到生殖器（性腺）脊的诱导。这些原始细胞在第 5 周到达原始性腺，并在第 6 周侵入性腺。雌激素的存在对女性外生殖器的形成至关重要，而睾丸激素则驱动男性外生殖器的发展。

8. 生殖系统畸形与肾脏发育不全密切相关

以女性生殖系统为例，子宫畸形之一是独角子宫，也就是单个角的子宫。通常存在正常的阴道和一根正常的输卵管。 子宫的另一半通常不存在。 在大多数患者中，在子宫丢失的一侧没有肾脏，也就是只有一个肾脏。几乎所有没有阴道的患者是肾发育不全，异位骨盆肾和输尿管异常。

● 第二节 ● 中医理论"心肠里表"和中国传统文化 "好心肠"的科学论证

一、中医里"心"的概念和定义

上节所述的五脏与六腑的阴阳和里表对应关系是相对的。其实，每一脏都和多个腑有关，而每一腑又可能受到多个脏的影响。这里着重讲一下心与小肠的关系。众所周知，中医里的"心"以及汉语语言里的"心"不单单是西医解剖学里的心脏，而且包括大脑负担的意识活动。例如，俗话说，"你心里在想什么？"这里的"心想"就是大脑的意识活动。《素问·本病论》里说，"心为君主之官，神明出焉，神失守位，即神游上丹田，在帝太一帝君泥丸宫下"。这里已经指出，所谓"心主神志"，其实其根本还在"泥丸宫"，那里才是神志活动的"中枢"，泥丸宫也就在大脑里了。因为中医的五脏六腑里没有大脑，所以一些对中医理论不熟悉的人，断章取义，指责或嘲笑是"无脑的中医"。他们的依据是现代科学证明所有的精神活动，都是由大脑完成的，也就是神经系统的功能，和心关系不大。况且心脏确实在某种程度上与神智还有点关系。中医把大脑的活动归类于"心"是中医的特点，而不是中医的无知。所以指责中医为"无脑的中医"是不对的。

二、"心"与小肠的关系

1. 心脏与小肠的关系

狭义上和解剖学上，心脏与小肠经脉相互络属，构成表里相合关系。生理上，心阳的温煦，心血的滋养，有助于小肠消化食物的功能；小肠吸收营养和水液，上输心肺，有助于心血的化生。其实在中医里，广义上的小肠和解剖学上的小肠也不一致，小肠可以重叠延伸至肾脏、膀胱和尿道。例如以下情况：在病理情况下，心火亢盛，循经下移于小肠，使小肠泌别清浊功能失常，出现尿少、尿赤、尿道灼热或涩痛等症。这就是俗话中说的"小肠火"，包括西医学上的尿道炎和肾盂肾炎。

2. 广义上的"心"与小肠的关系

不但中医理论说心与小肠是阴阳和里表的关系，汉语语言中也把心与肠联系在一起。例如，"好心肠""黑心肠"等。这里说的"心"就是包括大脑在内广义上的心，"肠"是以小肠为主的消化系统。表达善恶的"心肠好坏"真的和肠子有关吗？现代医学真的肯定了善恶与小肠的关系，也就是广义"心"里的大脑与小肠的关系，并且把小肠叫作肠道脑（gut brain）。

三、肠道脑

以下有关肠道脑的论述主要依据 Carabotti 等人在 2015 年发表研究报告。肠脑轴（gut-brain axis）由中枢神经和肠神经系统之间的双向通讯机制组成，将大脑的情感和认知中心与外周肠道功能联系起来。最近的研究表明，肠道菌群在影响这些相互作用中具有重要性。微生物群和肠脑轴之间的这种相互作用似乎是双向的，即通过神经、内分泌、免疫和体液的连接，从肠道菌群到大脑以及从大脑到肠道菌群发出信号。在临床实践中，微生物群－肠脑轴相互作用的证据来自营养不良与中枢神经疾病（即自闭症，焦虑抑郁行为）和功能性胃肠道疾病的关联。肠易激综合症就是这一关系受到破坏的例子。这一复杂的通信系统不仅可以确保胃肠道稳态的适当维持，而且可能对情感、动机和更高的认知功能产生多种影响。肠脑轴的作用是监视和整合肠道功能，并将大脑的情感和认知中心与外周肠道功能和机制（例如免疫激活、肠道通透性、肠反射和肠内分泌信号传导）联系起来。

临床前和临床研究表明，脑－肠－微生物组轴内存在双向相互作用。肠道微生物通过至少三个平行且相互作用的通道与中枢神经系统进行通讯，这些通道涉及神经、内分泌和免疫信号传导机制。大脑可以通过调节局部肠道的蠕动、肠道运输和分泌以及肠道通透性，并通过直接调节微生物基因表达激素的腔分泌影响肠道菌群的群落结构和功能。科学家提出了一种系统生物学模型，该模型在大脑、肠道和肠道微生物组之间放置了环形通信回路，并且其中的任何水平的扰动都会在整个电路中传播失调。该模型将中枢神经、胃肠道和免疫系统与这个新发现的器官整合在一起。临床前和临床研究的数据表明，不仅在功能性胃肠道疾病中，而且在广泛的精神病和神经疾病中，包括帕金森氏病、自闭症谱系障碍、焦虑症、抑郁症、肠易激综合症、肥胖症以及几种精神病和神经病的发病机理和病理生理学涉及脑－肠－微生物组通讯的改变。

四、微生物群在肠脑轴中的作用

肠脑的概念和取证是二十多年前提出的，在这之前谁也不会相信肠道与大脑有关系，也不会理解汉语语言中"心肠"一词以及中医理论中"心里肠表"的寓意。科学家发现，焦虑型和抑郁型精神病以及自闭症与肠道微生物群的改变有关。功能障碍性胃肠功能紊乱（FGID）也与情绪障碍高度相关，并与肠脑轴的破坏有关。脑至肠信号产地功能和肠至脑功能障碍会因肠道微生物群的破坏而发生，肠易激综合症（IBS）就是脑至肠的信号传递功能障碍造成的。肠脑轴中发生的破坏决定了肠动力和分泌的变化，引起内脏超敏反应，并导致肠内分泌和免疫系统的细胞改变。在肠易激综合症的发病机理中，肠脑轴和肠道菌群同时失调，使人们认识到这种功能障碍性胃肠紊乱就是肠道微生物群－肠脑轴的紊乱造成的。也就是，"心"没坏，"肠"坏了，以致导致"心肠"变坏。

五、从肠道菌群到大脑

　　研究表明，肠道细菌的定居对于小肠神经系统（ENS）和中枢神经系统（CNS）的发育和成熟至关重要。微生物定植的缺失与神经系统中神经递质的表达和更新改变有关，也与肠道感觉运动功能的改变有关，包括胃排空延迟和肠运输。小肠神经系统（ENS）和中枢神经系统（CNS）的发育异常会降低有关神经递质和肌肉收缩蛋白酶的基因表达。一些研究还证实，肠道微生物群通过影响大脑神经化学作用而引起焦虑症。肠道益生菌可以减少应激诱导的皮质醇的释放，同时减轻焦虑和抑郁症状。有证据表明，微生物群与大脑的通讯涉及迷走神经，迷走神经将信息从肠腔内环境传输到中枢神经系统。迷走神经是微生物群和大脑之间的主要调节性组成型沟通途径。微生物群通过不同的机制与肠脑轴相互作用，益生菌特有的中枢效应确实与保护肠屏障有关。用乳酸乳杆菌 R0052 和长双歧杆菌 R0175 的组合制剂可以通过血浆皮质醇和儿茶酚胺来恢复自律神经系统的活性。微生物群也可以通过调节输入的感觉神经来与肠脑轴相互作用，如罗伊氏乳杆菌通过抑制钙依赖性钾通道的开放来增强其兴奋性，调节肠蠕动。此外，微生物群可通过产生可充当局部神经递质的分子（例如 γ-氨基丁酸 GABA，5-羟色胺，褪黑激素，组胺和乙酰胆碱）来影响小肠神经系统的活性。乳酸杆菌还可以利用硝酸盐和亚硝酸盐生成一氧化氮，并通过与辣椒素敏感的神经纤维上的类香草酸受体相互作用而产生硫化氢，从而调节肠道蠕动。微生物菌群和肠脑轴的相互作用也可能通过肠内分泌细胞释放可影响肠脑轴的生物活性肽而发生。例如，甘丙肽刺激下丘脑-垂体-肾上腺轴（HPA）中央分支的活性，从而增强肾上腺皮质糖皮质激素的分泌。微生物群通过蛋白酶介导影响黏膜免疫激活。肠易激综合症患者体内异常的微生物会激活粘膜固有的免疫反应引起内脏伤害性感觉通路并使肠神经系统失调。胃黏膜上定殖微生物幽门螺杆菌（H. pylori）对肠脑轴的作用可能涉及类似的机制，激活神经源性炎症过程，引起消化道功能和形态变化，以及继发的微量元素缺乏。

六、从大脑到肠道菌群

　　这里说的从大脑到肠道菌群，是指大脑把外界刺激信号传递给肠道的微生物菌群，而发生影响。作为心理应激源的外界刺激可以调节肠道菌群的组成和总生物量。短时外界刺激就会影响菌群，例如，两小时的社会应激源即可显著改变菌落特征并减少主要菌群的相对比例。这些作用通过平行的神经内分泌输出系统（即自律神经系统和下丘脑-垂体-肾上腺）直接通过宿主至肠道菌群的信号传导或间接通过肠道环境变化来介导。这些与疼痛调节剂内源性途径相关的神经传出途径构成了所谓的"情绪运动系统"。中枢神经效应与细菌之间的交流依赖于细菌中神经递质受体的存在。研究表明，宿主产生的肠道神经递质的结合位点存在于细菌上，并且可以影响微生物群成分的功能，从而有助于增加对炎症和感染刺激的易感性。此外，大脑在调节肠道功能（例如蠕动，酸、碳酸氢盐和黏液的分泌,肠液处理和黏膜免疫反应)方面发挥着重要作用。然后,葡萄糖脑苷脂(GBA)的失调可通过扰动正常黏膜环境来影响肠道菌群。精神压力刺激会引起黏液分泌物大小和质量的变化,通过促肾上腺皮质激素释放因子(CRF)的中央释放而增加肠结脉冲频率。大脑还可能通过改变肠道通透性来影响微生物群的组成和功能,从而使细菌抗原穿透上皮并刺激黏膜中的免疫反应。大脑也可以通过自律神经系统调节免疫功能。精神与压力引起的肠道改变促进有毒细菌的表达。

七、坚持好心肠,保持好情绪

　　情绪好坏与肠脑有关,颅脑和肠脑通过迷走神经相连。肠道内有上千种数以百兆计的微生物,总重量可达数公斤,组成肠道菌群。菌间互相制约,互相依存,在质和量上形成一种生态平衡。肠道菌群主要可以分有益菌、条件性有害菌和致病菌三种。这些菌大都有分泌特定激素的功能。而影响人的喜怒哀乐的激素,大都由肠道产生。共有几十种激素细胞广泛分布于胃肠道壁,参与不同功能的调节,与情绪密切相关的激素是多巴胺、5-羟色胺。多巴胺有兴奋作用,如果体内多巴胺水平过低,就会使人的情绪低落,产生厌世、对事物没兴趣、提不起精神等坏情绪。5-羟色胺又名血清素,是一种神经递质,能让我们产生愉悦的情绪。当体内血清素不足时,人们会烦躁易怒,失去理智。这两种调节情绪的物质在大脑中也存在,但大脑分泌血清素只占全身的5%,而95%的5-羟色胺在肠道里合成。

137

　　既然肠道微生物能影响情绪,人们也可以通过饮食改变肠道菌群,从而提高情绪。比如,吃巧克力会促进多巴胺分泌,让人产生愉悦感;情绪低落的人饮用含有益生菌饮料可以改善情绪;多吃一些富含色氨酸的食物,增加大脑中血清素的含量,从而达到制怒的目的。通常蛋白质含量较高的食物中都含有不少色氨酸,如大豆、鸡蛋和鸡肉等。笔者曾经开发一种富含色氨酸的液体肥用于西红柿栽培,这种西红柿富含5-羟色胺(血清素)可以使人愉悦。因为色氨酸就是5-羟色胺的合成原料(图7-2)。

　　当然,保持"好心肠"

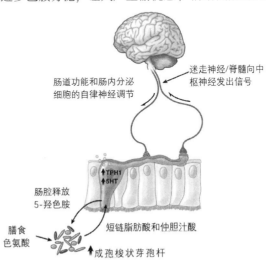

肠道功能和肠内分泌细胞的自律神经调节

迷走神经/脊髓向中枢神经发出信号

↑TPH1
↑5HT

肠腔释放5-羟色胺

膳食色氨酸

短链脂肪酸和仲胆汁酸

↑成孢梭状芽孢杆

图7-2　"心肠"的相互作用(与血清素信号传导相关的双向脑-肠-微生物组相互作用)

和好的情绪，还要禁止乱用抗生素，不要抽烟，不要酗酒，以免肠道菌群受到破坏。增加外源益生菌的摄入能改变肠道内环境，抑制有害菌和外来病菌的生长，维护肠道菌群平衡。外源益生菌可以调节肠道菌群，加速排出粪便，减少肠道中毒素的累积，防止肠道本身的老化。

　　注：肠嗜铬细胞（绿色）含有人体90％以上的血清素（5-HT）。肠内分泌细胞（ECC）中的5-羟基色胺的合成受形成孢子的梭状芽孢杆菌（*Clostridium butyricum*）产生的短链脂肪酸（SCFA）和仲胆汁酸（2BA）的调节，从而增加对ECC的刺激作用，并增加饮食中色氨酸的利用率。ECC通过神经延伸部分和突触之间的突触样连接与传入神经纤维进行通讯。自主神经系统可以激活ECC以将5-HT释放到肠腔中，并在其中与肠道微生物相互作用。

● 第三节 ● 中医理论上的中庸之道

一、疾病、病原与感染

1. 疾病

　　疾病是指导致人体痛苦、功能障碍、受折磨以至死亡的异常状况。从广义上讲，疾病包括伤害、残疾、综合征、感染、孤独抑郁等行为异常以及结构和功能的非典型变化。疾病不仅会在身体上而且会在心理上影响患者，因为有些疾病会改变患者对生活的看法。一般意义上，在研究发病和感染的时候，疾病不包括身体伤害或残疾，也不属于疾病，尽管有些伤害和残疾会称为后续发病的原因，并且其产生原因与病原体感染、遗传因素、非传染性环境、不适当的免疫反应等因素有关。

2. 病原

　　疾病分为病毒、细菌、真菌或病原虫引起的感染性疾病和包括癌症、心脏病和遗传性疾病引起的非感染性病害。我们这里只是以感染性疾病为例，谈谈中庸之道在发病机制上的作用，也就是谈谈哲学问题。

3. 感染

　　感染是指病原体侵袭生物体。病原体包括病毒、细菌、真菌和病原虫。感染病原体不一定会导致疾病。当病毒、细菌或其他微生物进入您的身体并开始繁殖时，即真正意义上致病感染。当病原体成功进入人体，叫定植感染，快速生长并大量繁殖时，即治病感染。即使病原体定殖了，大多数人不容易发生致病感染。免疫系统受损或减弱的个体，免疫系统受到抑制的个体才容易发生治病感染。在宿主－病原体界面处进入宿主的途径通常是通过口腔、鼻子、眼睛、生殖器、肛门等孔口的黏膜发生，或者通过开放性伤口进入。

(1) 定植

微生物进入初始位置，在那里存活、生长、不迁移至其他同器官，不大量繁殖，不引起全身感染，这叫定植。一些病原体在宿主细胞内生长，而其他病原体则在体液中生长。伤口定植是指伤口内未复制的微生物，而在感染的伤口中，存在复制生物、组织受到损伤。所有多细胞生物都在某种程度上被外来生物定殖，其中绝大多数与宿主之间存在着相互关系或共融关系。前者的一个例子是厌氧细菌物种，它定居在哺乳动物结肠中，后者的一个例子是人类皮肤上存在的各种葡萄球菌物种。这些定植都不被认为是感染。感染和定植之间的差异通常仅是环境问题。在特定条件下，非致病性生物可能会成为致病菌，即使是最具毒性的生物也需要在某些情况下才导致感染性恶化。一些定植细菌，例如棒状杆菌。绿藻和链霉菌可预防病原菌的黏附和定居，因此与宿主具有共生关系，可防止感染并加快伤口愈合。

(2) 共生

这里讲的共生是指病原体进入人体定植后，和人体之间无论是互惠的还是寄生的，只要不引起人体病变，就是共生。我们常说的病原体的病毒、细菌、真菌，甚至一些螨虫，定植人体后是不容易发病的。这是因为人体的免疫系统不为他们创造大量繁殖和扩散的条件。有些细菌和真菌长期生长在人体内，对人体是有益的，其中包助力的消化，清理废物，分解有毒物质，抵御其它更加有害的病原体的进入等。譬如一些酵母菌（*Candida spp.*），一些链球菌（*Streptococcus spp.*）和某些面部螨虫（*Demodex spp.*）。即使是一些治病病毒和细菌，在没有感病条件下，和人体也是相安无事地共生。例如，感冒病毒可能生于鼻腔黏膜和软组织中而长时间不引起发病。但是，一旦人体免疫力下降的时候进入呼吸道，就容易引起发病。一些葡萄球菌可以在皮肤上定植寄生，和人体相安无事。但是，一旦进入关节囊或腹膜中，它们会无抵抗地大量繁殖，致使发病，对人体造成伤害。病毒和细菌比人类的进化历史要长得多，伴随人类进化至今。完全消灭病毒和细菌是不可能的，也是没有必要的。最好的方式是和他们相安无事地共生，互惠。

(3) 致病感染

广义上的感染是指某种特定病原体的存在，无论有多少都算感染。但是致病感染是指在某种意义上经常用于暗示临床上明显的感染。如上所述，某些病原体存在但不存在临床上明显的发病时，叫定植，长期和寄主共存而相安无事的叫共生。有人认为，只要是病原菌在人体内大量繁殖和扩散了，无论是否有症状，都算感染。病原体处于活动性，但不产生明显症状的感染可称为无症状感染，或者叫亚临床或隐匿性感染。非活动性或休眠的感染叫潜伏感染，例如，潜伏性肺结核就是一个潜伏性细菌感染的例子。潜伏性感染虽然是临时不发病，但是具有很大的危险性，危险时暂时潜伏着的，这和上述相安无事的定植及共生不太一样。潜伏性病毒感染的例子有疱疹病毒。要明确是，感染不是发病的同义词，也不是传染病的同义词，因为某些感染不会在宿主中引起疾病。

4. 体征与症状

感染的症状取决于疾病的类型。某些感染会导致整个身体明显不适，例如疲劳、食欲不振、体重减轻、发烧、盗汗、发冷、疼痛。有些只是身体局部不适，例如皮疹、咳嗽、流鼻涕、舌苔发黄、咽喉疼痛。

一些体征具有特定的特征并指示疾病，被称为致病征。并非所有感染都是有症状的。体征是医学征兆，有可能被患者以外的人客观地观察到。症状仅属于历史，而体征通常可以属于两者。患者和其他任何人都可以客观观察到皮疹和肌肉震颤等临床症状。一些体征仅属于体格检查，因为需要医学专业知识才能发现。例如，低钙血症或中性粒细胞减少症等实验室体征需要进行血液检查。

5. 发病三部曲

一般感染性疾病是由生物体感染机体引起的疾病，例如细菌、病毒、真菌或寄生虫。这些生物体的大多数是长久生活在我们体内，通常无害，甚至有益。但是在某些条件下，某些生物可能会引起疾病。其发病过程被称为发病三部曲。所谓的发病三部曲就是说发病要经过三个步骤。首先是机体机能出了问题，比如免疫系统出了问题导致免疫力下降，也就是免疫系统杀死病原体的能力下降。不但杀死病原体的能力下降，而且为病原体的侵入、感染和繁殖提供良好条件，从而导致病原体大量繁殖，感染机体。随之是症状的表现比如疼痛、发烧、咽喉红肿、口舌起泡等。也就是，病（Health problem or ill）→ 菌（Pathogen infection）→ 症（Symptom）。

发病的原因分内因和外因。内因是机体的健康状况，即免疫系统抵抗病原感染的能力；外因是病原体及其繁殖扩散的条件。当然一些人体内不长存的病原体是要有一个传播途径的，一般包括人与人之间传播、昆虫或其他动物传播、饮食传播。许多长存于人体的病原体，如果人体免疫系统不出问题，他们会和人体相处很好，相安无事或者互惠互利。所以，保持自身免疫系统的活性或者增强自身免疫力是最主要的。如果免疫力出了问题，要赶在病原体侵染之前，纠正，改善和增强，这样就可以避免发病。在中医里，这个纠正，改善和增强免疫力的措施可以是用药以调理，不要等出现症状再用药。这叫上医治未病。当你因劳累、焦虑、极端环境使你感觉疲倦、乏力、身体燥热、口干舌苦时，说明你的免疫系统出了问题。这时候就要调理，包括用药、休息、合理营养等。免疫力降低，一些酶的活性下降，譬如胰岛素的活性下降，会导致血液里糖分和游离氨基酸浓度升高，为病原体繁殖提供了营养条件。而且液渗透液增加，"五液"减少，不利于清除鼻腔、口腔和舌苔上的病原体。致使病原体大量繁殖而出现症状。一旦发烧、头疼，再去使用药物杀死病原，那不是那么容易的事情。用退烧药更是愚蠢的措施，因为发烧本身就是免疫系统用来杀死病原体的措施。

二、中医所谓的"阴阳"是什么意思？

中医里的"阴阳"是一个中医哲学概念的筐子，很多东西都可以放在这个筐子里。几千年了，人们都没有很好地解释清楚什么东西可以往这个筐子里放，或者前人已经往里面放进了什么。《黄帝内经》的《素问·阴阳应象大论》里说，阴阳者，天地之道也，万物之纲纪，变化之父母，生杀之本始，神明之府也。《素问·阴阳离合论》又说，阴阳者，数之可十，推之可百，数之可千，推之可万，万之大，不可胜数，然其要一也。有人认为，从《黄帝内经》这两处经文可知，天地万物包括生命在内都是阴阳的对立统一体，一切事物的生杀变化就是阴阳的生杀变化；天地万物包括生命在内的阴阳活动不管分多少方面、多少层次，经过系统的复杂的相互作用后，最终的结果将会以"一阴一阳"或"一对阴阳"呈现出来。

上述分析很到位，但是听到这里，人们还是不知道具体的阴阳是什么，阴阳本质到底是什么。网上有人说，阴阳者天地之道，管天地运行；阴阳者万物纲纪，统管万物；阴阳者变化父母，主一切变化；阴阳者生杀本始，管一切始终。它没有什么事情不管，也没有什么事情管不了，管不好；一切的一切，都在其管辖之中，而且管得服服帖帖，井井有条，出神入化，明明白白，没有谁不服从，没有谁不服管。这就是阴阳，所有的神明都藏在里面，因而是神明之府，它永远是那么正确，永远那么自然，那么永恒。

笔者认为非常正确，确实如此。能不能用学术的语言，试验的手段，对世间的一件事物，用阴阳哲学做具体的解释呢？当然可以，上百万人在做，也就是学术研究和技术开发，但是很少有人和"阴阳"联系起来。

三、合成代谢和分解代谢——阴阳的矛盾统一体

合成代谢为阴，分解代谢为阳。人体及其活动中，以分解代谢为主，所以为阳。分解代谢为合成代谢提供能量来源。若没有分解代谢，生物体将没有能量和营养的补给。当然，分解代谢中也包含着一定的合成代谢，合成代谢中也包含着一定的分解代谢。分解代谢与合成代谢两个过程是不可分割的两个密切相关的过程。这叫作"阴中有阳，阳中有阴"。

合成代谢，即同化作用，是利用能量的过程，从能量角度看是一个吸能、储能过程，ATP等活泼的化学能转移到糖和脂肪等较稳定的化合物中去，产热减少，物质储存增多，从能量转变为有形物质血津液骨肉得到补充，总趋势是一个同化外界物质的向内的过程，机能表现为趋静、抑制、降低、减慢、低温特点。因此，合成代谢或同化作用在中医理论里应该属于"阴"。

分解代谢，即异化作用，是把大分子物质分解成小分子物质，把小分子再分解，释放能量，以类似ATP的，可以直接放能的高能化合物形式存在。分解代谢产热增加，物质储存减少，总趋势是一个异化有形物质向外释放能量的过程。机体表现为活跃、兴奋、升高、加快、亢进、发热等特点。所以说分解代谢在

中医理论里属于"阳"。

合成代谢为分解代谢提供物质基础，分解代谢为合成代谢提供能量来源。若没有分解代谢，生物体将没有能量和营养的补给；若没有合成代谢，生物体将会被分解代谢最终消耗掉。所以对于生命而言，这两种代谢形式是缺一不可的，而且必须保持平衡，失去平衡就是阴阳失调。人体中，分解代谢占优势，摄食、分解有机大分子物质，为合成自身物质提供原料和能量。中医学上的阳虚者是热量及蛋白质摄入量不足，尿中肌酸酐、尿素含量低；而阴虚者的尿中肌酸酐含量高。这说明阴虚者的能量代谢与蛋白质分解代谢比正常人高，而阳虚者的能量代谢及蛋白质分解代谢比正常人低。

四、热量消费与储存及其中起支配作用的中庸之道或阴阳平衡机制

实际上热量消费是分解代谢的结果，应该属于"阳"；热量储存是合成代谢的结果，应该属于"阴"。碳水化合物，蛋白质和脂肪是饮食中的能量来源。食物能量的95%以上是从胃肠道消化吸收的。食物能量用于满足人体需求，包括蛋白质合成的原料和能量；维持体温，心血输出，呼吸和肌肉功能。当消耗的能量超过代谢和体力活动所需的能量时，多余的能量将被存储，所谓的能量储存包括作为脂肪组织的长期储存和作为肝糖原的短期储存。

要保持健康的能量代谢和健康的身体，最重要的是能量平衡，即能量摄入与能量消耗和能量存储之间保持平衡的关系，失去平衡就是阴阳失调。其中还涉及代分解代谢与合成代谢。支配这对关系的就是阴阳协调，就是中庸之道。

1. 食物的消化

食物的消化是将大的不溶性食物分子分解成小的水溶性食物分子，以便可以被吸收到含水的血浆中。这些较小的物质通过小肠吸收到血流中。消化是分解代谢的一种形式，包括机械消化和化学消化。前者是指将大块食物物理分解成小块，随后进入化学消化过程。在化学消化中，酶将食物分解为人体可以使用的小分子。化学消化涉及到一系列的酶，包括咀嚼过程中有唾液淀粉酶，食物进入胃以后有胃液蛋白酶。在胃里食物呈半消化态的食糜，进入十二指肠后与来自胰腺的消化酶和来自肝脏的胆汁混合，然后穿过小肠，继续消化。食糜完全消化后变成能被血液吸收的小分子，如葡萄糖和氨基酸。从胃，经过小肠，再到大肠，消化活动都是借助肠道微生物进行的。

(1) 蛋白质消化

蛋白质的化学消化发生在胃和十二指肠中，由胃分泌的胃蛋白酶和胰脏分泌的胰蛋白酶以及胰凝乳蛋白酶将食物蛋白分解成多肽，然后被各种外肽酶和二肽酶分解成氨基酸。

(2) 脂肪消化

某些脂肪的化学消化在口腔中已经开始，其中舌状脂肪酶将一些短链脂质分解为甘油二酸酯。但是，脂肪主要在小肠中消化。小肠中脂肪的存在会产生激素，从而刺激胰腺释放胰腺脂肪酶，刺激肝脏释放胆汁，从而有助于脂肪乳化和分解。脂肪（甘油三酸酯）完全消化后产生脂肪酸、甘油一酸酯和甘油二酸酯，但没有游离的甘油分子。

(3) 碳水化合物消化

膳食淀粉由长链葡萄糖单元组成。在消化过程中，唾液和胰淀粉酶会破坏葡萄糖单元之间的键，导致葡萄糖链逐渐变小。这导致可以被小肠吸收的单糖葡萄糖和两个葡萄糖单元的麦芽糖。乳糖酶是将二糖乳糖分解成葡萄糖和半乳糖的酶。葡萄糖和半乳糖可以被小肠吸收。但是成年人仅产生少量的乳糖酶，无法食用未经发酵的牛奶类食品。这叫乳糖不耐症。东亚血统的人中超过90%的人对乳糖不耐，而北欧血统的人中约有5%的人不耐乳糖。蔗糖酶是一种分解二糖蔗糖的酶，蔗糖消化产生的果糖和葡萄糖易于被小肠吸收。

2. 能量消费——阴阳协调中的"阳"

通常，碳水化合物和脂肪在体内可以被完全氧化。但是，蛋白质仅被部分氧化，以尿素和其他含氮产物的状态被排泄出体外。1克碳水化合物和1克蛋白质完全氧化后各自产生约4千卡的热量，而1克酒精的氧化产生约7千卡的热量，1克脂肪氧化产生约9千卡的热量。将膳食脂肪存储为甘油三酸酯的能源成本低于将蛋白质或碳水化合物转化为脂肪的能源成本。男性的平均每日能量摄入量为2639千卡，女性为1793千卡。热量摄入受年龄、性别、环境温度、能量消耗、怀孕、荷尔蒙状况和节食行为等许多因素的影响。能量消耗可以细分为静息代谢（RMR），食物的热效应，体育锻炼和生长。静息代谢是维持体温，修复内脏器官，支持心脏功能，维持细胞内离子梯度以及支持呼吸所需的能量。这大约占总能源消耗的三分之二。体力劳动是能源支出的第二大组成部分。移动身体所需的能量消耗与体重，体重移动的距离以及身体健康状况直接相关。进餐后产生的热量通常称为食物的热效应（TEF）或饮食诱导的生热（DIT）。能量消耗具有适应性成分（适应性生热）。持续超过几天的能量摄入急剧增加或减少，同时总能量消耗也相应变化。因此，总体静息代谢在食物限制或饥饿期间降低，并随着过量喂养而增加，这可能以一种反调节的方式来减少能量损失。

静息能量消耗受年龄、性别、体重、怀孕和荷尔蒙状况的影响。婴儿期的单位体重的能量消耗率最高，直至儿童期才下降。女性的单位体重能量消耗低于男性，这可能是因为女性体内脂肪的比例较高。平均体重高的人有较高的静息能量消耗。怀孕会增加能量消耗以支持胎儿的生长和母体组织的增加。肥胖者的能量消耗比正常体重的人明显多。可以通过总体活动水平（高，中或低）的评估来估算总能量需求，如下所示：基础能量需求 = RMR× 活动因子，其中，男性的 RMR 为 900 + 10× 体重（kg），女性的 RMR 为 800 + 7× 体重（kg），低活动水平的活动因子系数为 1.2，中度活动的活动系数为 1.4，高水平的活动（定期运动或体力劳动）为 1.6。

3. 能量储藏

人体能量以五种方式存储：三磷酸腺苷（ATP）、磷酸肌酸（CP）、糖原、脂肪、蛋白质。ATP 存储在肌肉和肝脏中，用于肌肉收缩，能量使用后变成二磷酸腺苷（ADP），必须再更新成 ATP。CP 的主要功能是修复用过的 ATP。糖原（glycogen, $C_{24}H_{42}O_{21}$）是一种动物淀粉，又称肝糖或糖元，由葡萄糖结合而成的支链多糖，其糖苷链为 α 型。糖原主要存在于骨骼肌（约占整个身体的糖原的三分之二）、肝脏（约占三分之一）和肌细胞质中。糖原源自葡萄糖，而葡萄糖又源自碳水化合物（糖 / 淀粉）。脂肪是非常密集的能量存储方式，是人体紧急能量储存器。但是，它需要氧气才能被转化，并且比碳水化合物慢。它不适用于突然的能源需求，因此只能用于较低的能源需求。

4. 糖原生成——阴阳协调中的"阴"

糖原生成（Glycogenesis）是指糖原合成的过程，其中葡萄糖分子连成糖原链以用于储存。胰岛素是启动这一生物化学过程的生物酶。其过程是：葡萄糖 →（ATP → ADP）→ 6- 磷酸葡萄糖→ 1- 磷酸葡萄糖→ UDP- 葡萄糖→短糖原链→糖原。血液中高浓度的葡萄糖刺激胰岛素的分泌，提高胰岛素的活性。所以，在饭后休息的时候，血液中的葡萄糖浓度升高，而且因为不活动，很少被利用。这时候，胰岛素促进糖原合成，以备以后再利用。如果，胰岛素功能失调，多余的葡萄糖不能顺利合成糖原，而是高浓度的存在于血液中，这就是高血糖，再就是和尿液一起排出，所以叫糖尿病。所以，胰岛素执行着能量消费和储存两者之间中庸之道。高血糖和低血糖是中庸两端的"不及"和"过之"。相对于热量消耗的"阳"，糖原生成属于"阴"。胰岛素功能失调引起的 II 型糖尿病是典型的阴阳失调或者"阴亏"的结果。

4. 糖原分解——阴中有阳

糖原分解是糖原分解为 1- 磷酸葡萄糖的过程。糖原磷酸化酶通过磷酸分解依次去除葡萄糖单体，从而分解糖原链条。糖原分解作用发生在肌肉和肝组织的细胞中。在肌细胞中，糖原经过糖酵解生成 6- 磷酸葡萄糖，为肌肉收缩提供能量。在肝细胞中，糖原分解的主要目的是将葡萄糖释放到血液中，以供其他细胞吸收。分解食进的有机物质获取能量和小分子营养是"阳"的过程，多余的葡萄糖合成糖原以备再利用是属于"阴"的过程，所以说，糖原分解是这个"阴"的过程中"阳"。这就是《黄帝内经》说的"阴中有阳"。

5. 糖异生——阳外之阳

糖异生是一种分解代谢途径，分解某些非碳水化合物底物生成葡萄糖。来自蛋白质分解的葡萄糖原性氨基酸，来自脂质分解的甘油和奇链脂肪酸，来自其他代谢步骤的丙酮酸和乳酸,都是糖异生的底物。大多数糖异生发生在肝脏中,但在糖尿病,长期禁食或激烈运动的情况中,肾脏皮质也进行糖异生。糖异生是碳水化合物分解成葡萄糖,葡萄糖分解获取能量的分解过程之外的分解过程,所以可以说是"阳外之阳"。糖原异生是人体维持血糖水平,避免低血糖的几种主要机制之一。其他还有糖原降解和脂肪酸分解。

6. 脂肪生成——阴阳协调中的"阴"

脂肪生成是合成代谢过程,属于阴阳协调中的"阴",包括脂肪酸合成和甘油三酯合成,后者是脂肪酸被包装成极低密度脂蛋白之前被酯化为甘油三酯的过程。通过将两个碳原子单元重复添加到乙酰辅酶A中,在细胞质中产生脂肪酸。另一方面,甘油三酯是通过将三个脂肪酸分子结合到甘油分子上而在细胞的内质网中产生的。这两个过程主要发生在肝脏和脂肪组织中。在包装成脂蛋白后,所得的脂蛋白会被肝脏直接分泌到血液中,以输送到周围组织。

7. 脂肪分解——阴中之阳

脂肪分解是脂质甘油三酯水解成甘油和脂肪酸的代谢途径。在禁食或运动期间,来自碳水化合物的葡萄糖不够用的时候,调动储存的能量。脂肪分解通常发生在脂肪细胞中。促进脂肪分解的酶和化合物有胰高血糖素、肾上腺素、去甲肾上腺素、生长激素、心钠素、脑钠素和皮质醇。在人体中,脂肪的存储称为脂肪组织。在这些脂肪组织的细胞内,甘油三酯存储在细胞质脂质小滴中。脂肪酶被磷酸化后,进入脂质滴,并通过多个水解步骤将甘油三酯分解为脂肪酸和甘油。甘油三酯由脂蛋白经血液运输到肌肉组织。存在于 VLDL 上的甘油三酯通过靶标组织的细胞脂肪酶进行脂解,产生甘油和游离脂肪酸,释放到血液中,用于细胞摄取。甘油进入血流,被肝脏或肾脏吸收,然后被甘油激酶转化为 3-磷酸甘油,重新加入糖酵解和糖异生途径。消化系统对食进脂肪进行的分解,是纯"阳"过程。这里说的脂肪分解是能量储备后的脂肪分解,属于阴中之阳。

8. 自噬——阴中之阳

自噬是细胞中一种天然的、受调节的代谢机制,去除不必要的或功能失调的成分,保证细胞组分进行有序降解和再循环。自噬通常有三种形式,即巨自噬、微自噬和伴侣介导的自噬。在巨自噬中,细胞质成分与细胞其余部分分离,与溶酶体融合,然后其内含物被降解以循环利用。在疾病中或饥饿的极端情况下,细胞成分的分解通过维持细胞能量水平来促进细胞存活。减肥过程中,由于禁食和剧烈运动导致的储存脂肪的分解就是自噬代谢的一种。自噬为分解已经存在的机体成分或者应储藏的成分,属于"阴中之阳"。

五、上火——阴虚的恶果

"上火"为中医上的俗语。中医认为人体阴阳失衡,内火旺盛,即会上火。

因此所谓的"火"是形容身体内某些热性的症状。上火又分实火和虚火。实火临床表现为面红目赤、口唇干裂、口苦燥渴、口舌糜烂、嘴唇起泡、咽喉肿痛、牙龈出血、鼻衄出血、耳鸣耳聋、疖疮乍起、身热烦躁、尿少便秘、尿血便血、舌红苔黄、脉波数增加。虚火临床表现为潮热盗汗、形体消瘦、口燥咽干、五心烦热、躁动不安、舌红无苔、脉细且快。气虚火旺常见症状有全身低热、午前为甚、畏寒怕风、喜热怕冷、身倦无力、气短懒言、自汗不已、尿清便溏、脉大无力、舌淡苔薄。下面简述几个主要的上火症状，并且尝试分析其生理学发病机制。

1. 嘴唇起泡

中医上把嘴角起泡解释为"上火"，一般都忽视了其病原的解释。其实，嘴角起泡就是口唇疱疹，是单纯性疱疹病毒（HSV-1）感染引起的，多发于口唇，口角。尤其是感冒、发热、疲劳、睡眠不足、心情抑郁、紧张焦虑等因素致使免疫力下降的时候，血液中糖分和游离氨基酸浓度升高，潜伏于体内的疱疹病毒开始大量繁殖，导致发病。因为和血糖有关，有的人先发现自己经常感染HSV-1，然后发现 2 型糖尿病，就错误地断定 HSV-1 感染是 2 型糖尿病发病原因之一。血液中糖分和游离氨基酸是病毒繁殖的养分，因为免疫力下降，胰岛素功能失调，才导致血糖升高。免疫系统吃掉病毒的能力下降，而且为病毒提供高浓度的繁殖营养，所以就发病了。当然，免疫力下降大多与疲劳、睡眠不足、心情抑郁、紧张焦虑等因素有关，也就是上火了。其实，HSV-2 型疱疹的发病也和 HSV-1 类似，只不过 HSV-2 型疱疹的症状大多在性器上。不过，口腔溃疡以及由念珠菌感染引起的口舌生疮是另一回事。根据中医阴阳理论，上火引起的嘴角起泡是阴虚，但不是阳盛。

2. 嘴唇干裂

嘴唇不像皮肤的其他部位那样含有油脂腺，容易干燥并变得干裂。缺乏水分会使病情更严重。冬季空气干燥会引起嘴唇干裂，夏天曝晒也会引起嘴唇干裂。脱水或营养不良也可能导致嘴唇干燥，伴随症状有头昏眼花、便秘、尿量减少、口干、头痛，严重者可能会出现低血压，发烧，呼吸急促或心跳加快。嘴唇干裂还可能与多种潜在的医学疾病有关，包括甲状腺疾病，维生素缺乏症和炎症性肠病。甲状腺功能低下可能导致口腔和嘴唇干燥，B 族维生素缺乏症或锌或铁水平低下会导致嘴唇干裂。有人说，嘴唇干裂通常是由于天气寒冷，酵母菌过度生长或唾液刺激而引起的。有人解释说，光化性唇炎是因太阳晒伤而形成的慢性干裂嘴唇，开始时有灼热感，稍后群集水泡，糜烂，结痂，病程约一周左右，可复发。常在口唇黏膜处出现针头大小的小疱，常为一群，也有两三群，自觉有轻度烧灼感，历时一周左右可"自愈"亦可"反复发作"。如果疱疹出现后因机体免疫机制的调整不当，或破溃后而继发感染，会延长病程。

其实，不管是脱水也好，身体免疫力下降也好，这些都是导致血液当中糖分和氨基酸浓度过高，水分不能湿润嘴唇造成的。吃咸盐瓜子导致嘴唇破裂起泡也是这个道理。为什么和其他上火症状一样，都与糖尿病或高血糖有关呢？因为血糖高，氨基酸浓度也高，血液渗透压高（也叫渗透势低），导致生理缺水。所以叫"上火"，在中医上属于阴虚。

3. 疮疖乍起

疮疖乍起是从毛囊或油腺开始的皮肤感染。起初，皮肤在感染区域变红，发硬，疼痛，形成嫩块。几天后，肿块变软，脓液聚集在皮肤下，肿块开始变白。最常见的疮疖发生在脸部、颈部、腋窝、肩膀和臀部。如果成组出现，则是严重的感染类型。疮疖的病因是由类似葡萄球菌的细菌引起的。这种细菌通过微小的切口或皮肤上的入口进入人体，或者沿着头发向下进入毛囊。容易发病疮疖的人包括有糖尿病或者不是糖尿病但是经常血糖高的人、免疫系统有问题的人、营养不良（不是吃不饱，而是缺乏维生素，无机元素等功能性营养）的人、卫生差的人、暴露于刺激性化学物质的人。为什么和其他上火症状一样，都与糖尿病或高血糖有关呢？因为血糖高，氨基酸浓度也高，这都是微生物繁殖的营养。当然，免疫系统没有能力杀死病原是最主要的原因。

4. 便秘

便秘是指排便困难，每周少于 3 次。便秘的原因包括：1）改变饮食或活动节奏；2）思想压力带来的紧张和不安；3）饮食中水和纤维不足；4）药物副作用；5）怀孕；6）神经疾患；7）甲状腺功能低下；8）饮食失调。中医还是定义便秘为阴虚，并且是肾阴虚。肾阴虚是肾虚的一种类型，指肾脏阴液不足之证，又称肾水不足或真阴不足。中医里的肾包括西医里的肾脏，但是比西医的肾脏要广义，大抵涵盖肾经络、肾经络循行的脏器组织及现代医学的生殖、生长发育、泌尿、DNA、内分泌、膀胱、生殖器、肾上腺、骨、脑髓等范畴。古典中医认为，肾主统"五液"，统掌人体液的生产、调节、调度有关机能。肾脏本身就是在调节血液的酸碱度、过滤排出代谢废物、维持适量的水分，让体内有干净、适宜细胞生存的水液。据说肾水包括如汗、尿、黏膜润滑液、溶有葡萄糖、核酸、氨基酸、蛋白质、矿物质的液体。与便秘有关的大概是黏膜润滑液和溶有葡萄糖、核酸、胺基酸、蛋白质、矿物质的液体。后者浓度过高会导致进入大肠的肾水减少。实际上还是与血液中可溶性物质的浓度过高有关，而这一浓度过高还是归咎于那些能把这些物质储存起来的功能下降。所以，便秘属于阴虚。

5. 舌苔发黄，口干舌苦

舌苔发黄有不同的类型和原因。这里我们只讲和上火有关的舌苔发黄、口干舌苦。人们每天咽下唾液的时候，就把舌苔上的细菌吞咽到胃里，由胃酸把细菌杀死。一些不死的乳酸菌、酵母、芽孢杆菌还可以帮助消化。舌头上的唾液里的营养还可以通过舔嘴唇残留在嘴唇和嘴角上，有利于一些半好氧益生菌，例如乳酸菌、酵母菌和芽孢杆菌的繁殖，然后再通过舔舐嘴唇把益生菌吞咽到胃里，有助于消化。人体的任何动作，如舔舐嘴唇，任何存在，如唾液和舌苔，都是有其益处的。但是这些事物必须遵循中庸之道而存在和发挥功能。一环出了问题，会影响一个链条。尤其是伴随感冒时的鼻腔堵塞而不得不用口腔呼吸，更容易加剧舌苔的干燥。以上说过，疲劳、紧张、酷暑等引起的上火会导致血液浓度增加，包括唾液等五液在内的肾水匮缺，最终造成口干。舌苔和嘴唇上的细菌无法被吞咽到胃里去，因而在舌苔上繁殖。这就是舌苔发黄和口干舌苦的原因。所以说，舌苔发黄，口干舌苦的上火是阴虚的表现。

六、阴阳互根互用

阳的互根互用，是中国哲学的一个概念，恰如《黄帝内经》所说，阳气根于阴，阴气根于阳；无阴则阳无以生，无阳则阴无以化。阳旺了，阴才能更足。

1. 睡眠

白天精神抖擞，工作繁忙，晚上就能睡得香。白天萎靡不振，无所事事，晚上总是睡不香。但是白天的精神抖擞和繁忙必须是在中庸水平上的，不能"过之"。白天过于兴奋或者过度疲劳，晚上可能失眠。晚上睡眠好了，白天才有精力工作。

2. 饮食

食物营养主要包括蛋白质、碳水化合物、脂肪、维生素和矿物质。如果其中任何一个太少或太多，功能就会下降。吃饱喝足，从中获取足够的热量，这还不够，确保最佳健康至关重要的是保持营养均衡。尤其是蛋白质，不能缺乏，也不能过量。摄入的能量里超过 35%，或者 2000 卡热量，或者饮食中超过 175 克蛋白质，就可以说蛋白质摄取过量。可接受的大量营养素分配范围（AMDR）与慢性疾病和成人病有关。根据美国医学研究所的可靠数据，当前的 AMDR 建议以下内容：

蛋白质摄入量：占总热量的 10%—35%

碳水化合物摄入量：占总热量的 45%—65%

脂肪摄入量：占总热量的 20%—35%

在 ADMR 之外过量摄入大量营养素可能导致慢性病风险增加以及必需营养素摄入不足。碳水化合物过量容易引起血糖增高，诱发一系列疾病。蛋白质摄入超过 AMDR 标准不但没有益处，还可能导致蛋白质中毒。把多余的糖分和氨基酸储存起来的能力，在阴阳关系上属于"阴"。过量摄取需要"阳"的能力去分解，使大分子成为小分子可溶性物质；分解后不能全部利用，需要"阴"的能力去把这些小分子合成可以储藏的大分子。不但需要阴强阳壮，还需要阴阳平衡。但是，对于应对过量饮食，阴阳的强壮和平衡也是有限度的。

3. 性生活

性生活与饮食类似，是生物的基本要求。适当的性生活有利于身体和精神健康、家庭与社会和谐。当然，和消化饮食一样，需要阴强阳壮。这也是"壮阳滋阴保健品"容易忽悠人的原因之一。放纵性生活不但导致阳虚，也诱发阴虚。这时候西医不一定能检查出病灶，但是有明显的症状，例如舌质红、脉细数、五心烦热、腰膝酸软，严重时舌质淡白、脉空、畏寒。这种情况在补阳的同时，要加入一些补阴的药物，叫"从阴引阳"。

七、阴阳的消长转化

阴阳时刻处于消长与转化过程之中。幼年时期，机体以合成代谢占优势，阴阳之间，阴占主导；进入中年，分解与合成代谢平衡，也就是阴阳平衡；进入老年期，机体以分解代谢占优势，阳占相对优势。当某种分解代谢偏快时，所产生的产物会抑制该分解代谢的进行，从而使分解代谢减慢，使相应的合成代谢加快。这时候，"阳"受到抑制，"阴"受到促进。反之亦然。这叫代谢自动调节或者阴阳自动调节。当然也可以用中药调节阴阳失调。调节阴阳的中药大多通过诱导基因的表达，启动某些酶的合成并且调节某些酶的活性。酶的合成是 DNA 当中编码该酶的基因控制的。有些中药就是作为信号转导物质，诱导 DNA 当中相关基因的上调表达（增加酶含量）或者下调表达（减少酶含量）。众所周知，人参是调节阴阳的平衡，改善脑力体力。研究证实，人参显著效果是诱导某些基因的上调表达，促进相关酶的合成，增加肾上腺皮质等细胞中的环状单磷酸腺苷（cAMP）的浓度。cAMP 在胰高血糖素和肾上腺素等激素的转导过程中充当细胞内信号转导的第二信使，激活蛋白激酶，调节 Ca^{2+} 通过离子通道。不仅有"壮阳"，促进分解代谢和三磷酸腺苷生成，而且通过激活蛋白激酶，调节 Ca^{2+} 通道，调节几乎所有酶的合成与活性。中医里的气、经络、五行等概念也可能和这些信号转导，基因表达以及酶活性的诸过程有关。弄明白到底是什么阴阳对应关系，还需要做大量艰苦细致的研究工作。人体内的基因表达，生理生化作用和物质能量代谢与人体阴阳理论的上述吻合，是中庸之道的阴阳平衡在某一层次上或某一个过程上的表现。一些详细的对应和机制，还有待于广大医学和生物学工作者再作进一步的研究。

八、阴阳失调

在中国古代哲学中，阴和阳是二元论的概念。万物有两个方面：阴和阳。没有什么是好事或坏事。阴阳两个方面彼此对立，而同时又彼此互补。阴和阳必须在自己内部包含对方和改变的可能性。阴与阳互生，相互控制，相互转化。中医理论认为，阴阳平衡是健康的前提和基础。《素问·调经论》里说：夫阴与阳皆有俞会。阳注于阴，阴满之外，阴阳均平，以充其形，九候若一，命曰平人。"平人"就是身体代谢和能量处于平衡与和谐的状态。这种平衡与和谐的状态一旦受到破坏，人就要生病了。《素问·调经论》里又说：夫邪之生也，或生于阴，或生于阳。其生于阳者，得之风雨寒暑；生之阴者，得之饮食居处、阴阳喜怒。患病就因为阴阳失调。所以，治病要有针对性地调节阴阳平衡。《素问·调经论》里说：五脏者，故得六腑为表里，经络肢节，各生虚实。其病所居，随而调之。病在脉，调之血；病在血，调之络；病在气，调之卫；病在肉，调之分肉；病在筋，调之筋；病在骨，调之骨。也就是说，医者治疗病患须先找出病源所在，然后再施医，使患者身体和精神都达到一个"中庸"的程度。

中医理论认为，生命力"气"（现代科学叫波动）是赋予生命所有物质生命的潜在能量。物理世界是气的振动之一，在阴阳能量之间交替，产生所有物理事物。当生命力在阴阳之间得到适当平衡时，它会顺畅流动，维持并促进身体和情绪健康的良好状态。不幸的是，当今的生活压力往往会对"气"的流量产生负面影响，造成阴阳失去平衡，从而损害我们的健康状况。用西医术语来说，从一个方面阴阳平衡可以理解为植物神经系统（ANS）的平衡。ANS 是整个神经系统的一部分，主要在不知不觉和自动的情况下起作用，影响这许多器官功能，例如心率、消化、呼吸频率和性唤起。它由交感神经系统和副交感神经系统组成，它们始终处于运行状态。我们的神经系统的这两部分需要保持平衡才能达到 ANS 平衡。有时，阴较活跃，其他部分则较阳，因此，我们的体内健康的平衡状态。如果交感神经（阳）被危险或压力激活，机体就处于"战斗"状态。副交感神经（阴）调节我们的"休息和消化"功能。长期处于压力状态下，对"阳"能量的过度刺激会使身体处于过度亢进状态，从而导致躯体、情感和行为方面的不良后果。我们都知道压力对我们不利，但实际上，这意味着情感波动占主导地位，会使我们在副交感神经状态中花费的时间不够，因而我们错过了治愈，再生和滋养我们的身体的机会。这种情况的发生是由于副交感神经的过度运转。如果这种情况持续很长时间，就会出现"阴虚"的症状，如失眠、肌肉紧绷、沮丧、焦虑。总之，植物神经系统的平衡会使我们变得更健康。阴阳失调的健康问题，一般是用中药来调理。但是，将中医的这些原理与西医的最新科学进展和最先进的诊断技术结合在一起，也可以治理阴阳失调引起的疾病。例如，通过共振技术筛选获得有关内部器官的高能状态和有关健康定义参数的身体功能的信息，然后，使用激光针刺结合其他循证深层放松疗法进行能量疗法，使身心恢复活力，恢复平衡。所以说，西医不要否认中医，也不要骂中医是伪科学，要主动和中医结合，吸收中医理论的精华，使西医更上台阶。图 7-3 所示的是阴阳失调的各种类型，此处不作赘述。

```
          ┌阴阳┌阳盛—则热，则阴病，属热属实
    ┌阴阳 ┤偏盛└阳盛—则寒，则阳病，属寒属实
    │盛衰 │阴阳┌阴衰—则寒，属虚属寒
    │     └偏衰└阴衰—则热，属虚属寒
阴 │阴阳┌阳损及阴—阳虚为主，阴虚居次
阳 │互损└阴损及阳—阴虚为主，阳虚居次
失 ┤阴阳┌阴损及阳—阴盛于内，格阳于外，真寒假热
调 │格拒└阴盛格阳—阴盛于内，格阳于外，真寒假热
    │阴阳┌由阳转阴—重阳必阴，热极生寒
    │转化└由阴转阳—重阴必阳，寒极生热
    │阴阳┌亡阳—阳气外脱
    └亡失└亡阴—阴精内竭
```

图7-3　阴阳失调的各种类型

<h1 align="center">● 第四节 ● 中医实践上的中庸之道</h1>

在这一节里，中医药的实践不是我们谈论的主题，因为都被中医大家们谈得很熟烂了。我们只举一些极端的例子，因为人们认为是极端的、不被重视的，甚至被否定的实践例子，却蕴含着很深的中庸之道的哲理，且能用现代科学讲得通。

一、中药和中药学

中药的配伍是完全根据中庸之道的原理，一个好的中药方剂是悟道水平高的结果。

1. 中药

中药指以中国传统医药理论指导采集、炮制的药物，在中医理论指导下，用于预防、治疗疾病，恢复和保持健康和养生。中药有天然药和加工品，包括植物药、动物药、矿物药及部分包含化学、生物制品类药物，以植物居多，所以也叫中草药。

2. 中药学

中药学是研究中药的基本理论和临床应用的学科，包括中药学的基本概念、中药的起源和发展、中药的产地与采集、中药的配伍、中药药性、中药治病机理、用药禁忌、用药剂量、中药的炮制和煎服等内容。

3. 中药方剂

中药方剂是根据中药配伍原则，总结临床经验，以若干药物配合组成的药

方。中药方剂由君药、臣药、佐药、使药四部分组成。中药"君臣佐使"始见于《素问.至真要大论》："主病之为君，佐君之谓臣，应臣之谓使"。君药是方剂中针对主证起主要治疗作用的药物，是必不可少的，药量大。臣药协助君药，以增强治疗作用。佐药也叫药引子，协助君药治疗兼证或次要症状，或抑制君、臣药的毒性或烈性，或为其反佐，使药可使方中诸药直达病症所在，或调和方中诸药作用。例如：《伤寒论》的麻黄汤，由麻黄、桂枝、杏仁、甘草四味药组成，主治恶寒发热，头疼身痛，无汗而喘，舌苔薄白，脉浮紧等，属风寒表实证。方中麻黄辛温解表，宣肺平喘，针对主证为君药；桂枝辛温解表，通达营卫，助麻黄峻发其汗为臣药；杏仁肃肺降气，助麻黄以平喘为佐药；甘草调和麻黄、桂枝峻烈发汗之性为使药。在某个时期，有人受"君臣佐使"为封建政体名称，故改称"主辅佐使"或"主辅佐引"。在很多方剂中，药引子是附加在方剂之后的，例如，以大枣为引，或以生姜为引，等等。中药方剂的配伍和药引子的使用都是根据中庸之道的，好的方剂是悟道水平高的结果。有关为什么许多中药方剂都以大枣为引的科学原理将在下一段落阐述。

二、针灸

广义上的针灸疗法包括下针、艾灸、拔火罐和整骨按摩。这些技术都涉及"程"和"度"，找到生效的中庸点。针灸的效果高低依赖于医师的悟道水平。文献记载的，或传说中的"天乙神针""九阳神针""天下第一针"都是高水平悟道的杰作。

1. 针灸的概要

针灸是中医里使用的一种治疗方法，是针法和灸法的总称，旨在通过针和灸来刺激人体，从而对各种疾病进行治疗性干预并促进健康。针法是指用毫针按照一定的角度刺入患者体内，运用捻转与提插等针刺手法来对人体特定部位进行刺激从而达到治疗疾病的目的。刺入点称为人体腧穴，简称穴位。人体共有 361 个正经穴位。针法和灸法治疗在春秋时代诸子百家的许多文献里都有记载，针灸理论在战国时代至后汉时期（前 500—公元 300）已经系统化。最早的医学理论著作《黄帝内经》和《黄帝八十一病》里都有详细记载。针灸是数千年以来人们对身体施加各种物理刺激的治疗经验法则的集合。直到近代，它与中药一起发展成为中医主要医疗技术。

2. 扎针

针灸里面的扎针将极细的不锈钢针（40—80 毫米长，直径 0.17—0.33 毫米）用拇指和食指捻动插入穴位。可以通过上下移动，捻转针头或使其振动添加一定的刺激力。另外，可以将弱的低频脉冲施加到针上，提高刺激，促进血液循环。另外，目前使用高压釜和化学方法的高温高压灭菌器对针灸进行消毒，并且由于一次性针的迅速普及，无须担心扎针引起感染。

3.灸

针灸里面的灸是燃烧艾蒿将热刺激施加于穴位的方法。灸法分为直接灸法和间接灸法。直接灸法是将艾蒿直接放在皮肤上并点燃，间接灸法是在艾蒿和皮肤之间留出一定的空间。艾线的粗细从米粒状到小手指状不等。皮肤上可能会形成水泡或可能留下艾灸痕迹。间接艾灸比较舒适，是因为点燃的艾蒿和皮肤之间形成一个空间，并夹有姜片和大蒜等温和的热缓冲材料。此外，一种称为艾灸针灸的方法是将豆粒大小的艾蒿附着于插入的针端部点燃。也有用现代红外线设备代替点燃的艾蒿。

4. 拔火罐疗法

拔火罐疗法是中医疗法之一，操作简单、方便易行，是老百姓重要的家庭日常救治手法。拔火罐是借助热力排除罐中空气，利用负压使其吸着于皮肤。拔火罐可以逐寒祛湿、疏通经络、祛除淤滞、行气活血、消肿止痛、拔毒泻热、调整阴阳平衡、解除疲劳，从而达到扶正祛邪、治愈疾病的目的。

5. 按摩

按摩是一种通过抚摸、推动、摩擦和拍打以使体内的稳态功能发挥作用，来促进健康的技术疗法。最古老的医学书籍《黄帝明治》在多个部分对按摩都有记载，但没有描述具体方法。明朝以后按摩也被称为推拿。按摩的手法和技巧有许多。包括手掌紧贴患处的轻擦法和摩擦法，手指抓捏肌肉的抓捏法，用手腕骨或脚掌进行旋揉法，用拳头轻拍的手拳法，用手指压缩和敲击的指压法。还有拉动和摇动患者的上肢和下肢的牵引摆动法，四个手指轻轻滚动的所谓车手法，等等。另外还有伴随洗脚的足疗脚底按摩法。

三、药引大枣

古今药方千万，药引无穷。常见的药引由大枣、生姜，黄酒、童便、葱白、冰糖、粳米、核桃等，最常用的是大枣。如桂枝汤用姜枣为引，补益剂四君子汤和补中益气汤等以生姜、大枣为引。药引为临床医者长期实践所证明其有良好的作用，也贯穿了中医随证用药的学术思想。现在的中药处方都不怎么使用药引子，或者把药引子当成一味药写进药方。大枣就是常用的药引子。实际上药引子是有其道理的，也是可以用现代科学解释通的。在有些处方里，按照药性大枣和药方子里的药是不能为伍的。但是还必须用大枣为引。这是为什么呢？

1. 从秦始皇说起

相传，秦始皇东巡，在一个枣树林休息，侍从在给秦始皇熬制汤药时，一阵秋风吹过，两颗红枣从树上掉进了药锅里。秦始皇喝后感觉比以往的药效好，便问侍从是否换了什么好药。次日，秦始皇喝药以后便问侍从药效为什么没有前日的好。侍从心想，可能是那两颗干枣的缘故。于是，从此侍从每次熬药的时候都加上两颗干枣。于是大枣也就成了许多药方的药引子。

2. 十枣汤

十枣汤是众所周知的名药方，由大戟（1.5 克）、甘遂（1.5 克）、芫花（1.5 克）三味药加十颗大枣（30 克，大约 10 钱）组成。十枣汤具有泻水除水，逐痰涤饮（饮为胸肋积水）的功效，主治阳实水肿的腹水引起的浮肿、尿少、便秘以及胸部痰饮积聚引起的呼吸困难、咳嗽、胸肋疼痛。

芫花：瑞香科瑞香属植物（*Daphne genkwa*）的花蕾。芫花性味辛、苦、寒、有毒；归经肺、脾、肾。主要药效为泻水除水，逐痰涤饮。妊妇禁忌。

甘遂：大戟科大戟属植物（*Euphorbia kansui*）的根。甘遂性味苦、寒、有毒；归经肺、脾、肾；功能为泻水除湿，逐痰涤饮，消肿散结。虚弱者和妊妇禁忌。

大戟：大戟科大戟属植物（*Euphorbia pekinensis*）的根。大戟性味苦、寒、有毒；归经肺、脾、肾；与甘遂同科同属，功效近似。

大枣的功效：大枣的单独功效和芫花、甘遂、大戟是不一致的。那么，为什么要加大枣呢？实际上，大枣在这里是"使药"。一个中药方剂里，分主次有"君臣佐使"四类药，以君药为主，臣药为次，佐药为协助，使药为药引子。一般来说，药引子都是写在方剂下面，或者不写，口述告诉患者。十枣汤里面大枣的量是主药的十几倍，所以就写进药方了。常见的药引子有大枣和生姜。为什么常用大枣为引呢？因为大枣含有丰富的多元酚和维生素 C，具有很强的抗氧化能力。一般的中药在煎熬的时候，其含有的活性物质容易被高温氧化，所以医生都建议从凉水开始，微火慢慢地煎熬，避免急剧高温造成活性物质氧化。大枣除了自身功效以外，就是以抗氧化性保护中药的成分。十枣汤里的三味药主要都是有毒性的，会引起血液中活性氧（O_2^-）和其他自由基（SOR）的生成。活性氧的浓度增加的症状之一就是疼痛。大枣在十枣汤里的作用也是为了消除活性氧，解除上述三味药的毒性。

3. 茵陈大枣汤

笔者上大学之前在农村生活，高中毕业后回村被视作"秀才"，曾经当过被尊称为赤脚医生的人民公社生产队卫生员。从农村老中医那里学得不少中药方子，其中就有茵陈大枣汤。当时农村缺医少药，人们膳食营养差，多患黄疸型肝炎。医生就用茵陈 45 克，红枣 10 枚，加适量白糖煮水，每日三次，救了很多人的命。后来有人改为冰糖加薏米，作为养生汤来饮用。数十年以后，笔者在开发益生菌保健饮料的时候，想起了当年的茵陈大枣汤。用乳酸菌和酵母菌为主的复合益生菌发酵茵陈和大枣，生产出一种保养肝脏的饮料。

4. 大枣为药引的原理

虽然大枣也是一味中药，性甘温，有健脾养血的作用。但是，使用大枣为药引子往往和它的药性无关，譬如，十枣汤，大戟、甘遂、芫花三味药都是泻水除水，逐痰涤饮的功效。茵陈和大枣的药效也不相类。自从秦始皇那里开始，人们还真的没有弄明白大枣为引的原理。这也是中医的特点，有效就可以了，没有必要把"道"道个明白。大枣为引的原理主要有如下两个方面。

(1) 抗氧化作用

历来熬药或者煎药提倡微火，长时间熬煮，不能烈火快速使其沸腾。这是因为烈火快速沸腾容易使中药的成分氧化变性。微火让一部分有机化合物先萃取出来，用以保护后来萃取的大分子的官能团，使大分子不失去活性。即使是这样，也会有一部分化合物被高温氧化。众所周知，大枣含有大量的维生素 C 和多元酚等抗氧化物，可以使中药的成分不被氧化变质。

(2) 还是抗氧化作用

这里的抗氧化作用和上述不同。还以十枣汤为例。大戟、甘遂、芫花都是有毒的，对身体会造成伤害，起码会引起腹痛。对身体的伤害或者疼痛，首先是活性氧浓度增加的缘故。那么，有大枣的抗氧化作用，活性氧的浓度就会降低，因此，上述三种药就不会引起腹痛和伤害。从用量上看，大枣是三种药综合的七倍，目的就是用大枣的抗氧化性确保药的安全性。当然，这里也有大枣保护中药成分的效果。为什么是七倍，七倍是中庸吗？不是太极端了吗？中庸的意思不是平等，不是相等，也不是正中间，而是正合适，正有用。只有加七倍的大枣才能抵消那三味中药的毒性，否则就是没有达到有用的目的，或者说是有"中"无"用（庸）"。

四、从牛鼻子上的汗水说起

中医大家郝教授读到张仲景的《金匮要略》中有"阴下湿如牛鼻汗"的提法。因为他是城市长大的，不知道牛的故事，于是专门去农村访问老农，了解"牛鼻子上汗水"到底怎么一回事。这一问，说来话长了。

1. 阴下湿如牛鼻汗

(1) 阴下湿

阴下、股沟处和腋窝潮湿或者有汗水是正常的，尤其是在炎热潮湿的气候中劳动或锻炼时更是如此。就像牛鼻子上的汗一样，如果你那里干燥了，那也和牛一样，身体一定出问题了。但是，如果阴下不仅潮湿，而且出汗过多，则可能另有潜在原因。这里面就是中庸之道在支配。到底应该多湿，湿到什么程度为佳，那是中庸之道决定的。阴囊、腹股沟、腋窝流汗是生活中的事实。腹股沟、腋窝有很多汗腺，被衣服覆盖着，通常很温暖。这意味着很可能会产生汗水。如果腹股沟汗液量异常可能是潜在疾病的征兆。

女性更不用说了，腹股沟和阴处湿润，有利于有益乳酸菌和酵母菌的繁殖，从而抑制有害菌的产生。这是必要的，和牛鼻子上的汗水一样，如果干了，那可就麻烦了。但是，如果过度湿润，某种酵母繁殖过剩，也是健康问题，譬如，导致白带的念珠菌（假丝酵母的一种）。

不管是男性或女性，阴下、股沟和腋窝潮湿是正常的，出汗也是正常的，极端过失和多汗的情况很少。即使有，也不要担心，不一定是病，可能只不过是生活习惯，或者活力过剩等问题。

(2) 香妃菌

香妃菌这个名称是笔者开发益生菌保健饮料的时候，给假丝酵母属（Candida spp.）的一个商业宣传名称。这是寄生在身体各处的酵母菌分泌或合成的有机酸，糖醇酯等具有甜、香、酸、醇等气味的有机化合物。气味偏重于哪一种化合物是因人而异的。女性身上发出天然的迷人的香味，这一现象是有科学道理的。现在有的女性忽视了这一点，认为自己身上的气味会使人厌烦，把自己每天洗得干干净净，搽上浓烈的化学香水。实则不然，天然得体的香味对男性是有吸引力的，是化学香水是无法相比的。如果男孩闻到女孩的体香，会无形中感觉对方很温柔，很有女人味。

(3) 汗水是男人的香水

男人的体味同样会让异性着迷。这也是香妃菌的原因。香妃菌同样在男性身体上大量寄生。有人说，汗水是男性的香水。笔者从网上看到一位女士提问："男人出汗后身上散发出迷人的香味，汗越大香味越浓，不是香水人工的味道，为什么？"有个男性接着回答："我10岁时发现自己汗香，自己喜欢闻的香味，现在我老婆也喜欢闻。"当然一些香味的原因是复合的，有寄生体表和体内的香妃菌的原因，也有直接从体内随汗水、体表油脂一起分泌的有机化合物的原因。男人的汗水香味当然与上述的"阴下湿"有关系的。

(4) 男性卫生巾

不知道医学上是否有定论，男性阴囊和股沟湿润也是有周期性的。日本的办公桌都是面对面、膀靠膀的，所以有些男性在阴下湿比较严重的那几天，就给自己带上女性用的卫生巾。这也未尝不可。但是过度在意这些天然的，而不影响健康和环境的现象是没有必要的。

(5) 裤衩相亲

东京一家婚姻介绍所，尝试把一批征婚男女的裤衩、背心或乳罩放在玻璃杯子里，让征婚者挑选自己喜欢的气味。然后介绍所根据"气味相投"引见双方。这样真的显著地提高了相亲恋爱的成功率。听起来好像是在讲段子，实际上是有科学道理的。

(6) 香妃菌分泌的脂肪酶

假丝酵母属（Candida spp.）的一些种，如南极假丝酵母（Candida antarctica）和皱褶假丝酵母（Candida rugosa）可以分泌脂肪酶，如脂肪酶B。脂肪酶B可催化类黄酮的区域选择性酰化，酚酸直接乙酰化以及其他脂肪酸的分解，生成酯类化合物，如葡萄糖苷酯、甘露醇、聚酯聚氨酯、衣康酸等。这也都是香妃的"香"的来源。脂肪酶B可以降解可降解塑料，例如聚己二酸丁二酯和聚己内酯。这也是香妃菌在人体内和皮肤上降解一些脂肪质物质，保持人的健康和美容的机理。

(7) 肠道脑、多枝梭状芽孢杆菌和血清素

最新研究发现，人体内存在第二个脑，就是肠脑。从食道至肛门长达十米

的消化道的内黏膜上有多达数百种，数以兆计的微生物，与肠道表层神经细胞一起组成了肠脑轴。而微生物群落就是肠脑轴的主要组成部分。如果微生物群落失去平衡，有害微生物占优，就会释放友好的信号物质，可以改变人的情绪，致使焦躁不安，抑郁多疑，嫉妒怨恨，甚至"心肠变坏"。如果微生物菌群平衡，益生菌占优，就会变得"心肠好"。其中一个例子就是与产生 5-羟色胺（血清素）有关的梭状芽孢杆菌，5-羟色胺传到大脑，可以使人心情愉悦，健康美容。这就是中华文化和汉语语言中"好心肠"和"黑心肠"的科学道理，也证实了中医理论的"心肠相合，里表相关"的正确性。

2. 牛鼻子上的汗水

从早到晚，春夏秋冬，牛鼻子上一直是有潮湿的汗水。一旦老农发现牛鼻子上没有汗水了，就知道牛生病了，于是根据病症采取医治措施。那么，牛鼻子上汗水对牛来说有什么用吗？牛是反刍动物。反刍俗称倒嚼。反刍动物把食物，主要是多纤维地草，粗糙地吞下，然后将半消化的食物从胃里返回嘴里再次咀嚼。反刍动物的胃分为四部分：瘤胃、网胃、瓣胃和皱胃，前三个胃没有胃腺，总体作用是对食物进行发酵、过滤、磨碎以及营养成分的粗吸收，只有皱胃是分泌胃液的部分，相当于单胃动物的胃，又称真胃。瘤胃内有大量微生物，包括原生动物（纤毛虫为主）和细菌。瘤胃本身并不分泌酶，所有瘤胃内的酶全是由微生物产生。网胃在瘤胃前方，抵着横隔和肝。网胃内壁呈蜂窝状，网胃内同样进行着微生物消化。瘤胃中存在超过 2000 种细菌。大多数瘤胃网状细菌与纤维的分解利用有关。每克瘤胃内含物中含有 100—200 亿个细菌，10 亿个甲烷菌，100 万个纤毛原生动物，100 万个厌氧真菌，10 亿个噬菌体。

再回到牛鼻子汗，牛鼻子暴露在空气中，随汗水分泌出许多营养物质，因此有利于细菌繁殖。尤其是半好氧半厌氧的细菌，如酵母菌和芽孢杆菌。牛在反刍的时候，不住地舔舐自己的鼻子，目的就是把汗水里的微生物吞到胃里，随之，唾液又带给鼻子上繁殖细菌的营养。所以说，牛鼻子上的汗水作用很大。

3. 牛鼻子上的汗水干了

我们先要知道，牛的几个胃里都含有生产甲烷的细菌，生产出来的甲烷气体是一种重要的温室效应气体，主要通过打嗝和放屁排放。世界上，反刍动物打嗝和放屁产生的甲烷占全部甲烷产生的 26%。甲烷细菌是完全厌氧的，不能在牛鼻子上产生。如果牛鼻子上的汗水干了，牛胃得不到半好氧的细菌和酵母的菌种，甲烷菌等全厌氧细菌就会大量产生，放屁和打嗝都来不及，于是造成胃胀。不懂得处置的农夫眼睁睁看着牛的肚子越来越大，一直到胀死。没有兽医院和兽医的农村，农夫处置的方法就是用草叉（在喂牛的槽里搅拌草料的三股铁叉）把牛的肚子插透，然后插进一根空心芦苇秆，气体从芦苇排除。乍听起来很残忍，其实不然。那点小伤对牛来说是小事，很快就愈合。跟牛每天的肩膀、角根和耳朵都摩擦的血淋淋的，加上蚊蝇和牛虻的叮咬相比，那才残忍。有什么办法呢？动物福利在那个时代还没有被提起。救命要紧，就不在乎牛疼痛了。据说，放了气，牛表现得很舒服。不管怎样，我们可以知道，牛鼻子上汗水的重要性。

如上所述，牛鼻子上的汗水干了，牛就胀肚。这只是许多疾患的一种。另一种就是发烧，不吃草，无力气。这个时候，农夫的处置方法是砍一些还带着绿皮的柳树枝，绑到牛的嘴里，两端系在牛角上。牛在反刍的时候，就把柳树枝条的嫩皮嚼了一起咽下。几天之后，牛就痊愈了。

五、小肠火和嚼杨枝

1. 小肠火的概念

医书《外经微言》小肠火篇里说："惟小肠之火代心君以变化，心即分其火气以与小肠，始得导水以渗入于膀胱。然有心之火气、无肾之水气则心肾不交水火不合，水不能遽渗于膀胱矣。"也就是说，小肠上火是代表"心"君的变化的，心火下移小肠，如果肾脏不能及时向膀胱排水，出现的症状主要是小便色黄，便少，排尿热痛。中医和俗话都叫"小肠火"。如果去看西医，那么很简单—尿道炎。女性除了尿道炎以外，还有肾盂肾炎，在中医上表现为小肠火。农夫们有个特效的治疗方法，就是嚼鲜嫩的柳树枝条的皮，每日三次，病情逐渐好转，数日后痊愈。其中的愈病原理是柳枝里含有的水杨酸及其衍生物，其中之一是俗称阿司匹林的乙酰水杨酸。

2. 嚼杨枝

(1) 杨枝

杨枝就是上述的柳树枝条。因为古代给蒲柳（垂柳）叫水杨（*Salix babylonica*）。水杨酸的名字也是来自水杨树。

(2) 嚼杨枝的字面意思和牙签的来历

嚼杨枝就是把截成段的鲜嫩的柳树枝条放在嘴里嚼，把嫩皮和汁液咽下，白色的木质部作为牙签剔牙。古代没有现代这样的牙签，剔牙用的就是细柳树枝条，也就是水杨枝。所以，"杨枝"就是牙签的意思，日语当中现在还使用"杨枝"二字。这是狭义上的嚼杨枝，广义上的嚼杨枝包括上述牛嘴里含柳枝棍治疗动物疾病的处置，嚼柳树皮治疗小肠火的民间验方，也包括动物饲料里添加杨柳树叶，用杨柳树叶发酵保健饮料的实践。

(3) 唐朝时代的嚼杨枝

在唐朝时代，印度、中国和日本的僧侣界和上层社会风俗高雅，在会客时，雅士间高谈阔论时，嚼杨枝和剔牙是时髦行为。在日本的武士阶层，有时候也是吃不饱，但是嚼杨枝和剔牙是不可或缺的。"武士は食わねど高楊枝"的意思就是"吃不饱饭，也要把杨枝（牙签）竖得高高的"。

(4) 当今日本永平寺里的嚼杨枝规定

东京南部的永平寺里的僧侣和相关人员，每天早晨首先要做的就是，一边嚼杨枝，一边念经。经文里有一段说："手执杨枝、当愿众生、心得正法、自然清净。晨嚼杨枝、当愿众生、得调伏牙、噬诸烦恼。"意思是说，手拿着杨枝，和众生一起祈愿灵验，心领神会得到真法，心思自然清净无杂念。早晨咀嚼杨枝，和众生一道祈愿体会灵验，有利于牙齿的健康，嚼噬掉所有烦恼。这是日本永平寺目前正在实施的一项新规定。所念的佛经是道元禅师于 1245 年撰写的《辨道法》。

(5) 速生杨木牙签和方便筷子

在日本几乎看不到杨树，很多国家都把杨树当作有害生物禁止入境。因为杨树不仅是劣质木材，而且频发虫害。但是，因为杨木里含有水杨酸及其衍生物，使用杨木做菜板、筷子都有利于健康。所以，日本使用的牙签和方便筷子都是从中国进口的杨木制品。而中国使用的牙签和筷子大多是竹子做的。大家都有体会，竹子牙签剔牙，很容易破伤，出血，发炎，更不可能有保健效果。忘记了"嚼杨枝"的原理可能是不知道竹子牙签不如杨木牙签的差异的原因。在日本，一有流感，肺炎等瘟疫流行时，就有人呼吁使用杨木筷子。

3. 喝杨汤

这里讲的可不是喝羊肉汤，而是喝用杨柳树叶和其他药食同源的保健草药一起用益生菌发酵的饮料。这种饮料醇香扑鼻，酸甜可口。如上所述，有小肠火的人就不要去啃柳树皮了。喝这种饮料就可以。春夏之际，园林上有大量剪下来的杨柳枝叶，以此为主要原料，加入金银花、连翘、莲子、藕叶等药食同源的药材，以大枣汤为母液，用含有乳酸菌类、酵母菌类、芽孢杆菌类、双歧杆菌类的复合微生物发酵。这种饮料本身含有的益生菌就是保健的，再加上药食同源的药材，更有杨柳枝叶的提取物在内，对上述类似小肠火的上火，疲劳，口舌生疮，目赤等症状有即时疗效。流感、肺炎等瘟疫逼近，也可以通过提高免疫力，活化上调表达抗病基因来抵御瘟疫的感染。当然类似的，或者简化的饮料也可以用作畜禽的饲料添加料，同样能提高动物的免疫力，对抗瘟疫，而且提高肉蛋奶的品质。用自然发酵法制成的柳枝口服液具有比阿司匹林更有效更广泛的效果，可作预防心脑血管疾病的饮料。阿司匹林的效果是单一的，为可道之道，可名之名；柳枝口服液的效果是复合的，为不可道之道，不可名之名。

4. 产妇嘴里的柳枝棍

古时候农村的有些接生婆，往往让难产的产妇嘴里含上一根新鲜柳树枝条的棍子，啃下的苦汁咽下去，两手抓住柳枝棍的两端，大声喊叫出来，于是孩子"哇"的一声就生出来了。这件很简单的事情却蕴藏深厚的科学道理。柳枝里的水杨酸不但止痛，而且是一个危机信号物质。危机信号传递到 DNA，相应的基因开始应答，其中之一就是催产素的同源基因上调表达，也就是通过 RNA 转录和翻译，生产更多的合成催产素的蛋白酶。催产素浓度升高，在分娩过程中促进子宫平滑肌的收缩。紧抓柳枝棍大声喊也可以生成一种危机信号，DNA 接到危机信号后，一些和爆发力相关的基因上调表达，产生瞬时爆发力。

5. 嚼杨枝的保健原理

(1) 水杨酸和阿司匹林

1828 年，法国的亨利·勒鲁（Henri Leroux）和意大利的 R. 拉斐尔·皮里

159

亚（Affaele Piria）从柳树皮里提取了水杨酸（一羟基苯甲酸）。1897年德国的埃里克斯·霍夫曼（Felix Hoffman）给水杨酸加了一个乙酰基，成功合成了乙酰水杨酸，即阿司匹林（图7-4）。树木当中只有柳树、杨树和桦树水杨酸的含量高。草本植物中，旋果蚊草子（*Filipendula ulmaria*）含有水杨酸。旋果蚊草子是生长在俄罗斯、蒙古和中国新疆的野生药草，因为从植物和树木中利用水杨酸没有得到重视，所以也没有人引进旋果蚊草子进行人工栽培。虽然阿司匹林可以很容易从廉价的苯酚化学合成，但是植物里所含的复方化合物还是单品不可以代替的。再说，作物废物的杨柳树枝叶，野草旋果蚊草子用于生产饮料，食品和饲料添加剂，也是一个很好的经济项目。我们平时食用的蔬菜、水果和饮料当中也含有少量的水杨酸及其衍生化合物（表7-2）。一些人对水杨酸盐或阿司匹林过敏，会引起支气管哮喘、鼻炎、胃肠道疾病或腹泻，因此需要采用低水杨酸盐饮食。不过，除了柳叶，杨叶和旋果蚊草子，一般水果和蔬菜含量都很低。笔者少年时代正遇1960年饥荒，柳叶和杨叶和几乎所有的野菜野草都吃过，有的人出现水肿，可能与草酸以及低蛋白和低脂肪饮食有关，不可能是水杨酸的原因。不是阿司匹林比水杨酸更有价值，而是稳定，易于化学合成。

表7-2 一些水果和蔬菜中水杨酸含量 单位：mg/kg

水果		蔬菜		饮料		香料与药草	
黑莓	0.81	龙须菜	1.29	苹果汁	0.83	黑茴香	25.05
蓝莓	0.57	胡萝卜	0.16	蔓越莓汁	0.99	土茴香	29.76
嘎拉	0.62	芹菜	0.04	葡萄柚汁	0.1	玛萨拉	5.74
葡萄	0.44	芸豆	0.07	橙汁	0.68	辣玛萨拉	12.85
青苹	0.55	菜豌豆	0.2	菠萝	4.06	红辣椒	28.25
狝猴	0.31	双孢菇	0.13	西红柿	1.32	姜黄根	20.88
油桃	3.29	洋葱	0.8	白葡萄酒	0.44	百里香	28.6
草莓	0.61	西红柿	0.13	红葡萄酒	0.5	薄荷	54.2
杏	1.01	青椒	1.01	茶	1.06	茴香	14

资料来源：根据Duthie GG and Wood AD (2011)翻译整理。

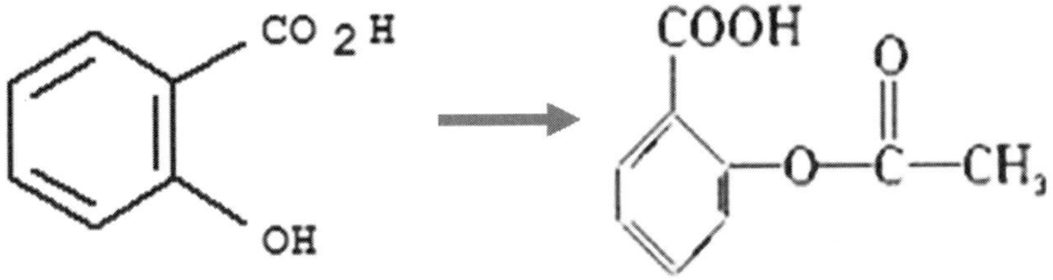

图7-4 水杨酸乙酰化生成阿司匹林

现在很多人都不知道嚼杨枝的保健效果，有的知道，但是对其原理的解释也不正确。就像解释阿司匹林的愈病原理一样，有人认为阿司匹林可以灭菌，可以杀病毒，可以退烧。实际上都不是。因为水杨酸产品不易生产，所以给水杨酸甲基化，生成乙酰水杨酸（阿司匹林）。这样就可以大量合成。水杨酸在植物体内和动物体内都是一种信号传导物质，告诉 DNA 外界有病菌、病毒、其他病原体，或者非生物恶劣环境的侵蚀，DNA 当中的抗病抗恶劣环境的基因开始活化，通过向信息 RNA 的转录，向蛋白酶的翻译，提高抗病的生化活性，提高免疫力。而不是直接杀死病原，也不是直接退烧。水杨酸及其衍生物，譬如阿司匹林，不仅对人有效，对动物也有效，譬如，上述鼻子流汗的牛，而且对植物的抗病虫也有效（将在下一段落详述）。所以说，水杨酸在生物体内是一个地地道道的中庸使者。

(2) 水杨酸和阿司匹林的医疗效果及其原理

①止痛：阿司匹林适用于关节炎、痛风、肾结石、泌尿系结石、偏头痛、外伤痛、月经痛、牙痛、腰痛、肌痛和神经痛以及中小型手术时候的镇痛。其原理是抑制人体内信使前列腺素的合成。前列腺素在人体内广泛存在、有很多亚型，其中与疼痛相关的是前列腺素 E2 (PGE2)。PGE2 可以诱发炎症，增加疼痛。阿司匹林和水杨酸调节环氧合酶（COX2）的基因表达，减少促炎性前列腺素的形成。不要担心，前列腺素和前列腺没有直接的关系，是因为这种物质最先是在精液中发现的，当时认为可能是前列腺分泌的，所以就给起了这个名称。欧洲三位药理学家约翰·贝恩（英国），本格·塞缪尔森（瑞典）和苏恩·伯格斯特罗姆（瑞典）发现了前列腺素并阐明了阿司匹林抑制前列腺素的生成及其炎作用机理，获 1982 年生理学或医学奖。

②治疗风湿性关节炎：阿司匹林通过下调 JAK/STAT3 和 NF-κB 信号转导通路，阻止类风湿关节炎成纤维样滑膜细胞 G0/G1 进入 S 期，促进滑膜细胞的凋亡并抑制增殖。

③退烧：成人可以用阿司匹林退热剂，但是幼儿不可，因为会引起儿童的类似里氏综合症的严重疾病。

④抗血小板：阿司匹林通过抑制血小板的环氧合酶（COX1 和 COX2）来抑

161

制血小板的聚集从而防止血栓的形成，预防脑梗塞和缺血性心脏病。作为预防，每天可以服用少量的阿司匹林。

⑤防癌：长时间服用少量阿司匹林可以降低致癌的风险。已经证实阿司匹林对大肠癌具有抗肿瘤活性，调节 NF-κB（NF-κB）信号通路是这种作用的关键机制。

⑥美容：水杨酸使粗糙的表皮细胞更容易脱落，防止毛孔堵塞，并为新细胞的生长留出空间。因此可用于治疗疣、牛皮癣、痤疮、癣、头皮屑、鱼鳞病、老茧、毛发角化病和黑棘皮病等。

⑦接骨：水杨酸通过诱导相关酶的合成以促进破骨细胞的分化。破骨细胞是一种骨细胞，对于维护、修复和重塑椎骨和骨骼至关重要。

六、从乱葬岗头骨里的白颈蚯蚓说起

中药白颈蚯蚓

《神农本草经》里说，白颈蚯蚓，"味咸寒，主蛇瘕，去三虫、伏尸、鬼疰、蛊毒，杀长虫，仍自化为水，生平土"。蚯蚓常名地龙，一般有白颈者、肥壮，体壁厚，前端有带如环，色浅。

这里说的蛇瘕，就是常饥饿但是吃不下，喉噎塞食，咽下后又吐出来，是现代医学上食道肿瘤的典型症状。三虫为蛲虫等寄生虫。伏尸就是其病隐伏五脏，积年难除，未发如常人，骤发则心腹刺痛，胀满喘息。鬼疰相当现在的心腹痛。蛊毒的症状为心腹绞痛，吐血有块，腹胀便黑如漆，类似现代医学的肝硬化、消化道出血、肝癌、血吸虫病晚期等病。笔者查阅了一些资料，含有地龙的药方不少，但是没有治疗食道癌的，也没有说明蚯蚓必须是白脖子的。主要的药方有以下几个。

(1) 地龙散：当归梢 0.3 克，中桂 1.2 克，地龙 1.2 克，麻黄 1.5 克，苏木 1.8 克，独活 3 克，黄柏 3 克，甘草 3 克，羌活 6 克，桃仁 6 枚。主治瘀血阻滞，招引外风。症状为腰痛，或胫、臀、股中痛，鼻塞不通。

(2) 病毒性脑炎方：蜈蚣 2 条，全蝎、地龙、黄连各 4.5 克，黄芩、熟大黄、枳实、石菖蒲、炙远志各 9 克，水煎服。主治病毒性脑炎，症状为嗜睡、头痛、发热、抽搐。

(3) 犀角地黄汤加地龙：急黄热毒内陷，黄疸急起加深，高热烦渴，躁动狂乱，抽搐神昏者，犀角地黄汤加地龙：犀角（可用水牛角代替）30 克，生地 24 克，芍药 12 克，丹皮 9 克，地龙 15 克。黄连 9 克、黄芩 12 克、栀子 12 克、熟大黄 9 克、黄柏 12 克。主治急黄热毒内陷，黄疸，高热烦渴，躁动狂乱，抽搐神昏。

(4) 小球藻悬浮液：笔者联想到自己主持开发的小球藻和益生菌发酵技术，独出心裁地认为，小球藻培养悬浮液一定被小球藻调节成有利于它们生存和健康的环境。小球藻可以过滤出来，加工成食品，具有很好的营养价值和保健功能。可是，供小球藻健康生存而不感病的环境——悬浮液是否也可以利用呢？因此，笔者提出了一个小球藻不必过滤，连续培养基悬浮液一起用益生菌发酵，可以制成具有保健效果的饮料。合作企业考虑到申请饮料的许可麻烦，先作为饲料添加料用于畜禽养殖。在蛋鸡上的试验表明，食用这种小球藻悬浮液发酵液的鸡不容易生病，而鸡蛋明显优质。当然，类似的还有红茶菌液，培养基悬浮液可以用作保健饮料。原理就是生物越是原始越明显，它们会遵循中庸之道使自己生活的环境最大优化。小球藻悬浮液里加了很多营养元素，如果小球藻不把它调节成利于自己生长的环境，其他菌类就会滋生，那就成了臭水一坛。这个过程是小球藻天然具有的特性所决定的。人们只能"率性"，根据小球藻的习性为小球藻提供营养元素。

七、粪土、黄土、灶心土、鼠屎、猪屎、羊屎蛋

有些人喜欢拿《本草纲目》的某些药方来嘲笑中医药和几百年前的李时珍。这是不懂中医，也没有充分理解现代生物科学的缘故。笔者在这里举几个被嘲笑的药方，然后解释一下。

1. 土是可以入药的

(1) 古代和现代的实例

①一代名医叶天士：叶天士（1666—1745），清代名医，四大温病学家之一。著作有《温热论》《临证指南医案》《叶氏存真》《未刻叶氏医案》《医效秘传》《叶氏女科证治》《本草经解》等。

②泔水和粪土扑灭瘟疫：叶天士用腌咸菜的缸里的泔水和田地里的泥扑灭了一场瘟疫。当地的知府和他一起端着碗劝说人们饮用这种泥汤。现在有些人会对此嗤之以鼻，认为这样做粗俗、庸俗、愚昧的骂声不断。

(2) 笔者的举一反三：非洲猪瘟的防治

笔者借鉴了叶天士的先例，在研究益生菌畜禽饲料添加剂的时候，添加了从经常施用畜禽粪便为原料的有机肥的菜地里取来的粪土。每克这种土壤含有各种各样的微生物达数十亿。也就是说，这1克，或者是1汤勺土壤里的生命体比中国人口还多。而这些微生物的大多数都是对动物和生命体有益的。在用糖蜜为碳源，以乳酸菌、酵母菌、芽孢杆菌等微生物为主体的复合益生菌为菌种进行发酵的时候，加进含有大量微生物的粪土，这些微生物的一部分在发酵过程中同益生菌种一起繁殖、活动，分泌活性物质和酶。前期半好氧发酵和后期全厌氧发酵完毕后，即使这些微生物的大多数其本身已经不存在，但是他们分泌的活性物质和酶还在。当然有一些厌氧菌还是存在的。这样的饲料添加剂是有理由协助畜禽抵抗病原物的。但是，应以预防为主。一旦非洲猪瘟发病了，猪身体内感染了病毒，即使把猪救活了，带毒猪肉也没有经济价值了。原始的猪在野外生活，是用自己的嘴巴在土里拱来拱去找食物，当然连泥土一起吃下。现代化养猪都是在消毒的环境下，猪已经失去了对病原的抗性。这就是笔者要

在益生菌饲料添加剂里添加粪土的缘故。笔者的粪土益生菌饲料添加料在南方某省证实了其防治猪瘟的良好效果。猪在野外觅食，吃的草根、野草几乎都是中草药，泥浆里含有多样的微生物，而且活动也是增强免疫力的因素。困在猪圈里的猪，吃着营养丰富的配方饲料，而且失去了活动空间，相比之下，免疫力就比在外的猪低多了。所以，人也不要像猪一样困在圈里，每天鸡鱼肉蛋。那不是幸福，而是不幸。

(3) 各种入药的土

1) 灶心土：灶心土在中药学上也叫伏龙肝，俗名锅框土。以前农民的锅灶的框是泥土垒的，成年累月地熏烤，泥土变成土红色，性味辛，温，归脾、胃经。具有温中止血、止呕、止泻的功效。可检测的化学成分主要有硅酸、氧化铝及三氧化二铁，还有氧化钠、氧化钾、氧化镁、氧化钙、磷酸钙等。

2) 生黄土：没有污秽的黄土，性平味甘，无毒。可以治疗腹绞痛和痢疾，解各种药毒，如野簟毒。

3) 粪土：常年堆积粪便等有机肥的田地里的土。

4) 蚯蚓土：也叫地龙粪，性寒，味甘，酸，五毒。可治疗阴囊肿大，小儿吐奶，外服治疗蛇犬咬伤。

5) 井底土：为井底多年沉积的泥土，性大寒。用井底泥调和大黄和芒硝粉末，涂于额头，治疗头痛和小儿热疖。

6) 转丸土：为蜣螂（屎壳郎）做的屎丸干燥后的土，味咸，性大寒。热水淋洗绞汁，治疗呕吐、痢疾、霍乱；用醋调制外服治疗颈项瘰疬。

7) 螺蛳土：螺蛳放入清水中排出的泥土，性凉。一钱随热酒服下，治疗反胃吐食。

2. 可入药的粪便

(1) 母猪粪治愈知青十年恶疮的故事

这是马未都讲述的故事。那还是知识青年上山下乡的年代，和他在一起的一位知青头上长疮，流黄脓，味道很难闻。没人愿意跟他在一个屋里睡觉，他本人也很害羞，每天大量服用四环素、土霉素之类的抗生素，还去医院打青霉素，依然不好。后来一位老乡告诉他用母猪粪在瓦片上焙干后再用水调成糊状，糊在头上，三天以后就好了。很多年以后，马先生偶然读《本草纲目》时，看到了这个药方。不过，网上转述这个故事的人把猪粪说成是《本草纲目》里的"猪苓"是错误的。猪苓是一种稀有的多孔菌科蘑菇（Polyporus umbellatus），可食用，常见于山毛榉或橡树的老树根部上，块状，伞状，多孔，性平，味甘，淡，归肾经、膀胱经，利尿渗湿。

其实唐朝孙思邈的《千金方》里有许多食用粪尿的药方。明朝李时珍距离唐朝已经几百年了，如果那么多粪尿方子是胡说八道的话，会随时间被淘汰的。李时珍又把这些药方子写进了《本草纲目》，说明这些药方子是有效的。

(2) 不是屎的"牙屎"

因为这是笔者的亲身经历，所以单列一条。"牙屎"就是粘在牙上的饭渣，经口腔细菌发酵后像屎状的东西。刺伤、割伤、咬伤等伤口上涂抹"牙屎"，当天就愈合。笔者后来在工作期间开发益生菌发酵产品的时候，才清楚地明白那点用指甲刮下的"牙屎"里至少有 10 亿个口腔乳酸菌，是它们保护了不刷牙人的口腔的安全，是它们抑制了可能感染伤口的细菌。同样，各种各样的屎尿里都有大量的微生物及其分泌的活性物质。

(3) 妈妈的粪便

许多动物，如考拉（树袋熊），生下来以后要吃妈妈的粪便。那是为什么呢？考拉的主要食物是桉树叶。而桉树叶基本营养物质的含量极低，并含有大量的难以消化的结构性物质，例如纤维素和木质素，而且还含有有毒的苯酚以及酚醛和萜烯。消毒和分解必须在具有很强的发酵能力的胃里进行。当然是发酵就需要微生物。考拉生下来时这些发酵微生物不足，通过吃妈妈的粪便可以获得这些菌群。人类是通过妈妈咀嚼食物喂孩子来向婴儿传递肠道发酵微生物。不要认为这是穷人的粗俗习惯，它是符合中庸之道的合理习惯。接受母乳和咀嚼喂食的孩子其体内免疫力要强得多。

(4) 山羊的肠胃——中草药的活体发酵罐

笔者在网上看了羊粪治病的视频。服用羊粪的人说包治百病，专家给予否定，网上也是一片骂声。客气一点说没有科学依据。说包治百病是有点夸大，治病是完全有可能的。野外自由放牧的山羊，每天吃几百种草，绝大多数是中药。中药在羊的肠胃里发酵几小时后就以粪便的形式排除。刚好有些中药成分被萃取出植物材料并且处于活性状态。以前熬药要用微火，长时间熬制，为的就是让植物材料里的有效成分充分萃取出来。笔者在开发药食同源益生菌饮料的时候，发酵必须保证 38 摄氏度 24 个小时。38 摄氏度很接近羊的体温，24 小时发酵也与植物材料在羊的肠胃里的时间差不多。而且，羊的肠胃可是真正的生物发酵罐，当然比不锈钢的发酵罐效果要好。至于发酵原料，羊所吃的草里不乏有好的药材，有些可能还是《本草纲目》里没有记载的好药材。再说，老百姓以土方秘方治病，回避高额的医疗费，有什么不好呢？

(5) 尿可以入药，也可用作酿酒的起酵剂

喝尿族：众所周知，中药里有一味药叫童尿。《本草纲目》中记载；人尿（童尿）性寒味咸，无毒。主治寒热头痛。也有用童尿作为药引子的。元代名医朱震亨医案记载："小便降火甚速。常见一位老妇人，年逾八十，貌似四十。询其故，人教服人尿。四十余年矣，且老健无他病。凡阴虚火动，热蒸如燎，服药无益者，非小便不能除。"类似案例很多，用于治疗头痛、咽痛、腹痛、发热、肺痿咳嗽、痔疮等症。古代医书解释为什么童子尿为佳的时候，说小儿为纯阳之体，代表着无限生命力的阳气。用现代生物学解释的话，婴儿是吃奶的，利用蛋白质的代谢能力强，也就是把蛋白质分解利用后，残余的变成尿素排出，和尿一起被代谢的一定还有其他许多活性物质。这些活性物质有助于加速蛋白质代谢，

165

把残余物以尿素的形式排出，而不是以尿酸的残存在血液里引起痛风。所以，有些缺医少药的偏远山区，有人以喝尿来治疗痛风等顽疾，是有其科学道理的。这些貌似极端的事例并不极端，有中庸之道在起作用，不会有错的。

(6) 各种可以入药的粪便

1) 猪粪：性寒，无毒。除热解毒，主治寒热黄疸湿痹、疮、惊痫，小儿夜啼，小儿阴肿，猪肉中毒，妇人血崩，口唇生核。

2) 蚕粪：中药名为蚕沙。为家蚕幼虫的便。性温，味辛、甘。归胃、脾、肝经。功效为祛风除湿，和胃化浊，活血通经。主治风湿痹痛，肢体不遂，风疹瘙痒，吐泻转筋，闭经，崩漏。

3) 羊粪：在山涧自由放牧的山羊粪。《本草纲目》卷九兽部一山羊粪里记载，山羊粪同水粉各一升，浸一夜，绞汁顿热，午刻服，治疳痢。又有，山羊屎晒干，入锅炒，研细收藏；大枣去皮核，捣烂如泥，加入羊粪粉，捶至成丸，每服四钱，黑枣汤送下。治疗溃烂、溃疡，神效无比。又说，大活鲫鱼一尾，破腹去杂，以山羊屎塞实鱼腹，放瓦上慢火炙干，研末，加麝香一钱封贮，如遇溃疡，烂见内腑，止膈一膜者，以此药掺上，立愈。

4) 其他粪便：几乎所有动物和昆虫的粪便都可以入药。此处不再赘述。

● 第五节 ● 中医农业

中医农业是自然农业的一个称呼，因为思考问题和解决问题的方式与中医类同，并不是用中医解决农业问题。这一问题的内容太庞大，此处不是详述，笔者要介绍的内容只是与上述"嚼杨枝"有关，也就是利用杨柳树的树皮和树叶里含有的水杨酸来提高植物的抗逆性和抗病虫能力。

一、杨枝益生菌发酵液

杨枝益生菌发酵液就是用柳树和杨树的嫩枝叶为原料，以含有乳酸菌、酵母菌、芽孢杆菌等有益微生物的符合益生菌为菌种，进行厌氧发酵生产出的制品。可用做作物的叶面喷施，及作为叶面生物肥，叶可以刺激作物的抗性。具体制作流程已经写进了编号为 CN107518009A 的专利书中。此处只作简单叙述。

(1) 原料准备：可以采取园林上修剪下来的柳树枝条和杨树枝条，将鲜嫩的枝条和叶子打浆、榨汁，配合适量的必需的营养元素。

(2) 菌种：含有乳酸菌类、酵母菌类、芽孢杆菌类的复合益生菌为菌种。

(3) 发酵原料液的配比（按 1 吨计算）：菌种 50 千克，糖蜜（含蔗糖 75%）50 千克，起酵剂（尿素或谷氨酸等小分子氮素化合物）2 千克，杨柳枝叶浆 898 千克。

(4) 发酵条件：①控温发酵罐；②发酵开始前充分搅拌，使溶存杨达到饱和；③前期为半好氧发酵，后半为纯厌氧发酵；④发酵温度为 38 摄氏度；⑤发酵时间为 15 天。

(5) 施用：稀释 300–500 倍，叶面喷施。

(6) 科研实例：杨枝益生菌发酵液在西红柿上的应用。

① 施用方法：在西红柿幼果期叶面喷施和灌水冲施。冲施肥为每亩 2 升，40 摄氏度温水稀释 50 倍，随灌水冲施。叶面肥的施用方法是每亩 1 升，用 40 摄氏度温水稀释 300 倍，叶面喷施。每隔 10 天喷洒一次。采收期连续叶面喷施 3 次，每隔 7 天一次，每亩每次 1 升，稀释 300 倍。

② 试验结果：如表 7–3 所示，两个季节，施用杨枝发酵液的处理区里西红柿都增产了 20% 以上，发病率降低了 50% 以上。可见效果非常明显。

表7–3　杨枝益生菌发酵液对西红柿产量和发病的影响

处理区	冬春季		秋冬季	
	量产/（千克/亩）	发病率/%	量产/（千克/亩）	发病率/%
施用区	2332	4	7542	6
对照区	1909	8	6006	9.5

二、水杨酸制剂

1. 水杨酸制剂的配制：和杨枝益生菌发酵液不同的地方是食用水杨酸代替杨柳枝叶，其他都一样。

2. 科研实例：杨枝益生菌发酵液在西红柿上的应用。

水杨酸（SA）是调节免疫反应的植物激素之一，当植物遇到恶劣环境和不愿感染时，植物体内开始合成 SA 并通过信号转导和相关基因的表达获得系统获得性抗性（SAR）。在这项研究中，叶面施用 SA 证实了诱导番茄抗病性和 SAR 形成的基因表达。这里需要简单说一下信号转导和基因表达。

（1）与试验相关的理论和概念：信号转导和基因表达

信号转导是化学或物理信号作为一系列分子水平的活动通过细胞传递的过程，最常见的是蛋白激酶催化的蛋白磷酸化，最终导致细胞应答。负责识别刺激的蛋白质通常称为受体。受体与配体结合（或信号感应）导致的变化引起生化级联反应，最终把信号传递给 DNA。这是一系列生化反应事件，称为信号通路。古代军事上是用点燃烽火向京城朝廷传递危机事件。这里刺激信号是外国军队入侵，相当于植物的病菌感染信号，信号传递链是一个连一个的烽火台，点燃一个一个的烽火台，相当于生化级联反应，京城朝廷相当于 DNA。DNA 根据得到的危机信号，例如细菌感染，把相关的抗性基因（酶蛋白中氨基酸的排列顺序）快速转录 mRNA，这叫基因转录。mRNA 从细胞核进入细胞质，在核糖体上按照 mRNA 带有的氨基酸排列顺序合成相应的酶蛋白，这叫基因的翻译，整个过程叫基因表达。与通常相比，由于转导来的信号引起基因表达的增加叫上调表达，表达量减少叫下调表达。抗性基因得到上调表达了，抗性就增加了。植物在遇到病原感染或者恶劣环境时，首先是水杨酸的浓度增加及其引起的活性氧的增加，水杨酸或活性氧叫危机信号物质，相当于烽火台上点起的烽火。在植物还没有遇到感染或者恶劣环境的时候，给予水杨酸处理，可以提前诱导植物的抗性。换句话说，自然法则在生物体内安置了控制所有性状（耐病性、甜度等）的基因（盐基有数十亿、基因数万，控制数十万种类的性状特征）。一味追求产量的农业技术和操作钝化了某些基因，使其安逸地睡眠。人类可以认为给植物施加假的危机刺激，比如高光、低湿、旱魃、低温、盐渍等。这些自然因素的恶化都导致水杨酸浓度的增加，所以可以用水杨酸处理代替这些恶化环境因素，而且不伤害植物。

（2）与试验相关的理论和概念：植物产品质量的改善

当植物遇到环境危机的时候，就想方设法留下后代，也就是种子，并设计让自己的种子传播出去。拿甜瓜为例，在种子还不能发芽的时候，瓜的颜色和叶子的绿色一样，不让动物找到；瓜瓤是苦的，为了不让动物吃，否则自己就绝种了。当种子成熟的时候，瓜就变成了与叶子不同的颜色，如白色、黄色等，而且发出一种香味，瓜就甜了，其目的是让动物找到瓜，快速吞下自己的种子，而通过动物粪便传播出去。尤其是干旱来临的时候，虫咬的时候，这种特性更明显，这就是为什么干旱的气候里，沙地或者微盐碱地里生长的瓜果更甜的缘故。现在大肥大水，农药化肥栽培的瓜果，没有留不下种子的担心，所以，瓜果的颜色和味道都不那么好了。所以，我们需要用危机处理刺激植物的这种本能，得到人们想要的优质瓜果。

（3）试验处理

利用西红柿为植物材料，做了两个培栽试验和一个大棚试验。盆栽试验设 3 个水杨酸浓度处理，即 0.1、0.5 和 1.0 毫摩尔浓度（mM）。大棚试验设 0.5 mM 一个浓度处理。用 PCR 法（聚合酶链式反应）检测了与全身获得性抗性相关抗性基因的表达。

（4）试验结果

PR1 (Pathogenesis-related protein 1) 表示与发病有关的蛋白酶，也表示编码这个蛋白酶的基因。三个试验当中，不管水杨酸浓度高低，PR1 基因都上调表达。而 PR1 上调表达就意味着抗病性增加。NIM1 是丝氨酸 / 苏氨酸蛋白激酶的编码基因，丝氨酸/苏氨酸激酶受体在调节细胞增殖，程序性细胞死亡（细胞凋亡），细胞分化和胚胎发育中起作用，与植物的抗病性有关。除盆栽试验 II 的低浓度以外，其他试验结果与 PR1 的结果相似。编码苯丙氨酸解氨酶（PAL）的基因与抗病性有关，受水杨酸的影响而上调表达。异分支酸合成酶（SCI）与内源水杨酸的合成有关，编码这个酶的基因受外源水杨酸处理的影响而表现下调表达，这也是理所当然的事情。ERF3 是乙烯反应转录因子，一般随病原菌的侵染而上调表达。此处，ERF3 在所有试验中都没受影响，说明水杨酸处理和病原菌的感染不类同。作为好称为植物防御素 γ- 硫堇蛋白的编码基因因水杨酸的影响而下调表达，说明 γ- 硫堇蛋白的抗病机制与水杨酸不一致。胁迫应答基因（DREB 系列）很少受水杨酸处理的影响，根线虫应答基因也没有受水杨酸处理的影响，说明水杨酸处理与外界非生物以及生物胁迫不太一样。结论是，外源水杨酸处理是通过诱导特异蛋白酶编码基因的上调表达以及诱导 PAL 和 SCI 基因的上调表达来实现增强植物的抗病性的（表 7–5）。

表7–5　外源水杨酸处理诱导植物抗病基因的上调表达

基因	略称	盆栽试验I（水杨酸mM）			盆栽试验II（水杨酸mM）			大棚试验（mM）
		0.1	0.5	1.0	0.1	0.5	1.0	0.5
特异性蛋白	PR1	+	+	+	+	+	+	+
	NIM1	+	+	+	ns	+	+	+
苯丙氨酸解氨酶	PAL	ns	+	+	+	+	+	+
异分支酸合成酶	ICS	-	-	-	-	-	-	ns
乙烯应答基因	ERF3	ns	ns	ns	ns	ns	ns	ns
γ-硫堇蛋白;	Y-thionin	-	-	-	-	-	-	ns
	DREB1	ns	ns	ns	ns	ns	ns	+
胁迫应答基因	DREB2	+	ns	+	ns	ns	ns	ns
	DREB3	ns	ns	ns	+	+	ns	ns
根瘤线虫抗性基因	Mi1.1	ns	ns	ns	ns	ns	ns	ns

三、内源水杨酸在诱导植物全身获得性抗病性上的作用

这里所说的内源水杨酸就是植物体内自己合成的水杨酸。上一节当中讲到了水杨酸可以诱导植物抗性基因的上调表达，最终达到抗病的目的。这里要讲的是水杨酸在植物获得全身获得性抗病性的过程中水杨酸的作用。系统（全身）获得性抗性（SAR）是指由局部暴露于病原体后引起的整个植物体抗病性。SAR 与动物体内的先天免疫系统类似。如上节所述，SAR 与病程相关的 PR 基因的诱导有关，而 SAR 的激活需要内源性水杨酸（SA）的积累。病原体诱导的 SA 信号激活了分子信号传导途径，该途径由 NIM1（或 NPR1 或 SAI1）的基因识别。如图 7–4 所示，系统（或全身）获得性抗性的形成过程由七个步骤。

(1) 确认病原菌侵入。

(2) 信号转导：把受病原菌感染的信号转递到 DNA，相关的基因活化，如活性氧生成的基因上调表达。

(3) 过敏反应：把局部受感染的细胞或者病斑周围的细胞同病原菌一起杀死。杀死细胞和病原菌的是高浓度的活性氧。

(4) 死亡中的植物细胞释放水杨酸。

(5) 水杨酸被运输到无病细胞或组织部位。

(6) 水杨酸起动信号转导链诱导一系列抗病性基因的上调表达。

（7）植物全身（整个系统）形成获得性抗病性（SAR），也就是与 SAR 相关的基因上调表达。

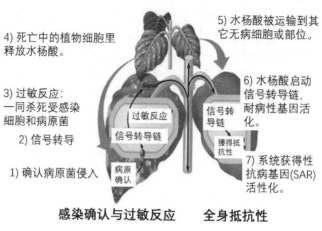

4) 死亡中的植物细胞里释放水杨酸。

5) 水杨酸被运输到其它无病细胞或部位。

3) 过敏反应：一同杀死受感染细胞和病原菌

2) 信号转导

1) 确认病原菌侵入

6) 水杨酸启动信号转导链，耐病性基因活化。

7) 系统获得性抗病基因(SAR)活性化。

过敏反应　信号转导链

信号转导链　病原确认

获得抵抗性

感染确认与过敏反应　　全身抵抗性

图7-4　水杨酸诱导植物抗病的机理

小　结

　　老子说，治大国若烹小鲜；笔者说，治大病若挠痒痒。"上边上边，下边下边，左边左边，右边右边，重些重些，轻些轻些，使劲使劲，唉，真舒服！"那个真舒服的地方就是不偏不倚，恰到好处的"正好"的地方，"中庸"的地方。不管是中药方剂的配伍，用量和药引，都要遵循中庸之道，达到的就是那个恰到好处的重要点。中医治病就是调节身体的阴阳平衡，"再阴一点，再阳一点，再虚一点，再实一点"，一直达到阴阳平衡，虚实平衡，身体就健康了。袁焕仙讲解《中庸》的时候说：中为体，庸为用，中庸也就是体和用，体为本质，用为机制、规律和原理。这样一来，"庸医"就不是贬义词了，就是"哲医"了，是按哲学原理行事的医生，是追求发病机制，愈病规律和施药原理的医生了。人体就是一个小宇宙，其运转规律就是中庸之道。中医就是中庸之医，致中和，求平衡，达谐美。中医遵循中庸之道，处处渗透着中庸的智慧。中医在养生和防病方面，建议顺应自然规律的中庸之道，遵循因人、因时、因地制宜的原则。如《黄帝内·素问》中说："治不法天之纪，不用地之理，则灾害至矣。"中医不仅着眼于人体自身，而且重视自然环境和社会环境对人体的各种影响，因此要求医家"上知天文，下知地理，中通人事。" 当今又多一条，就是要懂人体生理学和分子生物学等现代学问。实际上，针灸的刺激，中药的作用就是向DNA传达危机信号，诱导相关的基因进行上调或者下调表达，调节相关酶的合成及其活性，改善相关体内相关的生理生化过程，以达到阴阳平衡，也就是营养物质的分解与合成代谢之间的平衡，能量运输的平衡，内分泌过程的平衡，交感神经和副交感神经之间的平衡，等等。

　　和中国传统哲学与文化一样，中医理念已经渗透到平民生活的方方面面。即使老百姓没有学过中医理论，他们的长期习惯，家传的秘方都是源于中医原理的。正如本章已经论述过的柳枝止痛去火的秘方，药食同源的食疗等，都是和传统中医理论相关的，有的是可以用现代医学和生物学原理解释的。

　　阴和阳属于二元论的概念。万物有两个方面：阴和阳。其中没有好坏之分。只有阴阳失衡了才是坏事。阴阳两个方面彼此对立，而同时又彼此互补。就像阴阳鱼太极图的白鱼里有黑圆圈而黑鱼里有白圆圈一样，阴和阳必须在自己内部包含对方，并有改变对方的可能性。阴与阳互生，互控，相互转化。中医里的"气"在现代科学里就是"波"或者"波动"，是赋予生命所有物质生命的潜在能量。当生命力在阴阳之间得到平衡时，"气"就会顺畅流动，维持并促进身体和情绪健康的良好状态。如果生活压力对"气"的流量产生负面影响时，阴阳就失去平衡，从而损害健康。

　　中华古典文化和中医理论博大精深，即使科学发展到今天的水平，也不注意从根本上解释中医理论。例如，中国文化中的"好心肠""黑心肠"都能用现代科学理论得以透彻的解释，这是肠脑理论。肠道微生物的平衡决定所分泌的激素类物质，从而上传给大脑，决定人的心情，影响意识和思维。肠道微生物群落失去平衡，有害微生物分泌的物质使人焦虑，忧郁，甚至疯狂，当然会使人变成"坏心肠"的人。又如，中医理论主张"肾主生殖"，而前一阶段的西医却说，具有泌尿功能的肾和性功能没有关系。近期研究表明，泌尿系统和生殖系统在胎儿发育初期的发生上是同源的，两者的发育和成熟都密切相关。所以，不夸张地说，撰写《黄帝内经》的人好像是从2000年穿越到两千多年以前写成的。

亚里士多德的
黄金中庸理论

引 言

西方有一个哲学理念，其英文名称与中国古典哲学的中庸之道相同，即 The Doctrine of Golden Mean，提出者是亚里士多德。所以，笔者专门列出一章谈谈亚里士多德。看看他的中庸之道与孔子的中庸思想有什么异同。亚里士多德（Aristotle，前 384－前 322）是古希腊哲学家，柏拉图（Plato）的学生，是他创立了传授哲学的莱森学园。亚里士多德学术业绩涵盖物理学、生物学、动物学、形而上学、逻辑学、伦理学、美学、诗歌、戏剧、音乐、修辞学、心理学、语言学、经济学、政治学和政府管理。西方人就是继承了他的知识以及问题探究方法使西方在几乎所有知识和学术领域得到迅速的发展。尽管亚里士多德写了许多论文，但是他原始的作品只有三分之一流传下来。亚里士多德的物理学观点深刻地影响了欧洲中世纪的学术研究，从上古晚期和中世纪早期一直延伸到文艺复兴时期（14—16 世纪），直到启蒙运动时期（17—18 世纪）才被经典力学理论所取代。笔者这里只是简单介绍一下亚里士多德的哲学范围，然后详细介绍一下他的黄金中庸之道和黄金分割常数。

● 第一节 ● 亚里士多德哲学简介

一、亚里士多德的哲学思想

1. 哲学的学科定位

(1) **哲学是科学**：哲学不是感觉、经验和技术，哲学是科学。哲学之所以是科学，是因为哲学的目的和科学一样是追究事物的本源。记忆来源于感觉，经验来源于对同一事物的众多记忆，技术来源于经验，从经验知晓事物的本原，科学就是弄清事物的本原。科学探究是一个由低而高的过程，后一阶段比前一阶段更具有智慧意义。

(2) **哲学是思辨科学**：哲学不是实践科学或创造科学，哲学是思辨科学，是真正的智慧。所以，思辨科学地位最高，比其他学科更受重视。作为思辨科学的哲学只在于思辨事物，认识事物的真相，其本原在对象之中，与认识者无关。

(3) **哲学是研究事物某些本原和原因的思辨科学**：技术有实用价值，是聪慧的结晶。不以实用为目的的发明更有智慧。例如，数学是事物某些本原和原因的思辨科学，其意义远远胜过技术发明。

(4) **善于思辨者更有智慧**：有经验的人比有感觉记忆的人更有智慧；有技术的人比有经验的人更有智慧；善于思辨的人比有技术的人更有智慧。也就是《易经·系辞》里说的，"形而上者谓之道，形而下者谓之器"。作为思辨科学的哲学是形而上，有使用价值的技术是形而下。前者高，后者低，高低分明。

2. 研究哲学的目的

研究哲学的目的在于探索智慧，智慧是关于事物原因和原理的知识，那么作为探究智慧的哲学理所当然就是关于事物原因和原理的知识了。哲学探究现存事物及其之所以成为事物的诸原理与原因。有关事物的原因和原理的知识才是真知识，只有先认清一个事物的基本原理和原因以后，才能最终认识这个事物。构成事物的原因有四种：(1) 质料因：即事物由此产生的，并在事物内部始终存在着的那东西，如铜像的铜，银碗的银等；(2) 形式因：即事物的原型亦即表达出本质的定义，如母鸡会下蛋；(3) 动力因：即那个使被动者运动的事物，引起变化者变化的事物；(4) 目的因：即所期望的事物"最善的终结"。其中以形式因和目的因最为重要。亚里士多德对因果性的看法比柏拉图的更为丰富。他认为形式因蕴藏在一切自然物体和作用之内。起初这些形式因是潜伏着的，随物体或生物的发展，形式因就显露出来了。最后，物体或者生物达到完成阶段，形式因所服务的目的因就实现了。他还认为，在具体事物中，没有无物质的形式，也没有无形式的物质，物质与形式的结合过程，就是潜能转化为现实的运动。

3. 哲学产生的条件

哲学产生的条件有两个：(1) 好奇，人都有求知的好奇心，由于好奇而开始哲学思考。(2) 闲暇，只有在生活充裕，有闲暇时间的时候，才能发现那些既不提供快乐，也不以满足必需的科学原理。也就是说产生哲学的根源在于人的求知本性，而并非是为了实用。哲学是一种纯粹的求知活动，它的存在不受外在的因素所约束或牵制。哲学是真理的知识，思辨以真理为目的。哲学的本性之一是求真，哲学就是对真理不懈追求的化身。

173

4. 抛弃了柏拉图的唯心主义

亚里士多德是柏拉图的学生，但是他却抛弃了柏拉图的唯心主义观点。柏拉图认为理念是实物的原型，它不依赖于实物而独立存在。亚里士多德认为世界是由各种本身的形式与物质和谐一致的事物所组成的。物质是事物组成的材料，形式则是每一件事物的个别特征。比如一只山里的老虎，凶猛无比，百兽皆惧之。当这只老虎死了，"凶猛无比，百兽皆惧"的"形式"也就不再存在，唯一剩下的就是死老虎所具有的物质。柏拉图认为感觉不是真实知识的源泉，亚里士多德却认为知识起源于感觉。亚里士多德确信人类的推理能力和事物存在的本质。他强调自然的重要性，并指导他的学生们认真研究自然现象。他主张，在教授科学时，所有观点都必须得到基于事实的解释的支持。哲学是亚里士多德非常感兴趣的一门学科，他提出了哲学是理解构成知识的基本公理的能力的基础。为了全面研究和质疑科学问题，亚里士多德将逻辑视为推理的基本手段。要进行逻辑思考，必须采用三段论，也就是由两个前提得出结论。

5. 哲学研究对象及范围的界定

(1) 哲学能考察一切事物：作为探讨有关原因或原理的知识，哲学可以把世界上的一切事物作为研究对象。

(2) 哲学研究包罗万象：整个世界都是哲学的研究范围。哲学的研究范围和它的研究对象密切相关。哲学是研究本体的，本体有多少，哲学的范围就应有多广，多大。研究数的存在就是数学；研究医疗的就是医学；研究逻辑的就是逻辑学；研究道德的就是伦理学。哲学的研究对象是世界的各个方面，涉及到一切事物，包括自然、社会和思维。

(3) 哲学门类或分支的划分：哲学门类的划分以本体为依据，不但可以划分为不同的部分，而且这些部分还有主有次。因此，有"第一哲学"和"第二哲学"的区分。

二、亚里士多德的逻辑学

亚里士多德在哲学上最大的贡献是创立了形式逻辑学。逻辑思维是亚里士多德在众多领域里卓越建树的支柱，这种思维方式自始至终贯穿于他的研究、统计和思考之中。他在研究方法上，习惯于对过去和同时代的理论持批判态度，提出并探讨理论上的盲点，使用演绎法推理，用三段论的形式论证。亚里士多德的逻辑学著作构成了一套逻辑理论，赢得了两千多年的尊崇。亚里士多德作为逻辑学家的声誉在 20 世纪经历了两次逆转。现代形式逻辑的兴起使人们认识到亚里士多德逻辑学的局限性。如今，很少有人会坚持认为它是理解科学、数学甚至日常推理的基础。但是，一些学者开始以新的眼光看待亚里士多德，而不仅仅是因为他的研究结果的正确性，而是因为他的许多作品与现代逻辑在精神上有着显著的相似性。亚里士多德认为判断的主词和宾词的联系反映了事物之间的客观关系。他的逻辑学是西方形式逻辑，是传统逻辑的起点。所以亚里士多德的逻辑又叫作传统逻辑学。它是专门研究思想的形式，又叫作形式逻辑学。主要的推理是用演绎法来推理，所以又叫演绎逻辑。

1. 亚里士多德逻辑学的释义

(1) 对象决定内容：特定的对象决定特定的内容。任何事物都是相对静止状态和绝对运动状态的统一。

(2) 事物的质的相对稳定性：同一事物、同一属性、同一关系在同一时间和同一地点下的确定性的反映，不但是必要的，而且是可能的。这个同一律是知性认识的基本规律。

(3) 人类思维方式的发展：人类认识，从低级到高级，都是客观对象的反映；研究对象的人类思维、思辨和实在的关系，都是内容和形式的统一，主观与客观的统一。世界是无限的，本性是辩证的和对称的。人类对世界的认识，是从片面到全面，从现象到本质，从相对到绝对，从抽象到具体，从不对称到对称的过程，其中包括量变和质变。

2. 三段论

(1) 大小前提和结论：三段论包括一个大前提、一个小前提以及一个包含小项和大项的命题（结论）三部分。大前提是三段论的一般性的原则，小前提是一般性原则的特殊化陈述，由此引申出一个符合一般性原则的特殊化陈述的结论。三段论是人们进行数学证明、科学研究等活动时，得到正确结论的科学性思维方法之一，是演绎推理中的一种思维形式。

(2) 三段论举例：例如，生物包括动物（吃肉的和吃草的动物），动物都属于生物，其中，只有一部分动物吃草，牛是吃草的动物，所以牛属于生物。"动物"是连接大前提"生物"和小前提"有些生物吃草"的中项；"有些生物吃草"是出现在大前提中又在结论中作为项的"大项"；"牛"是出现在小前提中又在结论中作为主项的"小项"（图 8-1）。

(3) 三段的省略：三段论的大前提如果是众所周知的常识的话，可以省略。例如，你是生物学院的学生，你应当学好生物学。省略了大前提"凡是生物学院的学生都应该学好生物学"。小前提也可以省略。例如：人都希望自己身体健壮，女人也不例外。省略了小前提"女人也是人"。结论也可以省略。例如：所有的人都可能犯错误，皇帝也是人嘛。省略了结论"皇帝也可能犯错误"。

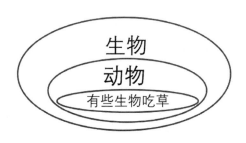

图8-1　三段论示意图

175

(4) 三段论在数学证明中的应用举例：例题为证明等腰三角形的两底角相等。从顶角做垂直于底边的连线。大前提：全等三角形的对应角的角度以及对应边的长度相等。小前提：顶角至底边的垂线所分割的两个直角三角形是全等三角形（原三角形两腰相等，垂线是分割后两三角形的共用边，直角三角形的两边相等即为全等三角形）。结论：等腰三角形的底角也就相等了。

(5) 三段论在法律判案中的应用举例：老李和老王合办公司。后来老王撤资退股，签署了把老王的股份转让给老李的协议书。老李支付给老王转让金，也在工商局办理了股东变更手续，从此公司属于老李独资经营。后来老李到商标局更改公司商标所有权时，商标局说商标权属于老李和老王共有，要想变更必须有老王签字的商标转让合同。因此，商标局拒绝为老李更改商标所有权。老李告上法院。法院的判决如下。大前提：商标权是企业内与股份相关联的无形资产。小前提：老王已经把公司股权转让给老李，并且拿走了转让金。结论：包含于股权之内的无形资产之一，即商标权，应该属于老李所有。

三、亚里士多德在自然科学领域的学术业绩

在亚里士多德的时代，包括物理学、化学和生物学在内的自然科学是哲学的分支，被叫作"自然哲学"。亚里士多德的自然哲学涵盖了广泛的自然现象，包括物理学、生物学和其他自然科学。亚里士多德的工作几乎涵盖了智力探究的各个方面，使哲学在广义上与推理上同时延伸。他的理论科学涵盖物理、数学和形而上学。

1. 物理学

亚里士多德认为，物理学是一个广阔的领域，其中包括现在被称为心态哲学、感觉经验、记忆、解剖学和生物学的学科。在物理学方面，他反对原子论，不承认有真空存在。他还认为物体只有在外力推动下才运动，外力停止，运动也就停止。研究对象包括有生命的和无生命的，天体的和陆地的所有运动（相对于位置的变化），定量变化（相对于大小或数量的变化），质的变化。亚里士多德在天文物理学上的研究结论指出，宇宙构造成同心球体，以地球为中心。地球由四个元素组成，分别是土、气、火和水，它们会随着变化和衰减而变化。天体是由第五种元素组成的，一种不变的"以太"。由这些元素制成的物体具有自然运动：土和水的物体往往会掉落；气和火会上升。这种运动的速度取决于它们的重量和介质的密度。亚里士多德描述了地球上发生变化的四种原因：事物的实质，形式，效率和最终原因。

2. 生物学

亚里士多德的生物学依赖于对自然种类的观察，包括基本种类和所属种类。他没有进行现代意义上的实验，而是依靠积累数据、观察、解剖、测量之间的关系进行假设。亚里士多德对五百多种不同的植物和动物进行了分类，

对五十多种动物进行了解剖研究。结论指出鲸鱼是胎生的，还考察了小鸡胚胎的发育过程。

● 第二节 ● 亚里士多德的中庸之道

一、亚里士多德的中庸之道的含义

亚里士多德的中庸之道不仅是其伦理学的核心，也是其政治哲学的理论基础，其基本特征是中庸、和谐、兼容、宽松，兼顾各方利益以达个人和国家至善的目的。他的中庸之道不仅是对古希腊和谐与中庸观念的继承和发展，而且是对当时许多极端现象进行了直接批判。亚里士多德的中庸之道是古希腊社会历史发展的必然结果，是古希腊政治和伦理思想的最高代表，在西方社会思想发展史上占有极为重要的地位。

二、亚里士多德中庸思想产生的原因

亚里士多德之前所形成的庞杂的中庸观念对其中庸之道的形成产生了直接的影响。另外，亚里士多德时代生产力的发展是中庸之道得以系统化和理论化的又一原因。当时正值希腊社会大变革，社会两极分化，政治变化不定，阶级矛盾尖锐，需要各方面的协调和缓解以达到社会安定和家庭和谐。亚里士多德的中庸思想正是在这种状况下应运而生了。

三、亚里士多德的中庸伦理观

中庸是古希腊的传统思想。无论是科学、艺术、技能，还是思想、情感和行为，无不渗透着中庸之道。譬如在音乐、舞蹈、戏剧、雕塑、绘画、建筑等方面，把中庸作为至善至美的标准。亚里士多德在继承前人思想的基础上，系统地提出了中庸伦理观，把中庸之道作为伦理学的核心。

1. 中庸就是美德

亚里士多德指出，德性就必定是一种志在求适中的中道，过度与不及均足以败坏德性。他还指出，凡是行为共有三种倾向，其中过度和不及是恶，遵守中道才是德，德性应以中道为目的。例如，勇敢是中庸，是美德，但是过分的勇敢是鲁莽，是恶行，勇敢不足是怯懦，也是恶行；金钱取舍的中庸是乐施，过度与不及则是挥霍与吝啬。中庸是以理性为指导的高级而优越的德性，是道德上的至善，对于人的感情和行为是必不可少的。

2. 中庸要适度且适量

亚里士多德指出，德性的特点在于适度。德性能选择中道或适度的量，是

过度与不及这二恶之间的中点。这个中点不一定是正中间，而是在两恶之间保持不等的距离，也就是"适度"或"适量"。这种"适度"或"适量"不存在一个绝对不变的标准，只有在适当的时间，对于适当对象，以适当的方式去处理，才是最好的中道。亚里士多德的中庸之道包含有深刻的辩证法思想，不仅肯定了中道即德性，而且提出了德性因人、因事、因时而异的适度或适量。

3. 中庸的适用范围

亚里士多德指出，并不是一切行为都有适中。譬如，恶意、无耻、嫉妒等感情，奸淫、偷盗、谋杀等行为，其本身就是恶，没有因人、因事、因时的适度或适量可谈。在不公正的、怯懦的、放荡的行为里探究适度、过度与不及都是错误的。中庸决不可滥加施，只能在德性的意义上使用。亚里士多德的中庸思想不是折中主义，反对用中庸来调和美德和恶性的对立。

四、社会中庸之道

亚里士多德认为，伦理学是研究个人的善，政治哲学是研究集体的善，而善德就在于中庸。在社会生活和政治活动中，同样存在着过度、不及和中庸三种状态。中庸之道贯穿政治当中，也是国家政治的核心。

1. 中庸之道是国民拥有财富的标准

亚里士多德指出，过贵或过富的人和太贱或太穷的人都不符合中庸的原则。前者是寡头势力。逞强放肆，本性狂暴，违法乱纪，不肯接受权威的统治；后者则容易懒散无赖，不拘小节，只知提倡绝对的民主和自由，因而不堪为政。因此，极富和极贫各趋极端，远离中庸，悖乎正义，是社会的不安定因素。有足够的生活资料，既无物质困乏之虞，也无财产之多之累是生活幸福的关键。中产阶级为民主势力，以其为基础才能组成最好的政体，使公民们都有充分的财产，过上小康生活。亚里士多德以中庸思想为基础，推崇中产阶级、反对两极分化，其用意是为了使阶级和谐，社会稳定。

2. 中庸之道是国家政体论的核心

亚里士多德把中庸看作国家和政体的公理。富人拥护寡头政体，穷人拥护平民政体，而这两种政体各有弊端，不利于缓和阶级矛盾。富人若掌权建立寡头政体，就压迫穷人；穷人若掌权建立平民政体，也压制富人。各走极端，使社会趋于不平衡，所以，一个政体越是远离中庸，越是恶劣。缓和两极对立、协调阶级矛盾，需要一个两极之间的平衡力量，这个力量就是"中产阶级"。以中产阶级为基础组成的政体，也就是共和政体，是最为理想的政体，因为这种共和政体崇尚中庸，取富人政体和平民政体之所长，兼顾贫富两者的利益，不允许出现经济上和政治上的两极分化。

3. 中产阶级是共和政体的主体

中产阶级最具中庸的美德，最能顺从理性而不趋向极端，因此，它的根本特点就是符合中庸之道。中产阶级主政可使社会安定。经济上处于小康状态的中产阶级既不会像穷人那样图谋他人财产，也不像富人那样富得让穷人觊觎；既不对别人耍阴谋，也不会自相残害。他们过着无忧无虑、怡然自得的生活，也就是中产阶级统治下国泰民安的景象。中产阶级强大，财产适当，不会为富不仁，不会为贫富两极所操纵，自己无野心，内部团结。所以，社会能长治久安。

● 第三节 ● 古希腊哲学与中国古典哲学的不同

一、思想起源的背景不同

中国古典哲学和古希腊哲学虽然同时处于轴心时代（公元前 500 年前后），但是两者思想起源的背景不同。古希腊山地丘陵多，平原少，临近海岸，港口众多。不能靠农业养活，要靠海外贸易。因此地主地位低，商人地位高。先秦时代的中国文明发源地中心在现在的河南一带，地处平原，以农业为主。当时人类社会由野蛮向文明状态的过渡时期，生产力水平落后，水旱灾荒，战乱频繁，生存环境极为恶劣，人民处于苦难之中，因而急需智者解决他们的生存问题。所以，发现真理不是至高无上的目标，解决生存问题才是亟需的。

古希腊的哲学家是一群有闲的人，有闲心整天探究被当时人们认为没有什么实用价值的宇宙万物的本质和本源。而中国那时候正处于礼崩乐坏的时代，先秦诸子的主要任务是寻求解决社会问题的出路。尤其是儒家，他们最终的指向都是"治国平天下"。不同的时代背景造就了两种属性完全不同的哲学文化。俗话说，古希腊哲学是"富足哲学"，而中国古典哲学是"饥饿哲学"。古希腊的哲学家大多是享受高等教育的贵族或奴隶主，他们不需要劳动或工作，有时间专门研究跟当时实际生活不相干的哲学问题。

古希腊人认为探究宇宙万物共同的"本源"和"始基"是最具智慧的事情。哲学（φιλοσοφία, philosophia）的词义在古希腊是"智慧之爱"（love of wisdom）。他们为了追求真理而寻找万物的"始基"和世界的"本源"，从而形成"本体论"的学说。希腊哲学家认为，"一样东西，万物都是由它构成的，都是首先从它产生，最后又化为它的，那就是万物的元素、万物的本原了"。欧洲人继承了这种思维方式，后来才有了元素周期表，并且不断扩充其内容。中国先秦哲学也提出了叫作"五行"的金、木、水、火、土，看起来好像是在讲与古希腊哲学相同的"本源"元素，实则不然，"五行"只是事物的"要素"，而不是物质的元素。而这些"要素"也不是那么清晰具体的，而是模糊的或抽象的。

二、思考问题的关注点不同

由于古希腊和中国古代哲学家所处的社会背景不同，导致两者思考问题的关注点不同。前者问"是什么"，后者问"怎么办"。回答"是什么"需要确定性的知识，而寻求知识的确定性进一步发展出自然科学。回答"怎么办"需要思考事物"是什么样子"的。在回答那个"应该的样子"的时候，儒家说人性应该是善的，要回到那个本真的善；道家说统治者应该是无为的，让百姓自然发展自然富足。古希腊哲学致力于搞清楚事物背后的本质，中国古代哲学试图掌握事物存在和发展规律来为我所用。哲学启蒙阶段所处的背景不同导致关注点不同，由其奠定的基调影响了整个后世文化和科学技术的发展趋势。后来，虽然因为罗马人看不上古希腊人的这些非功利性的东西而导致了古希腊文明的消失，但是文艺复兴时期的学者发现这些非功利性的东西对人类社会发展是有用的，尤其是科学探究，需要非功利性的探索知识，从而更容易开发功利性的资源。在非功利性和功利性二者之间，有一个理想的中庸平衡点。

中国古典哲学从发端到发展都是"功利化"的，而西方哲学发端的时候是"非功利"的。研究宇宙本源，不是为了要解决什么社会、生产、生活的问题，而是要满足自己的求知欲。虽然后来继承希腊古典哲学的西方文化也走上了"功利化"的道路，但是，正是"非功利化"的古希腊哲学为西方人提供了科学思考手段，带来了科学发展、工业革命、社会变革。

三、感性和理性

古希腊哲学是从感性大于理性，发展到以理性思维为根基的。中国古代哲学以感性思维居多。"悟道"是以感性思维探索"理"。"悟道"就是探寻万物发展的自然规律。中国古代哲学以老子占主导地位，是中国古代哲学的启蒙者。老子哲学理性的探索，停留在"悟道"，在理性思维方面没有进一步发展。墨家哲学是有些"理性思维"的，但是在中国的历史上墨家衰落了，淡出于世。儒家修改了易经和老子哲学中有限的"理性思维"，毁了中国古代哲学的根基。"罢黜百家，独尊儒术"更使中国古代哲学的探索氛围消失殆尽。老子对中国古代哲学的启蒙也被后人修改成了跟"理性思维"不沾边的道教。古希腊哲学憧憬着"理想"，中国古代的哲学却在"做梦"。"理想"比"做梦"更趋于"理性"。欧洲人继承了古希腊的理性逻辑思维，看待事物发展的脉络更清晰，有迹可循，记录在案，反复验证，乘法可以被除法验算，最终使技术、工艺、经验不断积累。古希腊哲学的"理性思维"催生出科学，那时候的科学也属于古希腊哲学的分支。中国古代哲学没有催生出科学。中国的圣人把自己所感知的，自己所认定的观点直接告诉人们，而西方的圣人（哲学家）要把自己想告诉世人的观点先进行逻辑论证，找出它们的依据，至少要经过三段逻辑推理，如现有大前提和小前提，再有结论。但是，他们依据的大前提也是另一个逻辑推论出的结果，这样往前追索前提的前提，总能找到一个前提也是直观的，而不是推理的结果。

四、 关于人治和法治的不同主张

孔子主张治国应采取仁政和人治，而亚里士多德却明确地反对人治，主张法治。孔子在《论语·为政》篇中说："道之以政，齐之以刑，民免而无耻；道之以德，齐之以礼，有耻且格。"即"政""刑"不是为政的根本，"德""礼"，方可使民有德、有礼。孔子的人治成为稳定中国封建社会结构的基础。亚里士多德反对人治，主张法治。他指出，人的本性是有感情的，而法律却是没有感情的，因此，不凭感情因素治事的统治者总比凭感情用事的统治者好。他建议一切政体都应订立法制，法律的审议权属于民众。使执政者依法行事，不能假借公职，营求私利。亚里士多德提出了国家政权构成三要素，即议事立法机构、行政管理机构和司法机构，为近代资产阶级三权分立论发出了理论先声。亚里士多德的法制思想助推了西方近代资产阶级自然法理论的形成。

五、对待鬼神的态度类似

孔子和亚里士多德基本上都否定鬼神的存在。孔子说："未能事人，焉能事鬼？"孔子的学生说："子不语怪力乱神。"亚里士多德说："灵魂既不是身体，也不脱离身体而存在。 它不是身体，但属于身体，并存在于适合于它的身体之中。"他也有关于神的论述，但是他说的那个神不是有人格的神，不是宗教对象，而是形而上学的最高原则和首要原因的代名词。孔子和亚里士多德都弱化了人与神之间的关系，而强化了人与人之间的关系。

六、人文主义精神

孔子基于"仁"的思想，提倡"泛爱众"，不仅关心平民和农民的利益，也把奴隶当成人来看待。"己所不欲，勿施于人""己欲立而立人，己欲达而达人"。孔子的这些"仁者爱人"思想推动了中国社会从奴隶社会向封建社会转变，使奴隶获得人身上的自由而变为农民。而亚里士多德则完全相反，他认为奴隶只是"会说话的工具"，任何人在本性上不属于自己而从属于别人，则自然而为奴隶，成为别人的所有物。他认为奴隶和奴隶主的不同之处在于奴隶主是灵魂占主导，奴隶是肉体占主导。亚里士多德的天然主人和自然奴隶的观点长期为西方的传统思想，推迟了欧洲步入封建社会的时间。孔子重视人与人之间的关系，重视政治道德修养，但是孔子思想中的人，是在"君君、臣臣、父父、子子"宗法关系统治下的人，致使现代民主政治难以在中国深厚的儒家政治土壤中产生。孔子较少言及自然科学问题，强调政治和道德实践，而忽视了抽象的思辨哲学，忽视了对自然科学问题的研究，阻碍了中国自然科学的发展。而亚里士多德不仅在社会科学，而且在自然科学领域里都助推了欧洲学术传统的形成。

七、以伦理学为基础的政治思想

两者虽然社会习俗、文化背景迥然不同，然而却同样是以社会伦理道德作为政治思想基础的。孔子强调仁者爱人，告诫统治者主张统治者行仁政须先克己复礼，为政以德。亚里士多德主张国家和社会团体以善业为目的，保障公民过上既富裕又有高尚的道德的幸福生活。孔子主张忠孝贤，把伦理思想与政治思想结合在一起。亚里士多德在政治学研究上同样重视道德伦理问题，但他明确区分政治与伦理，从而使政治学成为一门独立的学科。

● 第四节 ● 黄金分割比

一、黄金分割简介

1. 黄金分割比

西洋文化当中，$0.618(\varphi = 2/(1+\sqrt{5}) \approx 0.618)$ 被称作黄金分割常数，有人叫作亚里士多德西洋"中庸常数"，英语是 Aristotle's Golden Mean。亚里士多德是亚历山大的老师。黄金分割常数（φ）的数学计算式为 $\varphi = (a-b)/a = a/b \approx 1.618$，$1/\varphi = b/a \approx 0.618$。这个 0.618 叫作黄金分割比（图8-2）。

2. 自然界的黄金分割现象

如图 8-2 右所示，如果按照这个比例一直分割下去，这个图形成螺旋状。他们说，自然界中有很多生物的形状符合这个黄金分割规律，如一些植物的复叶形状，某些蜗牛的形状，葵花籽穴的排列形状，甚至还有一些天文现象的形状，都呈现这种螺旋状（图8-3）。正因为自然界里有许多现象复合或者近似黄金分割比，当时人们觉得这个比例有某种象征性，所以又叫作神圣比。因此，以后的一些建筑门厅，教堂的窗户的形状都按这一比例设计。

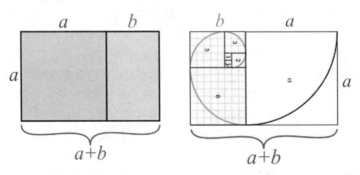

图8-2　西洋哲学的中庸与黄金分割常数

图8-3　自然界中形状复合黄金分割比的现象和生物

注：左上：梅西埃83号，位于九头蛇星座内距离地球1500万光的螺旋星系；左下：温带低气压的外观的卫星照片；上中：向日葵；下中：一种芦荟；右上：一种植物的叶子；右下：鹦鹉螺外壳。

3. 西方古建筑的形状

西方一些建筑的形状也故意使用这一黄金分割比例。当然，也有人认为，图 8-3 的现象说是遵循西洋中庸有些牵强附会。因为是生物，不可能严格地符合某个集合图形，只能说近似。据说，在著名的历史建筑中，如伦敦的国家美术馆，黄金分割的使用使建筑物既稳定又美观（图 8-4）。

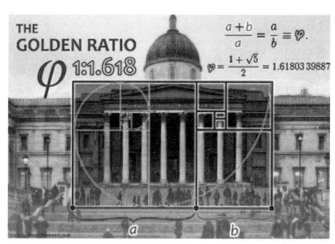

图8-4　伦敦的国家美术馆及其黄金分割建筑形状

4. 信纸的长宽比

当然，美观也与欣赏人的习惯有关。例如，平时用的信纸，欧美人用的大小比是 279.4 毫米 ×215.9 毫米（215.9/279.4=0.773>0.618）；日本人用的是 A4 纸大小，即 297 毫米比 210 毫米（210/297=0.712>0.618）。当欧美人总是说日本人用的信纸有点瘦长，三折后不容易放进信封。那么，如果长宽比是 0.618 呢？更是瘦长。

二、黄金分割的数学基础

在西方黄金分割也叫神圣比例，是一个数学概念。当在两个维度上对黄金中值进行概念化时，通常将其表示为由一系列正方形和弧形定义的规则螺旋，每个正方形和弧形均形成"黄金矩形"。古埃及、罗马和希腊的建筑师能够使用简单的工具来生成该比例。他们可能认为这个比例具有更大的象征意义。之所以他们认为具有某种象征意义，是因为这一比例产生的螺旋形状类似于自然界中观察到的许多现象，并且让人联想到人体中的比例，如脸型的长宽比。因此，他们认为这些简单的螺旋和矩形，暗示了存在于世界中的某种秩序。所以叫它黄金比例和神圣比例。尽管古代世界的大多数符号现在已经失去了作用，但黄金分割仍然受到狂热追捧，数百个网站显示其螺旋形的形状覆盖在向日葵、贝壳、名画和著名演员的脸上。黄金分割并不是普遍具有吸引力的比例，并且在自然界或人体中也没有统计学意义。黄金比例直接与称为斐波那契数列的数字模式相关。数列中的某数字是该数列中前两个数字的和。斐波那契数列通常被称为宇宙的自然编号系统，比如，0 + 1 = 1, 1 + 1 = 2, 1 + 2 = 3, 2 + 3 = 5, 3 + 5 = 8……10946 + 17711 = 28657, 17711 + 28657 = 46368, 28657 + 46368 = 75025…… 当用斐波那契数除以之前的斐波那契数时，得出一个接近黄金分割率的无理数，1.6180339887……。将黄金比例用作增长因子时，会得到一种称为黄金螺旋的对数螺旋。

三、黄金分割比与白银常数的比较

笔者把（$\varphi=1-e^{-1} \approx 0.632$）定义为白银中庸常数（The Constant of the Silver Mean）。一件事物从零或者基础量变化到最大量的过程中，达到最大量的 63.2% 是最合适，最安全的。是发展变化规律中的中庸点，不是黄金分割比那样的固定比例。这里的 e（≈ 2.718）是自然指数底数。之所以叫自然指数底数是因为它与自然界事物的变化有关。自然界事物变化曲线不外乎包括 J 型、Γ 型、S 型、L 型、Ω 字型、正弦（或者余弦）波型等曲线。这些曲线表示了自然界大多事物的发展变化趋势，函数方程式里都含有白银中庸常数（$1-e^{-1}$）的要素。

亚里士多德的黄金分割比只是一个几何问题，而且黄金分割比里所讲的螺旋也可以用函数关系式表示，也可以用白银中庸常数来分析。但是上述的几个表示自然界变化规律的函数方程式就和黄金分割比没有关系了。黄金分割比里说的螺旋式排列实际上可以用等角螺曲线表示（图 8-5）。等角螺曲线的公式为 $r = ae^{k\theta}$，其中，e 是自然指数底数；r 是极经（螺旋线上某一点距离远点的距离）；

a 和 k 是实数常数；θ 是极角。a 必须为正数，但 k 可以为正数或负数。k 为正数时则螺旋线在远离中心时向左旋转；k 如果为负，则螺旋线向右旋转；k 如果为 0，它将变成半径为 a 的圆。

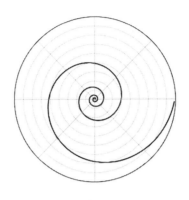

图8-5　等角螺曲线

● 第五节 ● 西方主要哲学家的思想要点

一、西方哲学是指什么？

西方哲学是指西方世界的哲学思想，始于苏格拉底的古希腊哲学。西方古典哲学的范围不但包括今天已经理解的哲学问题，而且还包括纯数学和自然科学，如物理学、天文学和生物学。没有两个以完全相同的方式定义西方哲学的哲学家。在西方漫长而多样的历史中，哲学意味着许多不同的事物。其中一些是对智慧的追求，试图了解整个宇宙，审查人类的道德责任和社会义务，参考其神圣意图和人类地位，确立自然科学事业，检验真理，善良和美丽的价值观，并编纂人类思维规则，以促进理性和清晰思维的扩展。上述这些阐述也没有穷尽哲学的含义，因为它具有极端复杂性和多面性。如果非要简化西方哲学的定义，那就是"对人类经验多样性的反思"或"对人类最关注的那些主题的理性和系统性的思考"。

西方哲学的内涵也随时代变化而变化。在多样性中，某些特征性对立不断重复出现，例如形而上学中的一元论、二元论和多元论之间的对立，宇宙论中的唯物主义和唯心主义之间的对立，指称论中的唯名论与现实主义之间的对立，认识论的理性主义和经验主义之间的对立，功利主义和道义主义之间的对立。

西方哲学的重点和关注点也随时代而转移。希腊人的哲学逐渐从宗教敬畏中浮出水面，对自然世界的原理和要素产生了怀疑。但是，随着希腊人越来越多地离开土地集中在自己的城市中，人们的兴趣从自然转移到了社会生活。法律、惯例和公民价值观问题变得至关重要。宇宙学的推测在某种程度上被道德和政治理论所取代，苏格拉底的质疑奠定了柏拉图和亚里士多德哲学思想基础。然而，随着以后几个世纪的政治和社会分裂，哲学再次从公民参与的规范转移到混乱世界中的救助和生存问题。

中世纪让位于文艺复兴时期，普遍主义被民族主义所取代，哲学被世俗化。新主题是对自然界的神秘的探究。17世纪最杰出的思想家转向探索物理科学，而其成功的象征就是艾萨克·牛顿（1642—1727）所建立的物理学体系，使启蒙运动的哲学家转向了认识论。

按时代划分，西方哲学可以分为：（1）古希腊哲学，即苏格拉底前的哲学，主要是宇宙学与物质的形而上学，探究物质世界的起源和本质；（2）以苏格拉底为代表的希腊哲学的先驱思想家，在社会伦理学和认识论领域的贡献卓著；（3）罗马哲学，主要为斯多葛主义和伊壁鸠鲁主义的教条主义的哲学，使信奉者独立于外部世界；（4）中世纪哲学，与基督教的神学思想紧密相关，致使宗教和哲学取得了有效的结合；（5）文艺复兴哲学，许多哲学家同时是教会人士和大学的神学教授，自然科学、社会科学和人文科学恰好对应于哲学的三个主要方面：政治哲学、人本主义和自然哲学；（6）现代哲学，即经验主义和理性主义哲学；（7）当代哲学，使用技术词汇来处理特殊问题，专业精神加剧了哲学流派之间的分歧。马克思主义哲学是西方现代哲学的一个流派，主张理论和实践的基本统一，哲学的任务不是抽象地发现真理，而是具体地锻造无产阶级的知识武器。因此，哲学变得与意识形态密不可分。

不同于先秦哲学家的是，从泰勒斯的水本源论开始，西方哲学家一直是仰望星空，追究终极，探索本源，通过理性思维和逻辑论证，导出了科学。而中国先秦哲学家或思想家最终导出的是"玄学"。

二、著名的西方哲学家

影响世界的西方哲学家有很多，这里简单介绍只为世界公认的大家。就这些哲学家和其他西方哲学家的详情，读者可以查阅一些资料。因为经常有人提到最早的古希腊哲学家泰勒斯为古希腊七贤之一，因此这里首先简单提及所谓的古希腊七贤人。

1. 古希腊七贤：(1) 梭伦（Solon，前638—前559），立法者、诗人、社会活动家。他的格言是"避免极端"——"Nothing in excess"。曾当选为雅典第一执政官，实施了改革措施：①废除债务奴役制；②以财产之多寡划分公民的等级、义务和权利；③创设管理国家的"四百人会议"和最高法院；④鼓励工商业和对外贸易，限制农产品输出和土地过分集中。(2) 奇伦（Chilon，前6世纪），建议任命监察官来辅助国王，并担任这一职务。他的格言是"遵守诺言"。(3) 毕阿斯 (Bias，前6世纪)，律师，承认神的存在，主张好行为归于上帝。(4) 庇塔库斯（Pittacus，前650—前570），政治家和军事领导人，温和的民主政治家，鼓励人们去获得不流血的胜利。(5) 佩里安德（Periander，前665—前585），科林斯城邦主（僭主）、政治家，改革了工商业，修路凿河，给城邦带来繁荣。他的格言是"凡事皆应深谋远虑"（Forethought in all things）。(6) 克莱俄布卢（Cleobulus，前600），林迪的僭主，关心教育，主张女子和男子同等受教育。(7) 泰勒斯（随后阐述）。

2. 泰勒斯（Thales，前624—前547），古希腊哲学家，古典自然科学家，古希腊七贤之一，米利都学派的创始人，测量过金字塔，预测过日食，认为水是万物之源。泰勒斯首次提出追求物质本源的哲学概念，开启了哲科思维先河，被称为欧洲哲学和自然科学之父。在哲学方面，他拒绝用玄论和超自然现象解释世界，试图借助经验观察和理性思维来解释自然现象。泰勒斯认为万物有灵，整个宇宙都是有生命的。

3. 阿那克西曼德（Anaximander，前610—前545），古希腊唯物主义哲学家，泰勒斯的学生，发明了日晷与世界地图，著有《论自然》。他认为万物的本源不是具有固定性质的东西，而是"阿派朗"（Apeiron，无固定限界、形式和性质的物质）。

3. 赫拉克利特（Heraclitus，前540—前480），古希腊哲学家、爱菲斯学派的创始人。他认为冲突使世界充满生气，火是万物的本源。他的有名的哲理名言就是"人不能两次踏进同一条河"。作为现代人的我们，不可以嘲笑泰勒斯的"水本源论"和赫拉克利特的"火本源论"。这些理论的意义在于提出了物质是由某种最终本源元素组成的。他们说的水也不一定是河里的流水，也不一定是冒烟的火。

4. 毕达哥拉斯（Pythagoras，前580—前500），古希腊哲学家、数学家和音乐理论家，发现勾股定理（即毕达哥拉斯定理）。他认为存在着许多有限世界，数是世界的本源。他从数学的研究中产生了理念论和共相论。即可理喻的东西是完美的、永恒的，而可感知的东西则是有缺陷的。

5. 恩培多克勒（Empedocles，前495—前435），古希腊哲学家，提出心脏是血管系统的中心（事实正是如此），所以也是生命的中枢。泰勒斯曾认为物质的本源是水，阿那克西美尼认为是气，赫拉克利特认为是火，齐诺弗尼斯认为是土，而恩培多克勒提出将水气火土揉合在一起的看法。亚里士多德继续研究和改进了这一观点，并成为两千多年化学理论的基础，甚至持续到今天还是我们的惯用语言。

6. 德谟克利特（Democritus，前460—前370），古希腊唯物主义哲学家，原子唯物论学说的创始人，率先提出万物的本源是原子和虚空，原子是一种最后的不可分割的物质微粒。

7. 阿基米德（Archimedes，前287—前212），古希腊哲学家、数学家、物理学家，发展和制造了测量太阳对向地球角度的仪器，发现了浮力和相对密度原理（阿基米德定律），创立了一种求圆周率的方法。他的名言是："给我一个支点，我就可以撬动地球（杠杆原理）。"阿基米德在几何学方面大有成就，是第一位讲科学的工程师，始终融合数学和物理，成为物理学之父。他算出球的表面积是其内接最大圆面积的四倍。而他又导出圆柱内切球体的体积是圆柱体积的三分之二。

8. 苏格拉底（Socrates，前469—前399），古希腊著名的哲学家，也是伟大的思想家和教育家，虽然没有留下具体的著作，他的哲学思想通过他的学生一直影响着西方哲学长达两千多年，被称为西方哲学的奠基人。苏格拉底反对忽视道德追求功利的主张，倡导美德即知识，美德是知识存在的前提，知识是美德存在的条件。古希腊哲学家当中，只有苏格拉底关心人伦社会问题，其他都是"仰望星空"的哲学家，关心的是宇宙观与自然观。这个时期的中国古典哲学家正好和古希腊相反，只有老子一人讲宇宙观和自然观，其他哲学家如孔子都关注人伦社会问题。

9. 柏拉图（Plato，前427—前347），苏格拉底的学生，亚里士多德的老师，师徒三代并称希腊三贤。柏拉图是客观唯心主义的创始人，是西方哲学和整个西方文化最伟大的哲学家和思想家。是柏拉图真正开启了西方哲学，他的核心思想是，提出了理念和现象的概念，他认为理念的世界是永存的，而与某个理念相对应的现象是暂时的。

10. 亚里士多德（Aristotle，前384—前322），古希腊时期非常著名的哲学家，同时是对很多学科都做出巨大贡献的科学家。这些学科包括伦理学、形而上学、心理学、经济学、神学、政治学，物理学和生物学。他的有关自由落体运动（重物先着地）和抛物运动的学说，有关光的认识，地球中心说以及物质四元素学说，都被后人证实是错误的。但是他有关科学论证（逻辑学）和科学证伪的方法论引领后世打开了科学的大门。为把哲学与自然科学区分开来，他提出了作为第一哲学的形而上学（metaphysics），也就是高于物理学的学科。中国古典哲学的《易经·系辞》和《道德经》也都提到了"形而上者谓之道，形而下者谓之器"。亚里士多德提出的哲学是"道"，相比之物理学是研究具体物质的"器"——形而下者。与重视"理念"世界的柏拉图相比，亚里士多德更重视实体，更偏向唯物主义。他的思想几乎影响了之后所有的西方哲学家。

11. 弗朗西斯·培根（Francis Bacon，1561—1626），英国哲学家、作家。曾任大理院院长，受封勋爵，自称"以天下全部学问为己任"，企图"将全部科学、技术和人类的一切知识全面重建"。主要著作为《随笔》，收入短文58篇。培根是唯物主义哲学家，也是实验科学和近代归纳法的创始人，主要作品有《新工具》《论科学的增进》和《学术的伟大复兴》，对近代哲学、科学和文学思想都具有很大的影响。

12. 勒内·笛卡尔（René Descartes，1596—1650），法国出生的哲学家、数学家、物理学家和神学家，但是他的大部分工作生涯都在荷兰度过。笛卡尔被称为现代哲学之父，是因为他对认识论的关注以及他的现代理性主义，和斯宾诺莎及莱布尼茨兹一起建立了哲学的"理性时代"。这三人精通数学，为科学做出了巨大贡献。笛卡尔的《第一哲学的沉思》，至今仍然是大学哲学系的标准教科书。笛卡尔因将几何坐标体系公式化而被认为是解析几何之父。他是欧陆理性主义哲学的开拓者，也是近代科学的始祖。

13. 约翰·洛克（John Locke, 1632—1704），英国哲学家、医生，最有影响力的启蒙思想家，自由主义之父，英国最早的经验主义者，对于经验论哲学进行了最系统的阐述。他对古典共和主义和自由主义理论的贡献反映在《美国独立宣言》中。洛克的精神哲学理论奠定了现代主义中"本体"和"自我"理论的基础，影响了后代政治哲学的发展。他的作品有《论宽容》《政府论》和《人类理解论》。

14. 戈特弗里德·威廉·莱布尼茨（Gottfried Wilhelm Leibniz, 1646—1716），德国哲学家、数学家，在数学史和哲学史上都占有重要地位，是少见的通才。他和牛顿先后独立发现了微积分，独自发明并完善了二进制。在哲学上，莱布尼茨应用第一性原理或先验定义，而不是实验证据来推导得到结论。莱布尼茨是史上最重要的逻辑学家。他的主要成就包括微积分、拓扑学、符号思维、单子论和形式逻辑。

15. 大卫·休谟（David Hume, 1711—1776），苏格兰不可知论哲学家、经济学家、历史学家，被视为启蒙运动以及西方哲学历史中最重要的人物之一。休谟的哲学被归类为怀疑主义哲学（例如逻辑实证主义），也是经验主义哲学和自然主义哲学，主张一切知识来自对外界的感知。正如罗素认为，休谟是实证主义者，认为知识只有可能是从对于事件的观察上衍生而出，从"对感官的印象"或是"感觉的数据库"里得出，同时其他任何不是透过观察经验而得的知识都是"毫无意义的"。休谟的哲学受到经验主义的深刻影响，也吸收了牛顿和亚当·斯密等人的理论。休谟的主要著作包括《人性论》《道德和政治论文集》和《自然宗教对话录》。

16. 让·雅克·卢梭（Jean-Jacques Rousseau, 1712—1778），瑞士兼法国籍哲学家、作家、政治理论家。他在《社会契约论》中指出，统治者与被统治者的契约应该被重新思考，政府不应该是保护少数人的财富和权利，而是应该着眼于每一个人的权利和平等，因此他也被认为是现代社会主义和共产主义的始祖。他主张回归自然，使人恢复自然过程的力量，脱离外界社会的各种压迫，以及文明的偏见。

17. 伊曼努尔·康德（Immanuel Kant, 1724—1804），德国古典哲学创始人，前半生主要研究自然科学，提出了最早期的"星云说"，主要著作有《自然通史和天体论》和《自然地理学》。后半生主要研究哲学，独创了认识论哲学，统一了理性主义和经验主义，主要哲学著作有《纯粹理性批判》《实践理性批判》和《判断力批判》。康德主张以人为本的人道主义，被后人视为人类博大的政治理想。康德是继苏格拉底、柏拉图和亚里士多德之后，对西方影响最大的哲学家。

18. 亚瑟·叔本华（Arthur Schopenhauer, 1788—1860），德国哲学家。他以《意志和代表性的世界》而闻名。叔本华在康德先验唯心主义的基础上，发展了一种无神论的形而上学和伦理学体系，拒绝了德国唯心主义的思想。他的作品被描述为哲学悲观主义的典范。虽然一生中没有引起足够的重视，但他却在哲学、科学、文学、心理学领域留下了警示遗产。受叔本华影响的哲学家有尼采、维特根斯坦和卢多维奇，科学家有薛定谔和爱因斯坦。

19. 弗里德里希·威廉·尼采（Friedrich Wilhelm Nietzsche, 1844—1900），德国哲学家、诗人、作曲家、语言学家、思想家，西方现代哲学的创始人。尼采批判了当时流行的宗教、道德、哲学，提出了自己的认识。尼采的主要著作有《权力意志》《悲剧的诞生》《不合时宜的考察》《查拉图斯特拉如是说》《希腊悲剧时代的哲学》和《论道德的谱系》，对存在主义和后现代主义的发展影响巨大。

20. 伯特兰·阿瑟·威廉·罗素（Bertrand Arthur William Russell, 1872—1970），英国哲学家、数学家、逻辑学家、历史学家、文学家，分析哲学的主要创始人，逻辑实证主义权威，学富五车的人物，1950 年获得诺贝尔文学奖，主要作品有《西方哲学史》《哲学问题》《心的分析》《物的分析》等。

21. 格奥尔格·威廉·弗里德里希·黑格尔（Georg Wilhelm Friedrich Hegel, 1770—1831），德国 19 世纪唯心主义哲学的代表人物，影响了存在主义和马克思历史唯物主义。黑格尔建立了世界哲学史上最为庞大的客观唯心主义体系，丰富了辩证法的理论。他的主要著作有《精神现象学》《逻辑学》《哲学科学全书纲要》和《法哲学原理》。黑格尔辩证法首次把整个自然的历史的和精神的世界描写为处在不断的运动、变化和发展之中的过程。其真正"合理内核"是吸收了培根、洛克等归纳派的思想，修正笛卡尔等人的唯理性思想。马克思批判地吸取了黑格尔的辩证法，创立了唯物辩证法。

22. 路德维希·安德列斯·费尔巴哈（Ludwig Andreas Feuerbach, 1804—1872），德国哲学家，以其著作《基督教的本质》而闻名。该书对基督教进行了强烈的批判，影响了后来的思想家，包括达尔文、马克思、弗洛伊德、恩格斯、瓦格纳和尼采。费尔巴哈倡导无神论和人类唯物主义，被认为是黑格尔与马克思之间的桥梁。

23. 卡尔·海因里希·马克思（Karl Heinrich Marx, 1818—1883），德国哲学家、经济学家、历史学家、社会学家、政治理论家、新闻工作者和社会主义革命家。马克思与恩格斯合作创立了马克思主义。他的著作主要有《共产党宣言》和《资本论》。马克思敦促工人阶级实行无产阶级革命，推翻资本主义，实现社会经济解放。马克思被描述为人类历史上最有影响力的人物之一，而受到称赞和批评。马克思通常被称为现代科学社会主义的主要奠基人，无产阶级的精神领袖，国际共产主义运动的开创者。

24. 埃德蒙德·古斯塔夫·阿尔布雷希特·胡塞尔（Edmund Gustav Albrecht Husserl, 1859—1938）：20 世纪奥地利著名作家、哲学家，现象学的创始人。著有《算术哲学》《逻辑研究》《作为严格科学的哲学》《纯粹现象学和现象学哲学的观念》《形式的和先验的逻辑》《笛卡尔沉思》《欧洲科学的危机与先验现象学》《第一哲学》等。

25. 路德维希·约瑟夫·约翰·维特根斯坦（Ludwig Josef Johann Wittgenstein, 1889—1951），英国 20 世纪最有影响力的哲学天才，主张逻辑实证主义，主攻数学哲学、精神哲学和语言哲学，曾经师从英国名家罗素，著有《逻辑哲学论》。

26. 马丁·海德格尔（Martin Heidegger, 1889—1976），德国哲学家，20 世纪存在主义哲学的创始人。著有《存在与时间》《形而上学导论》《艺术作品的本源》《根据的本质》《真理的本质》等，在科学方面也有很高的修养，著有《世界图像时代》《技术的追问》等。

27. 卡尔·波普尔（Karl Popper, 1902—1994），奥地利哲学家，批判理性主义的创始人。他认为经验观察必须以一定理论为指导，但理论本身只能被证伪，不能被证实。著有《历史决定论的贫困》《开放社会及其敌人》《科学发现的逻辑》《猜想与反驳》等。对绝对真理与决定论的批判还被认为是异端的时候，波普尔就以他独特的风格推动了思想史上的一次转折，使这种异端学说在今天成了常识，改写了人们的科学观、历史观与社会演进观。所以，波普尔是当之无愧的一流思想家。

28. 让-保罗·萨特（Jean-Paul Sartre, 1905—1980）：法国 20 世纪最著名的无神论存在主义哲学家，社会主义最积极的倡导者，拒绝接受任何奖项，包括 1964 年的诺贝尔文学奖。他也是优秀的文学家、戏剧家、评论家和社会活动家，曾参加多次反战运动。

三、西方哲学对世界现代科学的贡献

西方哲学和科学一直是在批判前人和当世人互相争论的过程中发展的，其中经过了朴素的唯物主义、先验唯心主义、理性主义、经验主义、怀疑主义、实证主义。西方的自然科学也是伴随着这些哲学观点的发展而发展的。西方哲学可以粗分为希腊古典哲学、西方近代哲学和西方现代哲学。

古希腊哲学基本上是哲学和科学不分家，也就是基于哲学科学思维的自然哲学，为后世哲学和科学的发展划定了一个初始的对象范围，并且逐步拓宽这一范围。近代现代科学家所做的研究仍然不过是解释古希腊哲学家所提出的问题，包括自然界的本源和终极问题。所以说，古希腊哲学对现代科学贡献是卓著的。再者，古希腊哲学在方法论上的证实思想和朴素的辩证法以及严密的逻辑推理都为后世科学研究的方法论奠定了基础。

近代西方哲学包括早期的培根的古典唯物主义和笛卡尔理性主义哲学（16—17 世纪）到晚期的德国古典哲学，包括康德和黑格尔客观唯心主义哲学以及费尔巴哈的唯物主义（18 世纪）。其中多数被称为自然哲学家，他们用经验观察的科学方法反对经院哲学的推演方法，用辩证法的思想反对经院哲学的形而上学。费尔巴哈驳斥了康德和黑格尔，批判了黑格尔的唯心主义，建立了形而上学形态的"人本学"唯物主义。17—18世纪末，培根提出了近代唯物主义经验论，把经验当作统一思维与存在的关键，为近代哲学中统一思维与存在的要求和思维趋势打下了一定的基础。其中，培根实验科学和近代归纳法、笛卡尔的近代唯理论，莱布尼茨的形式逻辑以及休谟的逻辑实证主义，都对现代科学的发展有着重大的贡献。

现代西方哲学是西方传统哲学的继续和发展，继承了古希腊哲学、中世纪的经院哲学、17—18世纪的理性论和经验论，以及德国古典哲学的遗产。传统哲学中的认识论、本体论、伦理学等问题，仍然是现代西方哲学所讨论和研究的重点。自黑格尔之后，出现了叔本华和尼采的唯意志主义、康德的实证主义、柯亨和那托普的新康德主义、柏格森、克罗齐和胡塞尔的直觉主义、弗雷格的分析哲学、马塞尔的存在主义、海德格尔的解释学、费尔巴哈的唯物主义、马克思的唯物辩证法、索绪尔的结构主义、德里达的解构主义等新流派。这些流派革新了西方两千年来的哲学思想，丰富了人们的哲学思维，并向其他学科渗透、交叉，建立了新的次级学科，比如科学哲学、环境伦理学、医学伦理学等，与科学技术，人文科学、社会科学和文学艺术之间形成了更为密切的互动关系。现代西方哲学的不同流派都重视知识和真理、自然和人、语言和意义等问题。他们通过对这些问题的探讨，阐明自己的观点。通过对这些问题的叙述也可以看出现代西方哲学发展的新动向。

有人说，黑格尔以后西方哲学一路堕落至今，因为他们不再像近代哲学那样用心关注自然、关注外部物理世界以及人对世界的认识，不再像传统哲学家那样崇奉确定的、普遍有效的准则或规范，而是专心致志于语言问题、符号意义问题和交往问题。然而，其中一些哲学家，如卡尔波普尔，发扬、继承了培根的思想，赢得同时代科学家（如爱因斯坦和玻尔）的尊重。

在哲学意义上，唯心主义、唯物主义、经验主义、理性主义、先验论等都是研究哲学方法论。我们不应该用阶级斗争的观点去看待这些哲学流派。西方哲学为科学研究提供了方法论，而中国古典哲学给科学研究以启示，这是两者的不同点。

小 结

亚里士多德的黄金中庸思想认为，中庸是两个极端之间的理想中间点，一个极端是过度，另一个极端是不足。这一哲学理念早在古希腊思想中就出现了，在后来的亚里士多德哲学中被强调。亚里士多德的黄金中庸理论的概念体现在他的《尼科马尚伦理学》（*Nicomachean Ethics*）中，其中亚里士多德解释了美德的起源、性质和发展，这些美德对于实现最终目标幸福至关重要。亚里士多德的道德规范以人的品格为中心。亚里士多德认为，黄金中庸仅适用于美德，而不适用于恶习，如仇恨、嫉妒、盗窃、谋杀等。亚里士多德的黄金中庸思想和儒家的中庸思想很接近，也都是在讨论思想和道德修养。像本书所提出的，用中庸之道分析自然界的现象和规律是后世科学家的工作。现代社会的人们需要克服傲慢，并在自然中寻求指导。和谐、平衡、中庸是亚里士多德所说的黄金标准。与儒家思想一样，我们必须承认它是有益的和重要的。

后来，一种叫作"黄金分割"的几何理念被强拉到西方中庸哲学里了。欧几里得以后的数学家研究了黄金分割率的特性，把这个分割比例定为 $1:0.618$。有些人并且牵强附会地认为黄金分割比率出现在自然界的某些模式中，包括叶片的螺旋排列等。20 世纪的西方艺术家和建筑师将他们的作品按近似黄金分割比例绘制，并认为这在美学上是令人愉悦的。有人声称许多动物（包括人类）的身体中某些特定比例以及软体动物的壳（如鹦鹉螺壳）的形状的比例是黄金比例，而这些比例的实际测量值存在很大的个体间差异，有的与黄金比例显著不同。

本书的第三章，笔者已经讨论了白银分割比，并且把这个比例定为 $1:(1-e^{-1})$ $\approx 1:0.632$。自然界很多事物的变化和发展都遵循这一规律。而且笔者用数学公式做了证明。因此可以说，白银中庸理论和白银中庸常数才是符合自然规律的，应该受到重视。

无字天书太极图
对自然科学
的启示

引　言

阴阳鱼太极图是中国哲学中的符号或图案。无论是无极"一元论"和阴阳"二元论"（阴和阳）都奉太极图为"至尊"。虽然出土的上古时代的甲骨文上就刻有太极图案，正式引入文献的是宋代哲学家周敦颐（1017—1073）的《太极图说》。当时阴阳鱼太极图被誉为三个无字天书之一，其他两个是《河图》和《洛书》。自1960年开始，太极图在西方流行文化中作为"阴阳符号"广泛传播。到底这个被称作无字天书的阴阳鱼太极图能为自然科学研究带来什么样的启示，众说纷纭。在本章里，笔者以现代科学的学术成果和本人的研究成果来论证这一问题，即说明阴阳鱼太极图对自然科学研究的启示。

● 第一节 ● 无字天书阴阳鱼太极图的概念

一、无字天书的由来

阴阳鱼太极图的形状如两鱼首尾反向互相纠缠在一起，因而被称为阴阳鱼太极图（图9-1左1）。后来有人在图的周围添上了八卦图，被称为太极八卦图（图9-1左2）。孔庙的一些建筑物上、道袍上、算命先生的卦摊上、韩国及蒙古的国旗上、新加坡空军军机上都有阴阳鱼太极图的标志。

先后出土的古太极图，比《易经》的成书时间还早三四千年。所以说，阴阳鱼太极图和《易经》有关，但不是《易经》的直接内容。然而，太极图所要启示的内容和《易经》以及中庸之道都有关系。阴阳鱼太极图被称为无字天书，是因为从这张图里可以悟出很多道理。在这里，笔者无意讨论阴阳鱼在社会学、风水学、占卜方面的应用，只想讲一下在自然科学领域里，这个无字天书能给出什么样的（多么准确的）启示。

图9-1　阴阳鱼太极图（左1）、太极八卦图（左2）、阴鱼隐藏太极图（右2）

和阳鱼隐藏太极图（右1）

二、阴阳的概念

　　一个圆被一条反 S 型曲线分割为鱼状的黑白两部分，俗称阴阳鱼，阴阳鱼首尾相连，追逐旋转。而且，黑鱼中有好像眼睛的白圆圈，白鱼中也有黑圆圈，也就是阴中有阳，阳中有阴。阴阳截然相反而对立，但又统一在一个大圆圈之中，你中有我，我中有你，既相互对立又相互依存。太极图看似简单明了，实则博大精深。成为中国哲学史上不同流派所共有的主要概念之一。被说成是万物之源，是一种用来说明宇宙的图像。

　　阴阳的影响很容易观察到，但其概念含义却难以准确界定。一般说来，阴和阳是在一个存在的实体、物质或事的结构，特性及功能等方面中的一对既对立又统一，既矛盾又互补的两个方面。但是，因为古代没有像现代的科学理论和手段，人们有时候会把实际上不怎么相干的两件事物说成是阴阳的关系。例如，黑夜和白昼是一对阴阳的关系，但是太阳和月亮就不是一对真正的阴阳关系。因为月亮和太阳不是一个级别上的事物，也没有什么对立统一互补的关系。男女性别是一对阳和阴的关系，但是老年和少年就不是。因为老年只是少年的延续，没有质和性的相反和对立，更不能互补。同样，水的沸腾和结冰，也不是一对阴阳的关系；冷和热也不是一对阴阳的关系，而只是能量的高低。多少度为热，多少度为冷，没有绝对的界限。温度是表示物体分子热运动的剧烈程度，是物体分子运动平均动能的标志。科学意义上是划分不成冷和热两个对立统一的矛盾双方的。很多人引用庄子的观点来说明热是阳，冷是阴。庄子借老子之口，以"赫赫的至阳"和"肃肃的至阴"为两个哲学概念来说明天地万物的形成。有人解释"赫赫的至阳"为水的沸腾，"肃肃的至阴"为水的结冰。这样理解就离开了原文的意思。实际上，开水和冰也不是对立统一体，即使融合在一起也不是万物起源的基质。当然，中医里的"热"与"寒"是阴阳关系，这里说的是人体的病理状态，而不是温度。

从古至今，有关阴阳论述的文献，量达车拉船载。本章将回避一些众所周知的定义和争论。本章的目的是讲中庸之道对自然科学的启示，所以我们这里必须沿着"科学"这条路线开展讨论，再把范围缩小至表示阴阳的太极图上。

自古至今，阴阳鱼太极图被称作无字天书。即使在科学高度发展的今天，仍然没有改变对阴阳鱼太极图的评价，而且被赋予新的科学意义上的含义。被称作无字天书的原因是这个图的含义在世间万事万物上都用得上，哪怕是最超前的科学技术和学术理论。

● 第二节 ● 无字天书对自然科学的启示

从对自然科学的启示来讲，阴阳鱼太极图有以下几个特点。

1）白鱼和黑鱼，颜色对立，首尾相反，代表着事物的一对矛盾着的两个方面，如电荷的正负、波粒二象性等。

2）阴阳鱼首尾相接，圆滑地抱在一起，形影不离，说明两个矛盾的方面也有统一的特点，如原子结构中电子和原子核之间的关系。

3）白鱼中有黑色圆圈，黑鱼中有白色圆圈，你中有我，我中有你。这说明，给予对方一点可能具有更重要的意义。如质能守恒公式中，核裂变、核聚变，失去一点点可以得到巨大的能量。

4）如果把阴阳鱼放在白色的背景里，白鱼就看不见；如果放在黑色的背景里，黑鱼就看不见（图8-1右2）。同样的道理，要想找到暗物质或者反物质，必须找到能显现暗物质或者反物质的时空。

下述一些科学发现有的是直接地，有的是间接地，受到了阴阳鱼太极图的启示。

一、原子结构——电子与原子核/中子与质子

《道德经》第四十二章说，"万物负阴而抱阳，冲，气以为和"。科学家就是自觉或不自觉地根据这一哲学理念和阴阳鱼太极图的启示，发现了原子中电子和原子核（质子和中子）的存在。物理学家汤姆逊在完全缺乏实验条件的情况下，根据先贤们的哲学理念展开自己的想象，勾勒出原子结构图景。也就是说，原子呈球状，其中心占据很小的原子核带正电荷，外层的电子带负电荷。如果以氢原子为例的话，那么这种结构很像阴阳鱼太极图。原子核当中的质子和中子以及质子和中子当中的夸克都以类似阴阳鱼的方式紧紧抱在一起的结构组成。

二、电子轨道的电子云学说

20 世纪初，欧内斯特·卢瑟福（Ernest Rutherford）和尼尔斯·玻尔（Niels Bohr）提出了原子结构的粒子物理学标准模型。根据这一模型，电子在原子核周围出现的位置被描述为电子出现点的概率区域，形成浓淡不均的云雾状（图 9-2），而不再被描绘成在固定轨道上绕原子核运动的粒子。概率点密集的地方，电子的存在可能

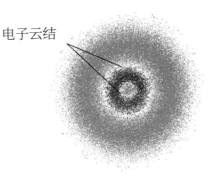

电子云结

图9-2　电子云模型

性最大；概率点稀疏的地方，电子出现的可能性较小。如果把各云层从云结向外的云雾点的密度数量化，再把阴阳鱼的纵向不同点的横向直径数量化，可以发现两者是大体一致的。

三、波尔的电子跃迁理论

虽然玻尔的电子跃迁理论是过时的科学理论，但是，由于它的简单性以及在选定系统中的正确性，仍然可以用于介绍量子力学或电子能级。20 世纪初，卢瑟福实验确定原子的结构为小而致密且带正电的原子核及其周围带负电的弥散电子云组成。根据经典力学定律（即拉莫尔公式），电子会在绕原子核运行时释放电磁辐射而失去能量，迅速向内旋转，塌陷到原子核中。玻尔提出了电子跃迁模型，解决了这个难题。玻尔的原子理论包括以下几个内容：

1）电子在一些特定的可能轨道上绕核做圆周运动，离核愈远能量愈高。

2）可能的轨道由电子的角动量必须是 h/2π 的整数倍决定。

3）当电子在这些可能的轨道上运动时原子不发射也不吸收能量，只有当电子从一个轨道跃迁到另一个轨道时才发射或吸收能量，而且发射或吸收的辐射是单频的，辐射的频率和能量之间关系是 $E = hv$（h 为普朗克常数；$h = 6.626 \times 10^{-34}$ J·s）。如图 9-3（左）所示，电子从远核轨道跃迁至近核轨道时，释放出一个量子的能量，而要从近核轨道跃迁到远核轨道时，需要吸收一个量子的能量。

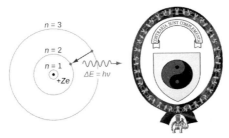

图9-3　电子跃迁示意图（左）和尼尔斯·玻尔的袖标。

197

四、爱因斯坦的质能守恒公式

质能守恒公式 $E = mc^2$ 是爱因斯坦的狭义相对论中的等式，表示质量和能量是相同的物理实体，并且可以相互转化。也就是，一个物体的质量（m）的增加乘以光速平方（c^2）等于该物体的动能（E）。根据相对论之前的物理理论，质量和能量被视为不同的实体。但是，在狭义相对论中，静止物体的能量被确定为 mc^2。每个静止质量为 m 的物体都具有 mc^2 的静止能量，还可以转换为其他形式的能量。此外，质能守恒公式意味着，如果通过这种转换从物体释放出能量，那么物体的其余质量将减少。静态能量到其他形式能量的转换在核反应中以及核聚变反应中非常大。如果 1 千克氢全部聚变为氦 4，损失质量 Δm = 0.029158 千克，产生的能量为 $\Delta E = \Delta mc^2 = 0.029\ 158 \times 299\ 792\ 458^2 = 2\ 620\ 590\ 000\ 000\ 000$ 焦耳 = 727 942 000 千瓦，相当于 1000 吨 NTT 炸药爆炸时释放的能量。可不能小瞧阴阳鱼太极图里跳出圈外的那个小白圆点（或黑圆点）啊！它就启示着质能守恒公式里的即将变成 ΔE 的 Δm。

五、莱布尼茨的二进制

受太极图的启发，莱布尼茨发明了现代计算机使用的二进制。1701 年，莱布尼茨接到法国传教士朋友从北京寄给他的太极图以及《伏羲六十四卦次序图》和《伏羲六十四卦方位图》，他从这些图中得到了极大的启发。他发现，八卦中的阴爻可相当于二进制中的"0"，而阳爻相当于二进制中的"1"。

众所周知，算术的一般计算是十进制，逢十进一，使用 9 个数码。然而二进制只使用 0 和 1 两个数码，逢二进一。因此"10"表示 2，"11"表示 3，"100"表示 4，"1000"表示 8，"10000"表示 16，以此类推。有人否认二进制与阴阳太极八卦图有关，我们不必争论。科学源于哲学，即使二进制与阴阳太极八卦图没有直接的关系，也有间接的关系，何况莱布尼茨自己就是中国古典哲学的崇尚者。莱布尼茨的《致德雷蒙先生的信——论中国哲学》译成中文长达 4 万字。不能说莱布尼茨是一边看着阴阳八卦图一边发明了二进制，但可以说，他的学术研究得到了中国古典哲学的启示。如果把阴爻（− −）看作二进制符号 0，把阳爻（—）看作二进制符号 1，那么二进制与伏羲八卦对应得很完美：坤 ☷ 000；艮 ☶ 001；坎 ☵ 010；巽 ☴ 011；震 ☳ 100；离 ☲ 101；兑 ☱ 110；乾 ☰ 111.

六、量子纠缠

量子纠缠的描述为，当一对粒子以某种方式生成，相互作用时，该对粒子中每个粒子的量子态不能独立于另外一个粒子的状态来描述，即使这对粒子分开的距离很大也是同样。这对离子的关系叫作量子纠缠（图9-4）。一对纠缠的粒子的其中一个是顺时针自旋，则另一个粒子的自旋是逆时针方向。但是，对粒子性质的任何测量都会导致该粒子不可逆的波函数崩溃并改变原始的量子态，影响整个纠缠系统。有关量子力学的理论，即使是大科学家也无法充分理解，但是，一般非物理专业的科学爱好者都对此好奇。在此，我们不做详细论述，这里想指出的是，阴阳鱼太极图就像纠缠着的两个粒子。如果让阴阳鱼太极图快速旋转起来，是无法知道哪个是阴（黑），哪个是阳（白），也无法知道头朝下或者朝上。如果停下来观看，其中一个是头朝下而且是黑色的，那么另一个必定是头朝上而且是白色的。现在，让我们考虑一对纠缠着的光子。在测量该光子之前，它自旋方向是处于叠加状态的，有可能是顺时针，也有可能是逆时针（请记住，量子物理学很奇怪）。当测量这两个光子之一时，如图所示，发现两者将以相反的方向旋转，如果反转一个光子的自旋，则另一个也将反转。

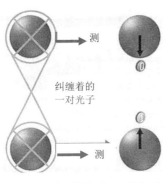

纠缠着的
一对光子

测

测

图9-4　纠缠着的一对光子
被测量后的结果

七、波粒二象性

波粒二象性是量子力学中的概念，每个粒子或量子实体都可以描述为粒子或波。所有粒子都具有波的性质，反之亦然。某一量子会分别在不同的物理环境中显示波的状态，有时显示出粒子的状态。一个粒子具有既对立又统一的特点，这种波粒二象性特征的现象很像阴阳鱼太极图的特点。如图9-5所示，让一个光子或物质粒子（例如电子）通过两个狭缝时，它会以波的形式同时穿过两个狭缝，其干涉图像投射到后面的荧屏上。这个以波形式存在的粒子本来是一个波被分成两个单独的波，穿过双缝以后又合并为一个波。两个波的路径长度的变化会导致相移，从而产生干涉图样。但是，如果在双缝实验设备设置一个仪器来探测一个离子是怎么一分为二穿过双缝的，那么，结果是这个粒子就只是以粒子的形式从一个狭缝穿过，投射到后面的荧屏上。这说明，人为的测量或者干预会改变一个粒子的状态，也就是波粒二象性就会塌陷。再回来说说阴阳鱼太极图。我们看到的阴阳鱼太极图具有一个阳鱼（白色）和一个阴鱼（黑色）。如果把阴阳鱼的背景调节为和阳鱼一样的白色或者与阴鱼一样的黑色，人们看到的也就是一个阳鱼或者一个阴鱼。

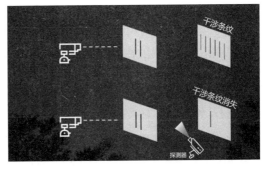

干涉条纹

干涉条纹消失

探测器

图9-5　双缝实验示意图

八、暗物质和暗能量

科学家们从宇宙学观测结果得出宇宙物质的组成为：68%为暗能量，27%为暗物质，5%为我们眼见为实的普通物质。暗物质是我们看不见的，由称为重子的粒子组成的物质。暗物质不是反物质。暗物质不像普通物质那样对光波或者电磁波有所反应。普通物质无论在何处，光一照便可看见。即使是普通的可见光照不见，可以利用紫外线、红外线、X射线、伽马射线、无线电波等现代科技探测手段。但是，暗物质和暗能量对这些光或射线都完全没有反应。科学家们根据暗能量对宇宙膨胀的影响，判断出68%的宇宙是暗能量。这是暗物质和暗能量具有万有引力作用，它们逃过了光波的追踪，却逃不过引力的束缚。就像阴阳鱼太极图，如果把它放在和黑鱼一样颜色的背景上，黑鱼就看不见了，只剩下了相当于普通物质的白鱼。暗物质和暗能量是否存在于我们觉察不到的，就像与白色阳鱼一样的多维时空里呢？所以说，发现暗物质和暗能量存在的时空是发现暗物质和暗能量的关键，相信科学家们会在不久的将来完成这一任务。

九、反物质

反物质是由普通物质的相应粒子的反粒子组成的物质。因为还没有发现反物质的方法，只能用反物质粒子加速器来生产，每天的总产量只有几纳克，其中只有极少数成功地结合在一起形成反物质原子。从理论上讲，粒子及其反粒子（例如，质子和反质子）具有相同的质量，但电荷相反。比如，质子带正电，反质子带负电。任何粒子与其反粒子伙伴之间的碰撞都会导致它们相互湮灭，从而产生各种比例的强光子（伽马射线），中微子，有时还有质量较弱的粒子。湮灭的总能量大部以辐射的形式出现。如果存在周围物质，则该辐射的能量含量将被吸收并转换为其他形式的能量，如热或光。根据质能守恒公式，$E = mc^2$，释放的能量通常与碰撞物质和反物质的总质量成正比。1千克反物质完全湮灭约相当于是4 000万3千吨TNT炸药。$E = mc^2 = (1 \text{ kg} + 1 \text{ kg}) \times 299\ 792\ 458^2 = 1.797\ 51 \times 10^{17}$ 焦耳。1千克TNT炸药爆炸所释放的能量约为4 200 000焦耳，因此，1千克反物质的湮灭所释放的能量相当于42 797 857 143千克，即大约4 280万吨的NTT炸药爆炸所释放的能量，相当于2000多个原子弹爆炸所释放的能量。如果能找到反物质，人类就不要燃烧石油获得能量了。那么，反物质在哪里呢？是否可以从阴阳鱼太极图里悟到发现反物质的途径呢？反物质是否存在于平行宇宙里呢？这是科学家们要解答的问题。

十、平行宇宙

平行宇宙，也叫替代宇宙，构成现实的所有潜在平行宇宙的总和通常称为"多重宇宙"。反地球，即另一个地球的概念似乎类似于平行的宇宙，但实际上是一个独特的想法。反地球是指与地球共享轨道但处于相反位置的行星，因此从地球上看不到它。在科幻小说中，反地球不仅存在于我们的宇宙中，而且还存在于我们自己的太阳系中，因此到达它可以通过普通的太空旅行来完成。但是这个想法是不切实际的，因为太阳系中的其他行星都没有这样的双胞胎共享其轨道。在很长的一段时间内，重力影响会使这种轨道不稳定，从而导致两颗行星发生碰撞或排斥。在遥远的另一个宇宙或者星系中是否存在和我们的地球一样的反地球呢？答案当然是肯定的。虽然反地球存在的概率是极其微小的，但宇宙是无限大的。所以，极小的一个数（概率）乘以无限大，还是等于无限大。也就是说，宇宙中反地球存在的概率是无限大，接近100%的，是百分之百的肯定。我们的地球和反地球，我们的宇宙和平行宇宙，就像太极图中的黑白阴阳鱼一样，没有发现白鱼的原因，是因为白鱼处于变色环境之中的原因。因此，要找到存在反地球和平行宇宙的时空。据说，虫洞可以协助人类找到反地球和平行宇宙。

十一、虫洞

虫洞（图9-6）是一种连接时空上不同点的推测结构。虫洞可看作是一条隧道，其两端处于不同的时空点，即不同的位置点或不同的时间点，或两者既位置不同又时间点不同。虫洞与爱因斯坦的广义相对论是一致的，但是虫洞是否确实存在尚待观察。虫洞可以连接非常长的距离，例如十亿光年或更长，不同的宇宙或不同的时间点。虫洞分为宇宙内虫洞（同一宇宙中两个点之间的虫洞）和宇宙间虫洞（不同宇宙间的连接）。简化的虫洞的概念就是把空间看作二维表面，虫洞会在该表面上显示为孔，通向3D管（圆柱体的内表面），然后在2D表面上的另一个位置重新出现一个类似于入口的孔。想象虫洞的另一种方法是拿一张纸，在纸的一侧画两个稍远的点。这张纸代表时空连续体中的一个平

面，两个点之间的长度代表要行进的距离。理论上，虫洞可以通过折叠该平面（即纸张）来连接这两个点，从而使这两个点接触。这样，从其中一点通向另一个点会容易得多，因为现在两个点已经接触在一起了。根据爱因斯坦相对论，穿越虫洞通向遥远的宇宙的另一端或者另一个宇宙都是有可能的。虫洞的形状和阴阳鱼太极图很相似，而那个离开本体的白点（或者黑点）就是我们想象的穿越虫洞到宇宙另一端的穿越载体。

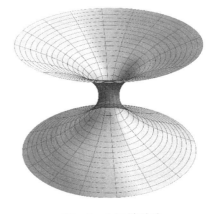

图9-6　虫洞模型图

十二、细胞染色体结构

染色体是位于动植物细胞核内的线状结构。每个染色体均由蛋白质和单个

分子的脱氧核糖核酸（DNA）组成。 DNA 中包含父母传给子女的遗传基因。之所以叫染色体，是因为在做试验时它们很容易被染色。如图 9-7 所示，DNA 沿组蛋白的线轴折叠。如果将单个人类细胞中的所有 DNA 分子从其组蛋白中解开并端对端连接，一个 DNA 可伸展长达 0.3 米。一个人的全身有 600 万亿个细胞，所有的 DNA 连接起来，就是 180 万亿米。地球的周长大约是 0.4 亿米，可绕地球 450 圈。

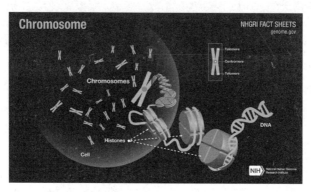

图9-7 细胞中的染色体及其结构示意图

注：Chromosome: 染色体；Histones: 组蛋白；Cell: 细胞；Telemere: 端粒 Centromere: 着丝粒。

有机体在生长和发育过程中，细胞必须不断分裂以产生新的细胞。染色体是确保 DNA 准确复制。如果分裂后的新细胞中染色体数目或结构发生错误的变化就可能导致严重的问题。例如，在人体中，缺陷染色体可能造成白血病和一些癌症。同样至关重要的是，生殖细胞（例如卵和精子）应包含正确数量的染色体，并且这些染色体必须具有正确的结构。否则，所产生的后代可能无法正常发育。例如，患有唐氏综合征的人有三个 21 号染色体，而不是正常的两个。人类有 46 条，23 对染色体。每种动植物物种都有一定数量的染色体。例如，果蝇有 4 对染色体，水稻有 12 对染色体，狗有 39 对染色体。每对染色体的其中一个是从母本继承而来的，另一个是从父本继承的。雌雄在一对称为性染色体的染色体上有所不同。雌性的细胞中有两个 X 染色体，而雄性的细胞中有一个 X 和一个 Y 染色体。如果继承了父亲的 Y 染色体，受精卵或者胎儿就是雄性，如果继承了父亲的 X 染色体，就是雌性，因为母亲的性染色体都是 X。细胞分裂的时候，染色体要复制。细胞分裂包括体细胞增殖的有丝分裂和配子体生成的减数分裂。这两种分裂过程中都包含染色体的复制。在体细胞中，DNA 在分裂前被复制以产生完全相同的两条染色体，称为四倍体（4n）。当细胞分裂开始时，染色体在赤道平面上排列，并被纺锤丝左右分开，成为具有与原始细胞相同数目的染色体的细胞。该细胞的遗传信息没有变化。在生殖细胞生成的减数分裂过程中，体细胞中染色体数目被两个减数分裂减少了一半，生成配子体细胞（精子或卵子），精子和卵子通过受精生成的子代（孩子）成为二倍体，与体细胞相同。在减数分裂之前，染色体复制或者 DNA 复制的发生方式与体细胞中的复制方式相同，从而先产生四倍体，但父本和母本的一部分基因都通过连接染色体而重组，就像太极图中阴阳鱼里的白圆圈跑到黑鱼里去了，而黑鱼的黑圆圈跑到白鱼里一样。之后，分成两个单元（2n）。随后，发生第二次细胞分裂，但是由于此时的染色体没有复制，因此第二次细胞分裂而生的配子体细胞的染色体数目减半（n）（图9-8）。

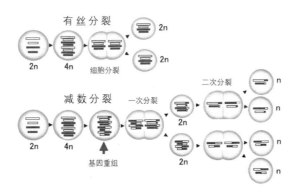

图9-8 体细胞增殖的有丝分裂（上）和配子体形成的减数分裂（下）

十三、DNA 双螺旋结构

　　如图 9-9 所示，DNA 分子由两条像扭梯一样缠绕的链组成，每条链都有一个由脱氧核糖与磷酸基交替组成的骨架。附着在每个核糖上的是四个碱基之一：腺嘌呤（A），胞嘧啶（C），鸟嘌呤（G）或胸腺嘧啶（T）。两条链通过碱基之间的键连接在一起，腺嘌呤与胸腺嘧啶形成碱基对，胞嘧啶与鸟嘌呤形成碱基对。DNA 通常在真核生物中以线性染色体出现。细胞中的染色体组构成其基因组。人类基因组中约有 30 亿个碱基对的 DNA 排列成 46 条，23 对染色体。细胞分裂过程中 DNA 可以复制。DNA 中所含的基因的表达要经过转录，即 DNA 中的遗传信息转录到 RNA 中；RNA 从细胞核进入细胞质，把基因的碱基序列转换成蛋白质的氨基酸序列，这叫翻译。详细内容中学生物学教科书中都有，此处不再赘述。这里要说的是，DNA 的双螺旋结构和太极图阴阳鱼的一样，首尾相反。DNA 双螺旋链中的单链的核苷酸方向是从 5'- 末端到 3'- 末端。5' 和 3' 具体是指脱氧核糖中的第 5 和第 3 个碳原子。DNA 的任何一条单链始终在一端具有未结合的 5' 磷酸基团，而在另一端具有未结合的 3' 羟基基团。DNA 在复制或者转录的时候，总是以 5' 到 3' 的方向读取。所以，如果说 5' 末端为首，那么 3' 末端就是尾。DNA 双螺旋链的其中一条单链的 5' 末端对应的是另一条链的 3' 末端，和太极图中的阴阳鱼一样，是首尾相反。

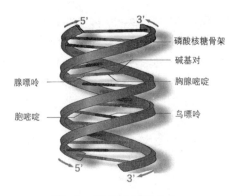

图9-9　DNA双螺旋结构

5'和3'指的是DNA单链的方向，即5'末端方向和3'末端方向

十四、摩尔根遗传学

摩尔根以果蝇为材料得出，具有两对或两对以上的相对性状的亲本杂交，子一代减数分裂产生配子时，位于同源染色体上的非等位基因连锁遗传给后代，这个称为"连锁"遗传。位于同源染色体上的非等位基因（gene）在减数第一次分裂的四分体时期有一定的交叉互换，产生重组配子，遗传给后代，这个称为"互换"。如图9-10所示，也就本来在父系染色体上的基因组合到母系染色体上了。这就像太极图上白鱼上一个圆圈跑到黑鱼那边去了，而黑鱼的一部分（圆圈）跑到白鱼那里去了。摩尔根的基因的连锁与互换规律是遗传学的三大定律之一，在动植物育种工作和医学实践中都具有重要的应用价值。染色体带有许多基因。同一染色体上的基因称为连锁基因，在减数分裂期间经常一起移动，因为它们在物理上被束缚在一起。然而，有些特征没有遵循正常的预期遗传模式，完全看不到预期的孟代尔遗传规律（图9-10A，为遵循蒙代尔遗传规律）。这是因为在配子体形成的减数分裂前期同源染色体之间的重组（交叉）导致染色体内等位基因的新组合（图9-10B）生成的4个不同的配子体当中，其中2条上的B基因和b基因互换。这就像太极图中，白色阳鱼中有个黑圆圈，二黑色阴鱼中有个白圆圈一样，进行了部分互换

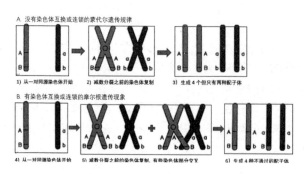

图9-10　孟德尔遗传现象 (A) 和摩尔根遗传现象（互换或连锁遗传）(B)

十五、环状单磷酸鸟苷和环状单磷酸腺苷在调节细胞增殖中的二元性

美国科学家尼尔逊·戈德伯格（Neilson Goldberg）受到"太极图"的启示，提出了环腺磷—环鸟磷是类似于中医的阴阳调节的体内既对立又统一的调节系统，也就是生物控制的"阴阳二重论"，在分子生物学研究中，起到了重要作用。

环状单磷酸腺苷（cAMP）是三磷酸腺苷（ATP）的衍生物（图 9-11 左），作为第二种信使，作用于许多不同生物中的细胞内信号转导。例如将无法通过质膜的激素（如胰高血糖素和肾上腺素）转移到细胞中。cAMP 也参与蛋白激酶的活化，调节离子通道。

环状鸟苷单磷酸酯（cGMP）是衍生自三磷酸鸟苷（GTP）的环状核苷酸（图 9-11 右），参与促进各种细胞活性，cGMP 就像循环 AMP 一样充当第二个使者。 其最可能的作用机制是响应膜不透性肽激素与细胞外表面的结合而激活细胞内蛋白激酶。cGMP 调节离子通道电导，糖原分解和细胞凋亡，还可以放松平滑肌组织，引起血管扩张和血流量增加。cGMP 是眼睛光转导的辅助信使，门控眼睛感光器中的钠离子通道。cGMP 的降解会导致钠通道关闭，从而导致感光器的质膜超极化，将视觉信息发送到大脑。

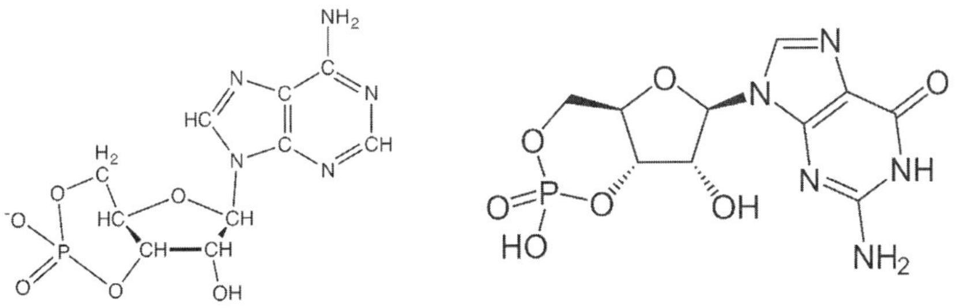

图9-11 环状单磷酸腺苷（cAMP）（左）和环状单磷酸鸟苷（cGMP）（右）的分子结构式

总之，cGMP 参与促进许多细胞活性，与 cAMP 介导的那些活性有拮抗作用或相反的作用。因此，戈德伯格（Goldberg et al. 1973）受到太极图的启示，根据他的观察结果提出了生物控制二元论或阴阳假说。该假设描述了通过两个环状核苷酸的双重互补性和相反作用而施加的调节形式。根据二元论的概念（图 9-12），A 型系统中的促进作用是通过 cAMP 的升高来介导的，而相反的细胞事件或抑制性作用是通过 cGMP 浓度的升高而促进的。在 B 型系统中，对特定细胞事件的积极或促进影响是通过 cGMP 的升高而不是 cAMP 浓度的被动降低来实现的。cAMP 抑制 cGMP 刺激的事件和 / 或促进了其相反的细胞过程。

根据该假设，当反应性细胞池中的 cGMP 的浓度最小时，cAMP 连接信号的表达最大，而当 cAMP 的浓度最小时，cGMP 连接信号的表达最大。cAMP

和 cGMP 的对立作用被认为仅在双向控制的系统中表达，也就是可定义的拮抗作用或对立代谢作用。

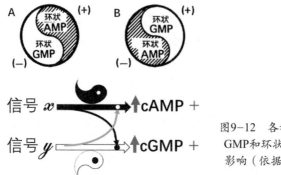

图9-12 各种生物系统中环状 GMP和环状AMP的拟议调控影响（依据Goldberg, 1974）

双向控制系统是由相反的细胞过程组成的系统。取决于双向系统的类型（即 A 或 B 型），环状 AMP 或环状 GMP 浓度的增加可能代表促进作用，而抑制作用和 / 或相反的细胞事件可以被另一个环状核苷酸的细胞水平所促进（如阴阳鱼图所示）。单向控制系统是一个无障碍的细胞过程，它仅响应刺激信号。环状 GMP 或环状 AMP 可能代表不同细胞外信号的细胞内介体，但在这种情况下，两个环状核苷酸都会促进相同的细胞事件（如阴阳箭头图所示）。用黑白箭头表示的阴阳箭头图其实是阴阳鱼太极图的翻版。本来促进 cAMP 浓度增加的 x 信号（黑色）也与 y 信号合并（黑圆圈）而同时促进信号 y 信号（白色）所促进的 cGMP 的浓度。同样，本来促进 cGMP 浓度增加的 y 信号（白色）也加入 x 信号（白圆圈）而同时促进信号 y 信号（白色）所促进的 cGMP 的浓度。

十六、代谢中的合成与分解

人体或动物的一些器官或系统往往具有分解代谢及合成代谢的双重功能。在医学上，分解代谢被称为阳，而合成代谢被称为阴，在这方面，阴阳平衡就是合成代谢与分解代谢之间的平衡。太极图的阴阳鱼对这些代谢机制的发现就有所启示作用。这里仅以肝脏的合成代谢与分解代谢为例。我们要讲的是这一话题与太极图的哲学理念的一致性。

糖、蛋白质和脂肪代谢：单糖经小肠黏膜吸收后，由门静脉到达肝脏，在肝内被合成为肝糖原而贮存。当劳动、饥饿、发热时，血糖大量消耗，肝细胞又把储藏的肝糖原分解为葡萄糖进入血液。和单糖类似，由消化道吸收的氨基酸在肝脏内合成蛋白质，蛋白质进入血液供全身需要，氨基酸代谢产生的氨合成尿素，经肾脏排出体外。同样，消化吸收后的脂肪一部分进入肝脏储存。肝脏自身也能合成脂肪酸、胆固醇、磷脂，把多余的胆固醇随胆汁排出。肝脏会自动调节脂肪代谢，可把多余的脂肪储存堆积于肝脏内形成"脂肪肝"。

以上这三大物质在肝脏内的代谢都涉及分解与合成两个对立的过程。当然，不单单在自己的内部有分解与合成代谢，而且不断地生成胆汁酸，分泌胆汁，排到小肠内，促进脂肪在小肠内的消化和吸收。维持葡萄糖体内稳态的两个关键因素是肝脏和胰岛素，这两者通过各种直接和间接机制相互影响。肝脏通过分解糖原转化为葡萄糖来提高血糖。肝脏还可以把氨基酸，代谢废物和脂肪副产物来生产必需的糖分。该过程也叫糖异生。肝脏以糖原形式储存葡萄糖的合成代谢受胰岛素的刺激。胰岛素还激活几种直接参与糖原合成的酶。血糖下降的时候，胰岛素分泌会停止，导致糖原分解的酶会变得活跃，体内大部分细胞开始转向使用替代燃料（例如脂肪酸）作为能量，这时候肝脏分解储存的糖原，以保证急需，如神经元需要恒定的葡萄糖。即使在葡萄糖供应充足的时候，胰岛素会传递信号，让肝脏尽可能多地储存，以备后用。当然肝脏还有许多其他生理功能，如维生素代谢和激素代谢，解毒和防御机能，等等。这里就不再赘述。

十七、交流电

交流电不仅在理念上，而且原理和现象都与阴阳两极理论相吻合。连表示交流电的符号图都和太极图（阴阳鱼）相似（图9-13 左）。交流电的正弦波图和昼夜阴阳交替图基本一致的，都是自变量为时间的正弦函数波形图（图9-13 右）。

直流电是大小和方向都不变的直流电流，而 AC 是按规则的周期性间隔反转（或交替）其方向的电流，将电流视为流动的水。对于任何直流设备，例如电池或手电筒，电流始终以固定电压沿相同方向移动。交流电设备（例如发电机）的电流可以在方向上来回移动。它也具有可以反向的正负电压。交流电压可以通过使用称为变压器的设备来改变。

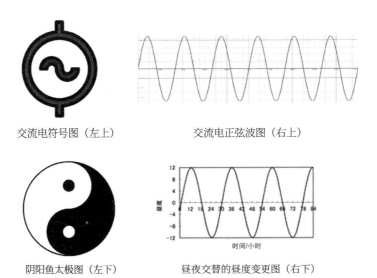

交流电符号图（左上）　　交流电正弦波图（右上）

阴阳鱼太极图（左下）　　昼夜交替的昼度变更图（右下）

图9-13　交流电符号与阴阳鱼太极图以及交流电的正弦波图和昼夜交替图

● 第三节 ● 生产和社会实践中的阴阳五行

一、阴阳的概念

古代哲学里的阴阳观是古人观察和解释事物和现象的世界观。阴阳是事物发展和运动中既对立又统一的两个方面，存在于任何事与物。长期以来，阴阳被解释为"气"，而这个"气"由于运动的变化，有上升和下降，增强和减弱的趋势。这种气是具体事物的气，不是不存在的气。其实，阴阳作为气来解释的主要是物理学的四个力（引力、电磁力、强力和弱力）以及生物物理学和中医学中的一些现象。并不是所有的事物都有"气"，尤其是"事"，即使物物有"气"，不可能事事有"气"。

即使是这样，也一直没有人解释透，这个"气"是什么，在每个具体的事物当中，这个"气"，或者"阴"和"阳"到底是什么。中国古代人认为太阳是阳，月亮是阴；白天是阳，晚上是阴；明亮、活跃、向上、温暖、充实、伸张、扩散、开放等状态为阳；反之晦暗、沉静、向后、向下、寒凉、空虚、压缩、凝聚、闭合等状态为阴。这些都是肤浅的感觉。有些根本就不是哲学和科学意义上对立统一体。例如，太阳和月亮其实不是真正的阴阳对立统一体。古人认为太阳和月亮一样大，一样远近，一样重要，一个白天出来，一个晚上出来，误认为它们是一个对立统一体。

科学进步了，验证哲学理念的方式也发达了，因此我们不可以再人云亦云地解释中国古典哲学。阴阳观是可以释为事物的对立统一关系。阴阳是事物的对立的统一体中两个要素，阴不能单独存在，阳也不能单独存在。阴阳和气的理念完全可以用到现代科学里面去解释具体的科学问题，如正电荷与负电荷，阳离子与阴离子，以及作为"气"的四种力（引力、电磁力、强力和弱力）。这些现代科学对事物的解释都是与中国古代哲学对自然和宇宙的解释相一致的。

二、五行的概念和相生相克的含义

1. 五行的概念

五行指的是金、木、水、火、土五类要素（这里为了区分于化学元素，不使用"元素"二字）彼此之间存在促进或排斥的关系。五行是中国古典哲学思想的一个组成部分，迄今多用于中医学和占卜。古人认为，天下万事万物皆由金、木、水、火、土五类要素组成，并且彼此之间存在相生相克的关系。金、木、水、火、土是指五种变化的要素，不是五种具体的物质。而五行是事物中这个五个要素的发展或运动的规律。当然，"金"不一定是"黄金"或"金属"，"木"也不一定是"树木"或做家具的"木头"而只是事件或物体的某个因素。它们具体代表什么要根据不同的事物而定。

2. 五行相生相克的含义

这里的"生"是促进，或者"有利于"的意思；"克"是"抑制"或"排斥"的意思。字面上看，"相生"是双方互相促进的意思，实际上，在很多情况下，只是一方促进另一方，而不是互相促进或者不是直接地互相促进。例如，木生火，火不太可能直接生木。相克也是一样。当然，"木生火"，不能简单地理解为"钻木生火"。"火生土"也不能单纯地理解为"焚木成土"。如果这样理解，那么不是哲学了。自古以来，很多人就是容易把哲学理念的描述和实际物质的描述混为一谈。也就说，很多人把"木"当成了"柴"，把"火"当成了烧水煮饭的"火"。例如下列的解释就显得过于单纯。

木生火，是因为木性温暖，火隐伏其中，钻木而生火，所以木生火。

火生土，是因为火灼热，所以能够焚烧木，木被焚烧后就变成灰烬，灰即土，所以火生土。

土生金，因为金需要隐藏在石里，依附着山，津润而生，聚土成山，有山必生石，所以土生金。

金生水，因为少阴之气（金气）温润流泽，金靠水生，销锻金也可变为水，所以金生水。

水生木，因为水温润而使树木生长出来，所以水生木。

很多人都说，中国古典哲学博大精深，那么，中国古典哲学就像上述那么简单吗？不是的。现代化学、现代生物学、量子力学，许多发现者们都受到中国古典哲学的启示。

古代中国人提出了五行的理念，只是依据自然感官的认识。他们是没有足够的技术条件从科学的角度上验证五行理论，即五行之间的相克相生关系。这就被占卜算命的人钻了空子，他们一定程度上篡改了五行的本质含义及其相克相生关系的实质。如图 9-14 所示，某些相生相克的关系在自然界中就显得牵强附会。有的时候，A 生 B 要理解为"A 生于 B"，否则就讲不通。例如"金

图9-14 五行相生相克示意图

209

生水"，也可以解释为"金生于水"。千字文中说"金生丽水，玉出昆岗"，就是说"金生于美丽的水域；玉出产于有石头的山岗"。

三、五行的哲学范畴

阴阳五行的哲学理念不仅适用于天地大宇宙，也适用于人身或其他生物个体的"小宇宙"。因为由于它们所规定的是某种具体的动态性能，所以它们无论应用于天地大宇宙，还是个体"小宇宙"，都能说明一定的具体关系。而且，由于是整体划分和归类，凡具有该种具体的动态性能的事物就以其自身之全部归属于那一类，因此，被归属的那些具体事物的特殊性被容纳到该范畴之中。

阴阳五行哲学范畴具有两重性：能概括天地万物的普遍性和描述具体事物的特殊性。通过阴阳五行又可以将具体事物与天地整体联系起来，从而实现对事物自然整体的观察。

四、五行理论用于一棵苹果树的栽培管理

一棵苹果树算是一个"物"，这棵苹果树的生长和栽培管理是"事"。人世间的事事物物都遵循五行相克相生的规律。这里我们就按季节顺序讲讲这棵苹果树（图9-15）。

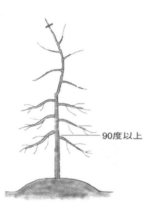

图9-15 一棵苹果树管理的示意图

木：春天到来了，万木复苏，苹果的枝条开始发芽，长新枝。也就是营养向枝条的生长点运输。有人把春天比作"木"，也是对的。所以，苹果树嫁接的季节是春天，最佳为3月份。因为这个时候土壤里的营养和水分，积蓄在树干、根系和枝条里的养分开始向生长点运输，促进新枝的生长。也就是"土"生"木"，因为土壤养分和水分以及土壤质地都属于"土"的范畴。当然，根系生长点的伸长和枝条是一样的。

火：枝条的生长点和枝条腋芽生成的新枝快速生长，有些只是和果实没有关系的营养生长。这个"火"来源于"木"，也就是"木"生"火"。但是"火"不能过旺，过旺的营养枝生长会减少果实的数量和大小。这也叫"火"克"金"（图9-16上）。有人把夏天比作"火"，也是有一定的道理的。

金：光合作用产生的营养和根系吸收的养分向花芽、果实、树干和根系储存的物质和运行机制叫"金"，尤其是作为收获物的果实和种子（图9-16下）。养分向果实和种子的运输虽然也发生在夏季，但是多在秋季。所以，有人说秋天是"金"，也是有其道理的。但是有人说，秋天收获金黄的粮食，所以秋天是"金"，这就没有道理了。因为苹果是红的，棉花是白的，收获物不一定是金黄色的。果实收获以后，叶片合成的光合产物以及枝条里急需的养分就开始向树干和根系运输。所以这个时候是苹果树苗移栽的好季节。过旺的营养枝生长会影响养分向果实和树干及根系的储存，这叫"火克金"。所以，春季和夏季要剪除过多的营养枝，以便养分向果实运输。

没有发育成花芽→火克金

徒长的营养枝→火克金

作为"金"的雏形的花芽

作为"金"的果实

图9-16　一棵苹果树中"火克金"的现象

水：环境信号转导、基因表达、生理生化和营养代谢机制叫"水"。这些机制是否顺畅，取决于"木"和"火"之间的协调，也决定着收获物"金"的多少。所以，千字文当中说"金生丽水"，收获物取决于环境信号转导、基因表达、生理生化和营养代谢机制的顺畅与否。苹果等到果实长到一定的大小再去疏果，就是培养养分流向果实的"水流"。两条顺畅的"水流"突然被截断一个，流往这一"水流"的水必然流向另一"水流"（图9-17右）。光合产物顺畅地流向10个果实，其中7个果实突然被剪掉，本应流向这7个果实地养分必然流向剩余的3个果实。如果果实还很小，流向果实的水流还没有培养起来，即使切掉7个，流向剩余3个果实养分也不会太多（图9-17左）。这就是大果疏果的优势原理，也是依据五行哲学原理的。

图9-17　大果疏果原理示意图（截断支流可增加主流的水量）

　　土：包括气候、土壤和施肥的所有基础条件及其对植物的影响叫"土"。对这棵苹果树来说，"土"虽然包括土壤的因素，但不仅仅是土壤，而是包括气候条件，如年积温、年日照量、最高和最低温度以及年降水量等基本因素。当然也包括土壤养分和质地以及其他一些地理条件。这些"土"的因素决定了植物的种子或树苗是否能在本地发芽生长。所以说"土生木"。在这里"火生土"也不难理解，旺盛的植被生长可以改善气候条件，植被本身及其产生的有机质可以改善土壤环境。这些都是"火生土"的现象。"火生土"的相生因为是互相的，所以，可以说"火生于土"，也就是苹果树的营养生长依赖于整个生长环境条件。

　　怎样利用五行相克相生的原理管理好一棵苹果树呢？日本果农把这一规则用得淋漓尽致。

　　土生木：尤其是五年以下的幼小苹果树，秋季和冬季要施足有机肥，以便第二年树木有足够的养分供给新生枝条，使苹果树长大。但是，五年以上树龄的苹果树，就不能随便施肥，否则"木"过盛会使"木"转为"火"，造成"火"过旺而克金，也就是影响果实产量。当然，选择具有适合种植苹果的气候和地理条件的区域也属于"土生木"的事。

木生火：如果我们想让苹果树快点长大，必须促进"木生火"；如果苹果树已经长大了，我们必须控制营养枝的旺长，以保证有足够的营养供给果实和树干。这时候我们必须采取克制"木生火"的措施。这当然关系到中庸之道的原理问题。怎么知道这个中庸点呢？如果一个枝条的生长点一年长出超过30厘米的新枝，就说明"木"过旺而生"火"。为了让叶片的光合产物和根系吸收养分进入果实或者花芽，而不是过多地运往生长点，可以把枝条往下拉，使枝条与主干的夹角大于90度（图9-15）。当枝条的生长方向指向地面，生长点就会减少生长，而节约的养分就会运往果实。这是因为所有植物都有背地生长的趋性。这是包括在"水"之中的激素代谢、信号感知、生理代谢等因素在起作用。也就是"水克火"的机理。在任何事物中，都不能简单地把"水克火"解释为水可以"浇灭火"。

水生金与水克火："水生金"和"水克火"是"水"流顺畅的两个结果。决定"水"流的顺畅与否的因素包括植物激素代谢、大量和微量元素，光合产物的积累以及相关的各种代谢。如果"水"流顺畅了，有足够的光合产物进入果实和种子，也就生出了足够的"金"。当然，如果各种代谢平衡了，也就是"水"流顺畅了，枝条就不会旺长了，也就是"水克火"了。

五、五行用于一个企业的运营管理

一个企业和一棵苹果树根本沾不上边，那么一个企业的管理也和一棵苹果树的栽培那样用到五行的哲学理论吗？答案是肯定的。

1. 土

一个企业的营商环境就是"土"，其中包括市场、原材料、运输条件、当地政府对企业的支持，招商引资的优惠条件。

优化营商环境有利于解放生产力，提高综合竞争力；有利于净化社会风气，打造法治国家；有利于发展我国的经济。营商环境是一个地方的重要软实力，优化营商环境就是解放生产力，提高综合竞争力。优化营商环境是一个系统工程，既要改善基础设施等硬环境，更要提高服务水平，更好发挥制度的支撑、保障、激励作用。

公共服务是营商环境的试金石，我们应更好地发挥政府作用，对标国际最高标准，学习借鉴先进国家和地区经验，努力打造法治化、国际化、便利化的营商环境。抓紧建立营商环境的评价机制，制定相关评价指标和办法，推动各地由过去的争资金、争项目向争创优质营商环境转变。同时加快建立以信用承诺、信用公示为特点的新型监管机制。

2. 木

企业的经营项目就是"木"，合适的经营项目就像苹果树枝条的生长点。能够经营什么项目当然要受市场、原材料、运输条件、当地政府对企业的支持、招商引资的优惠等条件的制约或促进。这就是"土生木"。政府的招商引资也就是让他们地方的"土"生"木"。

3. 火

扩大经营项目的投资就是"火"。因为"火"所代表的企业经营项目的扩大，所以叫"木生火"。该扩大的如果不扩大，企业就"火"不起来。但是，如果盲目扩大投资，就不会有足够的利润，或者连投资成本都收不回来，这就叫"木生火"而"火克金"。

投资盲目的直接后果是宏观经济效益低下，损失浪费惊人，它还对国民经济产生巨大影响，危害期长，后果严重，主要表现在：

(1) 投资盲目加剧了一些产品和生产能力短缺，同时，又造成另一些产品和生产能力积压和闲置，使长线更长，短线更短，从而加剧了产业结构的畸形发展。

(2) 投资盲目导致技术方案选择的盲目，不求技术先进，照抄照搬现有技术，对引进技术缺乏消化创新，在建设中贪图新建重建，难以对老厂进行技术改造，搞大而全，忽视专业化分工协作，从而严重阻碍全社会的技术进步。

我国几十年来的建设过程中，大规模的投资盲目曾多次反复出现，其主要原因在于：

(1) 传统的经济战略指导以产值、速度为目标，以增加积累和投入为手段，以外延扩大再生产为方式，导致宏观决策中不顾国情和国力，不计代价和后果，盲目投资，乱铺摊子。

(2) 行政干预过多，横向联系少，投资动力机制不健全的弊病，造成条块分割、分散主义和短期行为，助长了各种盲目重复建设。

(3) 在投资决策中，违背客观规律，管理混乱，调控不力，"长官意志"盛行，也为盲目重复投资打开了方便之门。企业的利润就是"金"，也是经营企业的主要目的。如果过火地增加投资而提高成本，那么作为企业利润的"金"就被"火"炼化了。这就叫"火克金"。

4. 水

水就是顺利管理企业的经营方针和科技力量。合理投资、降低成本、扩大市场、得当的企业管理是"水"的一个方面，而"水"的另一个方面是先进的科技以及充分发挥科技人员的效率的人才策略。这样企业就会得到丰厚的盈利，这叫"金生水"或"金生丽水"。合理的企业管理和得当的科技实力就像顺畅的"水"流，会发现盲目投资的问题，尽早阻止盲目投资。这就是"水克火"。

管理水平和科学技术是企业第一生产力。现代企业竞争的关键是高水平的管理能力和先进的科学技术和科学手段。因此，企业要在竞争中取胜，就必须把管理水平和科学技术作为第一生产力。

总之，现代企业要获得丰厚的收益，要在激烈的竞争中立于不败之地，必须坚定不移地把管理水平和科学技术放在企业第一生产力的位置上，切实重视和落实。

小　结

　　阴阳鱼太极图最早出现在中国，数千年来，许多哲学流派、文化流派和宗教流派都拿这个图说事，包括算命先生、风水先生和跳大神的巫医。文人墨客也把它吹嘘得天花乱坠。这些吹嘘的语言和用词估计连他们本人都不知道是怎么回事。下面引用两段对阴阳鱼太极图的吹嘘。

　　神话故事的吹嘘：太极图称为道祖太上老君的专属武器，是开天之后的神兵之一。太极图传说拥有着定乾坤，算未来一事。与盘古幡、诛仙剑阵合称开天三大至宝，均为盘古斧开天后解体而成。太极图呈鸿蒙之色，意为大道无极之态，浑身光芒四射，锐气环伺，自有达到真言漂浮于其中。传说太极图奥妙无尽，能无视防御攻故要害，能挡一切攻击，使其先天立于不败之地。太极图一旦展开则有天象出现，日月无光，星辰暗淡，至宝之姿显露无遗。它还可以变换成三种姿态，能够化作桥梁，承接大道，使之歼灭全敌；还可以将时空错乱，使其还原成鸿蒙之色；对于法宝，更能将其收入囊中。可以说，太极图集结了武器、防具、储物三大洪荒人士必备之物，不负天地至宝之名。

　　文人墨客的吹嘘：中国传统文化博大精深，"太极"和"八卦"是中国道家文化的经典代表，看似简单的太极图却隐藏着科学的秘密。太极图又叫天地自然图，是中国上古文化的最为神秘的一张图，小小的一个图包罗了万千，隐藏了天地。相传，太极图为伏羲首创，在《周易》中，有详细的记载和说明。古人认为：无极生太极，太极生两仪，两仪生四象，四象生八卦，八卦生六十四卦，……六十四卦又包罗了万千事物。

　　如本章大部分内容所述，欧美人是以另一个角度看阴阳鱼太极图的，他们窥见了太极图暗藏的科学启示。如果把根据爱因斯坦的质能守恒公式发明的原子弹即核能也归功于阴阳鱼太极图的话，那么，真像神话故事里说的那么大威力。在欧美人那里太极图被用到了科学和技术开拓上了。阴阳鱼太极图对自然科学的启示是来自阴阳鱼太极图的以下几个特点。

　　（1）白鱼和黑鱼，颜色对立，首尾相反，代表着事物的一对矛盾着的两个方面，如电荷的正负，波粒二象性等。

　　（2）阴阳鱼首尾相接，圆滑地抱在一起，形影不离，说明两个矛盾的方面也有统一的特点，如原子结构中电子和原子核之间的关系。

　　（3）白鱼中有黑色圆圈，黑鱼中有白色圆圈，你中有我，我中有你。还说明，给予对方一点可能具有更重要的意义。如质能守恒公式中，核裂变，核聚变，失去一点点可以得到巨大的能量。

（4）如果把阴阳鱼放在白色的背景里，白鱼就看不见（图9-1右1）；如果放在黑色的背景里，黑鱼就看不见（图9-1右2）。同样的道理，要想找到暗物质或者反物质，必须找到能显现暗物质或者反物质的时空。

诺贝尔物理学奖获奖者尼尔斯·玻尔和其他欧美物理学家发现日本人获诺贝尔物理学奖的比较多，他们认为可能日本人懂东方古典哲学有关。在询问此事的时候，日本人却支支吾吾说不明白。他们的猜测不无道理。日本学者，即使是日本普通公民，相比中国同年龄段人，都更了解易经、老子和孔孟之道。明治维新之前，日本的教育就是以儒学和中国古典为基础的。即使是现在，日本中学生的语文教学所包含的中国古典也比中国中学语文课程里的古典内容多许多。

总之，号称无字天书的阴阳鱼太极图的价值在它隐喻的自然界事物存在和发展规律，也就是科学规律，而不是算命先生的那一套。科学越是发展，哲学的启示作用越大，尤其是科技进入量子力学时代，中国古典哲学更能显示它的用处。就看科学家们悟道的态度和水平。

《中庸》原文、白话译文和日英译文

引 言

本章的内容包括《中庸》古典原文及其白话文释文、重点词汇和语句注释，还有日语的古文训读书面文和现代日语释文、英语译文。对一些词语和句子的注释，笔者的理解和以往许多注释不同。这也是本章的价值所在。因此，日文译文和英文译文也与历来流行版本的翻译不同，当然，这里指的是一部分词汇和内容，大部分内容的注释和翻译还是与以往文献相同或类似的。笔者不同于他人的理解是否正确有待于验证，也愿意接受读者的批评和指正。然而，大胆地提出新颖的理解是探索真理的关键所在。我们不能畏手畏脚，因怯于批评和被批评而影响真理的探索。笔者深信，本章的一些新颖理解对正确理解中国古典哲学，拓展探索视野，都具有重要的意义。

● 第1章 ● 天命之

1. 中文原文、译文及注释

（1）中文古典原文

①天命之，谓性；率性之，谓道；修道之，谓教。

②道也者，不可须臾离也；可离，非道也。是故君子戒慎乎，其所不睹；恐惧乎，其所不闻。

③莫见乎，隐；莫显乎，微。故君子慎其独也。

④喜、怒、哀、乐之，未发，谓之中。发而皆中节，谓之和。中也者，天下之大本也。和也者，天下之达道也。

⑤致中和，天地位焉，万物育焉。

（2）中文白话译文

①自然赋予一个人的素质或者一件事物的特征和本能叫作性，积极主动地顺应和遵循这一本性行事法则叫作道，按照道去修身养性叫作教化或者教育。

②道是时刻不能背离的，如果可以背离，那就不是道了。所以，品德高尚的人对他在任何地方所看到的事情都持谨慎和警戒的态度，对自己每时每刻所听到的持敬畏和戒惧的态度。

③道看上去好像是隐蔽着，实际上是显露着的，看上去微妙玄虚，实际上很明显。所以，品德高尚的人谨慎和敬畏他自己独自所感悟的道。

④虽有喜、怒、哀、乐的情绪，但是没有明显发泄出来，这叫中；虽然把喜、怒、哀、乐的情绪发泄出来了，但是对此有所调节，以至保持在适度的中等程度处，这叫作和。以中行事是天下人的根本；以和行事是天下人遵循的至高无上的原则。

⑤达到中和的境界，天地便各司其位，天安地定，无灾无祸，万物便由天地孕育，生长繁衍。

（3）注释与点评

①天命之：自然或者天规赋予的；"天"为名词主语，"命"为动词谓语；"之"为代词，这里指天规所赋予的。"天命之，谓性"，笔者认为"之"字之后应该加逗号，不是"天命，之谓性"。②率（suǒ）性：现在都读"shuài"了，只有方言里还留着"suǒ"的读音。古代汉语，甚至现在南方方言中都没有这个"shuài"的发音。率是个象形字，抓住把手拉开两边对称的网纲（⊥和丁），率字下面的"丁"字，其实是无钩丁字，中间的部分是丝网，让这个用来捕鱼或捉鸟的网充分发挥它的本能。因此，率性就是顺应本性使其充分发挥其本能。③须臾：意为一瞬间；时间单位为一昼夜的三十分之一，具体为 0.8 小时。④离：背离，离经叛道，不是在距离上的"离开"。⑤……乎，……不……：因为前面有个"乎"字，此处"不"字实际上为肯定的意思；"戒慎乎，其所不睹"意思是，对所看到的事物都持警戒和谨慎的态度。⑥见（xiàn）：显现；"莫见乎，隐"的意思是，没有显现吗？好像是隐藏着的；若隐若现，实际上是显露着的。⑦微：微妙玄虚，微光闪现，不是微小的意思。⑧发而皆中，节：喜怒哀乐的情感发泄了，但是由于调节的缘故，都保持在不偏不倚的中等程度处。皆中，全部中和，节，调节。注意最好不要将"调节情绪"理解为"节制情绪"。这里还需要注意的是"中节"不是一个词，"节"字前面可以加个逗号，"节"是因，"中"是果。⑨大本：根本，基础；不是"本性"的意思。⑩达道：优秀而无处不达的至高无上的道。⑪位：司其位，不出问题。⑫育：被孕育出，继而生长繁衍。

2. 日语古典原文和现代语译文

（1）日语古文原文

①天の命ずるをこれ性と謂い、性に率うをこれ道と謂い、道を修むるをこれ教えと謂う。

②道は須臾も離るべからざるなり。離るべきは道に非ざるなり。是の故に君子その睹ざる所を戒慎し、その聞かざる所を恐懼す。

③隠れたるより見らわるは莫く、微かなるより顕かなるは莫し、是の故に君子その独りを慎むなり。

④喜怒哀楽の未だ発せざる、これを中と謂う。発して皆節に中る、これを和と謂う。中は天下の大本なり。和は天下の達道なり。

⑤中和を致して、天地は位し、万物は育つ。

（2）日语现代语译文

①天（万物生成の根本原理・宇宙の主宰者）の命令するものを『性（生まれつき備わっている性質）』と謂い、その性に従って行うことを『道』と謂い、その道を修得することを『教え』と謂うのである。

②道というのは僅かな間も離れてはいけないものである。離れられる道であれば、それは道ではないのである。このため、すべて見ている時に道を戒めて慎み、すべて聞いている時に恐れて畏まるのである。

③道は隠れているように見えてもいずれは見えるものであり、微かなものであってもいずれは明らかになるものであるから、君子は自分独りが知っている道についてそれを慎んで恐れるのである。

④喜怒哀楽の感情がまだ起こっていない精神状態はどちらにも偏っていないので、これを『中』と言っている。喜怒哀楽の感情が起こってもそれがすべて節度に従っている時には、これを『和』と言う。『中』は天下の摂理を支えている大本である。『和』は天下の正しい節度を支えている達道である。

⑤『中和』を実践すれば、天地も安定して天災など起こることもなく、万物がすべて天地によって健全に育まれ生育するのである。

3. 英文译文

① What Heaven confers is called "nature". In accordance with this nature is called the Way (Dao). Practicing and cultivating the Dao is called "education".

② What is called the Dao cannot be violated for an instant. What can be violated is not the Dao. Therefore, the Noble Men are cautious in all they have seen, and apprehensive in all they have heard.

③ The Dao seems to be concealed, but it is actually revealed. It is actually very obvious when it looks subtle. Therefore, the Noble Men is cautious to what they have perceived about the Dao.

④ When joy, anger, sorrow and pleasure have not yet arisen, it is called the Mean. When they arise but are restricted to appropriate mean levels, it is called harmony. The Mean is the great root of all-under-heaven. The Harmony is the penetration of the Dao through all-under-heaven. When the Mean and Harmony are actualized, Heaven and Earth are in their proper positions, and the myriad things are nourished to develop and thrive.

● 第 2 章 ●　君子中庸

1. 中文原文、译文及注释

（1）中文古典原文

①仲尼曰，君子中庸；小人反中庸。

②君子之，中庸也；君子而时中。小人之，反中庸也，小人而无忌惮也。

（2）中文白话译文

①孔仲尼说：君子按照中庸之道的原则行事，而小人做事往往违背中庸之道，或者按照所谓的伪中庸的原则行事。

②成为君子了，都是以中庸为行事准则；作为君子能够应时做到适中，不偏不倚，无过无不及。沦为小人了，时常是以反中庸为行事哲学；身为小人他就肆无忌惮，不去考虑不偏不倚和无过无不及。

（3）注释与点评

①仲尼：孔子，名丘，字仲尼。②君子之，中庸也：笔者在"之"字之后加了逗号，意思是"成为品德高尚的人，他都是以中庸为行事准则"，而不是"君子的中庸"的意思。"小人之，……"的意思类推。

2. 日语古典原文和现代语译文

（1）日语古文原文

①仲尼曰く、君子は中庸たり。小人は中庸に反す。

②君子なり中庸にし、君子にして時に中す。小人なり反中庸にし、小人にして忌憚なきなり。

（2）日语现代语译文

①孔子がおっしゃった。君子とは不偏不党・万世不易の『中庸之道』を身に付けたものである。小人とは中庸に反している者のことである。

②君子になって中庸にし、中庸は君子の心に従って、時に応じて偏らずに的を射ているということである。小人になって反中庸にし、小人の心に従っており、自分の欲望を制御できないので遠慮したり憚ったりすることが無いのである。

3. 英语译文

① Confucius said: The Noble Man actualizes the Doctrine of Mean; the inferior or petty man goes against the Mean.

② The Noble Men actualize the Mean because they are aiming at the appropriate levels depending on the timing without bias according to the Mean. The inferior men act with non-actualization of the Mean because they are heedless to anything.

● 第3章 ● 中庸其至矣乎

1. 中文原文、译文及注释

（1）中文古典原文

子曰：中庸其至矣乎。民鲜能久矣。

（2）中文白话译文

孔子说：中庸可以说是以至高无上的道德准则被人们实践着。但是很长一段时间里，民众已经很少修身养性，以中庸之道为行事准则了。

（3）注释与点评

①至：实践，达到目标。②鲜（xiǎn）：少。③能：经修身养性而变得优秀，意思为"更好地做某件事情"，不是"能够"或者"可以"的"能"，是技术能手的"能"，在日语里面写成"能く"，与"好く"近义。

2. 日语古典原文和现代语译文

（1）日语古文原文

子曰く、中庸はそれ至れるかな。民能くする鮮なきこと久し。

（2）日语现代语译文

孔子がおっしゃった。中庸とは、それ以上付け加えることもない究極の徳としてその目的に達するまで実践されているのである。しかし、長い間、その教化と実践が進まなくなっているので，中庸の徳が人民の状態や心を良くするということは少なくなっているのである。

3. 英语译文

Confucius said: "The Doctrine of Mean can be considered as the supreme moral code, and has been practiced by people. However, for a long time, the people have rarely cultivated themselves and adopted the Mean as the standard of their behaviors.

● 第4章 ● 道之不行

1. 中文原文、译文及注释

（1）中文古典原文

①子曰：道之不行也，我知之矣。知者过之；愚者不及也。道之不明也，我知之矣。贤者过之；不肖者不及也。

②人莫不饮食也。鲜能知味也。

（2）中文白话译文

①孔子说：中庸之道没有被很好地践行，这我已经知道。原因是，聪明的人自以为是，对中庸之道的认识和践行过了头；迟钝的人在践行中庸之道的时候，没有足够的知识和智力，不能正确理解中庸的道义。中庸之道的含义没能被正确而清楚地理解透，这我也已经知道。原因是，贤能的人理解得太过分，素质和教养低的人根本理解不了。

②就像人们不吃不喝不能活一样，人们离不开中庸之道。但是，就像很少有人能全面，正确，真正品尝饮食滋味一样，很少有人能够全面，正确理解中庸之道的真正意义和践行方法。

（3）注释与点评

①道：这里可以理解为中庸之道，也可以理解为整体上的道。②知者：智者，与愚者相对。知，同"智"。③明：阐明，正确而透彻地解释。④不肖者：素质和教养都低劣的人，不及贤者的人。

2. 日语古典原文和现代语译文

（1）日语古文原文

子曰く、道の行われざるや、我これを知る。知者はこれに過ぎ、愚者は及ばざるなり。道の明らかならざるや、我これを知る。賢者はこれに過ぎ、不肖者は及ばざるなり。人飲食せざる莫きなり。能く味わいを知る鮮なきなり。

（2）日语现代语译文

①孔子がおっしゃった。私は道が世の中で行われていないことを知っている。知者は道を行うには知識も徳も有って実行が行き過ぎており、愚者は道を行うには知識も徳も全く足りない。私は道が明らかにならないことを知っている。賢い者はその振る舞いも知性も道を難しくまで解釈しすぎており、素質と教養のレベルが低い者は徹底で且つ正確に道を理解することにおいて振る舞いも知識も全く及ばないからである。

②人間は飲み食いせずには生きられないが、その味わいを正しくて深く知っている者が少ないのと同じで、人は道なしには生きられないが、その本当の意味や方法、実践を知っている人は殆どいないのである。

3. 英语译文

① Confucius said: I know why the Dao has not been well practiced. The intelligent, who have enough wisdom and good virtue, go beyond understanding the Dao; the dull persons, who have no enough wisdom and morality, do not reach the point of understanding the Dao. I know why the Dao is not well elucidated or not well understood. The Noble Men excessively explain the Dao and the unable men can never understand it.

② There is no one who does not eat or drink, but there are few who can really understand and appreciate the taste of the food and drink. Similarly, few people can comprehensively and correctly understand the true meaning and practice of the Dao.

● 第5章 ● 道其不行

1. 中文原文、译文及注释

(1) 中文古典原文

子曰: 道其不行矣夫。

(2) 中文白话译文

孔子说: 中庸之道大概是不能广泛推行了（因为没有被正确理解）。

(3) 注释与点评

矣夫（fú）:"矣"表示断定，"夫"表示感叹。

2. 日语古典原文和现代语译文

(1) 日语古文原文

子曰く、道は矣それ行われざるかな

(2) 日语现代语译文

孔子がおっしゃった。明らかになっていないから，道が行われることがないのであろうな。

3. 英语译文

Confucius said: What a pity! The way is not followed.

● 第6章 ● 舜其大知

1. 中文原文、译文及注释

(1) 中文古典原文

子曰: 舜其大知也与! 舜好问而好察迩言。隐恶而扬善，执其两端，用其中于民。其斯以为舜乎!

(2) 中文白话译文

孔子说：舜帝可真是位具有大智慧的人啊! 他喜欢向他人提问题，又善于分析他在自身周围听到的卑近的话语的含义。把听到的内容中不好的东西隐藏起来，宣扬好的内容。掌握过与不及两端的意见，进而进行分析，采纳不偏不倚的中庸点用于指导世人。这些充分说明了舜之所以为舜的原因吧!

(3) 注释与点评

①迩（ěr）言，在自身周围听到的浅显通俗的话，迩，浅显，又如"迩文"，浅显通俗的文章。②其: 这里是代词，指以上所说的内容。③斯: 这。

2. 日语古典原文和现代语译文

(1) 日语古文原文

子曰く、舜はそれ大知なるか。舜は問うことを好んで爾言を察することを好み、悪を隠して善を揚げ、その両端を執って、その中を民に用ゆ。それこれもって舜と為すか。

(2) 日语现代语译文

孔子がおっしゃった。舜は偉大な知者であったのか。舜は質問することを好み、卑近な意見から本質を察することを好んだ。民衆の意見の悪を隠して善を賞賛し、善悪の両端から、その中間にある中庸を選んで人民に適用した。これらの事例を持って、聖人である舜は舜であると言えるのであろう。

3. 英语译文

Confucius said: Emperor Shun was so wise! He liked to question people and try to understand the meaning details in what he heard in everyday talks from the common people around even though the talks were superficial and common. He would cover people's bad points, showcase their goodness and snatched up their deficiency and excess and facilitated their balanced mean for the benefit of all people. It was in this way that Emperor Shun made himself into what he was.

● 第7章 ● 人皆曰予知

1. 中文原文、译文及注释

(1) 中文古典原文

子曰: 人皆曰"予知"，驱而纳诸罟擭陷阱之中, 而莫之知辟也。人皆曰"予知"，择乎中庸，而不能期月守也。

（2）中文白话译文

孔子说：人人都认为自己聪明，可是就像动物被驱赶到罗网陷阱里了却不知躲避一样，不知道回避危难和灾厄。人人都认为自己聪明，可是选择了中庸之道却连一个月的时间也不能坚持。

（3）注释与点评

①予知：自己认为自己聪慧。予，我；知同智。②罟（gǔ）：捕兽的网。擭（huò）：装有机关的捕兽的木笼。③辟（bì）：同"避"。④期月：一整月。

2. 日语古典原文和现代语译文

（1）日语古文原文

子曰く、人皆予知ありと曰う。駆って諸を古獲陥穽の中に納れてこれを辟くることを知る莫きなり。人皆予知ありと曰う。中庸を択んで期月を守ること能わざるなり。

（2）日语现代语译文

孔子がおっしゃった。人々はみんな自分には知恵があるという。しかし、獣を追いかけてこれを網や仕掛け（罠）、落とし穴のうちに追い詰めていっても、獣はこれを避ける方法を知らないように、人々の多くも危難と災厄の避け方を知らない。人々はみんな自分には知恵があるという。しかし、中庸の道を選んだとしてもそれをわずか一月でさえ守ることができない。

3. 英语译文

Confucius said: Everybody says "I am wise", but they are driven forward, becoming ensnared in traps and falling into pits without knowing how to avoid them. Everybody says "I am wise", but in intending the actualization of the Mean, they are not able to stay with it for even a full month.

● 第8章 ● 回之为人

1. 中文原文、译文及注释

（1）中文古典原文

子曰：回之为人也，择乎中庸。得一善，则拳拳服膺，而弗失之矣。

（2）中文白话译文

孔子说：颜回为人做事是这样的，他选择了中庸之道，得到了它的好处，就牢牢地把它放在心上，再也不让它失去。

（3）注释与点评

①回：孔子的学生颜回。②为人：性格以及处事的方式。③拳拳服膺：牢

牢地放在心上。拳拳，诚挚地牢牢握住且不舍的样子。服，落着，放置。膺，
胸口。

2. 日语古典原文和现代语译文

（1）日语古文原文

子曰く、回の人と為りや、中庸を択び、一善を得れば則ち拳拳服膺して
これを失わず。

（2）日语现代语译文

孔子がおっしゃった。顔回の性格と生き方は、こうであったね。最適な
中庸の道を選んで、一度、中庸にかなった善いことを得ることができれば、
宝物を大切に捧げ持って胸につけるように、それを誠実に、慎重に身に付けて、
決して失わないように努力したのである。

3. 英语译文

Confucius said: Yan Hui was the kind of person who grasped the Mean in
such a way that, attaining to a certain goodness, he would cleave to it firmly and
never lose it.

● 第9章 ● 天下国家可均

1. 中文原文、译文及注释

（1）中文古典原文

子曰: 天下国家，可均也; 爵禄，可辞也; 白刃，可蹈也; 中庸不可能也。

（2）中文白话译文

孔子说: 天下国家可以治理，官爵俸禄可以放弃，雪白的刀刃可以践踏而过，
然而，中庸的实践却不容易做好。"

（3）注释与点评

①均: 平，治理。治国平天下的平。②爵禄: 有爵位官吏的薪俸。爵，爵位;
禄，薪俸。③蹈: 踏。④不可能: 不可以做好。能的意思是做好。此处的"不可
能"和白话文里的"不可能"的意思有所不同

2. 日语古典原文和现代文

（1）日语古文原文

子曰く、天下国家をも均しくすべきなり。爵禄をも辞すべきなり。白刃
をも踏むべきなり。中庸は能くすべからざるなり。

（2）日语现代语译文

孔子がおっしゃった。有徳な士大夫（君子）は天下国家といえどもそれ

を平らかに治めることができる。侯爵高官の地位と収入をも自ら辞退することができる。白刃の危険を恐れずにそれに挑むことができる。しかし、極端を避ける中庸というのは、『天下の統治・高官の辞退・白刃への勇気』以上に実践することが難しいのである。

3. 英语译文

Confucius said: You might be able to govern the whole country, kingdoms or clans in order; you might agree to decline your rank and merit-pay, and you might have courage tread on bare swords, yet you are still be incapable of well actualizing the Mean.

● 第10章 ● 子路问强

1. 中文原文、译文及注释

（1）中文古典原文

①子路问强。子曰：南方之强与，北方之强与，抑而强与？

②宽柔以教，不报无道，南方之强也。君子居之。

③衽金革，死而不厌，北方之强也。而强者居之。

④故君子和而不流,强哉矫。中立而不倚,强哉矫。国有道,不变塞焉,强哉矫。国无道,至死不变,强哉矫。

（2）中文白话译文

①子路问什么是强。孔子说：是南方的强呢？北方的强呢？还是你认为的强呢？

②用宽容柔和的精神去教育人，即使人家对我蛮横无理，我也不去报复人家，这是南方的强，品德高尚的人具有这种强。

③头枕兵器甲胄，致死也不厌倦战斗，这是北方的强，勇武的人就具有这种强。

④所以，品德高尚的人自始至终宽容柔和，不会因坚持不住而改变初心，这才是真强啊！立于中庸而不偏不倚，这才是真强啊！国家安定，政治清平时不改变初衷志向，这才是真强啊！国家政治黑暗时坚持操守，宁死不变，这才是真强啊！

（3）注释与点评

①子路：名仲由，孔子的学生。②抑：抑或，选择性连词，意为"或者"，"是……，还是……"。③而：代词，你。④与：疑问语气词。⑤报：报复。⑥居：处在某个位置。⑦衽：衣服上额外缝添的大领子，古代军人连衣而卧时用作枕垫。此处的衽金革就是头枕刀剑、甲胄的意思。金，金属制造的刀剑等兵器；革，

皮革制成的甲盾甲胄。⑧死而不厌：致死也要战胜，不厌倦作战。⑨和而不流：自始至终宽容柔和，不改初心。流，坚持不住而崩溃。⑩矫：坚强的样子。⑪不变塞：意为初心不变，不改变过去立下的志向。塞，至关重要，塞性，至关重要德性。

2. 日语古典原文和现代语译文

（1）日语古文原文

子路、強を問う。子曰く、南方の強か。北方の強か。抑も而の強か。寛柔もって教え、無道に報ぜざるは、南方の強なり。君子これに居る。金革を褥とし、死して厭わざるは、北方の強なり。而して強者これに居る。故に君子は和して流せず、強なるかな矯たり。中立して倚らず、強なるかな矯たり。国道あれば塞を変ぜず、強なるかな矯たり。国道なければ死に至るまで変ぜず、強なるかな矯たり。

（2）日语现代语译文

子路が『強さ』について質問した。孔子はおっしゃった。南方の強さのことか、北方の強さのことか、お前自身の認識による強さのことかと。寛容で柔和な態度を崩さずに道理を教え、無道な暴力に対しても報復せずに耐え抜くのは、南方の人たちの強さである。これは君子がいる境地である。金革の鎧を寝具として、死ぬことを厭わずに敵と戦って破るのは、北方の人たちの強さである。これは武力に訴える強者がいる境地である。君子は人と調和しても崩れてしまうことはない、これが矯（強くて正しい形）とした真の強さである。中立してどちらにも極端に偏らない、これが矯とした真の強さである。国家に道が行われていて平和になっても自分の昔からの信念を変えない、これが矯とした真の強さである。国家に道が行われずに乱れていても、自分自身は善を行うための道を死ぬまで変えないこと、これが真の強さなのである。

3. 英语译文

Zilu asked Confucius about strength. Confucius replied: Do you mean the strength of the South, the strength of the North, or the strength of self-mastery? To be broadminded and gentle in teaching and not rashly punish wrongdoing is the strength of the South. The Noble Men abide in this. To be able to make weapons and armors as pillow or bed, keep in faith of their belief and die for battle without grief — this is the strength of the North. The forceful are at home in this. Therefore, the Noble Men are tolerant and gentle from beginning to end without getting sloppy and collapsing in faith of their original heart. How majestic his strength is! He stands in the appropriate middle without leaning to either side. How majestic his strength is! When the Dao is manifest in the country with prosperity, he is unwavering in his support of the country. How majestic his strength is! When the Dao is not manifest in his country with chaos, he persists in actualization of the Dao even until death. How majestic his strength is!

● 第11章 ● 素隐行怪

1. 中文原文、译文及注释

（1）中文古典原文

①子曰：素隐行怪，后世有述焉：吾弗为之矣。

②君子遵道而行，半途而废：吾弗能已矣。

③君子依乎中庸。遁世不见知而不悔：唯圣者能之。

（2）中文白话译文

①孔子说：寻找隐微的方法，做些怪异的事情来欺世盗名，后世也许会有人来记述他，为他立传。而我是绝不会这样做的。

②一些品德高尚的人遵循中庸之道行事，却半途而废，不能坚持到底。而我是绝不会中途罢休的。

③真正的君子遵循中庸之道，即使一生隐居于世外，默默无闻，不出现于知名人的行列里面也不后悔。这只有圣人才能做得到。

（3）注释与点评

①素：与"索"字近义，但不是误写。②隐：隐微，若隐若现，貌似惟妙惟肖。怪：怪异。③述：记述。遁（dùn）世：遁世，隐居于世外。"遁"，同"遁"。④已：止，停止。⑤见知：出现在知名人的行列。

2. 日语古典原文和现代语译文

（1）日语古文原文

①子曰く、隐れたるを素め、怪しきを行うは、後世述ぶるあらん。吾はこれを為さず。

②君子道に遵って行い、半塗にして廃す。吾は已む能わず。

③君子中庸に依り、世を遁れ知に見われずして悔いず。唯聖者のみこれを能くす。

（2）日语现代语译文

①孔子がおっしゃった。隐微な方法を求めて怪異な超能力を行う者は、世の中の受けが良いこともあって、後世これを人が確かにいるであろうと記述されることもある。しかし、私は決してそういった神秘的なことはしない。

②君子は道に遵った行動をするが、それでも力及ばずに、途中でやめてしまわざるを得ないこともある。しかし、私はやめようにもやめることができない。

③君子は中庸に依拠して、欲望渦巻く世俗を逃れて、自分が知名人の行列に現れなくても後悔などすることがない。このようなことは、ただ聖者だけが実践できる道なのである。

3. 英语译文

① Confucius said: Those who perform strange psychic powers in search of subtle methods, might be admitted and appreciated by the present world and described by later periods in the history, but this I won't do.

② A Noble Man performs following the Mean, but sometimes abandon it half way when he could not reach the goal. This I certainly cannot do.

③ Depending on his actualization of the Mean, the Noble Man escapes the world full of desires, hides himself from the world, but has no regrets about it even he is unseen and unknown in the list of masters. Only the sage, a noble man, can do this.

● 第12章 ● 君子之道

1. 中文原文、译文及注释

（1）中文古典原文

①君子之道，费而隐。

②夫妇之愚，可以与知焉。及其至也，虽圣人亦有所不知焉。夫妇之不肖，可以能行焉，及其至也，虽圣人亦有所不能焉。天地之大也，人犹有所憾。故君子语大，天下莫能载焉，语小，天下莫能破焉。

③诗云，"鸢飞戾天，鱼跃于渊"。言其上下察也。

④君子之道，造端乎夫妇。及其至也，察乎天地

（2）中文白话译文

①君子的道范围广大，无所不包容，而且隐微，似乎若隐若现，惟妙惟肖。

②作为普通庶民的男男女女虽然愚昧，但是可以与他们相处，共同知晓道的义理。但这种至高无上的境界，即便是圣人也有弄不清楚的地方。普通男男女女虽然其素质和教养低下，但是他们也可以很好地践行君子的道。但它的高深境界，即便是圣人也有做不到的地方。大地如此之大，但人们仍有不满足的地方。所以，君子说到"大"，就大得连整个天下都载不下；君子说到"小"，就小得不能再破碎分开。

③《诗经》说："鸢鸟飞向天空，鱼儿跳跃深水。"这是说上下分明。

④君子的道，始于普通男男女女。如果把道最高深的内涵与境界追究清楚，实施至极致的话，天地间森罗万象的成因都能透彻地理解清楚。

（3）注释与点评

①费：范围广大，内容复杂高深。隐：隐微，若隐若现，惟妙惟肖。②夫妇：匹夫匹妇，指普通男男女女。③与：动词，相处，参与。④破：打破分开。⑤鸢（yuān）飞戾天：鸢，一种鹰。戾，到达。⑥造端：开始。⑦及其至：理解和践行道达到极致。⑧察：看清楚，弄明白。视而不察的"察"。

2. 日语古典原文和现代语译文

（1）日语古文原文

①君子の道は費にして隠なり。

②夫婦の愚も与かり知るべし。その至れるに及んでは、聖人と雖もまた知らざる所あり。夫婦の不肖ももって能く行うべし。その至れるに及んでは、聖人と雖もまた能くせざる所あり。天地の大なるも、人なお憾むる所あり。故に君子大を語れば、天下能く載するなく、小を語れば、天下能く破るなし。

③詩に云く、鳶飛んで天に戻り、魚淵に踊ると。その上下に察るを言うなり。

④君子の道は端を夫婦に造す。その至れるに及んでは天地に察る。

（2）日语白话译文

①君子の道は、範囲が広くて誰にも当てはまるが、微妙な難しさを併せ持ったものである。

②君子の道というものは、幅広く、わかりやすく、明快である一方、奥が深くてわかりずらいところもあるものである。市井にある普通の男女は、くだらない者と言われても。彼らさえ付きやすく一緒に道を理解するということは出来るが、その究極ともなれば、聖人でさえ理解できないところがあるものである。市井にある普通の男女は素質が低い者と言われても道を実践できる部分は確かにある。しかし、究極の道については、聖人であっても十分に実践することはできないところもあるものである。君子の道の実現が十全でないので、この広大な天地に対しても、人々はなお思い通りにならない寒暖の差・天変地異・不作などを恨みにして不満に思うことがあるものである。故に、君子は道について、広大であることを語るときには、世界中にあるどんなものでも、それを載せられないくらいの極大を語る。また、道について、その微小について語るときには、世界中の誰もが、それを細分化できないほどの極微を語る。

③詩経では、「鳶は飛んで天まで高く舞い上がり、魚は、深淵にもぐって躍動する」とうたわれている。これは、道の働きが、上下どこまでも行き渡っているということを述べたものでもある。

④君子の道は、身近な市井にある普通の人々にその端を発するが、その究極ともなれば、天地の果てまで、行き渡って、森羅万象の出来事は明らかになるものである。

3. 英语译文

① The Dao of the Noble Man functions everywhere, yet is inconspicuous.

② Average men and women, even if ignorant, can be friendly gotten along to know something of the Mean. However, even the sage cannot know the supreme Mean completely. Average men and women, even though lacking in ability, are able to practice the Mean to some extent. However, even the sage, a noble man, cannot practice the Mean perfectly. As vast as the universe is, people still have dissatisfaction such as extreme temperatures, poor crop harvest and natural disasters When the Noble Man calls the Mean "vast", he means it is too large to be grasped. When he speaks of its smallness, he means that it is something that cannot be further divided or broken down.

③ The Book of Odes says: The hawk flies high in the sky; the fish jumps up from the deep. This means that its height and its depth are both observable.

④ The Dao of the Noble Man starts with the common men and women. However, in its absoluteness, it is observed throughout the universe. If the highest and deepest connotations and realm of the Mean are investigated clearly and implemented to the supreme, it can be clearly understood that the Mean is the cause of the vastness of the world.

● 第 13 章 ● 道不远人

1. 中文原文、译文及注释

（1）中文古典原文

①子曰：道不远人。人之为道而远人，不可以为道。

②诗云：伐柯伐柯，其则不远。执柯以伐柯，睨而视之，犹以为远。故君子以人治人，改而止。

③忠恕违道不远。施诸己而不愿，亦勿施于人。

④君子之道四，丘未能一焉：所求乎子，以事父，未能也；所求乎臣，以事君，未能也；所求乎弟，以事兄，未能也；所求乎朋友，先施之，未能也。庸德之行，庸言之谨；有所不足，不敢不勉；有余，不敢尽。言顾行，行顾言。君子胡不慥慥尔。

（2）中文白话译文

①孔子说：道并不排斥人。如果有人实行道却排斥他人，那就不可以实行道了。

②《诗经》说：用削短了斧柄的斧子去砍伐柯树，结果发现斧柄的长度过

长的问题，而不是距离柯树远近的问题。握着削短斧柄的斧子去砍伐柯树，斜眼目测，原来还以为斧柄长度过长呢，实际上还差很多。所以，君子总是根据不同人的情况采取不同的办法治理，只要他能改正错误实行道就行。

③一个人做到忠恕，离道也就差不远了。什么叫忠恕呢？自己不愿意的事，也不要施加给别人。

④君子的道有四项，我孔丘连其中的一项也没有能够做到：作为一个儿子应该对父亲做到的，我没有能够做到；作为一个臣民应该对君王做到的，我没有能够做到；作为一个弟弟应该对哥哥做到的，我没有能够做到；作为一个朋友应该先做到的，我没有能够做到。努力实践平常的善德，尽量谨慎平常的言谈。德行的实践有不足的地方，不敢不勉励自己努力。言谈却不敢放肆而无所顾忌。说话符合自己的行为，行为符合自己说过的话，这样的君子怎么会不忠厚诚实呢？

（3）注释与点评

①伐柯伐柯，其则不远：引自《诗经·豳风·伐柯》。伐，砍削。第一个"柯"意思为斧柄，因为柯木可以做斧柄，所以也把斧柄或者斧子叫做"柯"。第二个"柯"的意思是柯树。第一个"伐柯"是斧柄被砍削变短的斧子，因为伐木人嫌弃斧柄过长。第二个"伐柯"是砍伐柯树。因此，"伐柯伐柯"是拿着斧柄被砍削变短的斧子来砍伐柯树。则，测量。古代用贝壳作容器测量物品，用一个竹刀刮平。这就是表意字"则"的起源。部落酋长持有一套大小标准的"则"，叫原则。如果有人为了牟利把"则"制得过大或过小。叫"违背原则"。"其则不远"的意思是，斜眼目测的结果发现不是距离柯树远近的问题，也不是斧柄过长的问题。②睨：斜视，木匠目测曲直和长度的时候，打枪射箭瞄准的时候，常用的动作。③违道：离经叛道。违，叛离。④庸：恒常且有用，从"庸"表意字形看，广大的仓库里放着打猎，农耕和炊事的工具（西餐叉子状，三股叉头向左，叉柄向右，表示各类工具），下边还有个表意的"用"字，这就是"庸"的起源。⑤胡：何，怎么。慥慥（zào），忠厚诚实的样子。

2. 日语古典原文和现代语译文

（1）日语古文原文

①子曰く、道は人に遠からず。人の道を為して人に遠きは、もって道と為すべからず。

②詩に云く、伐られた柯で柯を伐る、その則遠からずと。柯を執ってもって柯を伐り、睨してこれを視て、猶もって遠しと為す。故に君子は人をもって人を治め、改めて止む。

③忠恕道を違えること遠からず、諸を己に施して願わざれば、また人に施すなかれ。

④君子の道四。丘未だ一を能くせず。子に求むる所、もって父に事うるは、未だ能くせざるなり。臣に求むる所、もって君に事うるは、未だ能くせ

ざるなり。弟に求むる所、もって兄に事うるは、未だ能くせざるなり。朋友に求むる所、先ずこれを施すは、未だ能くせざるなり。庸徳をこれ行い、庸言をこれ謹み、足らざる所あれば、敢えて勉めずんばあらず、余りあれば敢えて尽くさず、言は行いを顧み、行いは言を顧みる、君子胡ぞ造造爾たらざらん。

（2）日语现代语译文

①孔子がおっしゃった。道というものは日々実践するものであるから、人から遠く離れたものではない。人が道を実践するにあたって人から遠くて離れて高尚過ぎるようであれば、それは道となることはできない。

②『詩経』のひん風（ひんぷう）・伐柯（ばっか）篇に言わく、『斧の柄を短く切られた斧を以て柯の木を切るには、結局、柯の木に届くなら遠くにあるものではないか』と。柄を短く切られた斧をもって斧の柄となる木を切り出すには、斧から木までの距離をまず睨んで目測しなければならないが、結局、斧の柄の長さが足りないように感じる。故に、君子はその人に合った道をもって人を治め、その人が道に従って振る舞いを改めればそれ以上のことはしないのである。

③まごころと人に対する思いやり、つまり忠恕は、身近にある人の道を以て人を治めることであるので、「君子の道」の実践そのものと離れていない。故に、自分に起こった、自分にとって望ましくないものは、やはり他人にもそんなことをしてはならないものである。

④君子の道には四つあるが、この私（孔子自身）には、その一つさえうまくすることができない。自分の子供にこうあってほしいと望むことを自分で実行して、それを以て父親に仕えるということが、まだ、よくできていない。自分の家臣にこうあってほしいと望むことを自分で実行して、それを以て君主に仕えるということが、まだ、よくできていない。自分の弟にこうあってほしいと望むことを自分で実行して、それを以て兄に仕えるということが、まだ、よくできていない。また、自分の友人にこうあってほしいと望むことを自分で率先して実行するということも、まだ、よくできていない。君子とは、当たり前で恒常的な日常の徳を実行し、当たり前で恒常的な日常の言葉を慎重にして、徳に足りない所があれば、それに行き着こうと努力し、行為或いは言葉が過ぎた所があれば、敢えて言い尽くさず、またしすぎた行為を抑えて自重する。ものを言うときは、言葉が実際の行動に過ぎてはいないか、事を行うときは、実際の行動が言葉に及ばないのではないかと注意して、言行一致に努める。そのような君子がどうして篤実・誠実ではないなどと言えるであろうか。

3. 英语译文

① Confucius said: The Dao may not be apart far from human because the Dao is practiced by human. When man tries to pursue the Dao but keeps far apart from mass people, he cannot practice the Dao.

② In the Book of Poetry, it is said, "Hewing the tree of *Castanopsis fargesii* by an ax with its handle hewed short, one finds that it is further to reach the tree." We grasp one shortened ax handle to hew the tree that may become an ax handle; and yet we can find that one is further apart from the other by an askance for visual measurement. Therefore, the noble man governs people according to their nature, with what is proper to them, and as soon as they change what is wrong, he stops to accuse them.

③ If one is loyal and forgiving, he is not far from the Dao. What is loyalty and forgiving? Do not impose on others what you do not want.

④ There are four ways in the Dao of the noble man, to none of which have I, Kong Qiu, as yet attained. a. To serve my father, as I would require my son to serve me, to this I have not attained; b. to serve the emperor as a minister usually do, to this I have not attained; c. to serve my elder brother as I would require my younger brother to serve me: to this I have not attained; d. to set the example in behaving to a friend, as I would require him to behave to me: to this I have not attained. Try best to practice ordinary virtue, and try best to be cautious to the ordinary talks. If the practice of virtue has shortcomings, you dare not encourage yourself to work hard. But the words cannot to be arrogant and careless. Speaking is in line with your own behavior, and your behavior is in line with what you have said. How can such a noble man not be faithful and honest?

● 第14章 ● 君子素其位而行

1. 中文原文、译文及注释

（1）中文古典原文

①君子素其位而行，不愿乎其外。

②素富贵，行乎富贵；素贫贱，行乎贫贱；素夷狄，行乎夷狄；素患难，行乎患难。君子无入而不自得焉。

③在上位，不陵下；在下位，不援上；正己而不求于人则无怨。上不怨天，下不尤人。

④故君子居易以俟命，小人行险以徼幸。

⑤子曰：射有似乎君子。失诸正鹄，反求诸其身。

（2）中文白话译文

①君子安于现在一贯保持的地位去做应该做的事情，不生额外非分之想。

②本来一直拥有富贵的地位，就做富贵人应做的事；本来一直处于贫穷而地位低的状况，就做贫穷而地位低的人应该做的事情；本来一直是处于文化发展落后的边远部族，那么就做边远地区部族应做的事；本来处于患难之中，就做在患难之中应做的事。君子无论处于什么情况下都是安然自得，做好自己应该做的事情。

③处于地位高的情况下，不欺侮地位低的人；处于地位低的情况下，不为了私欲而献媚攀援地位高的人。端正自己的位置而不苛求别人，这样就不会有什么抱怨了。上不抱怨天，下不非难或责备人。

④所以，君子安易自在地生活，等待天命的安排，小人却铤而走险妄图获得擦边的幸运。

⑤孔子说：君子立身处世就像射箭一样，射不中天鹅，不要怪箭不好用或者天鹅不容易射中，要探讨自己的箭术哪里出了问题。"

（3）注释与点评

①素：动词，生来就是那样，就不加修饰，不变更地使其保持原来的样子。②夷狄：未开化的部落或少数民族；夷，一般指东方未开化的部族；狄：指西方未开化的部族。③入：置身于。④陵：凌辱，欺侮。⑤援：攀援，引申为投靠有势力的人往上爬。⑥尤：责备，非难，抱怨。⑦居易：居于安逸自在的处境，易，安稳，安逸，安易。⑧俟命：等待天命，遵天命，俟，等待。⑨徼幸：追求幸运。徼，追到擦边的地方抓到。⑩射：射箭。⑪失诸正鹄（hú）：没有射中天鹅。诸，之和乎的合音，此处为代词；鹄，类似天鹅样的大鸟。失诸正鹄可改为"失之乎正鹄"，意思是，本来想让箭正中鸿鹄的，结果"失之乎"。有人把"鹄"理解为靶眼，也未尝不可。因为"鹄"字的另一个解释是靶眼。这样理解更适合当今的情况，已经几乎找不到鹄这种鸟了。但是，在孔夫子的时代，鸿鹄类的鸟可遍野都是，而弓道在那时候不知已经盛行没有。

2. 日语古典原文和现代语译文

（1）日语古文原文

①君子その位に素して行い、その外を願わず。

②富貴に素しては富貴に行い、貧賤に素しては貧賤に行い、夷狄に素しては夷狄に行い、患難に素しては患難に行う。君子入るとして自得せざるなし。

③上位に在っては下を陵がず、下位に在っては上を援かず、己を正しくして人に求めざれば則ち怨みなし。上天を怨みず、下人を尤めず。

④故に君子は易に居てもって命を俟つ。小人は険を行ってもって幸を激む。

⑤子曰く、射は君子に似たるあり、諸を正鵠に失いて、諸をその身に反

求すと。

　（2）日语现代语译文

　①君子は自分の位や置かれた状況に適合した行動をとり、それからは余恵にみだすようなことは願わない。

　②富貴な境遇にある時にはその富貴に見合った適切な行いをして、貧しく社会地位が低い境遇にある時には、その貧困かつ低地位に見合った適切な行為をする。発展が遅れている夷狄（異民族）地区の中にあっては、道を守りつつも、夷狄の風習に合わせた行為をして、患難の苦しみの中にあっては、その患難の苦しみの状況に必要な行為をする。そのため、君子は如何なる境遇に置かれても、その場に合わせた適切な行為をするだけで、不平不満の気持ちに覆われるということがないのである。

　③自分が高い社会地位にある時は地位が低い者を陵いで虐待することがなく、自分が社会地位が低い時は地位が高い者に媚びて出世を求めることがなく、我が身を正しくして他人に求めることがなければ怨みもなくなる。上は天を恨む気持ちがなく、下は他人を咎める心がない。

　④そのため、君子は安楽な境地にあって天命を待って甘んじて受け容れることができる。小人は危険な行為を犯して、何が何でも世俗的な幸運を得ようと願っている。

　⑤孔子がおっしゃった。弓を射るのは君子のありかたに似たところがある。矢が的を外してしまった時には、矢或的を責めるのではなく、自分の射ち方について何が悪かったのであろうかと反省するのである。

3. 英语译文

① The Noble Man acts accepting his own situation and does not want additional benefits.

② When he is in a position of fame and fortune, he acts within fame and fortune. When in a position of poverty and low status, he acts within poverty and low status. When dwelling with uncultured tribes, he acts as if he is with uncultured tribes. When he is in stress and difficulty, he acts from within stress and difficulty. As a result, the Noble man will not be overwhelmed by any kind of circumstances and there is no place where the Noble Man is not completely himself.

③ When in a high position, he does not step on those below him. When in a low position, he does not flirt on those above him and seek promotions. Correcting himself and not expecting things from others, he will not create resentments. At upper part he does not have a grudge against heaven, and at lower he does not blame others.

④ Thus, the Noble Man is in an easy environment and can accept and await for the destiny The inferior man always tries to get secular luck by practicing dangerous manipulation.

⑤ Confucius said: "Practicing hunt shooting is like practicing to be a Noble Man. When you miss the swan, you do not blame the arrow or the swan and you should look for the error in your technique itself.

● 第15章 ● 君子之道

1. 中文原文、译文及注释

（1）中文古典原文

①君子之道，辟如行远必自迩，辟如登高必自卑。

②诗曰：妻子好合，如鼓瑟琴。兄弟既翕，和乐且耽。宜尔室家，乐尔妻帑。

③子曰：父母其顺矣乎。

（2）中文白话译文

①君子践行中庸之道的时候，就像走远路一样，必定要从近处开始；就像登高山一样，必定要从低处起步。

②《诗经》说："和妻子儿女感情和睦，就像击鼓，弹琴，奏瑟一样，和谐同调。兄弟关系融洽的话，大家之间就和顺，快乐，且安逸安乐。这都使你的家庭美满安康，使你的妻儿幸福快乐。"

③孔子赞叹说："这样，父母也就称心如意了啊。"

（3）注释与点评

①辟：同"譬"。②迩：近。③卑：低。④妻子：妻与子。⑤翕（xī）：原意是合群并同时飞翔，这里的意思是关系融洽。⑥耽：共享安逸，互相宠爱。⑦帑（nú）：通"孥"，子孙。

2. 日语古典原文和现代语译文

（1）日语古文原文

①君子の道は、辟えば遠きに行くに必ず爾きよりするが如く、辟えば高きに登るに必ず卑きよりするが如し。

②詩に曰く、妻子好合し、琴瑟を鼓するが如し。兄弟既に合い、和楽してかつ耽しむ。爾の室家に宜しく、爾の妻奴を楽しましむと。

③子曰く、父母はそれ順なるかと。

（2）日语现代语译文

①君子はが実践する道は、例えば、遠方に行くのに必ず近い場所から始まるようなもので、高い所に登るのに必ず低い場所から出発するようなものである。

②『詩経』にいわれるように、家庭の妻と子供たちが仲睦まじく過ごし

ていれば、例えば、太鼓を打ち、琴を弾き、瑟を奏する合奏のように調和するものである。そうなれば、家庭を宜しく整え、兄弟の仲も睦まじくなり、和らいだ雰囲気で共に楽しむことができる。あなたの家族が幸せで仲良く、あなたの妻、子供、兄弟も楽しく過ごしている。

③そして、孔子がおっしゃったように、「父も母も其れを見て、楽しんでおられるであろうね」。君子の道はそんな家族の和合、ひいては親への孝行から始まるのである。

3. 英语译文

① When the Noble Man practices the Dao, it is compared to traveling and he must start from close by even if he plans to go far; It can be compared to climbing and he must start from down low even if he tries to reach the top.

② The Book of Odes says: The happy union with wife and children is like a harmony ensemble by playing drum, piano and harps together. When siblings all get along, the harmony is entrancing and they can enjoy together in a softened atmosphere. All these make your family happy and your wife, children and siblings are also having fun to enjoy the happy life.

③ Confucius said: when you have such a harmony and happy family, your parents are also happy with full satisfaction.

● 第16章 ● 鬼神之为德

1. 中文原文、译文及注释

（1）中文古典原文

①子曰：鬼神之为德，其盛矣乎。

②视之而弗见；听之而弗闻；体物而不可遗。

③使天下之人，齐明盛服，以承祭祀。洋洋乎，如在其上，如在其左右。

④曰：神之格思，不可度思，矧可射思？

⑤夫微之显。诚之不可揜，如此夫。

（2）中文白话译文

①孔子说："鬼神的德行可真是大得很啊！"

②即使认真地看看它，因为没有形状，看也看不见；即使认真地去听听它，因为没有声音，听也听不到；但它却体现在万物之中使万物无法离开它。

③使天下的人向昭明的人看齐，神情朗朗，一显音容笑貌，穿着庄重整齐的服装去参加祭祀活动。喜气洋洋，幸福与好运伴随着你，好像就在你的头上，好像就在你的左右。

④《诗经》里说：神的风度，不可揣测，怎么能够怠慢不敬呢？

⑤从隐微到显著，真实的东西就是这样不可掩盖！

（3）注释与点评

①齐明，力争与高尚的人一样神采奕奕。齐，看齐；明，昭明，音容笑貌，神情朗朗。②盛服：盛，此处为动词，使豪华；此处的盛服意为"把服装穿得尽量豪华"。③神之格思：神的风度，格，风度，格局。思为语气词。④度，揣度，猜测。⑤矧（shěn）：何况。⑥射（yì）：厌弃，此处，指厌怠不敬。⑦揜（yǎn）：同"掩"，掩盖。

2. 日语古典原文和现代语译文

（1）日语古文原文

①子曰く、鬼神の徳たる、それ盛んなるかな。

②これを視れども見えず、これを聴けども聞こえず、物を体して遺すべからず。

③天下の人をして齋明盛服してもって祭祀を承けしめ、洋々乎としてその上に在るが如く、その左右に在るが如し。

④詩に曰く、神が格るを度るべからず、矧んや射るべけんやと。

⑤それ微の顕にして誠の揜うべからざる、かくの如きかな。

（2）日语现代语译文

①先生がおっしゃった。神霊の徳の働きというものはいかにも盛大なものであるな。

②神霊を見ようとしても形がないので見ることができず、神霊の声を聴こうと努力しても、聞くことができない。それでも、万物全ての物は神霊によって形態を与えられておりその例外はないのである。

③天下の人々は昭彰なの人のように、厳粛で明るい表情で、豪華で清楚な服を着て犠牲活動に参加するが、喜びいっぱいで、幸福と幸運があなたを伴って、自分の上にあるような、あるいは左右にあるような感じがある。

④『詩経　大雅・抑』の篇には、『神霊の品格と態度を推測することができない、ましてや神霊を厭ったり無視するようなことはできない』と書かれている。

⑤神霊は微なるものが万物を生成させる顕になったものであり、神霊の徳である誠は人間が覆い尽くせるものではないというのは、この神霊のはたらきのようなものである。

3. 英语译文

① Confucius said: The overabundance of the power of spiritual beings is truly amazing!

② Even if you try your best to look for them, they cannot be seen. Even if you try to listen for them, they cannot be heard. However, in the word there is nothing that they do not embody into.

③ People of the world are persuaded to act on par with noble men with purified spirit and bright appearance, and wear beautiful clothes in order to participate at the sacrifices. They are overflowing with happiness and the lucks and happiness seem to be above and to be on the left and on the right.

④ The Book of Odes says: trying to investigate the dignity and decency of the spirit beings, we cannot grasp them. Therefore, we cannot ignore our worship to the spirit beings with any disrespect.

⑤ The spirit beings manifested with their subtle as the creation of everything. The manifestation of the subtle and the inconcealability of sincerity cannot be hidden.

● 第17章 ● 舜其大孝

1. 中文原文、译文及注释

（1）中文古典原文

①子曰：舜其大孝也与！德为圣人，尊为天子，富有四海之内。宗庙飨之，子孙保之。

②故大德，必得其位，必得其禄，必得其名，必得其寿。

③故天之生物必因其材而笃焉。故栽者培之，倾者覆之。

④诗曰：嘉乐君子，宪宪令德，宜民宜人。受禄于天。保佑命之，自天申之。

⑤故大德者必受命。

（2）中文白话译文

①孔子说：舜帝该是个最孝顺的人了吧？德行方面是圣人，地位上是尊贵的天子，财富拥有整个天下，宗庙里祭祀着他，子子孙孙都保持和传颂着他的功业。

②所以，有大德的人必定得到他应得的地位，必定得到他应得的财富，必定得到他应得的名誉，必定得到他应得的长寿。

③所以，上天生养万物，必定根据它们的资质而厚待它们。能成材的得到培育，不能成材的就遭到淘汰。

④《诗经》说：高尚优雅的君子，有光明美好的德行，让人民安居乐业，享受上天赐予的福禄。上天保佑他，任用他，给他以重大的使命。

⑤所以，有大德的人必定会承受天命。

（3）注释与点评

①宗庙：古代天子、诸侯祭祀先王的地方。飨（xiǎng）之：飨，以酒食款待人，这里指用酒食祭祀先人；之，代词，这里指舜。②材，资质，本性。③笃：

厚重，这里指厚待。④培：培育。⑤覆：倾覆。⑥"嘉乐君子……"：引自《诗经·大雅·假乐》。嘉乐，即《诗经》之"假乐"，"假"通"嘉"，意为美善。宪宪，《诗经》作"显显"，显明兴盛的样子。令，美好。申，重申。

2. 日语古典原文和现代语译文

（1）日语古文原文

①子曰く、舜はそれ大孝なるか。徳は聖人なり、尊は天子なり、富は四海の内を有ち、宗廟これを饗け、子孫これを保つ。

②故に大徳は必ずその位を得、必ずその禄を得、必ずその名を得、必ずその寿を得る。

③故に天の物を生ずる、必ずその材によって篤くす。故に栽えたる者はこれを培い、傾く者はこれを覆す。

④詩に曰く、嘉楽の天子、憲々たる令徳、民に宜しく人に宜し、禄を天に受く、保佑してこれに命ず、天よりこれを申し受けぬと。

⑤故に大徳は必ず命を受く。

（2）日语现代语译文

①先生はおっしゃった。古代の聖人の舜は親孝行をつくした偉大な孝行ものであろうか。その徳は正に聖人であり、その尊敬すべきところは正に天子である。富の豊かさということからすれば、天下を領有している。先祖の廟は天子の祭祀を受けており、子孫はこの富と宗廟をよく継承し続けている。

②故に、舜の例を見るように、偉大な徳を有するものは、必ずそれに相応しい地位が得られ、必ずそれにふさわしい俸禄が得られ、必ずそれにふさわしい名誉が得られ、必ずそれにふさわしい長寿が得られるものである。

③そのため、天が万物を生じる時には、必ずその素材・性質・本質の特徴を生かして強めるということになる。故に、植えたものはその植物の生長が促進するように培い、傾いているものがあればこれを転覆させようとする。

④『詩経　大雅仮楽』の篇では、祝うべき楽しむべき君主には堂々とした美徳があり、民草に良くして人民にも良くする、天子として天からの禄を受けることができ、天はその君子を守って命令する、この天子となるべき天命を受けよと。

⑤そのため、大徳のある君子は、必ず天子となるべき天命を受けることになるのである。

3. 英语译文

① Confucius said: Should the ancient Emperor Shun be a great filial piety? His virtue was that of a real sage. He was venerated as a great emperor. His wealth might involve everything within the whole world. He is sacrificed to in the ancestral temple, and his sons and grandsons have preserved his name.

② Therefore, we can say that the greatly virtuous persons always attain their appropriate position and reputation, always receive their proper reward, always get their recognition and always live long.

③ We can also know that Heaven develops, nurtures and strengthens each thing according to its preparation of materials and properties. Thus, Heaven nourishes the growing sprout, and throws and breaks down the residuals of living things such as leaning tree and fallen leaves.

④ The Book of Odes says: the noble and elegant Noble Man has bright and kind virtues and enable the people to live and work in peace and enjoy the blessings of God. God blesses him and appoints him as the emperor with great missions.

⑤ Therefore, the noble man with great virtue will surely bear the fate of heaven

---

● 第18章 ●　无忧者其惟文王

1. 中文原文、译文及注释

（1）中文古典原文

①子曰：无忧者，其惟文王乎。以王季为父，以武王为子。父作之，子述之。

②武王缵太王、王季、文王之绪。壹戎衣，而有天下。身不失天下之显名。尊为天子。富有四海之内。宗庙飨之。子孙保之。

③武王末受命。周公成文武之德。追王太王、王季，上祀先公以天子之礼。斯礼也，达乎诸侯大夫，及士庶人。父为大夫，子为士；葬以大夫，祭以士。父为士，子为大夫；葬以士，祭以大夫。期之丧，达乎大夫；三年之丧，达乎天子；父母之丧，无贵贱，一也。

（2）中文白话译文

①孔子说：无忧无虑的人，大概只有周文王姬昌吧。他有作为国王的王季（姬历）做父亲，有作为皇帝的周武王姬发做儿子，父亲王季为他开创了事业，儿子武王继承了他的遗愿，完成他未完成的事业。

②周武王继承了曾祖太王姬亶、祖父王季、父亲文王的事业，以武攻伐，灭掉了殷朝，夺得了天下。他自身不失天下显赫的美好声誉，尊贵为天子，富有天下四海财富，后代在宗庙里祭祀他，子子孙孙永不断绝。

③周武王晚年受命于天，平定天下。周文王第四子周公姬旦成就了文王武王的德惠，追尊为太王（武王的曾祖父姬亶也被尊为太王）、王季为王，用天子的祭祀方式祭祖先。这种制度一直实行到诸侯、大夫、士以及庶人之中。如果父亲是大夫，儿子是士，就用大夫的礼安葬，用士的礼祭祀；如果父亲是士，儿子是大夫，就用士的礼节安葬，用大夫之礼祭祀；为旁亲服一年齐衰丧，这种制度实行到大夫；为父母服三年斩衰丧，这种制度实行到天子；为父母服丧不

分贵贱都是一样的。

（3）注释与点评

①子述之：儿子把它传承下去。述，传承，继承业绩。②缵（zuǎn）：继承。③绪：头绪，一团丝线的头，此处指世系。④壹戎衣：一旦用武力灭掉殷商。戎，武力；衣，同"殷"，此处指朝代殷。⑤飨：这里指用供品祭祀。⑥子孙保之：子孙繁衍不断。保，持续。

2.日语古典原文和现代语译文

（1）日语古文原文

①子曰く、憂いなき者はそれ惟文王か。王季をもって父となし、武王をもって子と為し、父これを作し、子これを述ぶ。

②武王は太王、王季と文王の緒を継ぎ、壱たび戎衣して天下を有ち、身天下の顕名を失わず、尊は天子なり、富は四海の内を有ち、宗廟これを饗け、子孫これを保つ。

③武王末いて命を受く。周公、文武の徳を成し、大王と王季を追王し、上先公を祀るに天子の礼をもってす。この礼や諸侯大夫及び士庶人に達す。父大夫たり子士たれば、葬るに大夫をもってし、祭るに士をもってす。父士たり子大夫たれば、葬るに士をもってし、祭るに大夫をもってす。期の喪は大夫に達す。三年の喪は天子に達す。父母の喪は貴賎なく一なり。

（2）日语现代语译文

①先生がおっしゃった。憂いや悩みがない君主は周の時代の文王姫昌だけであろう。偉大な王季（姫歴）を父に持ち、勇敢な武王姫発を子に持ち、父の王季は王朝を創始して、子の武王はこの王朝（王権）を拡大したのである。

②武王は太王・王季・文王の建設した王朝を引き継いで、一度だけ武装して鎧をまとい、殷の暴君・紂王を討伐することで天下を治めた。武王は天下の盛名を失うことがなく、その尊敬すべきところは天子であり、その富は四海の内を保つほどに豊かであり、祖先崇拝の宗廟を祀って祭祀を行い、子孫がその王権と宗廟を見事に保ったのである。

③武王は年老いてから、天子となる天命を受けた（そのため、王位継承後わずか七年で崩御して礼制を整えられなかった）。文王の四男姫旦は周公と尊称され、文王と武王の徳を成し遂げた。そして周公姫旦は曽祖父姫亶と一緒に太王に追贈され、祖父姫歴を王季の王号を追贈し、その先祖たちを祀るのにも天子の礼を尽くして行った。この手厚い礼制（孝の徳の実践）は、諸侯大夫から一般庶民にまで及んでいった。父が大夫であって子が士であれば、その葬儀を大夫の資格を適用して行い、祭るのは士の資格を適用する。反対に、父が士であって子が大夫であれば、その葬儀は士の資格を適用し、祭るのには大夫の資格を適用するのである。一年以下の喪である『期』は、天子には及ばないが大夫にまでは及ぶ。三年の喪にまでなると、天子にまで及び

天子もこれに服さなければならない。特に最も重要な『父母（親）の喪』は、身分の貴賎に関わらなく、等しく行われるのである。

3. 英语译文

① Confucius said: The only one who didn't suffer from grief was Emperor Wen, with King Ji as his father and Emperor Wu as his son. His father set him up and his son continued his ways.

② Emperor Wu merely extended what had been handed down from his ancestor King Ji and Emperor Wen. Once he put on his armor, he took control of the whole realm and he never failed to live up to the great reputation the people accorded to him. He was respected as an emperor; his wealth included all within the whole realm. He is sacrificed in the ancestral halls and his offerings have preserved his reputations.

③ Emperor Wu received the Mandate of Heaven late in his life. The Duke of Zhou consummated the virtue of Wen and Wu. Following in the ways of King Tai and King Ji, he sacrificed to the former Kings with the ceremony proper to an emperor, and spread this ceremony to all the nobles, ministers, officers and the common people. If the father was a minister and the son an officer, then the funeral ceremony would be for a minister, and the sacrifices for an officer. If the father was an officer and the son was a minister, he would be buried as an officer and sacrificed to as a minister. The one year's mourning was applied up to the ministers, but the three-year mourning applied up the emperor. In the mourning for parents, there was no distinction according to class and the importance of the mourning was the same.

245

● 第 19 章 ●   武王周公其达孝

1. 中文原文、译文及注释

（1）中文古典原文

①子曰: 武王、周公，其达孝矣乎。

②夫孝者，善继人之志，善述人之事者也。

③春秋，修其祖庙，陈其宗器，设其裳衣，荐其时食。

④宗庙之礼，所以序昭穆也。序爵，所以辨贵贱也。序事，所以辨贤也。旅酬下为上，所以逮贱也。燕毛所以序齿也。

⑤践其位，行其礼，奏其乐，敬其所尊，爱其所亲。事死如事生，事亡如事存，孝之至也。

⑥郊社之礼，所以事上帝也。宗庙之礼，所以祀乎其先也。明乎郊社之礼，禘尝之义，治国其如示诸掌乎。

（2）中文白话译文

①孔子说：武王姬发、周公姬旦，他们可是最孝顺的。

②所谓的孝者，是善于继承先人的遗志，善于记述先辈的事迹，把他们的嘉言懿行传播出去让天下人和后世人知道。

③每年的春秋季节修缮清扫他们的祖庙，陈列宗庙祭祀之器，摆设上他们用过的喜庆时的正装，祭献旬季新产的食物。

④在宗庙的礼仪上，是按昭穆次序排位的（左边为昭，右边为穆）。祭祀的时候，按诸侯大夫的爵位排序，是用以区别身份的尊卑贵贱。按事迹和功劳排序，是用以区别贤达和庸愚。祭祀之礼结束后，为酬谢客人，出席者轮流举杯敬酒的时候，首先是晚辈向长辈敬酒，是用以显示先祖的恩惠下达到地位低贱者身上的。祭祀宴席上，出席者头上插有不同颜色的燕子羽毛，被安排在顺序的座位上，用以区分长幼顺序，这也叫頭燕毛之礼。

⑤践祚和承袭先人职位，行使先人喜爱的礼节，演奏先人喜欢祭祀的音乐，恭敬先人所尊重的人物，敬爱先人所爱的人。服丧的时候，侍奉死者如同侍奉生者一样；祭祀的时候侍奉不在了的人如同侍奉还生存着的人一样。这就是至高无上的孝道。

⑥郊祭与社祭的礼仪，是用以诚敬远古先帝的；宗庙的祭祀礼仪，是用以祭祀祖先的。充分理解效祭之礼和社祭之礼这两种祭礼的内涵以及夏季祭祀的禘礼和秋季祭祀的尝礼的义理，治理国家就如易如反掌了。

（3）注释与点评

①宗器：宗庙祭祀所用的器具。②设：摆设、陈列。③裳衣：类似"霓裳羽衣"的节日盛装或祭祀礼服。④荐：祭献。⑤昭穆：在祭祀排位上，左边为昭，右边为穆，以祭祀父祖辈。⑥旅酬之礼，祭祀礼仪完后为酬谢客人的举杯相互敬酒的礼仪；旅：客人。⑦逮：递达。⑧燕毛之礼：用头上所插的燕子羽毛的颜色来区分祭祀礼仪出席者的长幼顺序的礼节。⑨践：践祚，踏袭，继承。⑩郊社之礼：祭祀的两种礼仪。郊祭之礼，小到祭祀人群绕村庄转一圈，大到类似皇帝在泰山之巅的封禅。社祭之礼，是在神社集会，举行祭祀活动。简单的社就如其字形所示，一个神示架子（鸟居）前面一个土台子。民众集合在社前进行祭祀活动或者议论部落大事，土台上站着类似部落酋长的主持人。这也是社会活动和社会主义等词汇最初来源。⑪上帝：远古的帝王，先帝。⑫禘尝：夏季祭祀叫禘礼，秋季祭祀叫尝礼。⑬如示诸掌：易如反掌。

2. 日语古典原文和现代语译文

（1）日语古文原文

①子曰く、武王周公はそれ達孝なるか。

②それ孝は、善く人の志を継ぎ、善く人の事を述ぶる者なり。

③春秋にその祖廟を修め、その宗器を陳ね、その裳衣を設け、その時食を薦む。

④宗廟の礼は昭穆を序する所以なり。爵を序するは貴賎を弁ずる所以なり。事を序するは賢を弁ずる所以なり。旅酬下上の為にするは、賎に逮ぶ所以なり。燕毛は歯を序する所以なり。

⑤その位を践み、その礼を行い、その楽を奏し、その尊ぶ所を敬し、その親しむ所を愛し、死に事うること生に事うるが如く、亡に事うること存に事うるが如きは、孝の至りなり。郊社の礼は、上帝に事うる所以なり。宗廟の礼はその先を祀る所以なり。

⑥郊社の礼、帝嘗の義に明らかなれば、国を治むることそれ諸を掌に示すが如きなり。

（2）日语现代语译文

①先生はおっしゃった。武王姫発と周公姫旦は、誰もが認めるように礼制を整えて親に対する孝を尽くした達孝の人というべき君主であろう。

②そもそも孝というものは、祖先や父輩が成し得なかった志や願望を受け継いで、祖先や父輩がが成し得た事業と功績をより押し広げていくことなのである。武王も周公も其れを善くわきまえ実行している。

③春から秋まで一年四季に祖先の廟を清浄・整備に保ち、伝承されている祭祀器具を並べて、先祖の衣裳を広げる場所を設け、それを飾り、季節の旬の食べ物を択んで祖先に供える。

④宗廟の祭礼では親子の序列、世代の別と宗族の構成の秩序を明確にするために、左を親を祭る上位の『昭』、右を子を祭る下位の『穆』にはっきり分けている。祭祀の時に諸侯・大夫の爵位によって分けるのは、身分の高低・貴賎を明確に分けるためである。祭事の事務を分けて、整理して、それをそれぞれの人に受け持たせるのは、有能な人材をはっきり区別するためであり、祭礼のおわりの旅酬の礼で、下位の者から、順番に上位の者へと酒をすすめるのは、身分の低い者にも祭事に参加させるためで、その恩恵は下位の者にまで及ぶことになるのである。祭礼のあとの宴会で、頭の上に挿している燕羽毛の色で『長幼の序』に応じた座席を割り当てる燕毛の礼というのも、年長者を敬うための序列をつけるためである。

⑤先王と同じ王位を踏襲（践祚）して、先王の礼を行い先王の音楽を演奏し、先王が尊敬していた祖先や賢哲を敬って、先王が親しんでいた臣民や子孫を愛して、服喪で死んだ者に仕える時は生者に仕えるのと同じようにし、葬祭の時には亡くなった者に仕えることを生者に仕えるのと同じようにした。これは、孝の徳の極限である。最高の祭礼である「郊社の礼」として、万物の祖とする上天を祀っている郊祭と万物の母とする大地を祀っている社祭上は、帝に仕えていることの現れである。宗廟の祭礼は、その祖先を祀っていることの現れである。

⑥天地を祀る郊社の祭礼、祖先を昭穆の順序で祀る春季と秋説の祭礼の意味を明らかにすれば、国家を治めることは天下を掌の上に乗せたが如く簡

単なことである。

3. 英语译文

① Confucius said: How completely Emperor Wu and the Duke of Zhou actualized their filial piety!

② Through filial piety, they correctly passed down the wills of their ancetors and correctly transmitted their works and reputations to their offspring and later histories.

③ In spring and autumn, they cleaned and renovated the ancestral temple, laid out the sacrificial vessels and the ceremonial outfit as the legacies from their ancestors and prepared the seasonal foods as the sacrifice to their ancestors.

④ At the sacrifice ritual of the ancestral temple, they ordered the ancestral lineages with the seniors and elders seating on left and juniors and youngers on the right. By rank of the knighthood, they distinguished high and low classes. By the performance of work, they distinguished the noble and unworthy classes. By making the lower classes offer the toast to the upper classes, they make the low classes to feel the cares and concerns from the high lasses. By the color of the swallow feather inserted onto the hairs, they distinguished seniority.

⑤ With each taking his position, they carried out the proper ritual, played the appropriate music, respected the venerable seniors, loved their relatives. They served the dead as if they were alive, and they served those not present as if they were there. Herein, they brought filial piety to its highest level.

⑥ They held festivals on suburbs and at shrines to make sacrifices to the Lord-on-High, and used the rituals on the ancestral temple to make sacrifices to the ancestors. If he could completely understand and promote the suburb and shrine sacrifices and the Winter and Summer Imperial sacrifices, he could govern the country as easily as if he were showing the palm of his hand.

● 第 20 章 ●　哀公问政

1. 中文原文、译文及注释

（1）中文古典原文

①哀公问政。

②子曰: 文武之政，布在方策。其人存，则其政举; 其人亡，则其政息。

③人道敏政，地道敏树。夫政也者，蒲卢也。

④故为政在人。取人以身。修身以道。修道以仁。

⑤仁者，人也。亲亲为大。义者，宜也。尊贤为大。亲亲之杀，尊贤之等，

礼所生也。

⑥在下位，不获乎上，民不可得而治矣。

⑦故君子，不可以不修身。思修身，不可以不事亲。思事亲，不可以不知人。思知人，不可以不知天。

⑧天下之达道五，所以行之者三，曰：君臣也、父子也、夫妇也、昆弟也、朋友之交也，五者，天下之达道也。知、仁、勇，三者，天下之达德也。所以行之者一也。

⑨或生而知之；或学而知之；或困而知之。及其知之，一也。或安而行之；或利而行之；或勉强而行之。及其成功，一也。

⑩子曰，好学近乎知。力行近乎仁。知耻近乎勇。

⑪知斯三者，则知所以修身。知所以修身，则知所以治人。知所以治人，则知所以治天下国家矣。

⑫凡为天下国家有九经，曰：修身也，尊贤也，亲亲也，敬大臣也，体群臣也，子庶民也，来百工也，柔远人也，怀诸侯也。

⑬修身则道立，尊贤则不惑，亲亲则诸父昆弟不怨，敬大臣则不眩，体群臣则士之报礼重，子庶民则百姓劝，来百工则财用足，柔远人则四方归之，怀诸侯则天下畏之。

⑭齐明盛服，非礼不动，所以修身也。去谗远色，贱货而贵德，所以劝贤也。尊其位，重其禄，同其好恶，所以劝亲亲也。官盛任使，所以劝大臣也。忠信重禄，所以劝士也。时使薄敛，所以劝百姓也。日省月试，既禀称事，所以劝百工也。送往迎来，嘉善而矜不能，所以柔远人也。继绝世，举废国，治乱持危，朝聘以时，厚往而薄来，所以怀诸侯也。

⑮凡为天下国家有九经，所以行之者一也。

⑯凡事，豫则立，不豫则废。言前定，则不跲。事前定，则不困。行前定，则不疚。道前定，则不穷。

⑰在下位不获乎上，民不可得而治矣。获乎上有道：不信乎朋友，不获乎上矣。信乎朋友有道：不顺乎亲，不信乎朋友矣。顺乎亲有道：反者身不诚，不顺乎亲矣。诚身有道：不明乎善，不诚乎身矣。

⑱诚者，天之道也。诚之者，人之道也。诚者，不勉而中，不思而得：从容中道，圣人也。诚之者，择善而固执之者也。

⑲博学之，审问之，慎思之，明辨之，笃行之。

⑳有弗学，学之弗能，弗措也。有弗问，问之弗知，弗措也。有弗思，思之弗得，弗措也。有弗辨，辨之弗明，弗措也。有弗行，行之弗笃，弗措也。人一能之，己百之。人十能之，己千之。

㉑果能此道矣，虽愚必明，虽柔必强。

（2）中文白话文译文

①作为春秋诸侯国鲁国君主的鲁哀公姬将向孔子询问有关政治管理即治理国家的事情。

②孔子回答说：周文王、周武王治理国家的事迹都记载在典籍上了。有像他们一样的圣人和跟随他们的人才的话，类似文王和武王时代的政治方略就可以实施；如果没有文王和武王以及跟随他们的那样的人才的话，像文王和武王推行的善政及其武威就终结了事了。

③如果我们尝试通过政事来实践道，那么变化和成果是迅速的。用地的道（特征和原理）来种树的话，树木就生长发育的好。说起来，政治管理和治理国家有时就像蒲卢（土蜂），把桑虫幼虫衔来当成自己的孩子来养一样，这也是通过政治对人民群众进行道德教育的真谛，利他主义。

④因此治理国家需要有能力的人才。要得到适用的人才，统治者首先自己要修身养性，自我修养在于遵循大道，遵循大道首先要依据仁义的原理。

⑤仁就是以人为本，仁的内涵之中，最重要的是亲近和爱戴自己的亲族，即百善孝为先。义就是根据事情的状况判断出怎样做最适宜。尊重贤人是最大的义。在爱戴和关怀亲族的时候，有时候会分亲疏，对疏远一些的人就会减少对他们的爱戴和关怀；在尊重贤人的时候分级，把尊敬的对象进行分类，然后差别对待。这就是在礼的过程中，对应关系根据亲疏而变化的结果。

⑥处在下位的人，得不到上级的信任，百姓就不可能治理好了。

⑦所以，为了笼络人才跟随自己，君子不能不首先修养自己。要修养自己，不能不亲近侍奉亲族；要亲近侍奉亲族，不能不了解他们；要了解他们，不能不知道天理。

⑧从远古时代开始，世界上所有人共有的至高无上的道有五个内容。要实践这个至高无上的道，需要做三件事。道的这五个伦常关系的内容是君臣、父子、夫妇、兄弟和朋友，这五项是天下人共有的伦常关系。智、仁、勇，这三项是用来处理这五项伦常关系的善德。至于这三种善德的实施，道理都是专一，就是一个诚字。

⑨比如说，有的人生来就理解道，有的人通过学习才明白道，有的人要遇到困难后才知晓道，但只要他们最终都理解了，目标和结果也就一样了。又比如说，有的人自觉自愿地去实行道，有的人为了某种好处才去实行道，有的人勉勉强强地去实行道，但只要他们最终都实行起来了，目标和结果也就一样了。

⑩孔子说：喜欢学习就接近了智，努力实行道就接近了仁，知晓羞耻就接近了勇。

⑪知道这三点，就知道自己修身养性的所以然。知道修身养性的方法和缘由，就知道管理他人的方法所在，知道管理他人的方法，就知道治理天下和国家的方略所在了。

⑫治理天下和国家有九条原则。那就是：自身修身养性，推崇尊敬贤人，亲近爱戴亲族，敬重大臣，体恤众官吏和谋士，爱民亲民如子，招纳工匠艺人，优待远方的人，安抚边缘地区的诸侯和藩王。

⑬自身修身养性就能确立正道；推崇尊敬贤人就不会思想困惑；亲近爱戴亲族就不会惹得叔伯兄弟怨恨；敬重大臣就不会遇事无措；体恤众官吏和谋士，士

人们就会竭力报效；亲民爱民如子，老百姓就会忠心耿耿；招纳工匠艺人，财物就会充足；优待远方之人，四方民众就会归顺；安抚边缘地区的诸侯和藩王，天下的人都会对执政者敬畏了。

⑭像昭彰端庄的人那样，相貌朗朗，神采奕奕，穿着庄重豪华而整洁的服装，不做不符合礼仪的事，这是为了修养自身。驱除奸谗小人，疏远花言巧语，看轻财物而重视善德，这是推崇贤人尊敬贤达人才，使他们更加尽心他们所做的事情。尊重亲族们的地位，重视他们的福禄，保持和他们的好恶一致，这是为了亲近爱戴亲族，使他们没有怨恨情绪。推崇尊敬大臣，使他们更好地为国家大事尽力，所要做的事情是培养众多能干的官员供他们差遣。真心诚意地任用官吏和谋士，并给他们以丰厚的俸禄，这是体恤谋士和官吏要做的事情。农忙时不从农民中征召徭役，减轻赋税，这是爱民如子，劝进民众所要做的事情。对工匠和艺人，要经常视察考核，按劳付酬，这是为了劝进工匠艺人，使他们更好地发挥才能。来时欢迎，去时欢送，嘉奖有才能的人，救济有困难的人，这是为了关怀，优待，笼络远来的客人。设法延续绝后的家族，复兴灭亡的国家，治理祸乱，扶持危难，按时接受朝见，赠送礼品要丰厚，而纳贡却不讲究丰厚与菲薄，这是为了安抚边缘诸侯和藩王，使他们忠诚于国家，尽力于他们所做的事情。

⑮一般说来，治理天下和国家千古不变的原则有九条，但实行这些原则的道理都是一样的，就是一个诚字。

⑯任何事情，事先有预备就会成功，没有预备就会失败。讲话或发言的时候，如果预先把要讲的内容计划一下，就不会中断或者出笑话。做事先有预备，就不会受挫。行为先有预备，就不会后悔。实践大道的时候，事前定下方略，到时候就不会窘迫。

⑰在下位的人，如果得不到在上位的人信任，统治者就不能得民心而安定自己的统治，治理好民众。大道也包含着得到在上位人信任的办法，也就是首先要得到亲人和朋友的信任。得不到亲人和朋友的信任就得不到在上位的人信任。得到朋友的信任也有大道方略，那就是首先要孝顺父母。不孝顺父母就得不到朋友的信任。孝顺父母的方式也在大道里面，那就是自己要真诚。自己不反省自己的不足，不真诚对待父母，那就谈不上孝顺父母。怎样使自己真诚也在大道里面，那就是要明白善德。不明白什么是善德就不能够使自己真诚。

⑱自然的真诚是上天的大道，追求真诚是做人的大道。具有自然天性的真诚，不通过努力就能得以悟道，这种天性善德智慧，不用苦苦思索，不要亲身经历苦劳就能达到合乎道德的标准，自然而然地符合天道。这样的人是圣人。想要通过努力和修养达到真诚的人，就要区分善恶，选择善德，在践行善德之道上，坚持到底，执著追求自己的目标。

⑲广泛学习，详细询问，周密思考，明确辨别善恶是非，认真切实地去践行，才能达到要真诚努力追求的道。

⑳要么不学，学的话就要学会，学不会绝不罢休。要么不问，问的话就非

弄明白不可，不懂绝不罢休。要么不想，想的话就要想通，没有想通绝不罢休。要么不去分辨，分辨的话就要弄明白，没有弄明白绝不罢休。要么不去践行，践行的话就扎扎实实地要出成效，不出成效绝不罢休。别人用一分努力就能做到的，我用一百分的努力去做；别人用十分的努力做到的，我用一千分的努力去做。

㉑如果真能够这样去认真地践行道，愚笨一些的人也一定可以聪明起来，柔弱的人也一定可以刚强起来。

（3）注释与点评

①哀公：春秋时期鲁国的国君，姓姬，名蒋，谥号哀公。②布：陈述，陈列。③方策：典籍。方，书写用的木板；策，书写用的竹简。④其人：指文王、武王。⑤息：终结。⑥敏：推动，加快。⑦蒲卢：土蜂，蒲卢的原始意思是以茅屋房顶的芦苇秆空心处为居住地点的土蜂，蒲卢的原意也是芦苇盖顶的小土屋。卢，同庐，小茅屋（刘备三顾茅庐，南阳小卢记等）。这种土蜂在芦苇的空心处越冬，繁殖；白天出勤授粉，夜归蒲卢，所以叫蒲卢蜂。现代的果园仍然有用蒲卢蜂授粉的（图10-1）。蒲卢通常会把桑虫的幼虫衔来当自己的孩子养，比喻从事政治，对待民众就要有这种利他的心胸。⑧杀：减少，降低。⑨昆弟：兄和弟。昆，兄长，也包括远房的堂兄堂弟。⑩行之者一也：一，专一，诚实。⑪所以：缘由，来源于"以…方式知道…的缘由所在"这一结构，和白话文里与"因此"近义的"所以"不是一个意思。又如，"不知道这件事情的所以然"。⑫九经：九条经验准则。经，经验准则。⑬体：体察，体恤。⑭子庶民：把庶民当成自己的儿女。子，动词。庶民，平民。就像前文说的"夫政也者，蒲卢也"。⑮来：招来。⑯百工：各种工匠。⑰柔远人：以怀柔策略安抚边远地方来的人。⑱怀：怀柔，关怀，安抚。⑲劝：劝进，勉励，努力。⑳齐明盛服：齐，看齐；齐明，像昭明的人看齐，相貌朗朗，精神抖擞；穿着豪华美丽的服装。这里"齐"和"盛"为动词，"明"和"服"为宾语，"齐明盛服"为双迭动宾结构。㉑去谗远色：驱除奸谗小人，疏远花言巧语、假装和善和高明以便行骗和讨好的小人。谗，说别人的坏话，这里指说坏话的人。色，在语言上花言巧语，行动上假装和善和高尚，以至于采取色艳显眼的装束，以便欺骗或者讨好。这里要强调一下，中国古典道教和儒教中所提到的"色"大多数都不是女色的意思。佛教里的"色"也不是女色的意思。例如，"巧言令色"，"色即空"。另外，"性"，大多也不是性交的"性"，例如，"食色，性也"里面的"色"是穿衣打扮的意思，"性"是本性。所以不能以现代汉语词汇的解释理解古典。其实那个时候，娶个三房四妾，好点色也不认为是什么坏事。㉒任使：任其差遣使用。㉓时使：指使用百姓劳役有一定时间，不误农时。㉔薄敛：减轻赋税。㉕日省月试：每天省察，回顾总结，每月考核。省，省察，回顾总结；试，考试，考核。㉖既（xì）禀（lǐn）称（chèn）事：有时候写成饩（xì）禀称事，意思是薪酬与工作绩效相称。既：原意是主方向客方供给的粮草（粮食和饲料），这里指发工资或薪酬（日语就是把工资叫"给料"）。禀，同"禀"，意思是客方从主方领取的粮食和饲料，这里

指领取的工资或薪酬。领取一年的"稟"囤藏起来，使用的工具叫囤粮折（摺）子，用芦苇或者高粱秆皮编织成的细长条席子，宽 25 厘米，长数十米不等。随着稻谷逐渐加入，"回"字形向上盘旋，最后加一个防鼠的盖子，地面敷一些稻草，以防接触地面受潮。这就是象形字"稟"的原意。"仓廪实而知礼节"（仓库里的囤粮充实了，也就知道礼节了）也意源于此。又如"千石（dán）稟将军，万户租王侯"（千石将军万户侯），虽然后来以金银货币发俸禄了，但还是按受领稻谷的多少来表示头衔身份。称（chèn），相称，事，仕事，工作，这里指绩效。㉗矜不能：怜悯没有能力的人。㉘继绝世：延续已经中断的家庭世系。㉙举废国：复兴已经没落的邦国。㉚持：扶持。㉛朝聘：诸侯定期朝见天子。每年一见叫小聘，三年一见叫大聘，五年一见叫朝聘。㉜豫：同"预"。㉝踬：被绊倒，这里指说话不通畅，磕磕巴巴。㉞笃：忠实，一心一意。㉟弗措：不罢休。弗，不。措，停止，搁置，

图10-1　日本苹果园用来给苹果授粉的蒲卢（在蒲卢里越冬繁殖的土蜂的一种
（ *Osmia cornifrons* ）

2. 日语古典原文和现代语译文

（1）日语古文原文

①哀公、政を問う。

②子曰く、文・武の政は、布きて方策に在り。 その人存すれば、則ちその政挙がり、その人亡ければ、則ちその政息む。

③人道は政を敏め、地道は樹を敏む。 夫れ政なる者は蒲盧なり」と。

④故に政を為すは人に在り。 人を取るには身を以てし、身を脩むるには道を以てし、道を脩むるには仁を以てす。

⑤仁とは人なり、親を親しむを大と為す。 義とは宜なり、賢を尊ぶを大と為す。 親を親しむの殺、賢を尊ぶの等は、礼の生ずる所なり。

⑥下位に在って上（かみ）に獲られざれば、民得て治むべからず。

⑦故に君子は以て身を脩めざるべからず。 身を脩めんと思わば、以て親に事えざるべからず。 親に事えんと思わば、以て人知らざるべからず。 人を

知らんと思わば、以て天を知らざるべからず。

⑧天下の達道は五、これを行なう所以の者は三。 曰く、君臣なり、父子なり、夫婦なり、昆弟なり、朋友の交なり。 五者は天下の達道なり。 知・仁・勇の三者は、天下の達徳なり。 これを行なう所以の者なり。

⑨或いは生まれながらにしてこれを知り、或いは学んでこれを知り、或いは困しんでこれを知る。 そのこれを知るに及んでは、一なり。 或いは安んじてこれを行ない、或いは利としてこれを行ない、或いは勉強してこれを行なう。 その功を成すに及んでは、一なり。

⑩子曰く、学を好むは知に近し。 力めて行なうは仁に近し。 恥を知るは勇に近し。

⑪ 斯の三者を知れば、則ち以て身を脩むる所を知る。 身を脩むる所以てを知れば、則ち以て人を治むる所を知る。 人を治むる所以を知れば、則ち以て天下国家を治むる所を知る。

⑫凡そ天下国家を為むるに、九経あり。 曰く、身を脩むるなり、賢を尊ぶなり、親を親しむなり、大臣を敬するなり、群臣を体するなり、庶民を子しむなり、百工を来うなり、遠人を柔ぐるなり、諸侯を懐くるなり。

⑬身を脩むれば、則ち道立つ。 賢を尊べば、則ち惑わず。 親を親しめば、則ち諸父・昆弟怨みず。 大臣を敬すれば、則ち眩わず。 群臣を体すれば、則ち報礼重し。 庶民を子しめば、則ち百姓勧む。 百工を来えば、則ち財用足る。遠人を柔ぐれば、則ち四方これに帰す。 諸侯を懐くれば、則ち天下これを畏る。

⑭斉明盛服して、礼に非ざれば動かざるは、身を脩むる所以なり。 讒を去り色を遠ざけ、貨を賤しみて徳を尊ぶは、賢を勧むる所以なり。 その位を尊くしその禄を重くし、その好悪を同じくするは、親を勧むる所以なり。 官盛んにして任使せしむるは、大臣を勧むる所以なり。 忠信にして禄を重くするは、士を勧むる所以なり。時に使いて薄く斂むるは、百姓を勧むる所以なり。日に省み月に試みて、既稟事に称うは、百工を勧むる所以なり。 往くを送り来たるを迎え、善を嘉して不能を矜むは、遠人を柔ぐる所以なり。 絶世を継ぎ廃国を挙げ、乱れたるを治め危うきを持し、朝聘は時を以てせしめ、往くを厚くして来たるを薄くするは、諸侯を懐くる所以なり。

⑮凡そ天下国家を為むるに、九経あり。 これを行なう所以の者は一なり。

⑯凡そ事は予めすれば則ち立ち、予めせざれば則ち廃す。 言前に定まれば則ち跲かず、事前に定まれば則ち困まず、行ない前に定まれば則ち疚まず、道前に定まれば則ち窮せず。

⑰友に信ぜられざれば、上に獲られず。 朋友に信ぜらるるに道あり、親に順ならざれば、朋友に信ぜられず。 親に順なるに道あり、諸れを身に反みて誠ならざれば、親に順ならず。 身を誠にするに道あり、善に明らかならざれば、身に誠ならず。

⑱誠なる者は、天の道なり。 これを誠にする者は、人の道なり。 誠なる

者は、勉めずして中たり、思わずして得、従容として道に中たる、聖人なり。これを誠にする者は、善を択びて固くこれを執る者なり。

　⑲博くこれを学び、審らかにこれを問い、慎みてこれを思い、明らかにこれを弁じ、篤くこれを行なう。

　⑳学ばざることあれば、これを学びて能くせざれば措かざるなり。問わざることあれば、これを問いて知らざれば措かざるなり。思わざることあれば、これを思いて得ざれば措かざるなり。弁ぜざることあれば、これを弁じて明らかならざれば措かざるなり。行なわざることあれば、これを行ないて篤からざれば措かざるなり。人一たびしてこれを能くすれば、己れはこれを百たびす。人十たびしてこれを能くすれば、己れはこれを千たびす。

　㉑果たして此の道を能くすれば、愚なりと雖も必ず明らかに、柔なりと雖も必ず強からん。

（2）日语现代语译文

　①春秋時代諸侯国の魯国の君主、魯の哀公姫将が孔子へ政治について問われた。

　②孔子が答えておっしゃった。周文王と周武王の政治は歴史の文献とする過去の方策の中に敷かれて存在しているが、それを読めばいいというものではなく、それを活かすことのできる、文王と武王の如きタレントの人物がいるこそ、その文王・武王の如き政治は立派におこなわれるのであって、それを活かすことのできる人物がいなければ、そういった文王と武王の如き善政もおこなわれることなく、終わってしまうということになるのである。

　③人の道を政治によって実践しようと思えばその善政を推進する変化は敏速であり、地の道で樹木が迅速に生長していくのと同じである。そもそも政治というものは、土蜂（ジガバチ）が桑虫の子を育てるように、他人の子も我が子として育てるようなものなので、政治によって百姓（大衆）を道徳的に教化することがその要諦なのである。

　④故に政治を為すには有能な人材がいる、良い人材を取るためには君主の身（徳）を用い、身を修めて徳を身に付けるには道を用い、道を修めようと思えば仁の徳に依拠しなければならない。

　⑤仁とは人のこと、人に対する道徳、人と人とが親しみ合うことである。仁の中でも自分の親族に親愛の情をもって接することが大切である。仁の中に流れる義とは事に応じて適宜かと判断することである。肉親の情とは別に、義の中でも賢者を賢者として尊敬するということが非常に大切である。親族に親しむ場合にも疎遠な人に対して親愛は減殺されてしまう、賢者を尊敬する場合にも知性のレベルによって等級をつけて差別してしまう、これが親疎・知性によって対応が変わってそれを節度つけるということで、礼が生ずることになるのである。

　⑥従って、政務取り扱う君子は、自分の身分が下位にあって、上位の者

255

から信任を得られないのであれば、民心を得て安定的に統治することなどできない。

　⑦故に、優れた人材と家臣が集まってくるため、君子はまず自分の身と道徳を正しく修めなければならない。故に、我が身を正しく修めようと思えば、自分の肉親にまずお仕えしなければならない。肉親に仕えようと思えば、人間というものを知らなければならない。人をよく理解しようと思えば、天という存在をよく理解しなければならない。

　⑧天下にある者すべてが古今からいつでも、どこでも通用し実践すべき優れた道が五つある。この道を実践するに当たって必要な手段は三つある。先前言った五つの道とは、君主と臣下の間の道、両親と子との間の道、夫と妻との間の道、兄弟、姉妹および従兄弟間の道、そして、親友との交際の道、この五つのものは、天下にある者すべてが守るべき優れた道である。知、仁と勇の三つのものは、天下のすべての者に通用する素晴らしい徳である。この五道と三徳を実践するのに必要なものは一つの誠である。

　⑨ある者は生まれながらにしてこの五道と三徳を知り、ある者は学んでからこの五道と三徳を弁え、ある者は苦しんだ後にようやくこの五道と三徳を弁えるようになる。しかし、この道を弁えることができたという意味ではそれらは同じ一つのものである。行動においては、ある者は自然に楽にそれを実行してしまう、ある者は善いことであるとの認識をして利益のために行う、ある者は必死に勉強して行う。しかし、実際に実践して成功したのであればそれらは同じ一つのものである。

　⑩孔子がおっしゃった。学を好むというのは知そのものではないが知に近く知の徳を育てることとなり、努力して怠らないのは仁そのものではないが仁に近く仁の徳を育てることになり、恥を知るというのは勇そのものではないが勇に近く勇の徳を育てることになる。

　⑪この知・仁・勇の三つの徳を身に付けることができるなら、自分自身の身を修める由縁と方法を知ることができる。自分の身を修める方法を知れば、人を治める方法を知ることができる。また、人を治める所以を知れば、それは天下国家を統治する由縁と方法を知っていることも当然である。

　⑫およそ天下国家を治めてゆくには、万古不易の九つの法則がある。それは、君主が自分自身の身を修めることである。賢人を賢人として尊重することである。親族と親しくすることである。大臣を敬うことである。群臣を思いやって一体となって事を進めることである。庶民を慈しんで、子と思って守ることである。百工の職人を呼び集めてねぎらうことである。遠方からやって来てくれる商人などを懐柔することである。諸侯たちと親しくして主君に反旗を翻す危険を無くすことである。

　⑬君主が自分の身を修めれば、万人もそれに従い、天下国家を統治するための正道が確立する。賢者を賢者として尊敬してあげればその助言と知恵

によって事業を起こすにあたって迷うことがなくなる。親族と親しくすれば叔父や兄弟、従兄弟などから怨みを買うこともない。大臣を敬って信頼すれば大臣はその力を発揮するに当たって迷うことがない。群臣を礼遇して大切にすれば士大夫たちは主君の恩義に報いようとして必死に働く。庶民をわが子のように大切にすれば庶民は主君を父のように仰ぐ。百工を招けば国内の産業が活性化して器物と財物が十分に供給される。遠方から来た人を丁重に持て成せばその世評によって四方が進んで帰属してくれる。諸侯と親しくして懐柔してあげれば天下の人々はみんなその威徳を畏れることになる。

⑭精神と衣冠を正しく整えて慎み、礼に適っていなければ動かないというのは、身を修めている所以である。自分が讒言を言わずに讒言を言う人を避けて、他人をだますために自分を誇る色詐をする人を遠ざけ、貨財を賤しんで徳を貴ぶのは、賢を勧めている所以である。親族の位を高くしてその俸禄を多くし、その好き嫌いに合わせることは、親族と親しくして怨恨を防いでいる所以である。大臣の下に属官を置いて自由に派遣できるようにするのは、大臣の能力を存分に発揮できるように勧めている所以である。忠義に厚い家臣と謀士の俸禄を多くしてあげるのは、士を勧めている所以である。農業の忙しい時期を避けて暇な時期に使役して税金を安くするのは、百姓を大切にして励ます所以である。日々職人たちの仕事を顧みて、月にその仕事の成果を確認し、その仕事に応じた報償を与えるのは、百工の産業を勧めている所以である。遠くから訪れる来賓が故国に帰っていくときには丁重に送り、自国に戻ってきたときは丁重に迎え入れ、立派な行いをして善なる者を賞賛して能力が‘低いかない者を哀れむのは、遠くから訪れる人を柔らげる所以である。子孫が絶えた家の後継ぎを探し、廃れた国を再興させ、乱れた者を治めて危険がないように支えてあげて、諸侯の朝勤や大夫の参上は規定の時期に来れば良いこととし、朝廷から賜る物を多くして諸侯からの貢物を少なくするのは、諸侯に忠誠を誓わせて懐かせている所以である。

⑮およそ天下国家を治めるには、万古不易の九つの法則がある。これを行う所以はただ一つ、誠である。

⑯およそ物事はあらかじめよく考え準備してから始めると成功し、事前によく考えもせず、準備も不十分で始めると失敗してしまう。言葉を発する時にも、その意図と話す内容をあらかじめ定めておけば、途中でつまずきや言い間違えることはないのである。物事に臨む時にもあらかじめ準備しておけば苦しまなく、行動する前に備えておけば失敗することはなく、また、道を実践する時にも事前に理解し、定めておけば窮迫することはないのである。

⑰官吏の世界でいうと、自分の身分が下位にある時、上位の者から信任を得られないのであれば、民心を得て安定的に統治することなどできない。上位の者の信任を得るのには道がある。朋友に信用されなければ、上位の者からも信任されない。朋友に信用されるには道がある。親に従順であり親を

喜ばせなければ、朋友に信用されない。親に従順であることには道がある。自分の身を反省して誠でなければ、親に従順とは言えず親は喜んでくれない。自分の身を誠にするに我が身は誠にはならない。我が身は誠になることには道がある。それは、善悪を明白にして、正しい善を認識することである。正しい善をはっきりと認識することができなければ、わが身を誠実にすることはできない。

⑱自然な誠とは天の働きであり、窮極の道である。この誠を現実の地上の世界に実現しようと努めるのが、人のなすべき道である。天性の自然な誠は努力をすることなく自ずから道に当たり、その天性の知は思索することなく道に到達し、何ら抵抗と苦労を感じることなく自由にのびのびとしていて、それでぴたりと道に当たる。これができるのは聖人である。努力と勉強をして誠になろうとする者は、善悪を分別して善を選択した上で、その善の道に固執し善から離れないという者である。

⑲何の物事に対しても幅広く学んで知識をひろめ、不明な所は詳しく綿密に質問をし、慎んで思索をしてわが身について考えて、善悪と理非を明らかに弁別して、それを真剣に実践するのが『努力して誠に至る道』である。

⑳まだ、学んでいないこともあるが、いったん学び始めたらよく分かるまでは途中で決してやめない。まだ、質問していないことがあれば、いったん質問したら充分に理解できるまでは途中でやめない。まだ、よく考えていないことがあれば、それを思索して、充分に納得できるまで、決してそれをやめない。まだ、よく分析していないことがあれば、それを分析して、明確に理解できるまで、決してそれをやめない。まだ、よく実行できてないことがあれば、いったん実行しようとしたらそれを篤く真剣に実行するまで途中で決してやめない。他の人が一の力でそれをできるとしたら、自分はそれに百倍の力をそそぎ、他の人がそれを十の力でできるとしたら、自分はそれに千の力をそそぐ。

㉑果たしてこのように道の実践に努力勉強をすれば、愚者といえども必ず賢明になり、意志が柔弱な者も必ず意志が強い者になることができるであろう。

3. 英语译文

① The Duke of Ai asked about politics and government.

② Confucius replied: The records of the governments of Emperor Wen and Emperor Wu are on the ancient tablets made by wood and bamboo. If you have the right talents like Emperor Wen and Emperor Wu and their followers, the ruling and government will function well, and when you did not have the right talents like them, the ruling and government would end with failures.

③ When you try to practice the Dao of human, the government political affairs are fast promoted and smoothed. When you try to practice the Dao of land, the plants such as trees flourish. The government political affairs are just like the mason bee, which takeovers mulberry larvae, transported the larvae into its nestle and nourishes the larvae as its children.

④ Therefore, the skillful handling of government political affairs contingent upon having the right talent people. You attract the right talent people by your own good character. You cultivate your good character through the Dao and you manifest the Dao by means of "Ren", i.e. benevolence or humanity.

⑤ The so-called "Ren" means humanity with loving your family and relatives as the most important. The so-called "Yi"means convenience, to judge whether it is appropriate according to the matter, with giving respects and convenience to the virtuous persons as the most importance.

⑥ Thus, if your rank is low, and you do not have the support of those in power, you cannot hope to have an influence on government political affairs and the people cannot get well controlled.

⑦ Therefore, the Noble Man cannot but cultivate his good character. Wanting to cultivate his character, he cannot do it without serving his parents. Wanting to serve his parents, he cannot do it without understanding others. Wanting to understand others, he cannot do it without understanding Heaven.

⑧ There are five virtuous Dao in this world, which are carried out in three ways. The relationships are those between ruler and minister, father and son, husband and wife, elder brother and younger brother, and between friends. The three ways of practice are wisdom, ren and courage, but they are practiced in unison.

⑨ Some are born knowing the Dao; some know the Dao by learning and some have to struggle to know the Dao. Nonetheless, the wisdom or knowledge is the same. Some practice the Dao by being comfortable within it; some practice the Dao by benefitting from it; and some have to struggle to practice the Dao. But when the practice is perfected to achieve successes, it is the same.

⑩ Confucius said: If you love study, you will approach wisdom; If you try your best to practice the Dao, you approach Ren. If you feel shame when you are wrong in your behavior, you will approach courage.

⑪ If you understand these three abovementioned, you know how to polish your character; knowing how to polish your character, you know how to manage people's affairs; knowing how to manage peope, you know how to govern a kingdom or state.

⑫ In general, in the management of the realm, a state or a clan, there are nine basic rules. These are polishing your own character; venerating the virtuous persons and their good behaviors; caring for your parents and relatives; respecting the high ministers; making the lower officers feel like they have a significant role; treating the common people as your children; making the artisans feel welcome; gently treating far guests from the remote areas; and embracing the nobles such as the lord and marquess.

⑬ If you polishing your character, you will set up your own correct Way. If you venerate the virtuous persons and their good behaviors, you are not deluded in life and carrier. If you care for your parents and relatives, then your fathers, elder and younger uncles and brothers will not resent you. If you respecting the high ministers, you will not make foolish mistakes. If you make the lower ministers and officers feel like they are part of government, they will regard propriety with seriousness and hard working. If you treat the common people as your children, they will be loyal to their carriers and work hard. If inviting the artisans and make them feel welcome, there will be plenty of commerce and properties. If being gentle to guests from afar, people will flock to you from all directions. If you embrace and appease the lords, marquess and other nobles from remote areas or vassal states, the ruling class will be awed by people in the whole realm.

⑭ For polishing your good character, you need learn from the dignified people with grand and energetic appearance, wear solemn, luxurious and neat clothes, and do not act against the norms of propriety, especially at ceremonies and festivals. For your respects to virtuous persons and their goodness, you need let go of slanders, freeing yourself from lust and pretended nobility, and disregard wealth and prize virtue. For taking care of your parents and relatives, you need respect their rank, try to make them to have good salary payment, and go along with their likes and dislikes. Giving them enough officers to dole out their responsibilities is the way to encourage the high ministers. Rewarding well trustworthiness and loyalty is the way to encourage the lower officers and sectaries. For encouraging the farmers to well fulfill their agriculture business, the government should not employ them for servitude in their busy season, do not violate their own farming schedules, and lighten their taxes. Daily and monthly examining their works and paying them in accordance with their achievements is the way to encourage the artisans to work more and harder. The best way to be gentle to visitors from afar and care, preferentially treat, and envelop them is to give them warmly pick-up welcome and sincerely seeing off, recognize and reward the talented people, bestow kindness and pity on the handicapped and incapable persons, relief for people who have difficulties, The best way to embrace the nobles such as lords and marquess from the remote areas, vassal state and minorities is to renew their broken family lineages, restore their vanquished states, quell their rebellions and protect them from danger; giving them rich presents and expecting little in return. As the consequence, they will be loyal to the country and try their best to do what they do.

⑯ In all affairs, if you plan ahead you can be successful, and if you do not plan ahead, you will fail. When you are well prepared on the contents before you make a speech, you won't be tongue-tied. If you are well prepared before you begin a job, you won't have complications. If you are well prepared before you perform any action, you won't fail and won't be feel regretted. When you are to practice the great Dao, you should make set aside the exact plan and policies and then you won't be embarrassed.

⑰ If you are in a position of low rank, you cannot get trust of and have influence on the above class, you will have no way of wining the hearts of the people and settling down to govern the people. The great Dao contains ways to get trust from the superior classes. Even though there is a way of influencing superiors, if your friends do not trust you, you won't be able to influence superiors. Even though there is a way of gaining the trust of your friends, if you have discord with your parents and relatives, you will not be trusted by your friends. Even though there is a way of having harmony with your relatives, if your character is not sincere, you will have discord with your parents and relatives. Even though in the great Dao there is included a way to polish your character sincere, if you have not awakened to the good virtuosity, you will not be able to polish your character sincere.

261

⑱ The natural sincerity is the great Dao of Heaven. Making oneself sincere is the Dao of Man. The natural sincerity means understanding and conforming to the Dao naturally without effort, without thinking hard, without concern regarding its attainment, without experiencing hard work and external resistance to achieve ethical standards. If so, you are a sage. If you are working at making yourself sincere, you must first distinguish between good and evil, find and choose goodness and virtue, and then in the practice of virtue, adhere to the end, persistently pursue your goals.

⑲ You must study the Dao broadly, investigate it in details, deliberate on it carefully, discern between the good virtue and evil behavior clearly and practice the Dao universally. Only doing so, can you reach the great Dao that you have pursued in good faith.

⑳ Either do not study the Dao, or you must study the Dao till you fully understand it, otherwise you never stop the study. Either do not ask, and if you ask questions about the Dao, you have to ask the questions in details till you understand them completely. Either you do not think about the Dao, if you think about it, you need to figure it out and otherwise do not stop the thinking. Either do not distinguish between good and evil, and if you do so, you need to make the distinguish clearly till you understand it completely. Either do not practice the Dao, and if you do practice the Dao, you need to have solid results, and you won't stop if you do not get the solid results. What others can do with one point of effort, I do it with one hundred points of effort; others do with ten point of effort, I do with one thousand points of effort.

㉑ If you really have practiced the Dao seriously in this way, you must become smart even if you are a sluggish person originally, and you will become strong even if you are weak originally.

● 第21章 ● 自诚明

1. 中文原文、译文及注释

（1）中文古典原文

自诚明，谓之性；自明诚，谓之教。诚则明矣；明则诚矣。

（2）中文白话译文

由真诚而弄清楚善德的道义，这叫天性。由明白善德的道义而做到真诚，这就叫教化或教育。只要有一颗真诚的心，认真去践行就能清楚地理解善德的道义，清楚地理解善德的道义，那么一定会变得真诚。

（3）注释与点评

①自：从，由。②明：清楚透彻地理解。

2. 日语古典原文和现代语译文

（1）日语古文原文

誠なる自り明らかなる、これを性と謂う。 明らかなる自り誠なる、これを教えと謂う。 誠なれば則ち明らかなり、明らかなれば則ち誠なり。

（2）日语现代语译文

天の道である誠が身に完全に備わっていて、そこから、現実の立場で本当の善徳を明確に見抜いていくのは天から与えられた本性のまま或いは聖人の徳である。反対に現実的な立場で本性と善徳を明確に認識して、それを積み上げていって、そこから完全な誠に行き着くのは、人々を善へ導く修身の教え或いは賢人の学である。誠であればそれは本性と善徳の明らかにされる明となる。善徳の明らかにされた明であればそれは誠なのである。

3. 英语译文

The enlightenment on the Dao that comes from sincerity is the nature of human. The sincerity to the Dao that comes from enlightenment is called education and nourishment. If you are sincere to the Dao you will be enlightened in understanding the Dao. If you are enlightened in understanding the Dao, you will be sincere to the Dao.

● 第 22 章 ● 唯天下至诚

1. 中文原文，译文及注释

（1）中文古典原文

唯天下至诚，为能尽其性。能尽其性，则能尽人之性。能尽人之性，则能尽物之性。能尽物之性，则可以赞天地之化育。可以赞天地之化育，则可以与天地参矣。

（2）中文白话译文

只有体现出对天下极端真诚的圣人，才能充分体察存在于万事万物根源之处的天性和善德并为此而精心尽力；很好地为顺应本性和善德而尽力，就是很好地为众人的本性而尽力。充分为众人的本性而尽力，就是充分理解并顺应万事万物的本性而为此尽力。充分理解并顺应万物的本性并为此而尽力，就可以帮助天地孕育万事万物并使其生育，繁衍，兴盛。可以帮助大地孕育生命并使其兴盛，就可以与天地并列，达到天地人合一了。

（3）注释与点评

①能：此处为副词，意思是，很好地，充分地。和此后的"可以赞天地之化育"的"可以"不是一个意思。②尽其性：充分发挥本性，为本性的体现而尽力。③赞：认可并且有助于。④化育：孕育并使其兴盛。⑤参天地：加入天地的行列，参，加入（参天大树的参），来到（本意为跪爬前行，参见皇帝的参）。参的行为是低对高。大树可以参天，天不能参大树。又如，参拜皇帝和召见臣下。

2. 日语古典原文和现代语译文

（1）日语古文原文

唯だ天下の至誠のみ、能くその性を尽くすと為す。 能くその性を尽くせば、則ち能く人の性を尽くす。 能く人の性を尽くせば、則ち能く物の性を尽くす。 能く物の性を尽くせば、則ち以て天地の化育を賛くべし。 以て天地の化育を賛くべくんば、則ち以て天地と参すべし。

（2）日语现代语译文

天下の最も完全な誠を体現した聖人は、ただその天から与えられた本性、つまり、万物の根源にある本質を察してそれを尽くすものである。自分の性を尽くすということは、他者の性を尽くすということでもある。他者の性を尽くせば、物の性を尽くすということになる。物の性を尽くせば、天地が万物を生成発育させる働きを賛助・促進することができる。天地の万物生成の原理を賛成し促進すれば、天地と共に立って、天命に適うことを通じて天地人の合一を実現する。

3. 英语译文

Only the perfectly sincere person can well actualize his own essence. Well actualizing his own essence, he can fully actualize the essence of others. Fully actualizing the essence of others, he can fully actualize the essence of all things. Being able to fully actualize the essence of all things, he can assist Heaven and Earth in their transformation and sustenance of all things in the world. Able to assist in Heaven and Earth's transformation and sustenance, he can form a trinity with Heaven and Earth.

● 第23章 ● 其次致曲

1. 中文原文、译文及注释

（1）中文古典原文

其次致曲，曲能有诚，诚则形，形则著，著则明，明则动，动则变，变则化，唯天下至诚为能化。

（2）中文白话译文

比圣人次一等的贤人可以从仁义、忠诚和孝悌等基础德性开始，研究道的奥妙，通过曲折达到理解道的真谛。这样通过曲折的方式悟道要有真诚的心。有了这些不怕艰难曲折的真诚，就能在具体的事情上成功，做到有形有状，世人能够看到的成功。这种有形的成功就会显眼，容易被世间知道，即成显著。显著了，就会被社会采纳，被人们发扬光大。发扬光大了就会推动社会，鼓动他人上进，推动社会发展。鼓动他人上进的过程就是引起社会的变化，人们思想的转变。这些向好的方向转变的结果就是化育万物，使万物兴盛。只有天下至高无上的真诚才能很好地孕育万物，使万事万物兴盛。

（3）注释与点评

①其次：次一等的人，即次于圣人的贤人。②致曲：通过曲折的方式致力于某一件事情。③形：显露形状，成形，引申为成功。④著：显著，著名。⑤明：昭明，因而公开后被人理解，从而被发扬光大。⑥动：推动，鼓动，感动。⑦变：变化，变革。⑧化：孕育万事万物并使其兴旺发达。

2. 日语古典原文和现代语译文

（1）日语古文原文

その次は曲を致す。 曲に能く誠あり。 誠なれば則ち形われ、形われば則ち著るしく、著るしければ則ち明らかに、明らかなれば則ち動かし、動かせば則ち変じ、変ずれば則ち化す。 唯だ天下の至誠のみ、能く化すると為す。

（2）日语现代语译文

聖人に及ばない次の賢人以下の人たちは、聖人のように本性をそのまま自然に発揮することができないので、現実の細々とした物事に個別に対応して、仁義、忠孝と孝悌などの徳性の一端から道を推測して極めていく。このような湾曲な経路を通じて、正しい徳性を極めることができれば誠につながる。このように困難と屈折を恐れない誠があれば、外に形がある成功となって現れる。形がある成功が達するなら、目立たれて著しくなる。著名になれば徳の内容と形成過程が明らかに理解され社会に持ち越される。徳が理解され社会に持ち越される結果、人々を動かして社会の発展を促進する。良い方向に動けば世の中の人々と物事が変わる。世の中が変われば天下国家が徳化されて治まり、万事万物が育まれ興盛していく。天下にある最高な至誠こそ、天下の万事万物を化育することができるのである。

3. 英语译文

Those of the level lower than noble persons straighten out their own twistedness. Being straightened they can possess sincerity. Having sincerity, they can give form to their character. Their character having form, their sincerity becomes manifest. Being manifest it is luminous, being luminous it can function. Functioning, it changes; changing, it transforms. Only the most fully actualized sincerity is able to transform people and things.

● 第 24 章 ● 至诚之道

1. 中文原文、译文及注释

（1）中文古典原文

至诚之道可以前知。国家将兴，必有祯祥；国家将亡，必有妖孽。见乎蓍龟，动乎四体。祸福将至，善必先知之；不善，必先知之。故至诚如神。

（2）中文白话译文

遵循极端真诚的道义可以预知未来的事。国家将要兴旺发达，必然有吉祥的征兆；国家将要没落衰亡，必然有类似妖孽滋生等不祥的反常现象。这类预兆呈现在占卜用的蓍草和龟甲上，表现在占卜人的肢体动作上。祸福将要来临时，是福可以预先知道，是祸也可以预先知道。所以，极端真诚就像神灵一样微妙。

（3）注释与点评

①前知：预知未来。②祯祥：祥瑞的预兆。③妖孽：妖魔鬼怪，邪恶朋党。这里指不祥预兆的物类反常现象。恶人和禽兽之类为妖（牛魔王和白骨精之类），草木之类为孽（草字头为证）。④见（xiàn）：显现。蓍（shī）龟：蓍草和龟甲，

用来占卜。⑤蓍龟: 用来占卜的蓍草和龟甲。传说蓍草是草类植物中寿命最长者。乌龟是动物中寿命最长者。《论衡·状留篇》:"蓍生七十岁生一茎,七百岁生十茎。神灵之物也,故生迟留,历岁长久,故能明审。"蓍草的茎用来做成占卜的算筹,摆布八卦的"爻"(yáo)。爻是组成卦的符号。"—"为阳爻,"——"为阴爻。每三爻合成一卦,可得八卦,两卦(六爻)相重则得六十四卦。"龟筮协从"的说法是,用蓍草灼烤龟甲,产生裂纹(卜字的象形)。和龟卜类似的还有萝卜。秋天新收获的萝卜,用手一拍会出现裂纹,根据裂纹的形状预测凶吉。⑥四体,占卜人的手足。加上头为五体(五体投地)。

2. 日语古典原文和现代语译文

(1) 日语古文原文

至誠の道は、以て前知すべし。 国家将に興らんとすれば、必ず禎祥あり。国家将に亡びんとすれば、必ず妖孽あり。 蓍亀に見われ、四体に動く。 禍福将に至らんとすれば、善も必ず先にこれを知り、不善も必ず先にこれを知る。故に至誠は神の如し。

(2) 日语现代语译文

天下における至誠の道は、物事の動向を事前に予見して知ることができる。国家がまさに興盛しようとする時には、必ず瑞兆の良い知らせがある。国家がまさに滅亡しようとする時には、必ず妖しげな凶兆が見られる。占いの卜筮にもその吉凶の兆しが現れ、その占う人の四体の動きにも現れる。幸福と不幸がまさに差し迫ろうとする時に、至誠なる聖人は、善をまず必ず知り、更に不善についてもまず必ず知ることができる。故に、至誠というのは神のようなものである。

3. 英语译文

Once you are practicing the Dao with fully actualized sincerity, you have foreknowledge for what happen in the future. When a nation or clan is about to prosper or rise up, there are always some auspicious signs or omens of their fortune. When a nation or clan is about to decline, there are always omens of their misfortune, or ominous anomalies as outcomes of evil spirits. This type of omen can be presented on the yarrow and tortoiseshell used for divination, and is reflected in the movement of hands and feet of the soothsayer. When good or evil fortune is imminent, the perfectly sincere person will know without obstruction. With fully actualized sincerity, you are like a god. The good fortune can be foreseen and evil fortune can also be foretold. Therefore, extreme sincerity is as subtle as a god.

● 第 25 章 ●　诚者自成

1. 中文原文、译文及注释

（1）中文古典原文

①诚者自成也，而道自道也。

②诚者，物之终始。不诚无物。是故君子诚之为贵。

③诚者,非自成己而已也。所以成物也。成己,仁也。成物,知也。性之德也,合外内之道也。故时措之宜也。

（2）中文白话译文

①真诚是自我完善的善德，而道是根据其自身的内在规律自我完善而起作用的。

②真诚是事物的发端,同时又是事物的归宿。没有真诚所有的事物就没有了。因此君子以真诚为贵。

③不过，真诚并不仅仅是自我完善就够了，而是事物完善的缘由所在。凭借这种诚意，所谓的仁之达德通过完成人格的形成而完善自己。有真诚所在，智就可以完善万事万物。仁和智是万物创造的真实本性的善德，是融合自身与外物的准则。所以任何时候，任何情况下，践行仁智善德都是适宜的。

（3）注释与点评

①自成: 自我成全，自我完善。②自道（dào）: 自我。

2. 日语古典原文和现代语译文

（1）日语古文原文

①誠なる者は自ら成るなり。 而して道は自ら道びくなり。

②誠なる者は物の終始なり。 誠ならざれば物なし。 是の故に君子はこれを誠にするを貴しと為す。

③誠なる者は自ら己れを成すのみに非ざるなり、物を成す所以なり。 己れを成すは仁なり。物を成すは知なり。性の徳なり。外内を合するの道なり。故に時にこれを措きて宜しきなり。

（2）日语现代语译文

①誠が身に付いている人は、自分の本性も発揮できる人であるから自分で自分を完成していくもので、またそのふみ行う道とは、本性の通りに行う道であるので、その道自体が誠の実現に導いてくれるものである。

②誠とは万物の始めであると同時に終わりでもあるのである。誠がないと万物はそもそもすべてないということになる。このようなわけで、立派な人格を持つ君子は自分を生じ成すことができる誠を貴いものとするのである。

③誠は自分自身のみを成すだけではなく、万物を成すために必要なもの

267

でもある。この誠があれば、仁という達徳が人格完成を通じて己れを成すのである。また、この誠があればこそ、知という達徳が万物を成すのである。これらの徳は天が生じたものなら全て持つ本性の徳である。内と外自分と周囲が一体となる道である。従って、どんな時どんな状態でも、全てのことに宜しきを得ることができる。

3. 英语译文

① Sincerity is the perfect virtue of self-polishing, and Tao works from the Tao itself to perfection.

② Sincerity is ceaseless from the beginning o the destination of things. If there is no sincerity, there is no things.

③ However, sincerity is not only enough for self-improvement, but the reason for the perfection of things. If there is sincerity, wisdom can make all things perfect. Benevolence (Ren) and wisdom are the true nature and virtues that create all things, and the criterion for integrating themselves with foreign objects. Therefore, it is appropriate to practice benevolence, wisdom and good virtue at any time and under any circumstances.

● 第 26 章 ● 至诚无息

1. 中文原文、译文及注释

（1）中文古典原文

①故至诚无息。

②不息则久，久则征。

③征则悠远。悠远，则博厚。博厚，则高明。

④博厚，所以载物也。高明，所以覆物也。悠久，所以成物也。

⑤博厚，配地。高明，配天。悠久，无疆。

⑥如此者，不见而章，不动而变，无为而成。

⑦天地之道，可一言而尽也。其为物不贰，则其生物不测。

⑧天地之道，博也，厚也，高也，明也，悠也，久也。

⑨今夫天，斯昭昭之多，及其无穷也，日月星辰系焉，万物覆焉。今夫地，一撮土之多，及其广厚，载华岳而不重，振河海而不泄，万物载焉。今夫山，一卷石之多，及其广大，草木生之，禽兽居之，宝藏兴焉。今夫水，一勺之多，及其不测，鼋、鼍、蛟、龙、鱼、鳖生焉，货财殖焉。

⑩诗云：维天之命，于穆不已。盖曰：天之所以为天也。于乎不显，文王之德之纯。盖曰：文王之所以为文也。纯亦不已。

（2）中文白话译文

①所以，极端真诚是没有止息的。

②没有止息就会保持长久，保持长久就会显露出来。

③显露出来就会悠远，悠远就会广博深厚，广博深厚就会高大光明。

④广博深厚的作用是承载万物；高大光明的作用是覆盖万物；悠远长久的作用是孕育万物。

⑤广博深厚可以与地相比，高大光明可以与天相比，悠远长久则是永无止境。

⑥达到这样的境界，不显示也会明显，不活动也会改变，无所作为也会有所成就。

⑦天地的法则，可以用一个"诚"字来囊括：诚本身专一不二，所以生育万物多得不可估量。

⑧大地的法则，就是广博、深厚、高大、光明、悠远、长久。

⑨今天我们所说的天，原本不过是由一点一点的光明聚积起来的，可等到它无边无际时，日月星辰都靠它维系，世界万物都靠它覆盖。今天我们所说的地，原本不过是由一撮土一撮土聚积起来的，可等到它广博深厚时，承载像华山那样的崇山峻岭也不觉得重，容纳众多的江河湖海也不会泄漏，世间万物都由它承载了。今天我们所说的山，原本不过是由拳头大的石块聚积起来的，可等到它高大无比时，草木在上面生长，禽兽在上面居住，宝藏在上面储藏。今天我们所说的水，原本不过是一勺一勺聚积起来的，可等到它浩瀚无涯时，蛟龙鱼鳖等都在里面生长，珍珠珊瑚等值价的东西都在里面繁殖。

⑩《诗经》说："天命多么深远啊，永远无穷无尽！"这大概就是说天之所以为天的原因吧。"多么显赫光明啊，文王的品德纯真无二！"这大概就是说文王之所以被称为"文"王的原因吧。纯真也是没有止息的。

（3）注释与点评

①息：止息，休止。②征：征验，显露于外。③无疆：无穷无尽。④见（xiàn）：显现。⑤章：同彰，彰显，彰明。⑥一言：即一字，指"诚"字。⑦不贰：诚是忠诚如一，天下不贰。⑧斯：这个。昭昭：彰朗朗，昭然明亮，显达著名。⑨华岳：华山。⑩振：整治，引申为约束。⑪一卷（juàn）石：一拳头大的石头。卷：通"拳"。⑫不测：不可测度，指浩瀚无涯。⑬《诗》云：以下两句诗均引自《诗经·周颂·维天之命》。维，这，语气词。於（yú），语气词，意思为"果真如此"。穆，深远。不已，无穷。不显，"不"通"丕"，即大；显，即明显。

2. 日语古典原文和现代语译文

（1）日语古文原文

①故に至誠は息むことなし。

②息まざれば則ち久しく、久しければ則ち徵あり。

③徵あれば則ち悠遠なり、悠遠なれば則ち博厚なり、博厚なれば則ち高明なり。

④博厚は物を載する所以なり、高明は物を覆う所以なり、悠久は物を成す所以なり。

⑤博厚は地に配し、高明は天に配し、悠久は疆りなし。

⑥此くの如き者は、見さずして章われ、動かさずして変じ、為す無くして成る。

⑦天地の道は、壱言にして尽くすべきなり。 その物たる弐ならざれば、則ちその物を生ずること測られず。

⑧天地の道は、博きなり、厚きなり、高きなり、明らかなり、久しきなり。

⑨天は、斯の昭昭の多きなり。 その窮まりなきに及びては、日月星辰繋り、万物も覆わる。今夫れ地は、一撮土の多きなり。その広厚なるに及びては、華嶽を載せて重しとせず、河海を振めて洩らさず、万物も載る。 今夫れ山は、一巻石の多きなり。 その広大なるに及びては、草木これに生じ、禽獣これに居り、宝蔵興る。 今夫れ水は、一勺の多きなり。 その測られざるに及びては、黿鼉鮫竜魚鼈生じ、貨財殖す。

⑩詩に曰く「惟れ天の命、於穆として已まず」と。 蓋し天の天たる所以を曰うなり。「於乎、不いに顕かなり、文王の徳の純なる」と。 蓋し文王の文たる所以を曰うなり。 純も亦た已まず。

(2) 日语现代语译文

①人が進むべき天地の道とは、たった一言で簡明に言い表すことが出来る。それは至誠にほかならず、常に一刻の間断も変わりも無く働くものであり、多くの万事万物を成長させるものである。

②道は間断がなければすなわち久しく常住不滅なのである。久しければ自然にその徴験がある。

③道はすでに効験があればいよいよ悠遠にこれを行う。この天地の道は、悠遠であればその積もり積もること広博して深厚となり、広博深厚であればその外に発揚すること崇高にして彰明なのである。

④博厚は物を載するゆえんである。悠久はすなわち物を成就するゆえんである。

⑤博厚はよく物を載せるゆえに、地に配します。高明のよく物を覆うのは、天の万物を覆うが如し、ゆえに天に配する。しかしてその悠久なるは極まりないものなのである。

⑥かくのごときものは、その功用自然に現れ、動かさずして自ら万物を変化させ、無為自然にして成就するものなのである。

⑦天地の道は一言にして尽くすことができます。その物たる至誠純一にして２つではありません。すなわち万物を生じてその多きことは割り知ることができないのである。

⑧天地の道は、広博を極め深厚を極め高大を極め光明を極め悠遠を極め長久を極めるものなのである。

270

　⑨そのような偉大な天地も、今根本に戻ってよく観察すれば、天に於いては僅かな光が沢山集ってできているに過ぎないのであるが、その広大高明に至っては、万民から仰がれるものである。時間に於いては無限の時を有するものであり、その悠久に至っては、日や月や星の如く、悠久に変わることなく輝き、万物がこれに覆われて成長するのである。大地に於いては、一掴みの土が多く集っているものであるが、その限りなく広く厚い事にかけては、あの華山や岳山を載せても、別に重いとも思わず揺るぎもしないし、黄河や東海の大量の水を収めながら、それを少しも大地の外に洩らさず、その上に万物が載せられて成長させられている。こうした天地に因って造られた山にしても、こぶし大の石が沢山集っているに過ぎないが、一たびそれらが集って広大になると、草や木を生じ、鳥や獣たちが住み、貴重な品々を産出するようになる。水に於いても、ほんの僅かな水の量が集っているものに過ぎないが、それが集って其の量を測り知ることが出来ないほどになれば、そこには黿・鼉・蛟・龍・魚・鱉等の生物が成育し、ここから貴重な物資が沢山取れるようになる。

　⑩あの『詩経』の周頌維天之命篇にも、「天が下されるこの命令は、真に深遠にして、その徳は少しも止まるところがない。」と述べられているが、思うに穆として已まざること、このことこそが天の使命であり、天性なのである。更に続けて『詩経』に、「ああ、どうして世上に顕れないことがあろうか、文王の徳の、尊くして純粋なことが。」と述べられている。文王の徳が純であることが、誰もが文王を崇拝する所以なのであり、その徳も亦た少しも止まることが無い。このように天の天たる所以も、文王の文たる所以も、止まることの無い徳によるものであり、それこそが即ち天地の道の本性である至誠なのである。

3. 英语译文

　① Therefore, fully actualized sincerity is ceaseless.

　② Since it is ceaseless, it is eternal or far-lasting. If it is eternal or far-lasting, it is apparent in its characteristics.

　③ If apparent in its characteristics, it is far-lasting. If it is far-lasting, it becomes vast and deep in its content. If it is vast and deep in its content, it is high and bright in its quality.

　④ Since it is vast and deep, it can support all things. Since it is high and bright, it can involve and protect all things. Since it is eternal or far-lasting, it conceives and nourishes all things.

　⑤ It is vast and deep, as vast and deep as the earth and the haven, eternal and without borders.

　⑥ Reaching such a state, it will be obvious in tis brightness even if it is not displayed. It will change and develops even if there is no motion. It will accomplish something successfully even if there is no action.

⑦ The law of heaven and earth can be simply covered by the word "sincerity": sincerity itself is unique and specific, so there are so many things to be born by the law.

⑧ The laws of the earth are broad, deep, high, bright, far-lasting and eternal.

⑨ The so-called heaven was originally just accumulation of a little and a little of light. However, while it is endless, the sun, moon and stars are maintained by the heaven, and all in the world is covered by the heaven. The earth we are talking about today was originally just a pile of soil accumulated, but while it is broad and deep, it does not feel heavy to carry the mountainous such as Huashan, and it will not leak even if it contains many rivers, lakes and seas. All things in the world are carried by the earth. The so-called mountain was originally the build up of stones with size of fist. But when the mountain becomes very high, grass and trees grow on it, beasts live on it, and treasure is stored beneath it. The water we are talking about today is originally just the accumulation of a spoonful and another spoonful of water drops, but when it is vast, the dragon, fish, turtles, etc. are all growing inside, and the pearl coral equivalents are breeding inside.

⑩ The Book of Odes says, "How far-reaching the destiny is, it will be endless forever!" This probably says the reason why heaven is heaven. "How great and brilliant, the character of Emperor Wen is innocent!" This probably says why Emperor Wen is called Emperor Wen. Innocence and also endless.

● 第 27 章 ● 圣人之道

1. 中文原文、译文及注释

（1）中文古典原文

①大哉圣人之道！

②洋洋乎，发育万物，峻极于天。

③优优大哉，礼仪三百，威仪三千。

④待其人而後行。

⑤故曰：苟不至德，至道不凝焉。

⑥故君子尊德性，而道问学，致广大，而尽精微，极高明，而道中庸。温故，而知新，敦厚以崇礼。

⑦是故居上不骄，为下不倍。国有道，其言足以兴；国无道，其默足以容。

诗曰："既明且哲，以保其身。"其此之谓与？

（2）中文白话译文

①伟大啊，圣人的道！

②浩瀚无边，生养万物，与天一样崇高。

③充足有余，礼仪三百条，威仪三千条。

④这些都有待于圣人来实行。

⑤所以说：如果没有极高的德行，就不能成就极高的道。

⑥因此，君子尊崇道德修养而追求知识学问；达到广博境界而又钻研精微之处；洞察一切而又奉行中庸之道；温习已有的知识从而获得新知识，或者说，热情对待以往的朋友，诚心结交新朋友；诚心诚意地崇奉礼节。

⑦所以身居高位不骄傲，身居低位不自弃，国家政治清明时，他的言论足以振兴国家；国家政治黑暗时，他的沉默足以保全自己。《诗经》说："既明智又通达事理，可以保全自身。"大概就是说的这个意思吧！

（3）注释与点评

①洋洋：盛大，浩翰无边。②优优：充足有余。③礼仪：古代礼节的主要规则，又称经礼。④威仪：古代典礼中的动作规范及待人接物的礼节，又称曲礼。⑤其人：指圣人。⑥苟不至德：如果没有极高的德行。苟，如果。⑦凝聚，引申为成功。⑧问学：询问，学习。⑨倍：通"背"，背弃，背叛。⑩容：容身，指保全自己。⑪"既明且哲，以保其身"：引自《诗经·大雅·烝民》，哲，智慧，指通达事理。

2. 日语古典原文和现代语译文

（1）日语古文原文

①大なるかな、聖人の道。

②洋洋乎として万物を発育し、峻くして天に極る。

③優優として大なるかな。礼儀三百、威儀三千。

④その人を待ちて而して後に行なわる。

⑤故に曰く「苟くも至徳ならざれば、至道は凝らず」と。

⑥故に君子は、徳性を尊びて問学に道り、広大を致して精微を尽くし、高明を極めて中庸に道り、故きを温めて新しきを知り、敦厚にして以て礼を崇ぶ。

⑦是の故に上に居りて驕らず、下と為りて倍かず、国に道あれば、その言以て興すに足り、国に道なければ、その黙以て容れらるるに足る。詩に曰く「既に明にして且つ哲、以てその身を保つ」と。其れ此れをこれ謂うか。

（2）日语现代语译文

①聖人の道と謂うものは偉大なものであろうか。

②広大なこの世界にひろびろと満ちあふれ充満して、万物を生みだし育てていく。その偉大さは天の高さを極めるほどに高大である。

③それは何と心豊かで延びやかなものであろうか。この偉大さを実際の政治に形とて顕したものが、礼制であり、基本的に礼の大綱は三百、その作法についての細目は三千整備されているが、この聖人がいてこそはじめて道は実現されるのである。

④極大にも極小にも現れ得る道の偉大さ、しかしその道は要するに、然るべき人があってはじめて行われる、実現せられる即ち至誠の人・聖人の出現によってのみ実現せられる至徳というものである。

⑤故に、「もし最高の徳を備えた人がいなければ最高の道は完成しない」と言われるのである。

⑥修養には、自分の徳性を尊び内に省みることと、学問や経験によって万物の理を究め外物から学ぶことの両面が必要である。広大なものの見方を極めるとともに、精微な事も充分に明らかにする。高々と光明に満ち溢れたところを極めるとともに、日常生活では中庸の道を守る。これまで学んだものを復習するとともに、新しい知識を得る。厚い誠実さを養いながら、礼のきまりも尊重する。

⑦その結果として、君子は上に居ても、即ち君主として上に居ても、決して人民に対して驕慢な態度をとることなく、また君主に対して臣下となって低い位にあっても卑屈に思わず、上に背くことはないという人格がそなわることになるのである。その結果、国に道ある時、つまり国が平和で能く治まっている時は、どんどん発現して興起し官僚としてポストに務め尽くす。しかし、もし国に道がなく政治が乱れていたならば、吾身をその国内に置いておけるような沈黙を守る。『詩経』の大雅蒸民の篇に、理に明かな上に事を見通し、かくて自分の身を保全するという句があるのは、この点を言ったものに他ならない。

3. 英语译文

① How great the Dao of the saint is!

② It is vast and boundless, and it conceives and raises all things in the world, as noble as the heaven.

③ More than enough, there are three hundred articles of etiquettes and three thousand articles of prestige.

④ These require saints to do and first talents as saints must be invited.

⑤ Therefore, if there is no extremely high virtue, you cannot succeed in practice of extremely high Dao.

⑥ Therefore, a gentleman respects moral cultivation and pursues knowledge; he reaches a broad state and delves into subtleties; insights into everything and pursues the doctrine of mean, reviewing existing knowledge to obtain new knowledge and sincerely admiring etiquette.

⑦ Therefore, he is not proud in the high position, and does not give up in the low position. When the national politics is clear, his words are enough to revitalize the country; when the national politics is dark, his silence is enough to protect himself. The Book of Odes says: "It is both wise and sensible, and it can protect itself." Is this probably what does this mean?

● 第28章 ● 愚而好自用

1. 中文原文、译文及注释

（1）中文古典原文

①子曰：愚而好自用，贱而好自专。生乎今之世，反古之道。如此者灾及其身者也。

②非天子不议礼，不制度，不考文。

③今天下，车同轨，书同文，行同伦。

④虽有其位，苟无其德，不敢作礼乐焉。虽有其德，苟无其位，亦不敢作礼乐焉。

⑤子曰：吾说夏礼，杞不足徵也。吾学殷礼，有宋存焉。吾学周礼，今用之。吾从周。

（2）中文白话译文

①孔子说："愚昧却喜欢自以为是，卑贱却喜欢独断专行。生于现在的时代却一心想回到古时候去。这样做，灾祸一定会降临到自己的身上。"

②不是天子就不要论礼仪，不要制定法度，不要考订文字规范。

③现在天下车子的轮距一致，文字的字体统一，伦理道德相同。

④虽有相应的地位，如果没有相应的德行，是不敢制作礼乐制度的；虽然有相应的德行，如果没有相应的地位，也是不敢制作礼乐制度的。

⑤孔子说："我谈论夏朝的礼制，夏的后裔杞国已不足以验证它；我学习殷朝的礼制，殷的后裔宋国还残存着它；我学习周朝的礼制，现在还实行着它，所以我遵从周礼。"

（3）注释与点评

①自用：凭自己主观意图行事，自以为是，不听别人意见，即刚愎自用的意思。②自专：独断专行。③反：通"返"，回复的意思。④制度：在这里作动词用，指制定法度。⑤考文，考订文字规范。⑥车同轨，书同文，行同伦：车同轨指车子的轮距一致；书同文指字体统一；行同指伦理道德相同。这种情况是秦始皇统一六国后才出现的，据此知道《中庸》有些章节可能是秦代儒者所增加的。⑦夏礼，夏朝的礼制。夏朝，约前2205年—前1776年，传说是禹建立

275

的。⑧杞: 国名, 传说是周武王封夏禹的后代于此, 故城在河南杞县。征, 验证。⑨殷礼: 殷朝的礼制。商朝从盘庚迁都至殷 (今河南安阳) 到纣亡国, 一般称为殷代, 整个商朝也称商殷或商殷。⑩宋: 国名, 商汤的后代居此, 故城在今河南商丘县南。⑪周礼: 周朝的礼制。⑫以上这段孔子的话也散见于《论语·八佾恰》《论语·为政》。

2. 日语古典原文和现代语译文

(1) 日语古文原文

①子曰く「愚にして自ら用うることを好み、賤にして自ら専らにすることを好み、今の世に生まれて古えの道に反る。 此くの如き者は、裁いその身に及ぶ者なり」と。

②天子に非ざれば礼を議せず、度を制せず、文を考えず。

③今は天下、車は軌を同じくし、書は文を同じくし、行ないは倫を同じくす。

④その位ありと雖も、苟くもその徳なければ、敢えて礼楽を作らず。 その徳ありと雖も、苟くもその位なければ、亦た敢えて礼楽を作らず。

⑤子曰く、「吾れ夏の礼を説く、杞は徴とするに足らざるなり。 吾れ殷の礼を学ぶ、宋の存するあり。吾れ周の礼を学ぶ、今これを用う。 吾れは周に従わん」と。

(2) 日语现代语译文

①孔子はいわれた。徳のない愚か者でありながら、自分の思うように行動をしたがったり、低い身分でありながら、勝手に独断専行したり、今日という時代に生きていながら古代のゆき方に帰ろうとする。このような身の程知らずは、やがて其の身に災難にあうに違いない。

②そういうことで、天子の位にいるのでなければ、創始改廃、礼の善し悪しなどを議論せず、法度を制定することもせず、文字を研究して一定することもできない。そのような仕事は、天子以外のものには権限を許さないのである。

③今日では新しい秩序が制定され、車は軌の幅を同じくして、轍わだちの度、即ち車の二つの車輪が道路に刻みつける跡の幅の寸法、今日於いて天下すべて共通となって、書物に書く時同じ文字を使い、人々すべての行為において倫理と規範は同じになる。

④例え天子の位にありながら、それに相応しい聖人の徳が備わっているのでなければ、儀礼や雅楽を新しく制定することは差し控えるのである。もし制作を敢てするならば、「愚にして自ら用いることを好む」ものと呼ばれるであろう。亦、いかに聖人の徳があろうとも、現実に天子の位についていない場合、やはり儀礼や雅楽の制作にのりだすことはしない。

⑤孔子がおっしゃった。私は夏の礼を論じようとしても、夏の後裔の国

たる杞の国には、そのための充分な証拠が残っていないので論ずることはできない。また、私は殷の礼をも学んでいるが、そのためには殷の後裔の国たる宋という国が現にあって、礼についての伝承は残って習の便宜を与えてくれている。しかし、それは過去の礼にすぎない。今日実際に行われている礼ではないのであるそれの研究は「今の世に生きて古の道に反かえる。自分は周の礼を研究してみたが、それは今日実用されているものである。自分はこの周の礼に従わねばならない。即ち、孔子は聖人でありながらも天子の位にあることはできなかったのであるから、自己の理想を盛り込んだ礼楽を制作することはせず、周のそれに従うほかはなかったのである。

3. 英语译文

① Confucius said: Although he is stupid but likes to be self-righteous; although he is humble but likes arbitrariness. Born in the present age, he is determined to return to ancient times. In this way, the disaster will certainly come to him.

② If you are not the emperor, do not negotiate set up etiquette, do not formulate rules, and do not test language norms.

③ The wheelbase of the world's cars is now the same, the font of the text is uniform, and the ethics are the same.

④ Although there is a corresponding status, if there is no corresponding virtue, you will not dare to make a ritual music system; although there is a corresponding virtue, if you do not have a corresponding status, also you will not dare to make a ritual music system.

⑤ Confucius said: I talk about the etiquette of the Xia Dynasty. The descendant of the Xia Dynasty, i.e. Qi Kingdom is not enough to verify it; I have studied the etiquette of the Yin Dynasty but the descendant of the Xia Dynasty, i.e. Song Kingdom are still practice it; I have studied the etiquette of the Zhou Dynasty and I follow the etiquette of Zhou because it has been practiced.

● 第 29 章 ●　王天下有三重

1. 中文原文、译文及注释

(1) 中文古典原文

①王天下有三重焉，其寡过矣乎！

②上焉者虽善，无征。无征，不信。不信，民弗从。下焉者虽善，不尊。不尊，不信。不信，民弗从。

③故君子之道，本诸身，征诸庶民。考诸三王而不缪，建诸天地而不悖。

质诸鬼神而无疑，百世以俟圣人而不惑。

④质鬼神而无疑，知天也。百世以俟圣人而不惑，知人也。

⑤是故君子动而世为天下道，行而世为天下法，言而世为天下则。远之，则有望；近之，则不厌。

⑥诗曰："在彼无恶，在此无射；庶几夙夜，以永终誉。"君子未有不如此，而蚤有誉于天下者也。

（2）中文白话译文

①治理天下能够做好议定礼仪，制定法度，考订文字规范这三件重要的事，也就没有什么大的过失了吧！

②在上位的人，虽然行为很好，但如果没有验证的话，就不能使人信服，不能使人信服，老百姓就不会听从。在下位的人，虽然行为很好，但由于没有尊贵的地位，也不能使人信服，不能使人信服，老百姓就不会听从。

③所以君子治理天下应该以自身的德行为根本，并从老百姓那里得到验证。考查夏、商、周三代先王的做法而没有背谬，立于天地之间而没有悖乱，质询于鬼神而没有疑问，百世以后待到圣人出现也没有什么不理解的地方。

④质询于鬼神而没有疑问，这是知道天理；百世以后待到圣人出现也没有什么不理解的地方，这是知道人意。

⑤所以君子的举止能世世代代成为天下的先导，行为能世世代代成为天下的法度，语言能世世代代成为天下准则。在远处有威望，在近处也不使人厌恶。

⑥《诗经》说："在那里没有人憎恶，在这里没有人厌烦，日日夜夜操劳啊，为了保持美好的名望。"君子没有不这样做而能够早早在天下获得名望的。

（3）注释与点评

①王天下有三重焉：王，动词，王天下即在天下做王的意思，也就是统治天下。三重，指上一章所说的三件重要的事：仪礼、制度、考文。②上焉者：指在上位的人，即君王。③下焉者：指在下位的人，即臣下。④三王：指夏、商、周三代君王。⑤建：立。⑥质：质询，询问。⑦俟（sì）：等待。⑧道：通"导"，先导。⑨望：威望。⑩"《诗》曰"句：引自《诗经·周颂·振鹭》。射（yì），《诗经》本作"斁"，厌弃的意思。⑪庶几（jǐ）：几乎。⑫夙（sù）夜：早晚，夙，早。⑬蚤：通"早"，一般指月初或早晨。

2. 日语古典原文和现代语译文

（1）日语古文原文

①天下に王として三重あれば、其れ過ち寡なからんか。

②上なる者は、善しと雖も徴なく、徴なければ信ならず、信ならざれば民従わず。下なる者は、善しと雖も尊からず、尊からざれば信ならず、信ならざれば民従わず。

③故に君子の道は、諸れを身に本づけ、諸れを庶民に徴し、諸れを三王に考えて繆らず、諸れを天地に建てて悖らず。

④諸れを鬼神に質して疑いなく、百世以て聖人を俟ちて惑わず。諸れを鬼神に質して疑いなきは、天を知るなり。百世以て聖人を俟ちて惑わざるは、人を知るなり。

⑤是の故に君子は、動きて世々天下の道となり、行ないて世々天下の法と為り、言いて世々天下の則と為る。これに遠ざかれば則ち望むあり、これに近づけば則ち厭わず。

⑥詩に曰く「彼に在りて悪まるることなく、此に在りても射わるることなし。庶幾くは夙夜、以て永く誉れを終えん」と。君子未だ此くの如くならずして、而も蚤く天下に誉れある者はあらざるなり。

(2) 日语现代语译文

①天下に君臨する王者として、徳と位と時という三つの重要なことを備えいれば、過ちをおかすことはほとんどなくなるであろう。三つの重大事というのは、礼を議すること、度を制すること、文を考えることである。

②上なる者、というのは時王以前、つまり当時の周王朝より以前を謂う。例えば、夏・殷の王朝の礼(や制度、文字)はたとえどんなに善くあっても今の時代にふさわしい徴証がなく、調べようがない、証拠がなければ誰からも信ぜられない。信ぜられなければ、民衆はそのような信ぜられない礼には従おうとはしない。

③君子の道の君子というのは、この場合、天下に主たる者即ち天子をいうので、道というのは、議礼、制度、考文の三者に他ならない天子の仕事として身に本づけて、即ち吾身自身に徳を有し、その徳に本づいてその上に立てられなければならず、民衆が信じ従っているかどうかを絶えず験証していかなければならない。その上でさらに三王、即ち夏殷周三代の聖天子の行ったところの議礼、制度、考文のことを参考として、自分のそれが謬っていないかどうかを検討する。また、形気の天地或いは物理的な天地に、議礼、制度、考文の三者を立ててこの道とつきあわせてみ、道に悖っていないかどうかを検討する。

④またそれを鬼神即ち造化の迹につきあわせてみて、疑問の余地がないかどうかを調べてみる、即ち天地が万物を生む作用と対比してみる。更に百世(一世は三十年)の後に現われて来るであろう所の聖人の出現を待って、その批判を仰いだ場合、困惑せずに済むかどうか反省してみる。このようにしたら、人間社会の道理をわきまえていることになるのである。その結果、謬らず、悖らず、疑い無く、惑わない、ということが、天子の議礼、制度、考文には、必要なのである。

⑤この君子ももちろん聖人にして位にある者、即ち天子を指している。動けば、というのは言と行との両者を含めていうのであるが、その言葉、その行動はいつの世においても天下の道、即ち法・則となるのである。その行為はいつの世でも守るべき法度となるのであり、その言葉はいついつまでも

標準とすべき準則とせられるのである。この君子から遠くにいる人は、この君子の徳が広く及んでいるのでこの君子を慕い、近くにいる人々も君子の行いが恒常であるから、あきあきしていやになるということがない。

⑥『詩経』周頌の振鷺しんろの詩である。「彼に在りては」というのは、前節の「之に遠くしては」であり、「此に在りて」は、「之に近くしては」である。射は音エキ、あきあきしていやになること、『詩経』では斁えきに作る。夙夜は、朝早くから晩遅くまで遠くの者からもきらわれず、近くの者からもうんざりされず慕われるという状態に身をおいて朝晩努力し、永遠の後においてはじめて名誉が終了する、つまり、名誉がいつまでも終了しない、ようにすべきである、というのが詩の意味。君子即ち天子であって、このようにしないでいてしかも早く名づける、庶民に徴する、三王に考える、天地に建てる、鬼神に質す、聖人に俟つ、の六事の実践によって、そうならなかったものはないのである。

3. 英语译文

① In ruling the realm there are three essentials through which one can lessen his mistakes.

② One in a position of high rank, even if he is good, his goodness may not evident with apparent characteristics, If he is not good enough with evident good characteristics, he may not be trusted by the people. Not being trusted, the people will not follow him. One in a lower position in rank, even if he is good enough, he may not be respected by the people. Lacking respect, he will not be trusted. Without trust the people will not follow him.

③ Therefore, when the Noble Man practices of his Dao, he starts with himself and then manifests his character to all the people, such that when he contemplates the ways of the three former sage-kings in Xia, Shang and Zhou Dynasties. He is established between Heaven and Earth without any discord. He presents himself before the spirits of his ancestors without doubting. When a sage appears after a hundred generations, the sage does not confuse with record of his behaviors.

④ If you can present yourself to the ancestral spirits without doubting, you know Heaven. If you can wait a hundred generations for the appearance of a sage to give you a evaluation, you know human beings.

⑤ Therefore, the people in many generations regard the behaviors of the Noble Man as the Dao of the world. The Noble Man's behaviors can be regarded as the norm of the world in generations after generations. The sage's words can be regarded as the rules for the world in generations after generations. When they are away from the sage, they long for him. When they are near the sage, they never get tired of him.

⑥ The Book of Odes says:

When he is away, he is not hated.

When he is here, he is not disliked.

In every situation, from morning to night,

Their praise of him is unceasing.

There has never been a Noble Man who do not try this way to gain rapid recognition from the world.

● 第30章 ● 仲尼祖述尧舜

1. 中文原文、译文及注释

（1）中文古典原文

①仲尼祖述尧舜，宪章文武。上律天时，下袭水土。

②辟如天地之无不持载，无不覆帱。辟如四时之错行，如日月之代明。

③万物并育而不相害。道并行而不相悖。小德川流，大德敦化。此天地之所以为大也。

（2）中文白话译文

①孔子继承尧舜，以文王、武王为典范，上遵循天时，下符合地理。

②就像天地那样没有什么不承载，没有什么不覆盖。又好像四季的交错运行，日月交替光明。

③万物一起生长而互不伤害，道路同时并行而互不冲突。小的德行如河水一样长流不息，大的德行使万物敦厚纯朴。这就是天地的伟大之处啊！

（3）注释与点评

①祖述：效法、遵循前人的行为或学说。②宪章：遵从，效法。③袭：与上文的"律"近义，都是符合的意思。④覆帱（dào）：覆盖。⑤错行：交错运行，流动不息。⑥代明：交替光明，循环变化。⑦敦化：使万物敦厚纯朴。

2. 日语古典原文和现代语译文

（1）日语古文原文

①仲尼は尭・舜を祖述し、文・武を憲章す。 上は天時に律り、下は水土に襲る。

②辟えば天地の持載せざることなく、覆帱せざることなきが如し。 辟えば四時の錯いに行くが如く、日月の代々る明らかなるが如し。

③万物並び育して相い害わず、道並び行われて相い悖らず。 小徳は川流れ、大徳は敦化す。 此れ天地の大たる所以なり。

（2）日语现代文译文

①君子の道を学んでついに聖人と賞せられるようになった孔子は、聖天

281

子の尭と舜の道を根源として受け継いで、文王と武王の道を模範として明らかに理解した上でその偉大さを一般民衆までに知らせ社会に顕彰した。上は天の季節の循環に則り、下は地上の山川風土のありかたに従われた。

②孔子の徳は、例えば、大地がすべてのものを載せ支え、天がすべてのものを覆いつくしているようで、また、例えば、四季が春夏秋冬と互いに順序良くめぐるようで、太陽と月が昼と夜とでかわるがわる輝き照らすようである。

③この地上では様々な物がいっせいに生育しているが、それでいて互いに邪魔をするようなことがなく、様々な道がいっせいに行われているが、それでいて互いに食い違うようなことがないのである。小さな徳は川の流れのように絶え間なく尽きることなく隅々まで浸透し、大きな徳は広く厚くすべてに行き届き、造化の働きを果たしている。これこそが天地自然の道理が偉大とされる所以であって、孔子の徳は、そこに重なっているのである。

3. 英语译文

① Confucius transmitted the legacy of Sage-Emperors Yao and Shun as his ancestors and polished his character with Emperor Wen and Emperor Wu as models. He follows the rules of heavenly seasons from above, and behaves in line with the Earth and Waters below.

② His mind is as broad as there is nothing not to be supported, and nothing not to be covered. His function was like the time revolution of the four seasons, the light alternation of sun and moon.

③ All the things grows together without interfering with each other, the roads are parallel and do not conflict with each other. The small virtues are endless like the river, the large virtues make all things honest and simple This is why Heaven and Earth are called great.

● 第 31 章 ●　唯天下至圣

1. 中文原文、译文及注释

(1) 中文古典原文

①唯天下至圣，为能聪、明、睿、知、足以有临也；宽、裕、温、柔、足以有容也；发、强、刚、毅、足以有执也；齐、庄、中、正、足以有敬也；文、理、密、察、足以有别也。

②溥博，渊泉，而时出之。

③溥博如天；渊泉如渊。见而民莫不敬；言而民莫不信；行而民莫不说。

④是以声名洋溢乎中国，施及蛮貊。舟车所至，人力所通，天之所覆，地之所载，日月所照，霜露所队：凡有血气者莫不尊亲。故曰，"配天"。

（2）中文白话译文

①只有天下崇高的圣人，才能做到聪明智慧，能够居上位而临下民；宽宏大量，温和柔顺，能够包容天下；奋发勇健，刚强坚毅，能够决断天下大事；威严庄重，忠诚正直，能够博得人们的尊敬；条理清晰，详辨明察，能够辨别是非邪正。

②崇高的圣人，美德广博而又深厚，并且时常会表现出来。

③德性广博如天，德性深厚如渊。美德表现在仪容上，百姓没有谁不敬佩，表现在言谈中，百姓没有谁不信服。表现在行动上，百姓没有谁不喜悦。

④这样，美好的名声广泛流传在中原，并且传播到边远的少数民族地区。凡是车船行驶的地方，人力通行的地方，霜露降落的地方，凡有血气的生物，没有不尊重和不亲近他们的，所以说圣人的美德能与天相匹配。

3）注释与点评

①睿（ruì）知：聪明智慧。知，通"智"。②有临：居上临下。临，指高处朝向低处，上对下。③宽裕：宽，广大。裕，舒缓。④有容：容纳，包容。⑤发强：发，奋发。强，勇力。⑥有执：操持决断天下大事。⑦齐庄：力争达到端庄郑重的标准。齐，动词，向某个标准看齐，力争达到某个标准。庄，端庄，庄重。⑧中正：不偏不倚。⑨文、理、密、察：文化底蕴、哲学条理、分析能力、鉴别能力。这里是四个词，不能划分为"文理"和"密察两个词。⑩有别：辨别是非邪正。⑪溥（pǔ）博（bó）渊泉：溥，辽阔，普遍；博，同"博"，渊，深；渊泉，深潭。⑫而时出之：出，溢出。⑬见（xiàn）：同"现"，表现，这里指仪容。⑭说：通"悦"，喜悦。⑮洋溢：广泛传播。⑯施及蛮貊（mò）：施及，蔓延，传到。蛮貊，两个古代边远部族的名称。⑰队：通"坠"，坠落。⑱尊亲：尊重亲族。

2. 日语古典原文和现代语译文

（1）日语古文原文

①唯だ天下の至聖のみ、能く聪明叡知にして、以て臨むことあるに足り、寛裕温柔にして以て容るることあるに足り、発強剛毅にして以て執ることあるに足り、斉荘中正にして以て敬することあるに足り、文理密察にして以て別つことあるに足ると為す。

②溥博淵泉にして、而してこれを出だす。

③溥博は天の如く、淵泉は淵の如し。見れて民敬せざること莫く、言いて民信ぜざること莫く、行ないて民説ばざること莫し。

④是を以て声名は中国に洋溢し、施きて蛮貊に及ぶ。舟車の至る所、人力の通ずる所、天の覆う所、地の載する所、日月の照らす所、霜露の隊つる所、凡そ血気ある者は、尊親せざること莫し。故に天に配すと曰う。

（2）日语现代语译文

　　①天下で最高に聖なる人のみが、感覚にも知覚的にも、思索、知識の上でも、完璧で、一般民衆より抜群の者として上に居て下に臨んで、支配者の位置に居ることができる。こまかく言えば、寛大で余裕があって温厚柔和で人を包容する力がある。発奮し強力で剛毅であるのは、善を固く執る力がある。斉荘の斉は斎戒の斎で精神を集中すること、荘は諧おどけの反対でまじめなこと、即ち真剣中正で、敬に対する能力がある。物事の文や道理を詳密明白に洞察する点では、弁別の能力をもつ。

　　②聖人の徳は溥広く行き渡る大地のように広く、淵深い泉の如く静にして深く本源がある、即ち、聖人の徳は貯まり水のようでなく自己の根底から湧き出て時に之を溢れ出すように発現させることである。

　　③聖人の徳が内に充実せるさまが、溥博なること、広広とあまねく行き亙っていることは大空の如き、また、静かに深くしかも自己の根底から湧き出ていることは淵深い泉の如くである。このように内面における徳の充実がその極致に達しているので、その外面への発現も妥当性を失わない。即ちその徳が外に滲みでると、民衆は尊敬しないものはない。言葉が吐かれると、民衆は信用しないものはない。行為がなされると、人民は満足しないものはない。

　　④それ故に、聖人の名声は中央の文化圏に汪洋といっぱいとなり溢れ出し、さらに広がって四方の未開の地域の民衆にまでも響き渡る。つまり、舟もしくは車の通う限りの地域、人間の肉体力で行ける限りのところである。天の覆うところの限り、また、地の載せるところの限り、日月の照らすところの限り、霜や露の隊ちるところの限り、つまり凡そありとあらゆる場所の血気あるもの、即ち生きとし生ける物と謂う内主として意識されているのは人間であろうが、そのような聖人を尊び親しまないものはない。それ故「天に配す」と言われ、まるで天のごとくである。

3. 英语译文

　　① Only the perfect sage of the realm possesses the acumen, sharpness and insight necessary for overseeing things, has enough generosity, open-mindedness, warmth and flexibility to accept everything, and at the same time has enough energy, strength, firmness and gumption to maintain what he has maintained, has enough self-awareness, solemn, mean thought, and honest to be respected, and has enough cultural deposits, philosophy carefulness and analytical ability to distinguish with others.

　　② Extremely vast, unfathomably deep—he uses his abilities according to the situation.

　　③ As vast as Heaven, as deep as an abyss, when he shows himself to the people, there are none who do not respect him. When he speaks, there are none who do not believe him. When he behaves, there are none who do not appreciate him.

④ Therefore, his name is heard overflowing from the central kingdoms out to the uncivilized regions. Wherever boats and wagons go, wherever human power can reach to, wherever covered by heaven, wherever supported by the Earth, wherever illuminated by the sun and moon, wherever dew and frost fall on, there are none of all those who are breathing with blood flowing, do not respect and cherish him. Therefore, he is associated with "Heaven".

● 第 32 章 ●　唯天下至诚

1. 中文原文、译文及注释

（1）中文古典原文

①唯天下至诚，方能经纶天下之大经，立天下之大本，知天地之化育。夫焉有所倚？

②肫肫其仁！渊渊其渊！浩浩其天！

③苟不固聪明圣知，达天德者，其孰能知之？

（2）中文白话译文

①只有对天下百姓真诚，才能成为治理天下的崇高典范，才能树立天下的根本法则，掌握天地化育万物的深刻道理，这需要什么依靠呢？

②他的仁心那样诚挚，他的思虑像潭水那样幽深，他的美德像苍天那样广阔。

③如果不真是聪明智慧，通达天赋美德的人，还有谁能知道天下地地道道的真诚呢？

（3）注释与点评

①经纶：原指在用蚕丝纺织以前整理丝缕。这里引申为治理国家大事，创制天下的法规。经，纺织的经线，引申为常道和法规。②大本：根本大德。本，根本。③肫肫：与"忳忳"同，诚挚的样子。郑玄注："肫肫，读如'海尔忳忳'之'忳'。忳，恳诚貌也。④渊渊其渊：意为圣人的思虑如潭水一般幽深。渊渊，水深。《庄子·知北游》："渊渊乎其若海。⑤浩浩其天：圣人的美德如苍天一般广阔。浩浩，原指水盛大的样子。《尚书·尧典》："汤汤洪水方割，荡荡怀山襄陵，浩浩滔天。"引申意为广阔。《诗经·小雅·雨无正》："浩浩昊天。"这里浩浩引申为广阔。⑥固：实在真实。⑦达天德者：通达天赋美德的人。达，通达，通贯。⑧其孰能知之：之，代词。指文中首句中"天下至诚"。

285

2. 日语古典原文和现代语译文

（1）日语古文原文

①唯だ天下の至誠のみ、能く天下の大経を経綸し、天下の大本を立て、天地の化育を知ると為す。 夫れ焉くんぞ倚る所あらん。

②肫肫として其れ仁なり、淵淵として其れ淵なり、浩浩として其れ天なり。

③苟くも固に聡明聖知にして天徳に達する者ならざれば、其れ孰か能くこれを知らん。

（2）日语现代语译文

①天下で最も至誠の人のみが能く天下の大経を経綸する。至誠の人はまた、天下の大本を立てることができる。即ち感覚的、経験的に知ることをいうのでなく、その無妄なる誠の極致が化育作用と黙契する。他の何らかの物（外物） に依拠してはじめてそのようであり得るというのではないのである。

②五倫の道を経綸する点についていうと、至誠の聖人に於ては、その仁は肫肫として篤実をきわめるが、人倫の道を行うことは、懇ろな誠実さで仁そのもので、一言にしていえば仁に他ならない。静かな奥深さで淵そのものであり、広々としていて天そのものである。

③本当にすぐれた聡明さと秀でた知恵とを備えて、完全な天徳に到達した人でなければ、いったい誰がその境地を知ることができようか。聖人であってこそ、その境地を知ることができるものである。

3. 英语译文

① Only sincerity to the people of the world can it be a lofty principle of governing the world, can the fundamental laws of the world be established, and can the profound truth be understood of transformation and cultivation of all things by heaven and earth. What needs to be depend on?

Who is able to understand this, but one who has the firm, acute, luminous sagely intelligence—who is permeated with Heavenly Virtue?

② His kindness is so sincere, his thoughts are as deep as the pool abyss water, and his virtues are as broad as the sky.

③ If you are not really smart and intelligent to reach the great virtues, who else can know the sincerity of the world?

● 第33章 ● 诗曰衣锦尚䌹

1.中文原文、译文及注释

（1）中文古典原文

①诗曰，"衣锦尚䌹，"恶其文之著也。故君子之道，暗然而日章；小人之道，的然而日亡。君子之道，淡而不厌、简而文、温而理。知远之近，知风之自，知微之显。可与入德矣。

②诗云，"潜虽伏矣，亦孔之昭。"故君子内省不疚，无恶于志。君子之所不可及者，其唯人之所不见乎。

③诗云，"相在尔室，尚不愧于屋漏。"故君子不动而敬，不言而信。

④诗曰，"奏假无言，时靡有争。"是故君子不赏而民劝，不怒而民威于鈇钺。

⑤诗曰，"不显惟德，百辟其刑之。"是故君子笃恭而天下平。

⑥诗云，"予怀明德，不大声以色。"子曰，"声色之于以化民，末也。"

⑦诗曰，"德䡅如毛。"毛犹有伦。"上天之载，无声无臭。"至矣。

（2）中文白话译文

①《诗经》说："身穿锦绣衣服，外面罩件套衫。"这是为了避免锦衣花纹过度显露，所以，君子的道深藏不露而日益彰明；小人的道显露无遗而日益消亡。君子的道，平淡而有意味，简略而有文采，温和而有条理。不管是空间和时间的角度，要想知道远处或久远的事情，可以从了解近处的事情或者近来发生的事情开始。想知道外界世间的风俗习惯和世风文化，要从分析自身的习俗开始推断和认识外界的风俗。从若隐若现的一丝闪亮就可以推断和知晓其光辉的特征，这样，就可以进入道德的境界了。

②《诗经》说："虽深伏而潜藏，但是因为其光辉耀眼，彰明朗朗的特点被瞩目从而显露于世。"所以君子自我反省没有愧疚，没有恶念头存于心志之中。君子的德行之所以高于一般人，大概就是在这些不被人看见的地方吧？

③《诗经》说："看你独自在室内的时候，是不是能无愧于神明。"所以，君子就是在没做什么事的时候也是恭敬的，就是在没有对人说什么的时候也是信实的。

④《诗经》说："进奉诚心，感通神灵。肃穆无言，时时刻刻都没有争执。"所以，君子不用赏赐，老百姓也会互相对勉；这样，不用发怒，老百姓相比被宣布死刑而更畏惧他的为人，服从他的意志。

⑤《诗经》说，"弘扬那德行啊，诸侯们都来效法。"所以，君子笃实恭敬就能治天下于太平。

⑥《诗经》说："我怀有光明的品德，不用伪装后的身架和腔调来下达命令，吓唬老百姓。"孔子说："伪装身架和腔调来教育老百姓，是最拙劣的行为。"

⑦《诗经》说："德行轻如毫毛。"轻如毫毛还是有物可比拟。"上天所承载的，既没有声音也没有气味。"这才是最高的境界啊！

287

（3）注释与点评

①衣锦尚绚（jiǒng）：引自《诗经·卫风，硕人》。衣（yì），此处作动词用，穿。锦，有彩色花纹的丝织衣服。尚，因为不足而再加上。绚，罩在衣服表面的单薄的大衣。②暗然：暗淡不显眼。③的（dì）然：目的和用意很明显。目的,用意，然，明显。④潜虽伏矣，亦孔之昭：引自《诗经·小雅·正月》。孔，伟大高尚，著名。昭，光辉耀眼，彰明朗朗。⑤相在尔室，尚不愧于屋漏：引自《诗经·大雅·抑》。相，注视。屋漏，指古代室内西北角设小帐的地方。相传是神明所在，所以这里是以屋漏代指神明。不愧屋漏喻指心地光明，不在暗中做坏事，起坏念头。⑥奏假无言，时靡有争：引自《诗经·商颂·烈祖》。奏，进奉，假（gé），通"格"，即感通，指诚心能与鬼神或外物互相感应。靡（mí），没有。时靡，没有那个时候……。⑦鈇（fū）钺（yuè）：古代执行军法时用的斧子。⑧不显惟德，百辟其刑之：引自《诗经·周颂，烈文》。不（pī）显，"不"和"丕"相通，很大的意思，不显即大显。辟（bì），诸侯，官吏。刑，通"型"，示范，效法，以其为铸型。⑨予怀明德，不大声以色：引自《诗经·大雅·皇矣》。声，号令。色，装扮后的容貌。以，与。⑩德輶如毛：引自《诗经·大雅·杰民）。輶（yóu），古代一种轻便车，引申为轻。⑪伦：比。⑫上天之载，无声无臭：引自《诗经．大雅·文王》。臭（xiù），气味。

2. 日语古典原文和现代语译文

（1）日语古文原文

①詩に曰く「錦を衣て絅を尚う」と。 その文の著わるるを悪むなり。 故に君子の道は、闇然として而も日々に章かに、小人の道は、的然として而も日々に亡ぶ。 君子の道は、淡くして厭われず、簡にして文あり、温にして理あり。遠きの近きことを知り、風の自ることを知り、微の顕なることを知れば、与て徳に入るべし。

②詩に云う「潜みて伏するも、亦た孔だこれ昭かなり」と。 故に君子は内に省みて疚しからず、志に悪むことなし。 君子の及ぶべからざる所の者は、其れ唯だ人の見ざる所か。

③詩に云う「爾の室に在るを相るに、尚わくは屋漏に愧じざれ」と。 故に君子は動かずして而も敬せられ、言わずして而も信ぜらる。

④詩に曰く「奏仮するに言なく、時れ争いあること靡し」と。是の故に君子は賞せずして民勧み、怒らずして民は鈇鉞よりも威る。

⑤詩に曰く「不いに顕らかなり惟れ徳、百辟其れこれに刑る」と。 是の故に君子は篤恭にして天下平らかなり。

⑥詩に曰く「予れ明徳を懐う、声と色とを大にせず」と。 子曰く「声色の以て民を化するに於けるは、末なり」と。

⑦詩に曰く「徳の輶きこと毛の如し」と。毛は猶お倫あり。「上天の載は、声も無く臭も無し」至れり。

（2）日语现代语译文

①『詩経』にこう言っている。華々しい錦の着物を着て、さらにその上に薄いコートのようなものを羽織るのである。それは、その紋がきらきらしく顕われ出ることを嫌うからである。そこで、君子の道はというと、一時期的に闇いままで、人目を引かないで、それでいて日に日にその真価が顕われてくるものである。しかし、小人の道ははっきりとして人目を引きながら、それでいて日に日に消え失せてしまうものである。また、君子の道は、淡白でありながら、いつまでも人を引きつけ、簡素でありながら文彩があり、温厚でありながら、条理はちゃんと通っている。遠いところのことも近いところから起こることを弁え、従って遠いことを知るなら近いことを知ることから始まる。余所の風俗にも世の中を知るなら自分自身のことから始まる。微かなことほどかえって明らかになると知っており、何事も身近で地味なことから始めれば、進んで徳の世界へ入ることができることを知っているのである。

②『詩経』にはこのよう言っている。「深く潜って隠れていても、やはり、昭明な徳から孔きく知られるためはっきりと顕われる」。故に、君子は、外を飾ることなく、常に自分自身を省みて、やましいところをもたず、志に悪の野望がなく心に恥じることもないのである。凡人が君子の本質を及びもつかないのは、その本質は他でもない、その君子自身の深い内心の境地にあるからである。

③詩経にはこのように言った。「あなたが居間にいるのを見るに、願わくは部屋の隅にある神の御座所に対して恥じないようにしてほしい」。そうしたことのできる君子は内心の徳が充実しているので、行動を起こさなくても人から尊敬され、言葉を発しなくても人から信用されるのである。

④詩経にはこのように言っている。「祈りを捧げて神を迎えるのに言葉なく、ただ穏やかでいつでも争うものはない。」そうしたわけで、君子はただ内心の誠をささげ、尽くすばかりで、ことさらに賞を与えたりはしないが、それでいて民衆は仕事に励み、また、ことさらに怒って威厳をみせたりはしないが、それでいて民衆は死刑の宣告を受けるよりも恐れて服従する。

⑤詩経にはまた、「明らかに光輝く徳よ。あまたの諸侯たちは国を治めるに際し、皆この徳を規範としている」とうたわれている。そうしたわけで、君子はひたすら徳を守ってわが身を慎み誠実にして、それで天下も平安に治まるのである。

⑥詩経にはまたこのように言っている。天帝から文王へのお告げとして「われはなんじの輝かしい徳を心にとめている。なんじはよく徳につとめ、声を張り上げたり顔色を厳しくしたりして外の威厳につとめるようなことは

しない」。孔子がおっしゃったように、「口に出したり、容貌に表したりして外の威厳につとめることをするのは、民衆教化の上では、下手な行為であり、根本的な徳ではない。」

⑦詩経にはまたこのように言っている。「徳の軽くて広く行われることは、毛の飛ぶようである。」毛のようといわれると、まだその徳と比べるものがあることになる。詩経の別の言葉によると「上天の仕業には、声もなければ臭いもない。つまり、比べるものがなにも無い。」これこそが最高の徳であり、天命としての誠の徳である。

3. 英语译文

① The Book of Odes says: Wearing a splendid dress with a pullover on the outside. This is to avoid the reveal of the brocade pattern, so the gentleman's Dao is hidden deeply with increasingly showing clear meaning, while the villain's Dao is revealed completely and then increasingly disappears. The gentleman's Dao is plain and meaningful, simple and literary, gentle and methodical, known far from the near, known origin from the wind, known appearance from the micro, so that you can enter the moral realm.

② The book of Odes says: Although it is hidden deeply, it always becomes obvious. Therefore, the gentleman has no guilt because of his self-reflection and has no evil thoughts in his mind. The reason why a gentleman's virtue is higher than the average person is probably in these places that are not seen?

③ The book of Odes says: See if you can be ashamed of the gods when you are alone indoors. Therefore, gentlemen are respectful even when they are not doing anything, and they are faithful even when they are not saying anything to people.

④ The book of Odes says: Dedicate sincerity, feel the spirit solemn without words, whenever no disputes. Therefore, gentlemen do not need rewards, and the people will encourage each other; Even if the gentlemen are not angary, the people will be afraid of him and respect him.

⑤ The book of Odes says: What a virtue obviously shining! All the marquesses use this virtue as the norm when governing the land. Therefore, That is why a Noble Man keeps his virtue sincere, so that the world can be governed in peace.

⑥ The Book of Odes says: I cherish bright virtues and don't need to be stern. Confucius said: It is the most clumsy behavior to educate the people with a snap.

⑦ The book of Odes says: Virtue is as light as hair. The so-called "as light as hair" still means there is something to be compared. There is neither sound nor smell in what heaven supports. This is really the highest state!.

第一章

Nie SJ, Xu HL and Xu QC (2016) Doctrine of the Mean and Silver Mean Constant in plant science – Treatment with salicylic acid to induce mitochondrial signaling in Arabidopsis. Abstracts of the 241st Meeting of the Crop Science Society of Japan, p. 223

Xu HL, Xu QC, Gosselin A, Xu QC and Nie SJ (2016) Doctrine of the Mean and Silver Mean Constant in plant science – Light response curve of leaf photosynthesis in raspberry and ginseng plants. Horticulture Research 15 (Extra 1): 341

Xu HL, Xu QC and Nie SJ (2016) Doctrine of the Mean and Silver Mean Constant in plant science – Formation and dynamic changes of Forsythia extracts during fruit development and ripening. Abstracts of the 241st Meeting of the Crop Science Society of Japan, p. 222

Xu HL, Xu QC and Qin FF (2015) Doctrine of Mean and the Silver Mean Constant in Plant Science—Leaf area in relation to biomass production and grain yield in wheat crops. Abstract of the 240th Meeting of Crop Science Society of Japan, p. 110

郝铁川（2016）《改革智慧与中庸之道》. 解放日报（2016年03月29日）

国际儒学联合会（2016）《道不远人—中庸之本真及其价值》. 中国社会科学网—人民日报（2016年12月12日）

黄春慧（2018）《管理学视角下"中庸之道"的现代转化与运用》. 中国社会科学网—《中国领导科学》（http://www.cssn.cn/glx/glx_glll/201801/t20180119_3821835.shtml）

张荣明（2018）《中庸之道是儒学的哲学基础》. 中国社会科学网—中国社会科学报（http://www.cssn.cn/xspj/ xspj/201802/t20180226_3858445.shtml）

Bodde D (1991) Chinese Thought, Science, and Society: The Intellectual and Social Background of Science and Technology in Pre-Modern China, Honolulu: University of Hawaii Press

Chemla K and Guo SC (2004) Les neuf chapitres. Le classique mathématique de la Chine ancienne et ses commentaires, Paris

Chu X (2018) A study on The employee invention system of major countries in Europe and America. Kobe University Departmental Bulletin 65(1):45-59

Csikszentmihalyi M (2004) Material Virtue: Ethics and the Body in Early China, Leiden: Brill, pp.402

Cullen C (1976) A chinese eratosthenes of the flat Earth: A study of a fragment of cosmology in Huai Nan Tzu, Bulletin of the School of Oriental and African Studies (BSOAS), 39 (1): 106–127

Daxue (Great Learning), in The Sacred Books of the East, vol. 28, ed. F. M. Müller, trans. James Legge, Oxford: Clarendon, 1885, vol. 2, pp. 411–424

Fung YL (1922) Why China has no science – An interpretation of the history and consequences of Chinese philosophy, International Journal of Ethics, 32 (3): 237–263

Fung YL (1983) A History of Chinese Philosophy, 2 vols, Shanghai, 1931 and 1934, Translation of Zhongguo Zhexue Shi, Princeton: Princeton University Press

Furth C (1986) A Flourishing Yin: Gender in China's Medical History, 960–1665, Berkeley: University of California Press

Globus GG (2003) Quantum Closures and Disclosures: Thinking-together postphenomenology and quantum brain dynamics, John Benjamins Publishing Company, Amsterdam/Philadelphia. Gong P (2012) Cultural history holds back Chinese research. Nature, 481: 411

Graham AC (1978) Later Mohist Logic, Ethics, and Science, Hong Kong: Chinese University Press and London: School of Oriental and African Studies

Graham AC (1986) Yin-Yang and the Nature of Correlative Thinking, Singapore: Institute of East Asian Philosophies

Harper D (1999) Warring States Natural Philosophy and Occult Thought, in The Cambridge History of Ancient China: From the Origins of Civilization to 221 BC, Loewe M and Shaughnessy EL (eds.), Cambridge: Cambridge University Press, pp. 813–84

Lloyd GER and Sivin N (2002) The Way and the Word: Science and Medicine in Early China and Greece, New Haven: Yale University Press

Major JS (1993) Heaven and Earth in Early Han Thought, Albany: State University of New York Press

Needham J and Wang L (1956) Science and Civilization in China, Vol. 1: Introductory Orientations, Cambridge: Cambridge University Press

中庸之道
对自然科学的启示

Pankenier DW (2013) Astrology and Cosmology in Early China: Conforming Earth to Heaven, Cambridge University Press.

Raphals L, Poo MC, Drake HA (2017). Old Society, New Belief: Religious Transformation of China and Rome, Ca. 1st-6th Centuries. Oxford University Press. ISBN 9780190278373

Shinba Y (2015) Why the modern science had prospered only in Western Europe? — The monotheism 's way of thinking and the science 's way of thinking. Journal of Shizuoka University of Technology.

Wikipedia (2020) Religion (https://en.wikipedia.org/wiki/Religion)

Wikipedia (2020) Theology (https://en.wikipedia.org/wiki/Theology)

司马迁 (BC145—86)《史记》，中华书局，北京 1959

班固 (32—92 CE)《汉书》，中华书局，北京 1962

范晔 (398—445)《后汉书》，中华书局，北京 1962

《黄帝内经》，天津科学技术出版社, 1989

李零（1993）《中国方术考》，人民中国出版社

第三章

Henry C, John GP, Pan R, Bartlett MK,Fletcher LR, Scoffoni C and Sack L (2019) A stomatal safety-efficiency trade-off constrains responses to leaf dehydration. Nat Commun 10, 3398. https://doi.org/10.1038/s41467-019-11006-1）

黄春慧（2018）《管理学视角下"中庸之道"的现代转化与运用》. 中国社会科学网—《中国领导科学》（http://www.cssn.cn/glx/glx_glll/201801/t20180119_3821835.shtml）

郝铁川（2016）《改革智慧与中庸之道》. 解放日报（2016年 03月 29日）

刘兆伟（2016）《道不远人—中庸之本真及其价值》. 中国社会科学网—人民日报（2016年 12月 12日）

王东岳（2015）《物演通论》，中信出版社

张荣明（2018）《中庸之道是儒学的哲学基础》.中国社会科学网—中国社会科学报（http://www.cssn.cn/xspj/ xspj/201802/ t20180226_ 3858445.shtml）

第四章

Cowan IR (1965) Transport of water in the soil-plant-atmosphere system. Journal of Applied Ecology, 2, 221-239

Nie SJ , Xu HL and Xu QC (2016) Doctrine of the Mean and Silver Mean Constant in plant science – Treatment with salicylic acid to induce mitochondrial signaling in Arabidopsis. Abstracts of the 241st Meeting of the Crop Science Society of Japan, p. 223

Xu HL, Xu QC, Gosselin A, Xu QC and Nie SJ (2016). Doctrine of the Mean and Silver Mean Constant in plant science – Light response curve of leaf photosynthesis in raspberry and ginseng plants. Horticulture Research 15 (Extra 1): 341

Xu HL, Xu QC and Nie SJ (2016) Doctrine of the Mean and Silver Mean Constant in plant science – Formation and dynamic changes of Forsythia extracts during fruit development and ripening. Abstracts of the 241st Meeting of the Crop Science Society of Japan, p. 222

Xu HL, Xu QC and Qin FF (2015) Doctrine of Mean and the Silver Mean Constant in Plant Science—Leaf area in relation to biomass production and grain yield in wheat crops. Abstract of the 240th Meeting of Crop Science Society of Japan, p. 110

第五章

Henry C, John GP, Pan R, Bartlett MK,Fletcher LR, Scoffoni C and Sack L (2019) A stomatal safety-efficiency trade-off constrains responses to leaf dehydration. Nat Commun 10, 3398. https://doi.org/10.1038/s41467-019-11006-1）

Sanchis, G. (1998). Swapping Hats: A Generalization of Montmort's Problem. Mathematics Magazine, 71(1), 53-57. doi:10.2307/2691344）

Shen V (2011) St. Thomas' natural law and Laozi's heavenly dao: A comparison and dialogue. International philosophical Quarterly 53: 251–270

Reddy APK, Katyal JC., Rouse DI and MacKene DR. 1979. Relationship between nitrogen fertilization, bacterial leaf blight severity and yield of rice. Phytopathology 69: 970-973）

Youtube (2020) Sudan The Nubian Caravans - The Secrets of Nature (https://www.youtube.com/watch? v=dBZNMsmNNZc)

Xu C, Zi Y, Wang AC, Zou H, Dai Y, He X, et al. (2018). On the Electron-Transfer Mechanism in the Contact-Electrification Effect. Advanced Materials 30 (15): e1706790

第六章

Redmond G Hon TK (2014) Teaching the I Ching. Oxford University Press. ISBN 978-0-19-976681-9

Shaughnessy EL (1996). I Ching: the Classic of Changes. New York: Ballantine Books. ISBN 0-345-36243-8

中庸之道 对自然科学的启示

Shaughnessy EL (2014) Unearthing the Changes: Recently Discovered Manuscripts of the Yi Jing (I Ching) and Related Texts. New York: Columbia University Press. ISBN 978-0-231-16184-8

Smith RJ (2008) Fathoming the Cosmos and Ordering the World: the Yijing (I Ching, or Classic of Changes) and its Evolution in China. Charlottesville: University of Virginia Press. ISBN 978-0-8139-2705-3

Wikipedia (2020) I Ching (https://en.wikipedia.org/wiki/I_Ching)

Xu HL, Xu QC and Nie SJ (2016) Doctrine of the Mean and the Silver Mean Constant in Plant Science: Formation and dynamic changes of Forsythia extracts during fruit development and Ripening. Proceedings of 241th Annual Meeting of Japanese Society of Crop Science, P76

第七章

Carabotti M, Scirocco A, Maselli MA, Severi C (2015) The gut-brain axis: interactions between enteric microbiota, central and enteric nervous systems. Ann Gastroenterol. 28(2):203-209.

Diarmuid J (2005) Aspirin: The Remarkable Story of a Wonder Drug. New York: Bloomsbury. pp. 38–40. ISBN 978-1-58234-600-7

Duthie GG and Wood AD (2011) Natural salicylates: foods, functions and disease prevention. Food & Function 2:515-520

Kumar D (2014) Salicylic acid signaling in disease resistance. Plant Science 228:127–134

Raskin I (1992) Salicylate, A New Plant Hormone. Plant Physiology 99:799–803

Van Huijsduijnen RAMH, Alblas SW, De Rijk RH and Bol JF (1986) Induction by salicylic acid of pathogenesis-related proteins or resistance to alfalfa mosaic virus infection in variousplant species. Journal of General Virology 67 (10): 2135–2143

第八章

American Nihilist Underground Society (2020) Golden Mean (http://www.anus.com/zine/articles/draugdur/ golden_mean/)

Anonymous (2020) Nature and wisdom (https://natureandwisdom.wordpress.com/2

Cohen SM, Curd Pand Reeve CDC (2011) Readings in Ancient Greek Philosophy: From Thales to Aristotle. Hackett Publishing Company, 1008 pp (ISBN 13:9781603844635)

Ostwald MJ (2020) The golden mean: the great discovery or natural phenomenon (https://theconversation.com/the-golden-mean-a-great-discovery-or-natural-phenomenon-20570)

Simpson PLP (2013) The Eudemian Ethics of Aristotle (English Edition). New Brunswick: Transaction Publishers, 411pp.

Editors of Canterbury Classics (2018) Ancient Greek Philosophers. Canterbury Classics (ISBN 13: 9781684125531).

北京大学哲学系外国哲学史教研室（1982）《西方哲学原著选读》，商务印书馆

刘放桐（1999）当代哲学走向：《马克思主义与现代西方哲学的比较研究》，天津社会科学

卢风（2004）《论环境哲学对现代西方哲学的挑战》，CNKI

夏基松（1998）《现代西方哲学教程新编》，高等教育出版社

张再林（2000）《关于现代西方哲学的"主体间性转向"》，CNKI

赵敦华（2001）《现代西方哲学新编》，北京大学出版社

周巩固（2005）《西方古典著作导读》，高等教育出版社出版

第九章

Goldberg ND, Haddox MK, Estensen R, White JG, Lopez C and Hadden JW (1974)

Monastra G (2000) The "Yin-Yang" among the Insignia of the Roman Empire?, Sophia, 6 (2), archived from the original on 2011-09-25

Nickel H (1991) The Dragon and the Pearl, Metropolitan Museum Journal, 26: 139–146, doi:10.2307/1512907

Robinet, I (2008) Taiji tu. Diagram of the Great Ultimate, in Pregadio, Fabrizio (ed.), The Encyclopedia of Daoism A− Z, Abingdon: Routledge, pp. 934–936, ISBN 978-0-7007-1200-7

White L, Van D, Nancy E (1995) The Medieval West Meets the Rest of the World, Claremont Cultural Studies, 62, Institute of Mediaeval Music, ISBN 0-931902-94-0

Xingyimax.com (2010) More about Taiji Symbols of Ukraine Pavilion at Expo 2010

汪洁（2017）《时间的形状 -相对论史话》，北京时代华文书局有限公司

第十章

Chan WT (1963) Translation of The Doctrine of the Mean. Princeton University Press

Fu YH (2015) Interpreting and Expanding Confucius' Golden Mean through Neutrosophic Tetrad. Neutrosophic Sets and Systems 9: 3-5

Xu HL, Xu QH, Gosselin A, Xu QH and Nie SJ (2016) Doctrine of the Mean and the Silver Mean Constant in Plant Science: Light-response curve of leaf photosynthesis in raspberry and ginseng plants. Horticulture Research 15 (Ex.1): 26

Nie SJ, Xu HL and Xu QC (2016) Doctrine of the Mean and the Silver Mean Constant in Plant Science: Treatment with salicylic acid to induce mitochondrial signaling in Arabidopsis. Proceedings of 241th Annual Meeting of Japanese Society of Crop Science. 241: 223

Xu HL, Xu QC and Qin FF (2015) Doctrine of the Mean and the Silver Mean Constant in Plant Science:-Leaf area index in relation to biomass production and grain yield in wheat crops. Proceedings of 241th Annual Meeting of Japanese Society of Crop Science 240:110

曹础基（2000）《庄子浅注》，中华书局

柴晶，夏建华（2001）《试析孔子中庸思想的内涵及价值》.襄樊学院学报 1124 (14): 11-14

陈来（2009）竹帛《五行与简帛研究》，三联书店

邓美芹（2013）《中庸智慧与现代企业文化管理》.山东师范大学

方满锦（2015）《先秦诸子中和思想论文集》.三民网络书店

李零（2002）《郭店楚简校读记》，北京大学出版社

李楠（2014）《四书五经》（第二卷），辽海出版社，北京

黎翔凤（2004）《管子校注》，中华书局

刘昌（2019）《中庸之可能与不可能》：兼论中庸心理实证研究之困.南京师大学报（社会科学版），No. 5

吕慧燕（2015）《中国社会主义协商民主的文化渊源研究》，吉林大学

吕祖（1947）《中庸浅言新注》，智慧宝库

郭齐勇（2013）《中庸及其现代意义》.部级领导干部历史文化讲座，国家图书馆出版社.

金德建（1982）《先秦诸子杂考》，中州书画社 1982

孔凡洪（2009）《儒家中庸思想与当代转型期的社会关系》.青海师范大学

李聪颖（2015）《儒家中庸思想研究》.河北大学

李雪超（2014）《浅析孔子与亚里士多德的中庸思想及其现代意义》，吉林大学

刘红丽（2007）《中庸思想及其现代德育价值研究》，东北师范大学

牟宗三（1999）《心体与性体》（上），上海古籍出版社

人间力（2008）《中庸について》（有关中庸），《人間学の勉強会》（人间学学习会）

权麟春（2006）《中庸思想及其当代意义》.伊犁教育学院学报 03:30-33

任蜜林（2017）《下贯上通》：《中庸》性命论，《云南大学学报》（社会科学版），2017年第3期

　　水原樹里（1993）《大学》《中庸》における虚詞問題研究—語気詞について．文化女子大学紀要．人文・社会科学研究1：43-66

陶肖云（2009）《中庸方法论研究》.广西师范大学

陶雅娟（2007）《试论孔子与亚里士多德的中庸思想及现代意义》.华中科技大学

唐君毅（2005）《中国哲学原论·原性篇》，中国社会科学出版社

王红霞（2012）《以儒家中庸思想探討生命倫理學》.中外醫學哲學 10 (2): 115-131

王先谦（1988）《荀子集解》，中华书局 1988

王先慎（1998）《韩非子集解》，中华书局

王增新（2005）《儒家中庸思想对中学德育的意义评析》.山东师范大学

王岳川（2009）《中西方的中庸观》.西南民族大学学报

王晓朴（2015）《南宋理学视阈下的 <中庸 >思想研究》.河北大学

徐复观（2001）《中国人性论史》（先秦篇），上海三联书店

尹清洙（2016）《アダム・スミスから見る中国の儒道佛思想 -III 中国における儒
道佛思想の変遷》.北東アジア学会第 22回全国大会

阳慧萍（2004）《中庸浅议》.中国高校人文社会科学信息网（http://www.sinoss.
net）

郑男（2013）《儒家的中庸思想演进》[D].上海师范大学 ,2013

赵宝新 ,肖立新（2012）《孔子"中庸"思想及其对当代和谐社会建设的现实意义》
[J]. 前沿 ,2012,21:136-137

张岱年（1996）《中国哲学大纲》，见《张岱年全集》（第二卷），河北人民出版
社

朱冬梅（2012）《儒家中庸思想及其现代意义》.湖北社会科学

朱熹 :《四书章句集注》

朱熹: 《周易本义》，中华书局

谢辞

　　本书于 2020 年末完稿。中嗣出版有限公司的张扬女士为本书的出版事宜做了许多工作，中国出版集团研究出版社的寇颖丹、范存刚编辑，通读和校正了本书稿，在此我向他们表示感谢！我衷心感谢济南大学刘春华书记和刘宗明校长给予我从事学术事业的支持，本书才得以出版。感谢支持本书出版的海南碧月蓝生物科技有限公司董事长冯春香女士。最后还要感谢我的妻子和儿女，对我的学术活动的支持。

徐会连

济南大学教授，生物科学与技术学院名誉院长

2022 年 8 月

天命之謂性率性之謂道修道之謂教道也者不可須臾離也可離非道也是故君子戒慎乎其所不睹恐懼乎其所不聞莫見乎隱莫顯乎微故君子慎其

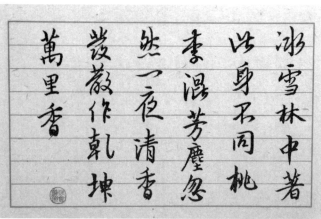

冰雪林中著
此身不同桃
李混芳塵忽
然一夜清香
發散作乾坤
萬里香

《中庸》楷书局部（左）、王羲之体诗一首（右）

般若心經

摩訶般若波羅蜜多心經
觀自在菩薩行深般若波羅蜜多時照見五蘊皆空度一切苦厄舍利子色不異空空不異色色即是空空即是色受想行識亦復如是舍利子是諸法空相不生不滅不垢不淨不增不減是故空中無色無受想行識無眼耳鼻舌身意無色聲香味觸法無眼界乃至無意識界無無明亦無無明盡乃至無老死亦無老死盡無苦集滅道無智亦無得以無所得故菩提薩埵依般若波羅蜜多故心無罣礙無罣礙故無有恐怖遠離一切顛倒夢想究竟涅槃三世諸佛依般若波羅蜜多故得阿耨多羅三藐三菩提故知般若波羅蜜多是大神咒是大明咒是無上咒是無等等咒能除一切苦真實不虛故說般若波羅蜜多咒即說咒曰揭諦揭諦波羅揭諦波羅僧揭諦菩提薩婆訶

《心经》

嵇康養生論

顧家鄉山清水秀風光好
祝同學人壽年豐喜事多

山陰張侯

神

临《养生论》、对联一副，临《快雪》

上：临大楷《东铭》

東銘

戲言出於思也，戲動作於謀也。發於聲，見乎四支，謂非己也，不明。欲人無己疑，不能也。過言非心也，過動非誠也。失於聲，繆迷其四體，謂己當然，自誣也；欲他人己從，誣人也。或者謂出於心者歸咎為己，過於思者自誣為己，不知戒其出汝者，歸咎其不長，非掩其不善而著其善也。

丙申冬徐会达临

中：临赵孟頫行楷《汉后将军传》

漢後將軍趙充國頌　揚雄

明靈惟宣，戎有先零，先零猖狂，侵漢西疆，漢命虎臣，惟後將軍，整我六師，是討是震，既臨其域，諸夷慕義，張惟漢守平，命之鮮陽，營平守節，屢奏封制，料敵制勝，威謀靡亢，遂克西戎，還師于京，鬼方賓服，罔有不庭。

下：临赵孟頫小楷《乐毅论》

樂毅論
夏侯泰初

世人多以樂毅不時拔莒即墨為劣，是以敘而論之。夫求古賢之意，宜以大者遠者先之，必迂迴而難通，然後已焉可也。今樂氏之趣或者其未盡乎，而多劣之，是使前賢失指於將來，不亦惜哉。觀樂生遺燕惠王書，其殆庶乎機合乎道以終始者與。其喻昭王曰：伊尹放大甲而不疑，大甲受放而不怨，是存大業於至公，而以天下為心者也。夫欲極道之量，務以天下為心者，必致其主於盛隆，合其趣於先王，苟君臣同符，斯大業定矣。于斯時也，樂生之志，千載一遇也，亦將行千載一隆之道，豈其局跡當時止於兼并而已哉。夫兼并者，非樂生之所屑，強燕而廢道，又非樂生之所求也。不屑苟得則心無近事，不求小成斯意兼天下者也，則舉齊之事，所以運其機而動四海也。

上：临大楷《东明》，中：临赵孟頫行楷《汉后将军传》，下：临赵孟頫小楷《乐毅论》